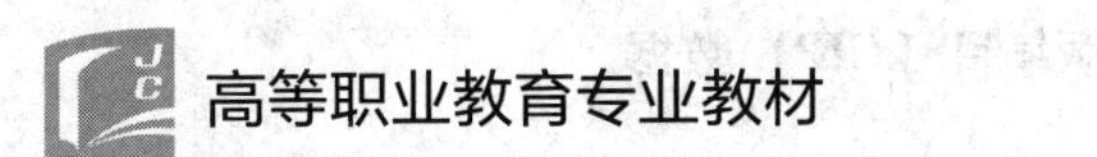

"十二五"江苏省高等学校重点教材（编号：2014-2-024）

# 农业生态与环境保护

杨宝林　主编

中国轻工业出版社

**图书在版编目（CIP）数据**

农业生态与环境保护/杨宝林主编. —北京：中国轻工业出版社，2021.8

高等职业教育“十二五”规划教材

ISBN 978-7-5184-0462-9

Ⅰ.①农… Ⅱ.①杨… Ⅲ.①农业生态学—高等职业教育—教材 ②农业环境保护—高等职业教育—教材 Ⅳ.①S181 ②X322

中国版本图书馆 CIP 数据核字（2015）第 060667 号

责任编辑：张　靓　　责任终审：劳国强　　封面设计：锋尚设计

版式设计：宋振全　　责任校对：燕　杰　　责任监印：张　可

出版发行：中国轻工业出版社（北京东长安街 6 号，邮编：100740）

印　　刷：三河市万龙印装有限公司

经　　销：各地新华书店

版　　次：2021 年 8 月第 1 版第 6 次印刷

开　　本：720×1000　1/16　　印张：22.25

字　　数：480 千字

书　　号：ISBN 978-7-5184-0462-9　定价：39.00 元

邮购电话：010-65241695

发行电话：010-85119835　传真：85113293

网　　址：http://www.chlip.com.cn

Email：club@chlip.com.cn

如发现图书残缺请与我社邮购联系调换

210858J2C106ZBW

## 本书编写人员


**主　编**　杨宝林（江苏农林职业技术学院）

**副主编**　范继红（北京农业职业学院）

　　　　　许建民（江苏农林职业技术学院）

**编　者**　王玉莲（黑龙江农业经济职业学院）

　　　　　赵　春（东营职业学院）

**主　审**　李振陆（苏州农业职业技术学院）

# 前言
PREFACE

本教材是根据国务院《关于加快发展现代职业教育的决定》和教育部《现代职业教育体系建设规划（2014—2020年）》精神编写的，根据教学对象的培养目标，教材力求做到深入浅出、重点突出、强调应用性和实践性，以尽可能满足教学需求。

农业生态与环境保护是一门以生态学基础、农业生态学、环保概论、农业生态工程等课程为基础的综合性课程，主要介绍了农业生态和农业环境保护的基本知识和技能；通过对农业生态系统的科学认知和合理调控，实现农业可持续发展。

本教材内容包括绪论和农业生态系统、农业生态系统的结构、农业生态系统的能量流动、生态系统的物质循环、农业生态系统的评价与调控、农业资源利用与保护、农业环境污染及防治、农业环境的修复、可持续发展与生态农业、食品安全与有机农产品开发等十个章节。教材内容注重了理论知识与实践操作的有效结合，可供高等职业院校植物生产类、环境类等专业使用。

本教材由杨宝林担任主编，范继红和许建民担任副主编，编写分工如下：绪论、第一章由杨宝林编写，第二章、第十章由范继红编写，第三章、第四章、第九章由王玉莲编写，第五章、第六章由许建民编写，第七章、第八章由赵春编写。李振陆负责本教材的审定工作。

本教材在编写过程中得到了江苏农林职业技术学院、北京农业职业学院、黑龙江农业经济职业学院、苏州农业职业技术学院和东营职业学院的大力支持，在此表示感谢。

课程的综合化是课程体系改革的一项重要内容，涉及面广。编写课程综合化教材还是一种尝试，加上编者学识水平有限，教材中错误和疏漏之处在所难免，恳请广大读者批评指正，以使本教材在使用过程中日臻完善。

编者

# 目 录
CONTENTS

# 绪 论

## 第一节 生态学产生与发展

### 一、生态学的内涵

生态学是研究生物与环境相互关系的科学，这里的生物包括植物、动物、微生物等不同的生物类群，环境是指生物的环境，是生物的个体、群体或群落及生态系统所在的具体地段的生存环境，简称“生境”。可以是非生命的环境，也可以是生物环境，前者指地域空间内所有的自然要素，如地质地貌、岩石土壤、大气水体以及这些物质要素表现出来的物理、化学性状。这类环境既包括未受或很少受人类活动影响的原生环境，更包括不同程度人工化的次生环境。生物环境指相对于主体生物的环境生物，如城市生态系统的主体是人，而栽培或野生植物与豢养或野生动物都是居民的环境。生物与环境之间、主体生物与环境生物之间的相互作用关系是生态学研究的重点。这种相互作用关系是靠物质、能量和信息的传输与转换维持的。

生态学（ecology）一词是由勒特在 1865 年将两个希腊字 logos（研究）和 oikos（房屋、住所）合并构成 Oikologie。从字面意思上讲，生态学是研究生物“住所”的科学。不同的学者对生态学的定义不同，德国动物学家 Haeckel（1866）将生态学定义为“研究动物与有机及无机环境相互关系的科学”；英国生态学家 Elton（1927）将其定义为“科学的自然历史”；澳大利亚生态学家 Andrewartha（1954）认为，生态学是研究有机体的分布和多度的科学，并强调了种群动态研究的重要性；20 世纪 20 年代，奥地利生物学家、心理学家贝塔朗菲在批判生物学中流行的机械论和活力论中创立了机体论，强调“系统”是中心的概念，从而提供了一种新的系统思维方式，把生物与环境的关系归纳为物质流动及能量交换，在生态学定义中增加了生态系统的观点；美国生态学家 Odum（1953、1959、1971、1983）认为生态学是研究生态系统的结构和功能的科学；我国生态学家马世骏先生认为：生态学是研究生命系统和环境系统相互关系的科学。

随着生态学的发展，其内涵和外延都发生了变化，其定义不能局限于传统的含义，结合生态学最新的发展动向，归纳各种观点，可将生态学定义为：生态学是研究生物生存条件、生物及其群体与环境相互作用的过程与规律的科学，其目的是指导人与自然的和谐共处。

生态学研究的主体对象是生命系统各组织级别的有机体。生命系统主要由生命物质组成，不断经历着生殖、发育、成长、衰亡的生命过程。生存条件的差异常使生命成分与特定的空间相联系，在分布上呈现出明显的地域性。由于生命系统各组织级别既有独立性又有连续性。其结构和功能比一般系统更为复杂。生命系统分为 8 个组织级别：基因、细胞、器官、有机个体、种群、群落、生态系统和生物圈。显然，有机个体以后的 5 个级别属生态学研究，这是生态学与生物学的重要区别。

生态学在促进科学进步、环境保护、全球可持续发展方面都有不容忽视的重要作用。由于其研究对象的复杂性和时空尺度的宽广性，形成了一系列特殊的研究原则，如整体观、综合观、系统观、层次观、进化观等，引起了科学观念和研究方法的革命。生态学还与其它科学，如遗传学、生理学、行为学、进化论等生物学科，农学、林学、地学、海洋学等自然科学，甚至还与经济学、社会学、伦理学、哲学、美学等社会科学发生密切关系，许多生态学概念和理论被其它学科所运用。可以说，还很少有像生态学的这样一门科学，在与人类生存的时空尺度上，在自然、科技、经济、社会等领域，在伦理道德、价值观念、思维方式等方面，有如此密切的关系。从 1972 年瑞典斯德哥尔摩联合国人类环境会议，到 1987 年“可持续发展战略”的提出，再到 1992 年巴西里约热内卢联合国环境与发展大会，和 2002 年南非约翰内斯堡可持续发展世界首脑会议，全世界都在讨论与人类生存环境和社会发展有关的重大战略性课题，生态学和生态科学工作者在其中发挥了核心作用。“生态学”这个特殊的研究领域，突然以一种即使在我们这个已被打上科学印记的时代也是极不寻常的方式应邀登场，来扮演一个核心的理智的角色。这门学科的影响力之大，简直可以把我们的时代称之为“生态学时代”。

## 二、 生态学的发展

生态学产生后，很快分化为植物生态学、动物生态学和人类生态学等分支学科，其发展史大致可概括为三个阶段：生态学萌芽期、生态学成长期和现代生态学发展期。生态学发展史证明它是密切结合人类实践，是在实践活动基础上发展起来的。

### （一）生态学萌芽期

生态学发展历史的源头，可以追溯到远古时代。为了维持生存，人类的老祖先很早就知道居洞穴以避风雨，燃篝火以驱猛兽，常迁徙以择水草。在长期的渔猎生活中，他们逐渐熟知了有用与有害生物的特性和活动规律，并注意到了人或其它生物都与环境有密切的关系。这些零星的生态学感性认识，是在人类生存斗争的艰苦过程中逐渐积累起来的，有时不得不为此付出巨大的代价。

由公元前2世纪到公元16世纪，是生态学思想的萌芽时期。关于生态学的知识，最原始的人类在进行渔猎生活中，就积累着生物的习性和生态特征的有关生态学知识，只不过没有形成系统的、成文的科学而已。直到现在，劳动人民在生产实践中获得的动植物生活习性方面的知识，依然是生态学知识的一个重要来源。作为有文字记载的生态学思想萌芽，在我国和希腊古代著作和歌谣中都有许多反映。我国的《诗经》中就记载着一些动物之间的相互作用，如“维鹊有巢，维鸠居之”，说的是鸠巢的寄生现象。《尔雅》中就有草、木两章，记载了176种木本植物和50多种草本植物的形态和生态环境；公元前200年《管子·地员》是根据土地与植物的关系论述植物生态对农业生产影响的一篇古典科学著作；公元前100年前后我国确立了24节气，描述生物与气候的关系。

在欧洲，古希腊的安比杜列斯就注意到植物营养与环境的关系，而亚里士多德及其学生都描述了动植物的不同生态类型，如分水栖和陆栖，肉食、食草、杂食等，气候和地理环境与植物生长的关系等；泰奥弗拉斯托斯根据植物与环境关系来区分树木类型，并注意到动物对环境的适应。

### （二）生态学的建立和成长期

从公元16世纪到20世纪50年代是生态学的建立和成长期。曾被推举为第一个现代化学家的波义耳在1670年发表了低气压对动物的效应试验，标志着动物生理生态学的开端。1735 年法国昆虫学家德·列奥弥尔在其昆虫学著作中，记述了许多昆虫生态学资料，他也是研究积温与昆虫发育的先驱。1855 年德坎多尔将积温引入植物生态学，为现代积温理论打下了基础。1807 年德国植物学家洪保德在《植物地理学知识》一书中，提出植物群落、群落外貌等概念，并结合气候和地理因子描述了物种的分布规律。1869 年，赫克尔首次提出生态学的定义。1895 年丹麦哥本哈根大学的瓦明的《植物分布学》（1909 年经作者本人改写，易名为《植物生态学》）和 1898 年德国波恩大学申佩尔的《植物地理学》两部划时代著作，全面总结了 19 世纪末叶以前植物生态学的研究成就，标志着植物生态学已作为一门生物科学的独立分支而诞生。

至于在动物生态学领域，亚当斯（1913）的《动物生态学的研究指南》，埃尔顿（1927）的《动物生态学》，谢尔福德的《实验室和野外生态学》（1929）和《生物生态学》（1939），查普曼（1931）的以昆虫为重点的《动物生态学》，Bodenheimer（1938）的《动物生态学问题》等教科书和专著，为动物生态学的建立和发展为独立的生物学分支作出了重要贡献。我国费鸿年（1937）的《动物生态学纲要》也在此时期出版，是我国第一部动物生态学著作。Allee，Emerson 等合写的内容极为广泛的《动物生态学》原理于 1949 年出版时，动物生态学才被认为进入成熟期。由此可见，植物生态学的成熟大致比动物生态学要早半个世纪，并且自 19 世纪初到中叶，植物生态学和动物生态学是平行和相对独立发展的时期。植物生态学以植物群落学研究为主流，动物生态学则以种群生态学为主流。

### （三）现代生态学发展期

20 世纪 50 年代以来，生态学吸收了数学、物理、化学、工程技术科学的研究成果，由定性分析向精确定量方向转移。数理化方法、精密灵敏的仪器和电子计算机的应用，使生态学工作者有可能更广泛、深入地探索生物与环境之间的相互作用，对复杂的生态现象进行定量分析；整体概念的发展，产生出系统生态学等若干新分支。由于世界上的生态系统大都受人类活动的影响，社会经济生产系统与自然生态系统相互交织，实际形成了庞大的复合系统。随着社会经济和现代工业化的高度发展，自然资源、人口、粮食和环境等一系列影响社会生产和生活的问题日益突出。为了寻找解决这些问题的科学依据和有效措施，国际生物科学联合会（IUBS）制定了“国际生物学计划（IBP）”，对陆地和水域生物群系进行生态学研究。1972 年联合国教科文组织等继 IBP 之后，设立了人与生物圈（MAB）国际组织，制定“人与生物圈”计划，组织各参加国开展森林、草原、海洋、湖泊等生态系统与人类活动的关系，以及农业、城市、污染等有关的科学研究，从而促使生态学向宏观方向快速发展。

正像许多自然科学一样，生态学的发展经历了由定性向定量，由静态描述向动态分析，逐渐向多层次的综合研究方向发展，且与其他某些学科的交叉研究日益显著。从人类活动对环境的影响来看，生态学正成为自然科学与社会科学的交汇点。在方法学方面，研究环境因素的作用机制离不开生理学方法，离不开物理学和化学技术，而且群体调查和系统分析更离不开数学的方法和技术。在理论方面，生态系统的代谢和自稳态等概念基本是引自生理学。而从物质流、能量流和信息流的角度来研究生物与环境的相互作用则可以说是由物理学、化学、生理学、生态学和社会经济学等共同发展出的研究体系。20 世纪 60 年代以来，人类的经济和科学技术获得了史无前例的飞速发展，既给人类带来了进步和幸福，也带来了环境、人口、资源和全球变化等关系到人类自身生存的重大问题。在解决这些重大社会问题的过程中，生态学与其它学科相互渗透，相互促进，并获得了重大的发展。

## 第二节　环境与环境问题

### 一、　环境的定义

环境是一个相对于某个主体而言的客体，它与主体相互依存，它的内容随着主体的不同而不同。主体以外的一切客观事物的总和称之为环境。对于环境科学而言，“环境”的含义是以人类社会为主体的外部世界的总体，即是人类生存、繁衍所必需的、相适应的环境。它不仅包括未经人类改造过的自然环境，如阳光、空气、陆地、土壤、水体、天然森林和草原、野生动物等，而且包括经过人类社会加工改造的人工环境，如城市、村落、水库、港口、公路、铁路、空港、园林等。

《中华人民共和国环境保护法》规定环境是指“影响人类生存和发展的各种天然和人工改造的自然因素的总和，包括大气、水、海洋、土地、矿藏、森林、草原、野生动物、自然遗迹、自然保护区、风景名胜区、城市和乡村等”。这些主要是指自然环境，也包括一部分社会环境。

当然，随着社会的发展，人类认知水平的提高，环境的外延也不断变化，人类已经发现地球的演化发展规律同宇宙天体的运动有着密切的联系，如反常气候的发生，就与太阳的周期性变化密切相关。所以从某种程度上讲，宇宙空间也是环境的一部分，因此要用发展变化的眼光来认识环境。

## 二、 环境的分类

环境是一个非常复杂的体系，目前还没有形成统一的分类方法。一般是按照环境的主体、范围、构成要素以及人类对环境的利用或环境的功能等原则进行划分。

按照环境的主体来分，目前有两种体系：一种是以人类作为主体，其他生命物质和非生命物质都被视为环境要素，即环境就是人类的生存环境；另一种是以生物体（界）作为环境的主体，不把人以外的生物作为环境要素。在环境科学中，多数人采用前一种分类方法，生态学中，一般采用后一种分类方法。

按照环境的范围大小来分类比较简单，如把环境分为特定的空间环境（如天宫一号的密封舱环境）、车间环境（劳动环境）、教室环境、生活区环境、城市环境、区域环境、全球环境和宇宙环境等。

按照环境要素进行分类较为复杂，可分为自然环境和社会环境两大部分。

### （一）自然环境

自然环境是目前人类赖以生存、生活和生产所必需的自然条件和自然资源的总和，即阳光、温湿度、气候、空气、水、岩石、土壤、动植物、微生物及地壳的稳定性等自然因素的总和，即直接或间接影响到人类的一切自然形成的物质、能量和自然现象的总和。

### （二）社会环境

社会环境是指在自然环境的基础上，人类通过长期有意识的社会劳动，加工和改造了自然物质，创造的物质生产体系，积累的物质文化等所形成的环境体系，是与自然环境相对的概念。社会环境一方面是人类精神文明和物质文明发展的标志，另一方面又随着人类文明的演进而不断地丰富和发展，所以也有人把社会环境称为文化－社会环境。

狭义的社会环境仅指人类生活的直接环境，如家庭、劳动组织、学习条件和其它集体性社团等。社会环境对人的形成和发展进化起着重要作用，同时人类活动给予社会环境以深刻的影响，而人类本身在适应改造社会环境的过程中也在不断变化。

## 三、环境问题

从人类产生的那一刻起，我们就不甘愿受自然的奴役。人类发现了火，极大地改善了我们的生存环境；人类发明了弓箭，大大提高了劳动生产率……最终，我们建立了以自身为中心的人类社会，我们成了万物的主宰。因此，人类的发展史可以说是一部同自然抗争的历史。在这不断持久的抗争中，我们留下了上下五千年的文明，喊出了“人定胜天”的豪言……然而，正当我们陶醉于其中，环境问题却悄然而至。面对它，我们措手不及，无可奈何：土地变成了沙漠，天空变成了灰色……直到这时我们才不得不面对现实，正视环境问题，同环境问题展开一场没有硝烟，更艰巨、更持久的抗争。

那么什么是环境问题，它又是如何产生的呢？它是指由于人为活动或自然原因使环境条件发生不利于人类的变化，以至于影响人类的生产和生活，给人类带来灾难的现象。我们常说的环境问题主要指两大类：一是自然环境的破坏。它主要是由于人类不适当、不合理的开发、利用资源或进行大型工程建设所造成的对环境和人类不利的影响和危害，如水土流失、滥伐森林、土地沙漠化等；二是环境污染，即由于人类不适当的向环境排放污染物或其它物质、能量，使环境质量下降，危害人体健康，如工业“三废”污染、化肥农药污染等。

恩格斯在《英国工人阶级状况》一书中指出了环境问题产生的两个根源：一是人们对自然规律认识不足，不能正确预见到生产后果对自然界干扰所引起的比较远的影响，遭到了自然界的报复；二是现有的生产方式，都只在于取得劳动的最近的、最直接的有益效果，而忽视了比较远的自然和社会影响。其实，环境问题并不是一个新鲜问题，也不是一个外来问题。它是人们自身所引起的，是人类破坏环境自食恶果的表现。只是，早期的人类社会还处于一种原始的状态。虽然人类对环境的依赖性很大，但是由于生产力极其低下，改造环境的能力很差，因此人类活动对环境的影响也比较小（不会超过环境的自净能力），也不可能出现今天这样普遍的环境问题。

如果说早期的环境问题主要是由于人类对自然资源的破坏所造成的话，那么18世纪产业革命以后的环境问题则主要是科技高度发展和人口激增的结果。科学技术的发展推动了人类社会的进步，但同时也给人类带来意想不到的灾难。特别是当人们还在为产业革命的辉煌欢呼雀跃时，当人们还对“科技万能”的迷信执迷不悟时，一场巨大的灾难席卷全球。它带给人类的是永不逝去的伤痛和无尽的悔恨。1873—1892 年的 19 年中，英国伦敦发生过五次毒雾事件；1952 年又发生一起震惊世界的烟雾事件，四天内死亡人数较常年同期约多 4000 人；1930 年，比利时马斯河谷烟雾事件，一周内死亡 60 人。

综上所述，我们可以看出，环境问题是在人类社会和经济的发展过程中逐渐产生的，是经济发展与环境保护的矛盾表现，是人与自然关系失调的结果。正如世界银行的经济学家所分析的那样，当决定使用资源的人忽视或低估环境破坏给社会造成的损失时就会出现环境退化。

## 四、 中国的环境问题

从人类发展的历史看，中国的环境问题大致经历了三个发展阶段：古代、近代和现代。

### （一）古代环境问题

古代是指从中华大地上出现人类开始到 1840 年鸦片战争爆发前的漫长历史时期。这一时期，人类逐渐从以采集狩猎为生的游牧生活过渡到以耕种和养殖为生的定居生活。人类活动对于环境的影响主要来自封建统治者大兴土木、滥伐森林、战乱频繁、毁坏森林、人口增加、开垦森林等，而农业活动则是造成中国古代环境变迁的主要原因。最初，中华大地森林广布，草场丰美，山清水秀，人与自然和谐共处。随着种植、养殖和渔业的发展，人类社会开始第一次劳动分工。人类从完全依赖大自然的恩赐转变到自觉利用土地、生物、陆地水体和海洋等自然资源。随着人口逐渐增加，人类社会需要更多的资源来扩大物质生产规模，便开始出现烧荒、垦荒、兴修水利工程等改造活动，从而引起水土流失、土壤盐渍化或沼泽化等问题。以黄河流域为例。众所周知，该地曾经森林广布，土地肥沃，是中华文明的发祥地。先秦时全国人口仅 2000 万，森林覆盖率达 53%，黄河河水清澈。但自秦汉开始，人口成倍增长，至西汉平帝元始 2 年，已达 5959 万人。为了解决生计问题，国家鼓励屯垦实边，毁林开荒，黄土高原上许多游牧区被垦为农业区。森林与草原遭到破坏，水土流失日趋严重，黄河由混变黄，逐步淤积成为悬河，频繁地泛滥与改道。宋朝 300 年间，黄河决口 40 多次；而明朝近 300 年，黄河决口竟多达 60 多次。1840 年后，黄河发生过两次大的改道，决口更是不断，仅北洋军阀和国民党统治的 30 多年间，黄河就有 17 年大溃决，黄河已变成经常泛滥成灾的害河。

总体来说，古代时期人类与环境的关系主要表现为人类对环境的适应。但因人口的数量、生产力水平和活动范围都极为有限，人类对环境的影响并不十分明显，只是局部的，尚未对整个生物圈带来严重的危害。

### (二) 近代环境问题

近代是指从鸦片战争爆发到新中国成立前的历史时期。这一时期主要经历了鸦片战争、辛亥革命、西方列强瓜分狂潮、抗日战争和解放战争等一系列重大历史事件，中国的政治经济格局发生了巨大变化。由于种种历史原因，中国的自然环境和生态环境遭到了人为破坏，引发了一系列生态环境危机。如19世纪60~70年代陕甘回民举行反清起义，遭到清政府的血腥镇压。为斩草除根，清政府将陕北的森林大部分烧毁。此后，焦土暴露，气候剧变，水害灾害频发。19世纪末，西方列强为开辟新市场、输出资本、为其工业革命提供动力，疯狂掠夺中国的森林资源和矿产资源，致使东北、华中、华南、云南边疆的森林面积锐减，生物多样性以十分惊人的速度遭到破坏。到了第二次国内革命战争时期，国民党军队对江西、湖南、福建边界的中央根据地疯狂围剿，采取灭绝人性的焦土政策，使江南本来十分茂密的森林变成水土流失严重的荒山秃岭。

总之，从鸦片战争到中华人民共和国成立，由于长期战争的创伤，加之生产力低下，工业规模弱小，内忧外患民不聊生，环境问题的破坏范围和危害程度较古代时期进一步扩大和加深，但整体上看仍属于局部的区域性环境问题，尚未对国家的环境基础构成威胁。

### (三) 现代环境问题

现代中国是以1949年中华人民共和国成立为起点的重要时期。这个时期环境问题又分为两个阶段：建国初期（1949—1978年），该时期的环境问题主要集中在资源破坏方面；改革开放后（1978—至今），环境问题主要表现为环境污染与资源破坏两个方面。

1. 新中国成立初期的环境问题

为医治战争创伤、恢复国民经济，新中国成立之初效仿前苏联的经济模式，实行以粮为纲、重工业优先发展的高度集中的计划经济政策。这个时期政府尚未意识到工业生产对环境破坏的恶果，因而环境保护并未列入政府的议事日程。具体表现在这个时期没有专门的环境保护机构和环境保护法规，只是在一些相关的机构和法规中包涵一些与环境保护有关的内容，故而工矿企业排放废水、废气、废渣，基本上是不受约束的。虽然第一个五年计划的实施使经济建设有所起步，但环境问题也相伴而生：如空气和水污染，废水灌溉的生态影响，以及与住房建设、城市规划和职业病有关的环境问题。进入“大跃进”时期后，为“赶超英美”，实现工业突飞猛进的目标，全国修建了炼铁、炼钢炉60多万个，小炉窑59，000个，小电站4000多个，小水泥厂9000多个，工业企业由1957年的17万个猛增到1959年的60万个。由于大量设备简陋、效益低下，污染严重的小企业蜂拥而起，加之管理混乱，工业“三废”排放放任自流，直接导致水环境污染严重，大气污染肆虐等。群众性的大炼钢铁运动，严重地破坏了矿产和森林资源，给生态环境带来了一系列严重后果。

2. 改革开放以来的环境问题

1978年后，改革开放掀起的建设高潮，使中国取得了令人瞩目的经济成就的同时也引发了比较严重的环境恶化问题。主要表现在生态破坏和环境污染两个方面。

（1）生态破坏　这是指人类活动直接作用于自然生态系统，造成生态系统的生产能力显著减少和结构显著改变，从而引起的环境问题。

①森林面积锐减。根据第六次全国森林资源清查结果，中国现有森林面积不到118亿 $hm^2$，森林覆盖率为18.21%，仅相当于世界平均水平的61.52%，居世界第130位。人均森林面积0.132$hm^2$，不到世界平均水平的1/4；人均森林蓄积9.421$m^3$，不到世界平均水平的1/6。

②草原退化。草原是中国面积最大的绿色生态屏障，是牧民赖以生存的基本生产资料，也是少数民族的主要聚居区。中国拥有天然草原近4亿 $hm^2$，占国土面积的41.7%。由于自然因素和人为原因，中国的草原遭到了空前的破坏，已有90%的草原存在着不同程度的退化，草原沙尘暴频繁发生。据统计，中国在20世纪60年代发生特大沙尘暴8次，70年代13次，80年代14次，而90年代以来至今已有20多次，波及的范围越来越广，造成的损失愈来愈严重。

③水土流失，土地沙化。20世纪50—70年代，中国土地沙化扩展速度约为1560$km^2$/年，20世纪七八十年代扩大到2100$km^2$/年，目前则高达3436$km^2$/年，总面积已达26714万 $km^2$，占国土面积的27.9%。沙化土地分布在11个省区，形成长达万里的风沙危害线，近1/3的国土受到风沙威胁，每年因此造成的经济损失达540亿元。

④耕地资源短缺。耕地是人类生存的最基本条件，由于中国人口总量的增加，为供应粮食所需的耕地日渐紧张。根据国土资源部统计，2007年末全国耕地数为1.22亿 $hm^2$，同期全国总人口为13.2亿人，人均耕地占有量不足0.1$hm^2$，远远低于世界平均水平的40%，接近联合国规定的人均耕地危险水平0.053$hm^2$。从1996—2007年的11年间，耕地减少近0.08亿 $hm^2$，平均每年减

少75.73万 $hm^2$，已接近耕地1.2亿 $hm^2$ 的红线。此外，违法征地、盲目兴建“开发区”、工业、交通和城市建设不断占用大量耕地，化肥农药的使用还在使耕地的质量不断降低，这一切都使中国面临耕地不足的困境。

⑤水资源短缺。水是人类及一切生物赖以生存的必不可少的重要物资，是基础性的自然资源和战略性的稀缺资源。中国的水资源总量不小，为2.7~2.8万亿 $m^3$，位居世界第六，但人均拥有量为2400~2500$m^3$，仅为世界人均占有量的1/4左右，位居世界第110位。加上水资源在时间和空间上分布的不均匀性，水资源短缺的矛盾十分突出。如全国669座城市中，有400多座供水不足，比较严重缺水的城市有110座。每年城镇供水缺200亿 $m^3$。农村有3亿多人饮水不安全，平均每年因干旱缺水粮食减收400亿kg以上。正常年景，工业缺水至少60亿 $m^3$，每年影响工业产值达2000亿元。预计到2030年中国人均水资源量将下降为1760$m^3$，逼近国际1700$m^3$ 严重缺水的警戒线。中国已被联合国列为13个水资源贫乏的国家之一。

⑥生物多样性受到严重破坏，生物种类趋于单一。生物多样性是可持续发展的自然基础，但随着科学技术的进步和工业建设的发展，人类对动植物资源的破坏与日俱增。在中国，由于资源的过度开发、农村能源短缺与滥砍滥伐，生物多样性也遭受严重退化。统计表明，目前中国每天都有一个野生物种走向濒危甚至灭绝，更多的物种正受到威胁；农作物栽培品种数量正以每年15%的速度递减；还有大量物种通过各种途径流失海外。中国濒危或接近濒危的高等植物多达4000~5000种，占高等植物总数的15%~20%。联合国《濒危野生动植物种国际贸易公约》列出的740种世界性濒危物种中，中国占189种，为总数的1/4。

（2）环境污染　指人类活动的副产品和废弃物进入物理环境后，对生态系统产生的一系列扰乱和侵害。环境污染不仅包括物质造成的直接污染，如工业“三废”和生活“三废”，也包括由物质的物理性质和运动性质引起的污染，如噪声污染、电磁污染和放射性污染等。随着中国工业化进程的加快、化肥农药用量剧增、城市化水平提高、机动车大幅度增加等原因，向环境中排放的污染物逐年增加，导致严重的环境污染。

①水体污染。近年来，中国废水排放总量达350~400亿 $m^3$，其中70%为工业废水。工业废水和城市污水的达标处理率分别仅为20%~30%和5%~10%。大量未经处理的废水排入江、河、湖、海、水库等水体，造成了严重的水环境污染。七大水系中的辽河、海河和淮河以及巢湖、滇池、太湖等三大著名湖泊

的有毒有害污染、有机物污染及富营养化污染极其严重。据中华人民共和国环境保护部调查，自2005年松花江事件以来，中国共发生140多起水污染事故，平均每两三天便发生一起与水有关的污染事故。而据监察部统计，近几年全国每年水污染事故都在1700起以上。

②大气污染。中国大气属于煤烟型污染，其中以烟尘和酸雨污染危害最大，并呈发展趋势。随着中国经济社会的高速发展，以煤炭为主的能源消耗大幅度上升，最终导致全国每年由烟煤燃烧向大气排放的烟尘量达1300~1900万t，二氧化硫排放量达1900~2000万t，废气排放量达10亿多立方米。据统计，全国600多个城市中，空气质量达到国家一级标准的城市仅占2.4%，三级及以下标准的竟占近40%。近年来被称为“空中死神”的酸雨不断蔓延。20世纪80年代初，全国只有以重庆和贵州为中心的两个酸雨区，如今，监测的500个城市（县）中，出现酸雨的城市达281个，占56.2%；酸雨发生频率在25%以上的城市171个，占34.2%；酸雨发生频率在75%以上的城市65个，占13%。此外，随着城市机动车数量的迅速增加，汽车尾气污染呈发展趋势，城市大气中的氮氧化物浓度逐年递增。

③固体废弃物污染。固体废弃物包括城市垃圾和工业固体废弃物，是随着人口增长和工业的发展而日益增加的，至今已成为地球，特别是城市的一大灾害。中国的大多数城市也未能幸免。全国的废弃物产生量由1990年的5.8亿t，增加到2007年的17.6亿t，增长了203.45%。而处理率仅为20%~30%，远远低于发达国家的90%，“垃圾围城”现象在许多城市已屡见不鲜。固体废弃物的任意堆放，不仅占用大量的土地，而且还会污染周围空气、水体，甚至地下水。有的工业废弃物中含有易燃，放射性等有害物质，危害更为严重。据粗略估计，中国每年因固体废弃物造成的经济损失及可利用而又未充分利用的废弃物资源价值达300亿人民币。

④城市噪声污染。随着中国城市交通运输和城市建设事业的不断发展，城市噪声已成为扰乱人民生活和身心健康的重要问题。全国的城市道路交通噪声声级基本在70~76db之间。据42个城市监测，92.8%的城市交通噪声平均声级超过70db的限值。全国约有2/3的城市人口暴露在较高的噪声环境中。近年来，噪声扰民纠纷日趋增多。据统计，全国反映噪声污染的来信来访占环境污染投诉的比例逐年增加，而且一直高居各类环境污染投诉的第一位。

总之，随着改革开放和经济的高速发展，在人口爆炸和城市化的进程下，中国的环境问题日趋严重。虽然局部或区域环境经过治理有所改善，但全国总的形势不容乐观。所幸，由于中国政府对环境问题的日益关注，环境法律日趋完善，执法力度加大，对环境污染治理的投入逐年有较大幅度的增加，但中国环境保护的任务仍任重而道远。

# 第三节 农业生态与环境保护

## 一、生态系统的类型

包括人在内的生物圈是地球上最大的生态系统生物圈，是地球上全部生物及其生活域的总和，从大气圈到到水圈，其厚度约为 20 km，多数生物活动的地方，其厚度约为 100 km，在生物圈这样一个大生态系统里包括许许多多、各种各样、大大小小的生态系统。根据生态系统的环境性质、可以划分为陆地、淡水、海洋等生态系统。淡水生态系统又可以分为湖泊、河流、水库等生态系统；海洋生态系统又可分为海岸、河口、浅海、大洋及海底生态系统；陆地生态系统可分为森林、草原、荒漠、山地和农田等生态系统。根据人类活动对生态系统的干预程度，又可将生态系统分为自然生态系统、半自然生态系统和人工生态系统。自然生态系统是自然界中任何一个地段或范围内生物与非生物环境之间相互依存、相互制约、自我调节的错综复杂的综合体。在自然生态系统中，植物所吸收、固定的数量代谢和物质能够满足该系统内所有生物生存的需要，成为一个“自给自足”的系统，不需要人类的干预和扶持，在一定空间和时间范围内靠自己的反馈相制处于相对稳定的状态。世界上主要的自然生态系统有以下一些类型，它们的基本特征和功能如下。

### （一）海洋生态系统

海洋面积3.6 亿 $hm^2$，占地球表面积的70%左右，平均深度3750m，是世界上最大、层次最厚的生态系统，在生物学方面最富于多样性。海水中含盐3%左右，具有很高的蒸发率，起着调节大气温度、湿度的重要作用，其生产者主要为浮游生物、藻类，消费者主要为各种鱼类，其中珊瑚岛以藻类和腔肠动物共生为特征，生产力最高。海洋生态系统中特别发达的浮游生物不仅为各种鱼类提供丰富的食物，并且能大量吸收 $CO_2$，调节大气中 $O_2$和 $CO_2$的平衡。

### （二）淡水生态系统

淡水生态系统包括河流、溪流、水渠等流动水体和湖泊、沼泽、池塘、水库等静水体。其生物类群因水的流速和水层的光亮度而不同，在急流中，生产者为藻类，缓流中除藻类外多为水生高等植物，在表水层（即光亮带）生产者为各种藻类。至于消费者，除鱼类外，急流中初级消费者多为具有特殊器官的昆虫，缓流中多为穴居昆虫幼虫。这类生态系统能量是自给的，它不仅可为人们提供丰富的水产资源，还可以水面的蒸发作用，调节一定范围内的大气温度、湿度，可以增加自然蓄水量，并具有防洪、排涝和抗旱的能力。

### （三）草原生态系统

世界草原面积约为30亿$hm^2$，占陆地面积的24%，分布于干旱和半干旱地区，雨量少（250～450mm），并集中在夏季。初级生产者主要为草本植物，消费者除草食动物外，主要是穴居的啮齿类和其他动物，如野牛、野兔等。其生产力随雨量而变化，例如，中美洲草原地上部净生产力为338g/（$m^2$·a），而北美洲地上部净生产力为482～570g/（$m^2$·a），是发展畜牧业的主要基地。我国草原由东向西，顺次分布着森林草原地带、干旱草原地带。草原生态系统以饲草为主体，包括人工种植的饲草，大量的人工控制下的半天然和天然草地生态系统，他们在保护土地不受风沙侵蚀方面有着重要作用，是发展畜牧业的主要基地。

### （四）森林生态系统

森林是陆地生态系统中最大的生态系统，面积约45亿$hm^2$，生物现存量大，可达10万～40万$kg/hm^2$。据估计，每年全球森林生态系统固定的能量占地球陆地上固定的能量的68%左右，有着1000万种物种，是宝贵的基因库。森林生态系统具有复杂的形态和营养结构，食物链较长，食物网较复杂，尤其是热带雨林，动植物资源最为丰富，生产力高。它们在生物圈中起着非常重要的作用，不仅提供丰富的动植物资源，而且对环境起着巨大的作用，如调节气候、增加雨量、涵养水源、保持水土、保护农田、净化空气、防止污染、减少噪声等。

## 二、 农业生态学

农业生态学是研究农业生物（包括农业植物、动物和微生物）与农业环境之间相互关系及其作用机理和变化规律的科学，其基本任务是要协调农业生物与生物、农业生物与环境之间相互关系，维护农业生态平衡，促进农业生态与经济良性循环，实现“三大效益”（经济效益、社会效益和生态效益）同步增长，确保农业可持续发展。

农业生态系统是以人类为中心，在一定社会和自然条件下，以作物、家畜、鱼类、林木、土壤为物质基础所构成的一个非闭合的物质循环和能量转化体系。是在人类、社会、经济体系作用下的以农业植物群落和人类农业经济活动为中心而建立的生态系统。

初期，农业生态学主要围绕农作物与农田土壤、气候、杂草的相互关系及其对农作物的影响而展开，同时也关注环境对作物分布的影响和作物的适应能力等方面内容。20 世纪 30 年代，农业生态学研究关注的重点是农作物和生态环境的关系，主要目的是调节环境适应作物生长，促进农业生产发展，未将农业生产和环境当做一个完整的生态系统来研究。因此，这个时期的农业生态学没有受到关注。20 世纪 70 年代以后，将农业生态系统作为研究的重点，研究系统中的物质循环、能量流动等，并注意研究系统整体内组分之间的相互关系，使农业生态学研究领域和层次扩宽，生态系统水平的农业生态学逐步建立起来。1981 年召开了全国农业生态学研讨会，随后又多次召开了有关农业生态的全国性学术研讨会，对农业生态学的理论、内容体系等进行研讨。到了 20 世纪 90 年代，保护资源与环境、促进可持续发展成为全球性社会经济发展主题。步入 21 世纪，气候变暖、粮食安全、资源生态安全等再次成为全球关注的热点问题，农业生态学的研究领域得到不断扩展和深入，围绕农业生产对全球气候变化的生态影响与适应策略，农业面源污染防治与农产品产地环境安全、农业清洁生产与循环农业发展、外来生物入侵及其控制等方面的研究，开始成为农业生态学研究的新的重点和任务。

## 三、 农业环境问题

### （一）美国早期的农业环境问题

北美大陆地域辽阔，资源丰富，气候适宜，印第安人很早就生活在这里，创造了发达的印第安文明。这种文明的核心价值是：人类和其他生命形式组成了一个共同的社会。“悬崖峭壁、水、草地、小马、还有人，统统属于同一个家族”，“河流是我们的兄弟，天空是我们的同胞，地球是我们的母亲”。他们与大自然和谐相处，守护着这片大陆美丽的自然环境。直到 17 世纪初白人登上这片陆地的时候，这里依然是动植物的宝库：东西两边都生长着茂密的森林，新英格兰和西海岸的一些松林甚至高达250英尺，树龄在4000年以上；中部草原上最典型的动物就是野牛，其数量估计在4000万~6000万头。但从17世纪后期到18世纪中期，欧洲白人通过驱逐和杀戮印第安人，逐渐取代印第安人在北美大陆的位置，并建立了一种迥然不同于印第安人的文化和生活方式——资本主义的市场经济和个人主义。他们以砍伐和火烧的方式，毫不留情地清除了东部的大部分森林，种起了玉米和烟草，在荒野上建立了农业区。

立国后，托马斯·杰斐逊曾设想利用北美大陆得天独厚的自然条件建立一个基于小农经济之上的农业民主社会。他说："在欧洲，问题是要善于利用他们的土地，因为劳动力是丰富的；而这里，是要善于利用我们的劳动力，因为土地是丰富的。"因此，国家的各种政策和方针都应建立在充分发挥个人能力的基础上，土地也应当分配给个人，个人是土地的主人。尽管这种理想在19世纪的美国是不可能实现的，但是它却极大地影响了整个19世纪美国政府的经济政策。直到19世纪末美国的经济政策都遵循着一条鼓励竞争和自由竞争的原则，它的几经变迁的土地政策——从《西北法令》到《宅地法》，也都是根据要把土地分给个人的原则而制定的。这样的土地政策无疑助长了伐木者、农场主等开发者对自然的无情征服和掠夺，极大地毁坏美国的自然环境，最终酿成了20世纪30年代的严重的"尘暴"灾难。

### （二）中国的农业环境问题

1. 气候变化

若干年来，$CO_2$温室效应对全球的影响及其可能带来的环境问题，已成为许多国家政府普遍关注的一个重大问题。一些研究表明，近百年来大气中的$CO_2$浓度迅速增加，预计到2030—2050年将比现在增加一倍，近百年来全球气候变化的总趋势是增暖。但中国的情况有所不同，20世纪40—50年代是最暖期，然后转为冷期，70年代以后又开始回升。根据大气环流模拟估算，中国地区到2050年可能上升1.4℃，冬季升温比夏季明显；降水总的趋势是增加，但增幅不大。尽管温室效应可能导致海平面上升、沿海部分低地被淹没，但由于全球气候变化具地域性差异，而且中国历史上暖期常和湿润时期相对应，而冷期则同干旱时期相对应，加之夏季风强度和持续时间延长，夏季和年均温度增高相对不大、蒸发作用增加不显著等原因，中国东部地区将趋于更加湿润，无疑这对于农业生产将极为有利。随着温室的升高，我国的种植熟制界限可能北移，一熟制减少，二熟、三熟制增加。加上大气$CO_2$浓度的增高，作物同化能力增强，这对我国的粮食生产极为有利。

2. 资源问题

农业资源包括气候资源、植物种质资源、土地资源、水资源、劳动力资源等，但就我国目前情况看，限制我国农业发展的资源主要是土地资源、水资源及劳动力资源。

土地资源问题：我国国土面积约 960 万 $km^2$，但我国人均耕地约为 0.11$hm^2$，仅占世界人均水平的1/3。我国耕地的质量一般也较差，60%的耕地分布于山地、丘陵和高原地区，而且62%的耕地分布于淮河以北的干旱、半干旱地区，全国仅有39%的耕地有水源保证和灌溉设施。同时由于我国近年来工业化的发展。城镇建设、基础设施建设等，挤占了大量耕地。据国家土地管理部门的资料，在1986—1995 年我国耕地减少 550 万 $hm^2$。因此，粮食单产的提高在很大程度上为土地面积的减少所抵消，严重影响了我国粮食总产的提高。

水资源问题：我国是一个水资源总量丰富但人均很少的国家，干旱和半干旱地区约占国土的1/3，且降水的时空分布极不均匀。我国农业用水所占的比重较大，但由于城市化的发展占用了大量原农用水资源，加上城市废水排放的污染，农业用水占全国总用水量已从 20 世纪 80 年代初的 85% 降到目前的 70%，而且供水保证率下降，农业灌溉面积发展停滞不前。由于植被破坏、水土流失、河道淤塞等原因，我国的洪涝、旱灾日趋频繁，全国年均水灾面积 733 万 $hm^2$，成灾面积 400 万 $hm^2$，年均旱灾面积 1950 万 $hm^2$，成灾面积 670 万 $hm^2$，且以黄淮海平原、黄土高原地区最为严重。近年来，黄河下游发生断流日数增加，1997 年达 226 天，断流河段延长为 700 多 km，干旱缺水已成为制约我国农业发展的主要因素之一。

劳动力资源问题：我国目前农村劳动力资源存在的主要问题在于，数量过剩但素质较低。目前在全国 4.6 亿劳动力中，文盲半文盲占 22.25%，小学文化程度占 45.4%。同时由于人多地少劳动力数量过剩，导致了农村劳动力向城市的转移，即“民工潮”，带来了交通、环境、治安等诸多社会问题。同时因素质较差，剩余劳动力转移受到极大限制，也限制了农村的科技进步和技术推广。另一方面，劳动力资源配置不合理。

3. 环境污染问题

农业环境污染是农业经济活动对环境的一种负面影响，这种影响既有技术层面的原因，也是农业经济政策和经济外部性作用的结果。农业污染既包括点源污染，如规模化畜禽养殖的废水排放，也包括非点源污染，如化肥等农用化学品使用不当或生产措施不当造成的土壤污染、大气污染、水体污染和产品污染等。

农业灌溉用水的污染。21 世纪，人类面临人口（粮食）、资源（水、土）与环境（污染、生态）三大问题，其中尤以水问题最为严峻。在我国，占全国用水总量 80% 左右的农田灌溉，存在着三大突出矛盾：一是水资源严重不足，制约着农业灌溉面积的进一步扩大和现有灌溉面积保证程度的提高。据统计，近年来我国每年受旱面积在 2000 万 ~2700 万 $hm^2$。按现状用水量统计，全国中等干旱年农业灌溉缺水 300 亿 $m^3$。二是已经开发利用的水资源浪费严重，由于管理不善和灌水技术落后等造成灌溉水利用率低，平均只有 40% 左右，而发达国家的灌溉利用率可达 80% ~90%。三是可以利用的水资源遭受严重污染。2006 年中国水资源公报指出，全国约 40% 的河流水质受到严重污染。全国七大江河中的淮河、黄河、海河的水质最差，均有 70% 河段受到污染，其中劣 V 类水质占 41%。由于我国北方水资源严重短缺，如海河、辽河、黄河和淮河流域，为解决农业生产用水问题而采用污水进行灌溉，大量未经处理的污水直接用于农田灌溉，致使污灌区农田土壤遭受不同程度的重金属和有机物的复合污染。

农业非点源的污染。随着科技、生产和消费水平的不断提高，人类过度对地球索取，造成了生态环境日益恶化，农业非点源污染成为不可忽视的问题。农药、化肥和农膜等农用化学品的使用日益增多和不合理施用，妨碍了农业环境的自然净化。

（1）农药污染　农药是非常重要的农业生产资料，是保证农业生产的重要手段。据有关报道，世界农作物的病虫害包括约 5 万种真菌、1500 种线虫，使世界粮食减产 10% 以上，因此，农药的科学合理使用可提高农作物产量。我国是生产和消费农药的大国之一。目前，农药年生产能力为 76.7 万 t，生产农药品种 250 多种，成为仅次于美国的世界农药生产大国。据统计，我国每年施用的农药达 50 万 ~60 万 t，其中高毒农药占农药施用总量的 70%。然而，由于农药的过量使用或不合理使用，导致 70% ~80% 的农药作用于非靶标生物或直接进入环境，造成农业环境污染以及各种农畜产品有毒物质残留超标。据初步统计，我国至少有 1300 万 ~1600 万 $hm^2$ 耕地受到农药污染，全国每年出产的主要农产品中，农药残留超标率高达 16% ~20%。长期食用农药残留超标的蔬菜、水果将会对人体健康带来严重的影响。另外，农药的过量使用，还会使有害生物的天敌减少，致使生物多样性丧失。

（2）化肥污染 中国是世界上化肥消费量增长最快、施用强度最高的国家。进入21世纪，中国化肥产量和施用量仍在增长，2002年化肥产量达到3791万t，施用量达到4339万t，均居世界第一。目前，中国单位面积化肥施用量水平达到279kg/hm$^2$，是世界平均水平的3倍。但实际上，化肥的利用率并不高，调查表明，我国每年农田养分被植物利用的部分很少，氮肥利用率仅为30%～35%，磷肥为10%～20%，钾肥35%～50%。剩余的氮、磷、钾等养分则通过淋溶、固定、挥发等途径流失到大气、水体和土壤中，造成土壤酸化、板结，养分供应不协调，降低土壤微生物的数量和活性，导致水质污染和水体富营养化，使局域水生生态系统失调。据统计，2007年我国全海域共发生赤潮82次，累计发生面积达11610km$^2$，直接经济损失巨大。

（3）农膜污染 农用薄膜在蔬菜、瓜果的反季节生产、提高产量方面起到巨大作用，经济效益显著。但伴随着农用薄膜使用量的快速增长，它也带来了农业环境问题。通常把农膜的污染称为“白色污染”，“白色污染”是我国农业污染又一大特点。据统计，我国农膜年残留量高达35万t，残膜率达42%。农膜材料由高分子合成，在自然条件下难以分解，长期滞留耕地会影响土壤的透气性，阻碍水肥的运移，影响农作物根系的生长发育，导致农作物减产，严重影响农业生产的持续发展。

（4）畜禽养殖污染 我国是一个畜禽养殖大国，据统计，全国现有生猪分散养殖户0.9亿户，奶牛、肉牛养殖户0.157亿户，蛋肉鸡养殖户0.85亿户，羊养殖户0.26亿户。随着我国畜禽业的集约化程度提高，畜禽粪便的农业利用减少，而目前我国处理粪便能力极小以及相关环境管理法制不健全等，导致我国畜禽粪便污染蔓延较快。据调查，目前我国畜禽养殖业每年产生约30亿t粪便，主要来源于农村家庭散养和规模化养殖。畜禽养殖从农户分散养殖转向专业化规模养殖后，导致农牧脱节、粪污密度增加，规模化畜禽养殖场排放的大量而集中的粪污，对环境造成了严重威胁。畜禽业环境污染主要包括大气污染、水体污染、畜禽粪尿和污水中病原微生物污染以及重金属等有害物污染。畜禽业环境污染不但影响畜禽业的可持续发展，而且阻碍农民生活质量的提高，甚至危害农民的健康，已成为一个社会问题。

总之，随着我国农业和农村经济的迅速发展，农业环境问题必将日益突出。农业环境问题阻碍了社会和经济的健康持续发展，同时也对我国食品安全和农产品的国际竞争力以及国家生态安全等诸多领域产生深刻影响。

## 四、 农业环境保护

农业环境保护是研究通过科学的农业管理，来保护和合理利用农业自然环境和农业自然资源，保护大气、水体、土壤等公益环境，实现农业自然环境和农业自然资源的可持续发展。

农业环境保护内容多、范围广、综合性强。要做好农业环境保护工作，首先，要做到合理利用与保护自然资源，应结合农业产业结构调整，对山、水、林、田合理规划，退耕还林还草，增加植被覆盖，实行集约化经营，使农村生态环境朝着良性循环方向发展，实现经济效益、生态效益和社会效益的统一。其次，要以生态学理论为指导，发展农业生产，防止农业生产引起的环境污染，应减少化肥、农药用量，发展有机农业和生态农业，实现物质和资源的多级利用，使农业生产逐步走上生态平衡、良性循环的道路。第三，应采取多种措施，防治工业及其他行业污染对农业产生的影响，特别减少“三废”的排放。最后，要将农业环境保护与新型城镇化建设、产业结构调整结合起来，实现种养加一条龙，发展农产品深加工，提高经济效益；改善农村居住环境，提高农民生活质量。

### 本章小结

本章主要介绍了生态学的概念和生态学在不同阶段的发展；介绍了环境的定义及分类；介绍了环境问题的来源及定义；并对现阶段我国环境存在的问题进行了简要的梳理；介绍了生态系统的类型，并对海洋生态系统、草地生态系统、淡水生态系统和森林生态系统作了初步介绍；介绍了农业生态学的概念及农业生态学的发展；介绍了当前我国农业环境存在的主要问题。

### 复习思考题

1. 解释概念：生态学、环境、自然环境、社会环境、环境问题、农业生态学、农业环境保护。
2. 生态学为何受到人类的重视？
3. 我国现阶段存在的环境问题主要有哪些？
4. 气候变化对农业生产有什么影响？
5. 农业非点源污染主要有哪些？
6. 如何做好我国农业环境保护工作？

## 资料收集

1. 以家乡所在地为主，调查当地有哪些类型的生态系统。

2. 以家乡所在地为主，调查当地农业环境污染主要有哪些，做成ppt在班级交流。

## 查阅文献

利用课外时间阅读《寂静的春天》《增长的极限》《只有一个地球》等书籍，了解人类对于生态和环境保护的认识过程。

## 习作卡片

调查当地农业环境污染状况，提出针对性的意见和建议，做成卡片，学完该课程后再提出解决农业环境污染的意见建议，对比是否有区别。

# 课外阅读

### 明天的寓言

从前，在美国中部有一个城镇，这里的一切生物看来与其周围环境生活得很和谐。这个城镇坐落在棋盘般排列整齐的繁荣的农场中央，其周围是庄稼地，小山下果园成林。春天，繁花像白色的云朵点缀在绿色的原野上；秋天，透过松林的屏风，橡树、枫树和白桦闪射出火焰般的彩色光辉，狐狸在小山上叫着，小鹿静悄悄地穿过了笼罩着秋天晨雾的原野。

沿着小路生长的月桂树、荚蒾和赤杨树以及巨大的羊齿植物和野花在一年的大部分时间里都使旅行者感到目悦神怡。即使在冬天，道路两旁也是美丽的地方，那儿有无数小鸟飞来，在出露于雪层之上的浆果和干草的穗头上啄食。郊外事实上正以其鸟类的丰富多彩而驰名，当迁徙的候鸟在整个春天和秋天蜂拥而至的时候，人们都长途跋涉地来这里观看它们。另有些人来小溪边捕鱼，这些洁净又清凉的小溪从山中流出，形成了绿荫掩映的生活着鳟鱼的池塘。野外一直是这个样子，直到许多年前的某一天，第一批居民来到这儿建房舍、挖井筑仓，情况才发生了变化。

从那时起，一个奇怪的阴影遮盖了这个地区，一切都开始变化。一些不祥的预兆降临到村落里：神秘莫测的疾病袭击了成群的小鸡；牛羊病倒和死亡，到处是死神的幽灵。农夫们述说着他们家庭的多病。城里的医生也愈来愈为他们病人中出现的新病感到困惑不解。不仅在成人中，而且在孩子中出现了一些突然的、不可解释的死亡现象，这些孩子在玩耍时突然倒下了，并在几小时内死去。

一种奇怪的寂静笼罩了这个地方。比如说，鸟儿都到哪儿去了呢？许多人谈论着它们，感到迷惑和不安。园后鸟儿寻食的地方冷落了。在一些地方仅能见到的几只鸟儿也气息奄奄，它们战栗得很厉害，飞不起来。这是一个没有声息的春天。这儿的清晨曾经荡漾着乌鸦、鸫鸟、鸽子、樫鸟、鹪鹩的合唱以及其他鸟鸣的音浪；而现在一切声音都没有了，只有一片寂静覆盖着田野、树林和沼地。

农场里的母鸡在孵窝，但却没有小鸡破壳而出。农夫们抱怨着他们无法再养猪了——新生的猪仔很小，小猪病后也只能活几天。苹果树花要开了，但在花丛中没有蜜蜂嗡嗡飞来，所以苹果花没有得到授粉，也不会有果实。

曾经一度是多么吸引人的小路两旁，现在排列着仿佛火灾劫后的、焦黄的、枯萎的植物。被生命抛弃了的这些地方也是寂静一片，甚至小溪也失去了生命；钓鱼的人不再来访问它，因为所有的鱼已死亡。

在屋檐下的雨水管中，在房顶的瓦片之间，一种白色的粉粒还在露出稍许斑痕。在几星期之前，这些白色粉粒像雪花一样降落到屋顶、草坪、田地和小河上。

不是魔法，也不是敌人的活动使这个受损害的世界的生命无法复生，而是人们作茧自缚。

上述的这个城镇是虚设的，但在美国和世界其他地方都可以容易地找到上千个这种城镇的翻版。我知道并没有一个村庄经受过如我所描述的全部灾祸；但其中每一种灾难实际上已在某些地方发生，并且确实有许多村庄已经蒙受了大量的不幸。在人们的忽视中，一个狰狞的幽灵已向我们袭来，这个想象中的悲剧可能会很容易地变成一个我们大家都将知道的活生生的现实。

是什么东西使得美国无以数计的城镇的春天之音沉寂下来了呢？这本书试探着给予解答。

——摘自蕾切尔·卡逊《寂静的春天》

# 第一章　农业生态系统

## 学习目标

了解生态系统的概念，理解生态系统的特点及功能；掌握种群的定义、分类及特征；掌握生物群落的定义、组成及特征；掌握农业生态系统的组成、基本结构和功能。

## 第一节　生 态 系 统

### 一、　生态系统的概念

生态系统一词由英国生态学家坦斯利1935年最先提出的。事实上，在19世纪末期，几乎同时出现了许多关于生态系统方面的论述，坦斯利在前人研究的基础上，吸取其它学科的精华，突破了经典生态学的束缚，提出了“生态系统”的概念。他认为，“生态系统不仅包括生物复合体，而且还包括了人们称为环境的各种自然因素的复合体”，他强调生物与环境是不可分割的整体，强调了生物成分和非生物成分在功能上的统一，把生物成分和非生物成分看成一个统一的自然实体——生态系统。

在同一个时代，前苏联的植物生态学家苏卡乔夫（1940，1942，1945，1947，1957）提出了“生物地理群落”的概念。生物地理群落是指地球表面的一个地段内，动物、植物、微生物与地理环境组成的功能单位。他强调在一个空间内，生物群落中各个成员和自然地理环境因素之间是相互联系在一起的整体。

在坦斯利提出生态系统以后，又有许多学者提出类似的概念，如生物系统和生物宇宙体等，但因它们不如生态系统的概念简明，而没有得到广泛使用。

实质上，生态系统和生物地理群落的概念都是把生物和非生物环境看成是相互影响，彼此依存的统一体，因此，在1965年丹麦的哥本哈根会议上统一了这两个概念，自此以后，生态系统得到了广泛的使用。

生态系统的地位被确立后，对其的定义也随着认识的深入而发生变化，著名生态学家奥德姆在1971年给生态系统这样定义：生态系统就是包括特定地段中的全部生物（即生物群落）和物理环境相互作用的任何统一体，并且在系统内部，通过能量的流动形成一定的营养结构、生物多样性和物质循环（即生物与非生物之间的物质交换）。

目前，生态系统定义为：生态系统是一定时间和空间范围内，生物和非生物成分通过物质循环、能量流动和信息交换而相互作用、相互依存所构成的具有一定结构和功能的一个生态复合体。

生态系统是客观存在的，它有时间和空间的概念，并且通过物质循环、能量流动和信息传递把这些生物与环境统一起来，形成一个以生物为主体，具有完整生态功能的复合体。

生态系统的范围非常广泛，大到地球上最大的生态系统——生物圈，小到一个池塘，一块草地，甚至于一个小小的脚印，由于雨水积聚而含有一些简单的生物生存，都可看做是一个生态系统。

## 二、 生态系统的基本组成

生态系统的组成成分是指系统内所包括的若干类相互联系的各种要素。任何一个生态系统都由生物成分和非生物成分组成，也称之为生命系统和环境系统或生命成分和非生命成分（表1-1）。

**表1-1　　生态系统基本组成**

<table>
<tr><td rowspan="6">生态系统</td><td rowspan="3">生物成分</td><td>生产者</td><td>绿色植物、藻类、化能合成细菌、光合细菌等其它自养生物</td></tr>
<tr><td>消费者</td><td>草食动物、肉食动物、杂食动物、腐食动物、寄生动物</td></tr>
<tr><td>分解者</td><td>细菌和真菌为主的微生物等</td></tr>
<tr><td rowspan="3">非生物成分</td><td>气候因素</td><td>光照、温度、湿度、降水、气压、雷电等</td></tr>
<tr><td>无机物质</td><td>氧、氮、磷、硫、二氧化碳、水和无机盐等</td></tr>
<tr><td>有机物质</td><td>蛋白质、糖类、脂类、腐殖质等</td></tr>
</table>

### （一）生物成分

生态系统的生物成分按其功能可划分为三部分：生产者、消费者和分解者。

1. 生产者

这里的生产者主要指初级生产者，是指能利用以太阳能为主的各种能源将简单无机化合物合成复杂有机物的所有自养生物，主要包括绿色植物，也包括化能合成细菌与光合细菌，它们都是自养生物。植物与光合细菌利用太阳能进行光合作用合成有机物，化能合成细菌利用某些物质氧化还原反应释放的能量合成有机物，比如，硝化细菌通过将氨氧化为硝酸盐的方式利用化学能合成有机物。

绿色植物通过光合作用把水和二氧化碳等无机物合成碳水化合物、蛋白质和脂肪等有机化合物，并把太阳辐射能转化为化学能，贮藏在有机物的化学键中，既为植物体本身的生存、生长、发育和繁殖等提供营养物质和能量，又直接或间接为消费者和分解者提供能量来源，所以说生产者是生态系统所需一切能量的基础，是生态系统的核心。

生产者在生物群落中起基础性作用，它们将无机环境中的能量同化，同化量就是输入生态系统的总能量，维系着整个生态系统的稳定，其中，各种绿色植物还能为各种生物提供栖息、繁殖的场所。生产者是连接无机环境和生物群落的桥梁。

2. 消费者

消费者指以动植物为食的异养生物，消费者的范围非常广泛，包括了几乎所有动物和部分微生物，它们不能直接利用太阳辐射能或其它非生物能源，只能通过捕食和寄生关系直接或间接地利用植物而获得营养和能量，在生态系统中传递能量。

以生产者为食的消费者被称为初级消费者，又称为一级消费者，主要是草食动物，是直接以植物为食的动物，如牛、马、羊、鹿、植食昆虫等。

以初级消费者为食的被称为次级消费者，其后还有三级消费者与四级消费者，主要以草食动物或其它的肉食动物为食的肉食动物。若直接以草食动物为食的肉食动物为二级消费者，如蜘蛛、蛙、肉食昆虫等；若以二级消费者为食的肉食动物为三级消费者，如狐、狼、蛇等；若以三级消费者为食的肉食动物则为四级消费者，如狮、虎、豹、鹰等凶禽猛兽；依次类推。

杂食动物既是一级消费者，又是二级消费者或三级消费者；寄生者是特殊的消费者，寄生在其它动、植物身体上，靠吸取宿主营养为生；腐生动物则以腐烂的动植物残体为食。

同一种消费者在一个复杂的生态系统中可能充当多个级别，杂食性动物尤为如此，它们可能既吃植物（充当初级消费者）又吃各种食草动物（充当次级消费者），有的生物所充当的消费者级别还会随季节而变化。

一个生态系统只需生产者和分解者就可以维持运作，数量众多的消费者在生态系统中起加快能量流动和物质循环的作用，可以看成是一种“催化剂”。

3. 分解者

分解者又称还原者，它们是一类异养生物，主要是各种微生物（腐生的细菌和真菌为主），也包括某些原生动物和腐食动物（如食枯木甲虫、白蚁、蚯蚓、蜣螂和某些软体动物等）。

它们以动植物的残体和排泄物中的有机物质作为维持生命活动的食物来源，并把复杂的有机物分解为简单化合物，最终成为无机物质，归还到环境中，供生产者再度吸收利用。分解者在生态系统的物质循环和能量流动中具有重要意义。大约90%的陆地生物都需经分解者分解归还大地，再经传递作用，输送给绿色植物进行光合作用。

因此分解者、生产者与无机环境就可以构成一个简单的生态系统。分解者是生态系统的必要成分，分解者是连接生物群落和无机环境的桥梁。

一个生态系统中的各种生物彼此互相由食物关系而连接起来，形成食物链。例如兔子吃草，狐狸吃兔子，老虎又吃狐狸，可以表示为草—兔子—狐狸—老虎食物链。食物链一般包括若干个环节，每个环节可作为一个营养级，而能量则是沿着食物链从一个营养级流动到另一个营养级。能量沿着太阳—生产者—消费者—分解者的途径流动，在这个过程中，能量不断散失。

消费者并不全都是在一个营养级中，草食者兔子是一级消费者，吃兔子的狐狸属于二级消费者，而吃狐狸的老虎则属于三级消费者。一般说来，食物链的环节不会超过五个，因为能量在沿食物链营养级流动时不断减少，流经几个营养级后，所剩下能量已不足以再维持一个营养级的生命了。

在生态系统中，一种消费者常常不是只吃一种食物，而同一种食物又可能被不同的消费者所食。因此，各食物链又相互交错地连结在一起而形成复杂的食物网。

**（二）环境组分（非生物成分）**

无机环境是生态系统的非生物组成部分，包含阳光以及其它所有构成生态系统的基础物质，生物环境不仅包括对其影响的种种自然环境条件，而且还包括生物有机体的影响和作用。

植物所需要的物质基础，除了地球本身所提供的物质条件之外，最根本的能源动力是由太阳辐射所提供的。有了无机物质和能源的供应，植物体将能源储存，通过植物体的生命活动，才能转化成为有机物质和有机能源，不断地转化、传递、循环下去。因此，太阳和地球是植物最根本的环境基础，可以说，一切环境特征都是由此产生的，这就是植物的宇宙环境和地球环境，奠定了生态学上的宏观概念。

当地球大约一百亿年前形成后，第一批生物诞生时，它们遇到的环境是水、空气和地表岩石的风化壳，全是无机环境。以后在生物的作用下，岩石圈的表面形成了土壤圈，构成半生命半有机环境。大气圈以对流层、水圈、岩石圈和土壤圈的综合作用，共同组成了地球的生圈环境。

1. 大气圈

地球表面的大气圈，虽然厚度有一千公里以上，但直接构成植物气体环境的部分，只是下部对流层，厚度约16km。大气中有植物生命所必需的成分，如光合作用中所需要的 $CO_2$ 和呼吸作用中所需要的 $O_2$ 等。对流层中含有水气、粉尘和化学物质等，由于气温的作用，可以形成为风、雨、霜、雪、冰雹等，一方面调节地球环境的水分平衡，有利于植物的生长发育；另一方面，也会给植物带来破坏和损伤。臭氧幕在大气圈的形成，对整个地球表面的生物构成有利的保护。

2. 水圈

地球表面有71%的面积为海洋和江河湖泊所覆盖，还有地下水、气体水及雪山冰盖的固体水，构成植物丰富的水物质基础。液体水中还溶有各种化学物质、各种溶盐和矿质营养、有机营养物质等，提供植物生长的需要。由于各个地区的水质不同，构成了植物环境的生态差异，例如海水和淡水、碱水和酸水等，都是植物的不同环境。液态水通过蒸发、蒸腾，转化为气态水，再转化为降水回到地面上，构成了水分的循环。据估计，生物的吸收、蒸腾、蒸发作用，使地球水圈的全部水分，约每两千年再循环一次。大气中的水热条件结合起来，就能产生千变万化的地区气候特性，成为影响地球植被类型分布的重要因素。

3. 岩石圈

岩石圈指的是地球表层30～40km厚度的地壳，成为大气圈、水圈、土壤圈以及生物圈存在的牢固基础，没有岩石圈就没有地球表面的一切。岩石圈中贮藏着丰富的化学物质，成为植物生长所需要的矿质营养宝库，矿质养分溶解于地下水，转移到土壤中，再由植物的根吸收到植物体内。由于各种岩石的厚度及组成成分不同，风化所形成的土壤性质就有很大差异，这又为植物的生存创造了各种不同的土壤环境，成为影响植被分布的又一个重要因素。

4. 土壤圈

岩石圈表面的风化壳是土壤的母质，母质中含有丰富的矿质营养物质，还不能算是真正的土壤，再加上水分、有机物及有生命的生物体，特别是微生物群，在长时间的作用下，才形成了真正的土壤。它覆盖在陆地表面及海水和淡水的底层上，形成地球表面一层很薄的土壤圈层。土壤和其它各自然圈的性质完全不同。土壤圈是在生物圈进化过程中，有了生物的作用后才形成的，但反过来又成为绿色植物必不可少的基地。土壤圈和植物之间的关系非常密切，改良土壤，就可以控制和促进植物的生长发育，获得优质高产，这是农业生产措施的常识。

5. 生物圈

生活在大气圈、岩石圈、水圈和土壤圈的界面上的生物圈，构成了一个有生命的、具有再生产能力的生物圈。其中绿色植物层给地球穿上了一件绚丽多彩的艳装。

根据生物分布的幅度，生物圈的上限可达海平面以上 10km 的高度，下限可达海平面以下 12km 的深度。在这一广阔的范围内，最活跃的是生物。其中绿色植物能在生命活动过程中，截取太阳的辐射能量，吸收土壤中的水分和养分，扎根在风化的岩面上，吸收大气中的 $CO_2$ 和 $O_2$ 等，使地球各个自然圈之间，发生互相联系，及各种物质和能量相互渗透，构成一个整体，形成了地球表面所有物质能量的运动，以生物为转化和循环的中心，向着越来越丰富的方向发展。

生物圈中的植物层称植被。植被在地球环境中的作用，具有重大的意义。地球上总的生物生产量中，植被占 99%，因此，植被在地球表面上，对能量转化和物质循环过程，是一个十分重要和稳定的因素。植被不仅有很高的经济效益，而且还有改造环境、净化环境、稳定氧气库的作用，这种生态效益，更是一切生物生存包括人类在内，不可缺少的地球环境生态平衡条件。

## 三、 生态系统的特点

### （一）开放性

生态系统是一个不断同外界环境进行物质和能量交换的开放系统。在生态系统中，能量是单向流动，即从绿色植物接收太阳光能开始，到生产者、消费者、分解者以各种形式的热能消耗、散失，不能再被利用形成循环。而维持生命活动所需的各种物质，如C、H、O、N等元素，则以无机物形式先进入植物体内，然后以有机物的形式从一个营养级传递到另一个营养级，最后有机物经微生物分解为矿物质元素而重新释放到环境中，并被生物的再次循环所利用。生态系统的有序性和特定功能的产生，是与这种开放性分不开的。

### （二）运动性

生态系统是一个有机统一体，它总是处于不断的运动之中。在相互适应调节状态下，生态系统呈现出一种有节奏的相对稳定状态，并对外界环境条件的变化表现出一定的弹性。这种稳定状态，即是生态平衡。在相对稳定阶段，生态系统中的运动（能量流动和物质循环）对其性质不会发生影响。因此，所谓平衡是动态平衡，也就是这种随着时间的推移和条件的变化而呈现出的一种富有弹性的相对稳定的运动过程。

### （三）自我调节性

生态系统作为一个有机的整体，在不断与外界进行能量和物质交换过程中，通过自身的运动而不断调整其内在的组成和结构，并表现出一种自我调节的能力，以不断增强对外界条件变化的适应性、忍耐性，维持系统的动态平衡。只是当外界条件变化太大或系统内部结构发生严重破损时，生态系统的这种自我调节功能才会下降或丧失，以致造成生态平衡的破坏。当前，环境问题的严重性就在于打乱以至破坏了全球或区域生态系统的这种自我适应、自我调节功能。

### （四）相关性与演化性

任何一个生态系统，虽然有自身的结构和功能，但又同周围的其它生态系统有着广泛的联系和交流，很难把它们截然分开，由此表现出一种系统间的相关性。对一个具体的生态系统而言，它总是随着一定的内外条件的变化而不断地自我更新、发展和演化，表现为一种产生、发展、消亡的历史过程，呈现出一定的周期性。

## 四、 生态系统的功能

生态系统的功能主要表现为生物生产、能量流动和物质循环，它们是通过生态系统的核心部分——生物群落来实现的。

### （一）生态系统的生物生产

生态系统的生物生产是指生物有机体在能量和物质代谢的过程中，将能量、物质重新组合，形成新的产物（碳水化合物、脂肪、蛋白质等）的过程。绿色植物通过光合作用，吸收和固定太阳能，将无机物转化成有机物的生产过程称为植物性生产或初级生产；消费者利用初级生产的产品进行新陈代谢，经过同化作用形成异养生物自身物质的生产过程称为动物性生产或次级生产。

植物在单位面积、单位时间内，通过光合作用固定的太阳能量称为总初级生产量。总初级生产量减去植物因呼吸作用的消耗，剩下的有机物质即为净初级生产量。它们之间的关系为：净初级生产量 = 总初级生产量 - 呼吸作用的消耗。

与初级生产量相关的另一个概念是生物量，对于植物来说，它是指单位面积内植物的总重量。某一时间的植物生物量就是在此时间以前所积累的初级生产量。

单位地面上植物光合作用累积的有机物质中所含的能量与照射在同一地面上日光能量的比率称为光能利用率。绿色植物的光能利用率平均为 0.14%，在运用现代化耕作技术的农田生态系统中光能利用率也只有 1.3% 左右。地球生态系统就是依靠如此低的光能利用率生产的有机物质维持着动物界和人类的生存。

### （二）生态系统的能量流动

生态系统的生物生产是从绿色植物固定太阳能开始的，太阳能通过植物的光合作用被转变为生物化学能，成为生态系统中可利用的基本能源。生态系统各成分之间能量流动的一个重要特点是单向流，表现为能量的很大部分被各营养级的生物所利用，通过呼吸作用以热的形式散失，而这些散失到环境中的热能不能再回到生态系统中参与能量的流动，因为尚未发现以热能作为能源合成有机物的生物体，而用于形成较高营养级生产量的能量所占比例却很小。

生态系统内的能量传递和转化遵循热力学定律。根据热力学第一定律，输入生态系统的能量总是与生物有机体贮存、转换的能量和释放的热量相等，从而保持生态系统内及其环境中的总能量值不变。根据热力学第二定律，生态系统的能量随时都在进行转化和传递，当一种形式的能量转化成另一种形式的能量时，总有一部分能量以热能的形式消耗掉。

如前所述，每经过一个营养级，都有大量的能量损失掉。那么，生态系统能量转化的效率究竟有多大呢？美国学者林德曼测定了湖泊生态系统的能量转化效率，得出平均为 10% 的结果，即在能量从一个营养级流向另一个营养级的过程中，大约有90%的损失量，这就是著名的“十分之一定律”。比如，一个人若靠吃水产品增加0.5kg的体重，就得食用5kg的鱼，这5kg的鱼要以50kg的浮游动物为食，而50kg的浮游动物则需消耗约500kg的浮游植物。由于这一定律来自对天然湖泊的研究，所以比较符合水域生态系统的情况，并不适用于陆地生态系统。一般来讲，陆地生态系统的能量转化效率要比水域生态系统低，因为陆地上的净生产量只有很少部分能够传递到上一个营养级，大部分则直接被传递给了分解者。

### （三）生态系统的物质循环

生态系统的发展和变化除了需要一定的能量输入之外，实质上包含着作为能量载体的各种物质运动。例如，当绿色植物通过光合作用，将太阳能以化学能的形式贮存在合成的有机物质之中时，能量和物质的运动就同时并存。自然界的各种元素和化合物在生态系统中的运动为一种循环式的流动，称为生物地球化学循环。

## 五、生态系统的类型

生态系统类型众多，一般可分为自然生态系统和人工生态系统。总的说来，自然生态系统可以分为陆地生态系统和水域生态系统，陆地生态系统又可以分为森林生态系统、草原生态系统等，水域生态系统可以分为海洋生态系统、淡水生态系统。人工生态系统则可以分为农田生态系统、城市生态系统等。

### （一）森林生态系统

森林生态系统是森林群落与其环境在功能流的作用下形成一定结构、功能和自调控的自然综合体，是陆地生态系统中面积最多、最重要的自然生态系统。

地球上森林生态系统的主要类型有四种，即热带雨林、亚热带常绿阔叶林、温带落叶阔叶林和北方针叶林，其是陆地上生物总量最高的生态系统，对陆地生态环境有决定性的影响。

森林生态系统分布在湿润或较湿润的地区，其主要特点是动植物种类繁多，群落的结构复杂，种群的密度和群落的结构能够长期处于稳定的状态。

森林中的植物以乔木为主，也有少量灌木和草本植物。森林中还有种类繁多的动物。森林中的动物由于在树上容易找到丰富的食物和栖息场所，因而营树栖和攀缘生活的种类特别多，如犀鸟、树蛙、松鼠、蜂猴、眼镜猴和长臂猿等。

森林不仅能够为人类提供大量的木材和林副业产品，而且在维持生物圈的稳定、改善生态环境等方面起着重要的作用。例如，森林植物通过光合作用，每天都消耗大量的 $CO_2$，释放出大量的 $O_2$，这对于维持大气中 $CO_2$ 和 $O_2$ 的平衡具有重要意义。又如，在降雨时，乔木层、灌木层和草本植物层都能够截留一部分雨水，大大减缓雨水对地面的冲刷，最大限度地减少地表径流，枯枝落叶层就像一层厚厚的海绵，能够大量地吸收和贮存雨水。因此，森林在涵养水源、保持水土方面起着重要作用，有"绿色水库"之称。

### （二）草原生态系统

草原生态系统是以各种草本植物为主体的生物群落与其环境构成的功能统一体。草原生态系统在其结构、功能过程等方面与森林生态系统、农业生态系统具有完全不同的特点，它不仅是重要的畜牧业生产基地，而且是重要的生态屏障。

我国的草原生态系统是欧亚大陆温带草原生态系统的重要组成部分。它的主体是东北－内蒙古的温带草原。根据自然条件和生态学区系的差异，大致可将我国的草原生态系统分为三个类型：草甸草原、典型草原、荒漠草原。

草原生态系统分布在干旱地区，这里年降雨量很少。与森林生态系统相比，草原生态系统的动植物种类要少得多，群落的结构也不如前者复杂。在不同的季节或年份，降雨量很不均匀，因此，种群和群落的结构也常常发生剧烈变化。

草原上的植物以草本植物为主，有的草原上有少量的灌木丛。由于降雨稀少，乔木非常少见。那里的动物与草原上的生活相适应，大多数具有挖洞或快速奔跑的行为特点。草原上啮齿目动物特别多，它们几乎都过着地下穴居的生活。黄羊、跳鼠、狐等善于奔跑的动物，都生活在草原上。由于缺水，在草原生态系统中，两栖类和水生动物非常少见。

草原是畜牧业的重要生产基地。在我国广阔的草原上，饲养着大量的家畜，如新疆细毛羊、伊犁马、滩羊等。这些家畜能为人们提供大量的肉、奶和毛皮。此外，草原还能调节气候，防止土地风沙侵蚀。由于过度放牧以及鼠害、虫害等原因，我国的草原面积正在不断减少，有些牧场正面临着沙漠化的威胁。因此，必须加强对草原的合理利用和保护。

### （三）海洋生态系统

海洋生态系统是海洋中由生物群落及其环境相互作用所构成的自然系统，广义而言，全球海洋是一个大生态系统，其中包含许多不同等级的次级生态系统。每个次级生态系统占据一定的空间，由相互作用的生物和非生物，通过能量流和物质流形成具有一定结构和功能的统一体。海洋生态系统分类，目前尚无定论，按海区划分，一般分为沿岸生态系统、大洋生态系统、上升流生态系统等；按生物群落划分，一般分为红树林生态系统、珊瑚礁生态系统、藻类生态系统等。海洋生态系统研究开始于20世纪70年代，一般涉及自然生态系统和围隔实验生态系统等领域。近几十年，以围隔（或受控）实验生态系统研究为主，主要开展营养层次、海水中化学物质转移、污染物对海洋生物的影响、经济鱼类幼鱼的食物和生长等研究。

**（四）农田生态系统**

农田生态系统是人工建立的生态系统，其主要特点是人的作用非常关键，人们种植的各种农作物是这一生态系统的主要成员。农田中的动植物种类较少，群落的结构单一。人们必须不断地从事播种、施肥、灌溉、除草和治虫等活动，才能够使农田生态系统朝着对人有益的方向发展。因此，可以说农田生态系统是在一定程度上受人工控制的生态系统。一旦人的作用消失，农田生态系统就会很快退化，占优势地位的作物就会被杂草和其它植物所取代。

农田生态系统是以作物为中心的农田中，生物群落与其生态环境间，在能量和物质交换及其相互作用上所构成的一种生态系统，是农业生态系统中的一个主要亚系统。与陆地自然生态系统的主要区别是：系统中的生物群落结构较简单，优势群落往往只有一种或数种作物；伴生生物为杂草、昆虫、土壤微生物、鼠、鸟及少量其他小动物；大部分经济产品随收获而移出系统，留给食物链的较少；养分循环主要靠系统外投入而保持平衡。农田生态系统的稳定有赖于一系列耕作栽培措施的人工养地，在相似的自然条件下，土地生产力远高于自然生态系统。

## 第二节　种群的概念与基本特征

种群是占据特定空间的、具有潜在杂交能力的同一种生物的个体群。它是一个客观生态生物学单位，例如，某一块山地上的马尾松种群，一个池塘里的水绵种群。一般认为，种群是物种在自然界中存在的基本单位。在自然界中，门纲目科属等分类单元是学者按物种的特征及其在进化中的亲缘关系来划分的，唯有种才是真实存在的，因为组成种群的个体随着时间的推移而死亡消失，又不断通过新生个体的补充而持续，所以进化过程就是种群中个体基因频率从一个世代到另一个世代的变化过程。因此，从进化论的观点看，种群是一个演化单位；任何一个种群在自然界中都不能孤立存在，而是与其它物种的种群一起组成群落，因此，一个群落中常包括不同的种群，所以从生态学的观点看，种群又是生物群落的基本组成单位。

种群的概念既可以从抽象的理论意义上理解为个体组成的集合群，这是学科划分层次上的概念，如种群生态学、种群遗传学等；也可从具体方面理解为某个确切的生物种群。事实上，除非种群栖息地具有清楚的边界，如岛屿、湖泊等，种群的时间界限和空间界限一般难以准确界定，因此，种群的时空界限通常以研究方便而划分。

种群特性不同于个体特性的相加，从个体到种群，其特性有了质的飞跃，是一个具有自己独立的特征、结构和机能的整体。每一个种群都有其数量及数量动态、年龄结构、空间分布格式、种群内个体间及种群间的相互关系，因而每一个种群必有其生态位，并且，种群还具有能按照环境条件而调节其自身密度的自我调节能力。

## 一、种群的特征

### （一）种群的数量和增长

种群的数量是指在一定面积或容积中某个种的个体总数。一个种群的个体数目多少，也称种群大小。如果用单位面积或单位容积内的个体数目来表示种群大小，则为种群的密度，如每立方米的水域有500万个硅藻，每亩地有20株树。

种群的数量或密度是经常变化的，影响其变化的因素是种群的特性（繁殖特性、性别比例和年龄结构）、种内种间关系及外界环境因素。

种群的数量变动首先要决定于出生率和死亡率的对比关系。在单位时间内，出生率与死亡率之差为增长率，也就是单位时间内种群数量增加的百分数。因而，种群的数量大小，也可以说是由增长率来调整的，当出生率超过死亡率，即增长率为正，种群的数量增加；如果死亡率超过出生率，增长率为负时，则种群数量减少；而当出生率和死亡率相平衡，增长率接近于零时，种群数量将保持相对稳定状态。

1. 种群的指数式增长

在实验室条件下，单种种群的数量，在理论上决定于三个因素：出生率、死亡率和起始种群的个体数量。

指数增长模型的提出者是著名人口学家托马斯·马尔萨斯，他认为种群数量的增长不是简单的相加关系，而是成倍地增长；后来，生物学家查尔斯·罗伯特·达尔文通过对大象种群的研究再次确认了这一增长模式。这种客观存在的增长模式表明，所有种群都有爆炸式增长的能力。

指数增长的函数式是指数方程，变量为时间 $t$，常数为种群密度增长的倍数。这一增长模式没有上限，完全的指数增长只存在于没有天敌、食物与空间绝对充足（以至于没有种内斗争）的理想情况，实际生活中，培养皿中刚接种的细菌、入侵生物（例如凤眼莲）、蓝藻爆发时，种群会在相当一段时间内进行指数增长，随后则趋于稳定或大量死亡。

2. 种群的逻辑斯蒂增长

在环境资源受限制的情况下，单种种群的增长呈逻辑斯蒂增长。

在自然种群中环境资源总是有限的，种群通常都是在环境资源供应有限的条件下增长。因此，种群的增长除了决定于种本身的特性以外，在大多数情况下，还决定于环境中空间、物质、能量等资源的可利用程度，以及有机体对这些资源的利用效率。

在环境资源有限的条件下，随着种群内个体数量的增多，对于有限空间和其它生活必需资源的种内竞争也加剧，这必然影响到种群的出生率和存活率，从而降低种群的实际增长率。当种群个体的数目接近于环境所能支持的最大值，即环境负荷量 $K$ 值时，种群将不再增长而保持在该值左右。

关于逻辑斯蒂增长是在动物生态学研究中一个被热烈讨论的问题，有的学者把它视为种群增长的普遍规律，称之为种群增长模型。

逻辑斯蒂增长模型能更好地指导人为的种群调节。进行逻辑斯蒂增长的种群在数量上，存在一个上限，这个上限就被称为环境容纳量，简记“$K$ 值”，代表在环境不受到破坏的情况下对该种群最大承载量，或该种群在该环境的最大数量。一个种群在种群密度为 $K/2$ 时，增长率最快，这可以指导经济生物的采集，让种群密度始终控制在 $K/2$ 的范围内，“多余”的进行采集，可以让经济生物保持最快的增长。

**（二）种群的年龄结构**

生物种群的结构，一般包括年龄组成和性别比例两个要素。但是，由于大多数植物都是雌雄同株的，因而就植物种群而言，年龄组成是植物种群结构的主要要素。

年龄组成或称年龄结构，是指种群内各个体的年龄分布的状况，也就是各个年龄级的个体数在整个种群个体总数中所占的百分比。种群的年龄结构是种群的重要特征之一。一般用年龄金字塔形式来表示种群的年龄结构。年龄金字塔是从小到大将各年龄级的比例用图表示。

因而，种群的增长情况也随着种群年龄结构的变化而变化，所以，一个种群年龄结构的状况，不仅反映种群当时的发育阶段，而且是预示着种群数量变化和动态发展趋势的一个主要指标。

一般可以把种群的年龄结构分为三种类型。

（1）增长型种群　这类种群的年龄结构，以幼年个体占有最大的百分数，老年个体数量减少。幼、中年个体除了补充死去的老年个体外还有剩余，所以，这类种群的数量是呈上升趋势，为增长型种群。

（2）稳定型种群　这类种群，其各个年龄级的个体数的分布比较均匀，每一个年龄级进入上一级的个体数，与一个年龄级进入该级的个体数大致接近（幼年、中年的个体数比老年略多些），所以，种群的大小趋于稳定。

（3）衰退型种群　这类种群与增长型相反，老年个体数很大，幼年个体数很少，大多数个体已过了生殖年龄，种群的数量趋向于减少。

植物种群各个年龄级的分布情况，是与它们本身的生长能力、个体间的竞争、其它种群对该种群的影响，以及与环境的情况有关。因此，在解释年龄分布数据时，必须要考虑实际（生态）年龄期长短问题。

植物种群的年龄组成，还可分为同龄级和异龄级两类。凡是一年生植物和一切农作物种群，都可以列为同龄级种群。一切多年生植物，都是异龄级种群。异龄级种群的全部个体成员的年龄，可以相差很大，例如一株百年大乔木，与其新萌发的幼苗相比，年龄相差极为悬殊，但同属于一个种群。在森林群落中这种情况是常见的，一个异龄级种群的全部个体成员，可以分布在群落中的不同层次，如地被层、中层和上层，或者只分布在其中的一、两个层次。所以，从森林群落结构来讲，各层次以内的所有植物成分，实际上是由各个种群的异龄个体成员所组成。如地被层中包含着草本、灌木和乔木幼苗等种群个体，中层是由灌木，小树和乔木幼树所组成，上层是由各种大乔木的成年和老年个体所组成，还有层间植物是由藤本、附生、寄生等种群的异龄个体所组成。

处在不同年龄时期的个体，对环境的要求和反应各不一样，在群落中的地位和所起的作用，也是各不相同的。它们在群落内部的分布情况，对于群落的结构、分类、生态、演替各方面都有密切的关系。

### （三）种群内个体的空间分布格局

种群内个体的空间分布方式或配置特点，称为分布格局。分布格局是由种的生物学特性，种内、种间关系和环境因素的综合影响决定的。

种群内个体的空间分布格局，一般分为三种类型，如图1－1所示。

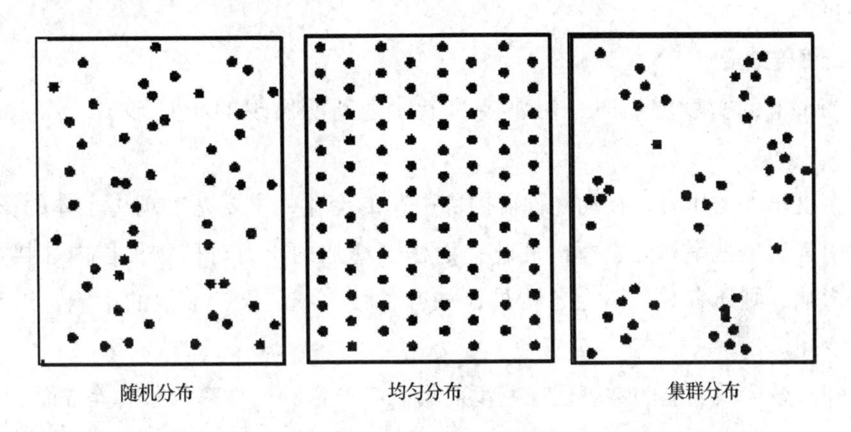


图1－1　种群分布格局

（刘常富，《园林生态学》，2003）

（1）随机分布　种群内个体的分布是偶然性的，每个个体的出现都有同等机会，或者说，个体分布完全和几率相符合。随机分布在自然界不很常见，只有在生境因素对于很多个体的作用都差不多时，或某一主导因素成随机分布时，才会引起种的随机分布；在条件比较一致的环境里，也常会出现随机分布，如在潮汐带的环境里，有机体通常呈现一种随机型的分布；还有，用种子繁殖的植物，在初入侵到一个新的地点时，也常呈随机分布。

（2）均匀分布或规则分布　种群内的各个体之间保持一定的均匀距离。当有机体能够占有的空间比其所需要的大时，则在其分布上所受到的阻碍较小，这样就使种群中的个体常呈均匀分布。株行距一定的人工栽培群落是均匀分布的一个例子。在自然情况下，均匀分布最为罕见。但由于以下五种原因，常会引起植物种群的均匀分布：虫害、种内竞争、优势种成均匀分布而使其伴生植物也成均匀分布、地形或土壤物理性状（如土壤水分）的均匀分布、自毒现象。

（3）集群分布或团块分布　种群内个体分布不均匀，形成许多密集的团块状。在自然情况下，大多数植物种群常成团块型分布，是最广泛的一种分布格局。团块型分布格局的形成常常是由于下列原因：生境不均匀的形成块状、植物种群本身的特性和与生境间的相互影响、种群繁殖的特性和种子的传布方式、植物分泌物的影响等。块状的大小，块间的距离，每块内个体的密度则随种和环境条件的变化而各异的。

种群的数量和密度及其生长发育状况，决定了群体的结构和特性，而种群的密度和空间分布格局，又是影响群体发展的主要因素，所以，种群的数量、密度和空间分布格局及其与生境的关系，能从客观的数量基础上说明群落演替动态过程。

**（四）邻接效应**

当种群的密度增加时，在邻接的个体之间所出现的相互影响，称为邻接效应。

密度增加的压力，在动物种群内部引起的变化，主要是对动物个体的影响，以致引起出生就率和死亡率的变化；而密度增加的压力对植物种群内邻接个体间的影响，则还有对个体上各构件，如叶、枝、花、果、细根的影响，以至于生死变化。

邻接效应最明显的常表现在密度对形态、产量和死亡率的影响等方面。

植物种群密度对产量的影响，在农学与林学方面都已做了大量的研究工作。试验表明，如果当种群的密度超过 $K$ 值很远，则种群数量大小与产量的关系往往表现为：在一定条件（管理合理、充分生长条件）下，尽管各田密度不同，杆数有别，而最后总产量却相接近。这主要是由于邻接效应的缘故，因为种群密度过大，相邻接的个体生长受抑制的程度增大，个体上的构件数量和生长情况也越少或差，单株平均产量就减小。因而，在植物种群生长过程中，必须重视个体及各个构件的生长情况，充分估计个体上各个构件的意义。

密度对不同生活型植物产量的影响又有所不同，例如，对一年生禾谷类作物产量的构成要素，影响最大的是单株有效穗数、每穗粒数和粒重。对双子叶植物产量变动影响最大的是单株果实数。对木本植物的影响，如对果树产量构成要素影响最大的是单株果数和平均果重，对材用木产量的影响主要是对高生长、粗生长和材积的影响。

密度还对死亡率有直接影响，常见的如“自疏”和“他疏”现象。哈勃（1961）播种麦仙翁单一种群，密度从 1076 ~ 10760 株/$m^2$，观察密度与死亡率的关系。试验表明：播种的密度与收获时的密度呈线性关系，但其死亡率是恒定的，在各种密度中都为 77%。在单种作物大田中，在苗期以后（如稻田分蘖终止或拔节后），主茎的死亡率往往并不因密度增大而增加，但其产量或单株产量则会随密度增加而减少。这主要是由于种群个体的构件，如叶、茎、花、果、种子等的数量，因密度增加而发生了变化，在密度的压力下，产生了相应的死亡现象。这就是个体水平以下的一种“自疏”作用。但若混种了其它种，如小麦或甜菜之后，则麦仙翁的死亡率就有不同程度的增加，即出现“他疏”作用。

## 二、种间关系

种群不是孤立存在的，而是和其它种的种群有联系的。在靠近生长的两个种之间，必然发生种间关系，不同种间的各种关系，对了解种群动态、种群的数量调节，以及对研究群落的组成和动态都具有重要的意义。

一般来说，种群的相互关系是比较复杂的，其复杂性主要是由下列因素所导致：种群的密度和个体生长发育状况；种群内部和种群之间个体和个体直接影响；群落内部的环境变化，如地上部分小气候环境和地下部分土壤环境的变化；以及植物本身的生态幅度、地理分布、生活型、竞争能力、植物分泌物、荫蔽作用、寄生现象等，所有这些都会直接、间接地影响种群内部和种群之间个体的相互关系。

种间关系有多种形式，有的是对抗性的，一个种的个体对另一种的个体不利，如种间竞争关系、寄生关系；有的是互助性的，两个种的个体生长在一起，相互有利甚至互为依赖而生存，如共生关系；有的是两个种的个体生长在一起，彼此不受影响，如附生关系；还有的是通过植物分泌物直接或间接地影响他种个体的生长，等等。种间关系的各种形式，在很大程度上取决于种的特性和生态位的特点。下面我们就几种重要的种间关系进行分析。

### （一）竞争

竞争是指在同种或异种的两个或更多个体间，由于它们的需求或多或少地超过了当时的空间或共同资源的供应状况，从而发生对于环境资源和空间的争夺，而产生的一种生存竞争现象。在这种相互关系中，对竞争者的个体生长发育和种群数量都有影响。

植物种间的竞争能力还决定于种的生态习性、生活型的生态幅度等。具有相似生态习性的植物种群，无论在对资源的需要和获取资源的手段上，竞争都是十分剧烈的，特别是在密度过大时就更为剧烈。生活型相同的不同种类的植物之间，也常常发生剧烈的竞争。

此外，植物的生长速率、个体大小、抗逆性、叶子和根系的数目、生长习性（一年生还是多年生）以及禾本科植物产生分蘖的能力等，也都会影响竞争能力。

在空间和资源不足的情况下，那些最能充分利用环境资源空间的种，在竞争中取胜，获得较好的生长，其它种则因资源或空间不足，生长受到抑制，甚至被淘汰，有时可能是竞争的双方都受到抑制。

### （二）寄生

在植物之间的相互关系中，寄生是一个重要方面。寄生物以寄主的身体为定居空间，并完全靠吸收寄主的营养而生活。由于这样的营养关系，寄生物使寄主植物的生长减弱，生物量和生产量降低，最后使寄主植物的养分耗竭，并使组织破坏而致死。因而，寄生物对寄主植物的生长有抑制作用，而寄主植物对寄生物则有加速生长的作用。从这个意义来讲，食草动物与植物的相互关系，也具有类似的性质。在寄生关系中，寄生物或致病菌的毒性大小和数量多少，寄主植物对致病菌的抗性强弱，以及环境条件的情况都会影响到寄生关系。

营寄生生活的高等植物，具有适应于寄生生活方式的形态解剖特征和生理特征。首先是寄生者的生物体简化，如槲寄生和小米草等半寄生植物，它们仅保留含叶绿素的器官，能进行光合作用，但是水和无机盐类则从寄主植物体中获取。全寄生植物则含叶绿素的器官完全退化，如大花草、白粉藤属是有花植物寄生者极端简化的例子，它们仅保留花，身体的所有其它器官都转变为丝状的细胞束，这种丝状体贯穿到寄主细胞的间隙中，吸取寄主植物的营养。

除了组织简化以外，几乎所有的寄生植物都出现专性固定器官（吸盘、小钩等），借这些固定器官使寄生者能侵入并固定在寄主植物体内或体表。

很多寄生植物还具有非常强大的繁殖力和生命力，在没有碰到寄主时，能长期保持生活力不死，一旦有机会碰到寄主植物，又能立即恢复生长。如寄生在很多禾本科植物根上的玄参科独脚金属植物，一株可产生 50 万个种子，可保持生命力 20 年不发芽，当一旦碰到寄主植物时，其种子就开始发芽生长，并侵入和寄生在寄主根中。

多数的寄生植物只限于寄生在一定的植物科、属中，即寄生具有一定的专性，这类寄生植物为专性寄生植物，如菟丝子属和列当属中的很多种，常寄生在三叶草、亚麻、柳树、向日葵、大麻、麻等植物上。由于寄生具有一定的专性，所以，寄生者和寄主常常是共同进化的。

### （三）共生和附生

共生关系是对两个种相互有利的共居关系，彼此间有直接的营养物质的交流，一个种对另一个种的生长有促进作用。地衣（藻类和真菌的共生）、菌根（真菌和高等植物根系的共生）、根瘤（固氮菌和豆科植物等根系的共生）都是共生典型例子。

如菌根有内生菌根和外生菌根两类，内生菌根是真菌丝穿入到高等植物的根部细胞里进行共生，很多高等植物如兰科、石楠科等都存在内生菌根。外生菌根是真菌菌丝不伸入根部细胞里，而只是紧紧地包围在根外进行共生。外生菌根能增加根系的吸收面积，大多数乔、灌木树种如松树、云杉、橡树等都具有外生菌根。真菌从高等植物根中吸取碳水化合物和其它有机物，或利用其根系分泌物，而又供给高等植物磷素等矿物质，二者互利共生。很多菌根植物没有菌根菌就不能正常生长或发芽，如松树在没有与它共生的真菌的土壤里，松树吸收养分很少，以致生长缓慢乃至死亡。在缺乏那些真菌的土壤上造林或种植菌根植物时，可以在土壤内接种真菌，或使种子感染真菌，便能获得显著的效果。同样，某些真菌如不与一定种类的高等植物根系共生，也将不能存活。

附生关系是指附生植物与被附生植物在定居的空间上紧密联系，但彼此没有什么积极的影响，也不进行营养物质的交流，或者是一个种得到点好处，另一个种不受损害或只受极轻微的损害，像这样，在两个种间所形成的稳定关系为附生关系。一般附生植物定居在其它植物的体表，如地衣、苔藓附生在树皮上。

**（四）种间结合**

种间结合是指两个或更多的种彼此较贴近地共同生长在一起，而且常常是有规律地重复出现。

植物种间相似的生态习性、生态幅度、生活型及地理分布，对于种间的结合是起决定作用的因素。生态幅度、地理分布或生态习性类似的种群，常常共同结合在一起出现，如对叶虎耳草、极地柳等常共同生长在一起，主要是由于它们都能忍受短暂的生长季节。反之，生态幅度、地理分布不同的种群，很少结合在一起。由于竞争或分泌物抑制作用，也使两个种群不结合在一起。

形成种间结合的直接因素，还可以是由于两个种间具有荫蔽作用或保护作用，比两个种单独生长时为好，如有些种类需要有另一种较高的植物遮阴，有些植物又需要有刺灌木的保护以免被啃食。

形成种间结合的间接因素，通常是由于群落小环境所造成，或是由于一个种所形成的小环境有利于另一个种的生存。豆科植物与禾本科植物之所以常常生长在一起，主要是彼此有营养上的相互有利的关系——豆科植物通过土壤环境供给禾本科植物以氮素，使禾本科植物生长旺盛产生较多的分蘖，被刈后再生快，并能产生较多的种子；而豆科植物的蛋白质含量也比单独生长时为高，种子产量和总的生物量都有所增加。

有机体分解的产物以及土壤微生物的分泌物，也影响种间的结合。而不同种的植物对于有机体腐烂分解后所产生毒素的敏感性是不同的，所以，往往随着毒素种类和浓度的不同，以及不同种植物质忍受力不同，而影响种间的结合。

### （五）植物分泌物对种间组合的影响

许多高等植物能够产生具有自毒和抗生性质的有机物质，诸如碳水化合物中的萜烯、酒精、有机酸、醚、醛、酮等类物质。这些有机物质以各种途径从植物体释放出来，有的从活根分泌出来直接进入土壤，有的是从活的或死的组织淋洗出来，并积聚于土壤或其它植物表面，少数情况是由叶、花乃至树皮等分泌出挥发性化合物进入空气，并在形成露时积聚在其它植物表面。

这些植物分泌物对植物种群的组合能产生明显的影响。有些分泌物能抑制另一种植物的生长，有些分泌物却能促进另一种植物的生长，从而起了抑制或促进种间组合的作用，对种间竞争也有重要意义。从洋艾的叶和根游离出来的物质，能严重抑制和损害其它植物的生长；洋槐树皮分泌的挥发性物质，能抑制多种草本植物生长；雀麦、匍匐冰草、波状须草中，也发现有化学抑制作用的根分泌物等。相反，某些种植物的分泌物，对另一种植物是有益的，如黑接骨木对云杉的分布有利；皂荚、白蜡与七里香一起生长时，互相都有显著的促进作用。

还有些植物能分泌气态物质影响相邻植物的生长，例如风信子、稠李、洋槐和丁香的芳香物质，能抑制相邻植物的伸长生长。把蚕豆的幼苗置于薰衣草、薄荷、月桂等有强烈香味的叶子下面，同样出现伸长生长受抑制，并且根也受到影响。

正因为植物分泌物对另一植物种群具有这种抑制作用，所以，在农林业生产实践上，就要注意某些树种不能和另一些树种混种，也不能和某些种农作物混种，据研究，胡桃不能和苹果种在一起，因胡桃叶能分泌大量胡桃醌对苹果根起毒害作用；胡桃树周围也不能种番茄、马铃薯；苹果树旁也不要种玉米，因为玉米对苹果根的分布也产生不利的作用。而洋葱和食用甜菜，马铃薯和菜豆，小麦和豌豆种在一起则有相互促进作用。此外，由于某些植物种的分泌物还具有杀菌作用，所以当这些植物种与另一些植物种群生长在一起时，有防治病虫害的功效，例如桉树、苦楝、蓖麻、七里香、天竺葵、肉桂、柠檬、蒜、葱等植物，就具有这样的杀菌作用。

植物分泌物对种间组合的这种促进或抑制作用，对于作物的混、间、套作和造林树种的选择、搭配组合上，都有极重要的实践意义。

## 第三节　生物群落的概念与特征

### 一、生物群落的概念

在自然界，任何生物都极少单独生长，几乎都是聚集成群的。群居在一起的不同生物之间就产生了复杂的相互关系。就绿色高等植物而言，这种相互关系包括生存空间、各个植物对光能的利用、对土壤水分和矿质养料的利用，植物分泌物的彼此影响，以及植物之间附生、寄生和共生的关系等。另一方面，群居在一起的植物在受环境影响的同时，又作为一个整体影响一定范围的外界环境，并在群落内形成特有的群落环境，由群落改变了的环境，又反过来影响群落中的植物本身。以上种种，使得群居在一起的植物，其生长发育乃至生存，都决定于这些相互关系和影响。这就是说，群居在一起的生物并非杂乱的堆积，而是一个有规律的组合，一定生物种类的组合，在环境相似的不同地段有规律地重复出现。每一个这样组合的单元就成为一个生物群落。

生物群落指生活在一定的自然区域内，相互之间具有直接或间接关系的各种生物的总和。与种群一样，生物群落也有一系列的基本特征，但这些特征不是由组成它的单个种群所能包括的，也就是说，只有在群落总体水平上，这些特征才能显示出来。生物群落也可以用来表示各种不同大小及自然特征的生命体的集合，例如一块农田、一片草地、一片森林等。

生物群落中的各种生物之间的关系主要有三类。

（1）营养关系　当一个种以另一个种，不论是活的还是它的死亡残体，或它们生命活动的产物为食时，就产生了这种关系。又分直接的营养关系和间接的营养关系。采集花蜜的蜜蜂，吃动物粪便的粪虫，这些动物与作为它们食物的生物种的关系是直接的营养关系。当两个种为了同样的食物而发生竞争时，它们之间就产生了间接的营养关系。因为这时一个种的活动会影响另一个种的取食。

（2）成境关系　一个种的生命活动使另一个种的居住条件发生改变。植物在这方面起的作用特别大。林冠下的灌木、草类和地被以及所有动物栖居者都处于较均一的温度、较高的空气湿度和较微弱的光照等条件下。植物还以各种不同性质的分泌物影响周围的其他生物。一个种还可以为另一个种提供住所，例如，动物的体内寄生或巢穴共栖现象，树木干枝上的附生植物等。

（3）助布关系　指一个种参与另一个种的分布，在这方面动物起主要作用。它们可以携带植物的种子、孢子、花粉，帮助植物散布。营养关系和成境关系在生物群落中具有最大的意义，是生物群落存在的基础。正是这两种相互关系把不同种的生物聚集在一起，把它们结合成不同规模的相对稳定的群落。

## 二、生物群落的特征

生物群落的基本特征包括群落中物种的多样性、群落的生长形式（如森林、灌丛、草地、沼泽等）和结构（空间结构、时间组配和种类结构）、优势种（群落中以其体大、数多或活动性强而对群落的特性起决定作用的物种）、相对丰盛度（群落中不同物种的相对比例）、营养结构等。

### （一）生物群落的基本特征

（1）具有一定的种类组成　每个群落都是由一定的动物、植物、微生物种群组成的，因此，种类组成是区别不同群落的首要特征。一般为了研究方便，常把群落按物种划分为动物群落、植物群落、微生物群落等。

（2）具有一定的外貌　群落中的个体，分别处于不同的密度和高度，从而决定了群落的外部形态。一般在植物群落中，通常由其生长型决定其分类单位的特征，如森林和灌丛的类型。

（3）具有一定的分布范围　任何一个群落，只能分布在特定的地段或特定的生境，不同群落的生境和分布范围不同。

（4）具有一定的结构　生物群落是生态系统的结构单位，除了具有一定的种类组成外，还具有一系列结构特征，如形态结构、营养结构、生态结构。

（5）具有一定的边界特征　在自然条件下，边界清晰的群落大都形成于一些环境梯度变化较陡，或者环境梯度突然中断的情形，如地势变化陡峭的山地垂直带，湖泊、岛屿等陆地环境和水生环境的交界处。

（6）具有一定的群落环境　生物群落对其定居的环境产生重大影响，并形成群落环境。

（7）具有一定的动态特征　生物群落是生态系统中有生命的部分，生命是不停的运动的，群落也是不断运动的，其运动形式包括年际动态、季节动态等。

（8）不同物种之间的相互影响　生物群落中的物种是有序共存的，一个群落的形成必须经过生物对环境的适应和物种之间的相互适应、相互竞争，形成具有一定外貌、种类组成和结构的集合体。

### （二）空间结构

生物群落结构特征可以从群落的垂直结构、水平结构、时间结构等方面进行分析，农业生物群落合理的空间结构与时间结构是高产高效农业生态系统的基础。

1. 垂直结构

群落的垂直结构指群落在垂直方面的配置状态，其最显著的特征是成层现象，即在垂直方向分成许多层次的现象。

不同生活型的植物生活在一起，它们的营养器官配置在不同高度，因而形成分层现象。群落的成层性包括地上成层和地下成层。层的分化主要决定于植物的生活型，生活型不同，植物在空中占据的高度以及在土壤中到达的深度就不同，水生群落则在水面以下不同深度形成物种的分层排列，这样就出现了群落中植物按高度（或深度）配置的成层现象。分层使单位面积上可容纳的生物数目加大，使它们能更完全、更多方面地利用环境条件，大大减弱它们之间竞争的强度；而且多层群落比单层群落有较大的生产力。

分层现象在温带森林中表现最为明显，例如温带落叶阔叶林可清晰地分为乔木、灌木、草本和苔藓地衣（地被）4 层。热带森林的层次结构最为复杂，可能有的层次最为发育，特别是乔木层，各种高度的巨树、一般树和小树密集在一起，但灌木层和草本层常常不很发育。草本群落一样地分层，但层次少些，通常只分为草本层和地被层。

群落不仅地上分层，地下根系的分布也是分层的。群落地下分层和地上分层一般是相应的；乔木根系伸入土壤的最深层，灌木根系分布较浅，草本植物根系则多集中土壤的表层，藓类的假根则直接分布在地表。

生物群落的垂直分层与光照条件密切相关，每一层的植物适应于该层的光照水平，并降低下层的光强度。在森林中光强度向下递减的现象最为明显。最上层树处于全光照之中，平均说来，到达下层小树的光只有上层树（全光照）的 10% ~50%，灌木层只有 5% ~10%，而草本层则只剩 1% ~5% 了。随着光照强度的变化，温度、空气湿度也发生变化。

每一层植物和被它们所制约的小气候为生活于其中的特有动物创造一定的环境，因此动物在种类上也表现出分层现象，不同的种类出现于不同层次，甚至同一种的雌雄个体，也分布于不同的层次。动物分层主要与食物有关，其次还与不同层次的微气候条件有关。如东欧亚大陆北方针叶林区，在地被层和草本层中，栖息着两栖类、爬行类、鸟类、兽类；在森林的下层——灌木林和幼林中，栖息着莺、苇莺和花鼠等；在森林的中层栖息着山雀、啄木鸟、松鼠等，而在树冠层则栖息着柳莺等。

林地也由于枯枝落叶层的积累和植物对土壤的改造作用，创造了特殊的动物栖居环境。较高的层（草群，下木）为吃植物的昆虫、鸟类、哺乳动物和其它动物所占据。在枯枝落叶层中，在腐烂分解的植物残体、藓类、地衣和真菌中，生活着昆虫、蜱螨类、蜘蛛和大量的微生物。在土壤上层，挤满了植物的根，这里居住着细菌、真菌、昆虫、蜱螨、蠕虫。有时在土壤的某种深度还有穴居的动物。

水域中某些水生动物也有分层现象，这主要决定于阳光、温度、食物和含氧量等。比如湖泊，在一年当中湖水没有循环流动的时候，浮游动物都表现出明显的垂直分层现象，它们多分布在较深的水层，在夜间则上升到表层来活动，这是因为浮游动物一般都是趋向弱光的。当然，也存在一些层外生物，它们不固定于某一个层。例如藤本植物、附生植物，以及从一个层到另一个层自由活动的动物。

群落的成层性保证了植物在单位空间中更充分利用自然环境条件。如在发育成熟的森林中，上层乔木可以充分利用阳光，而林冠下为那些能有效利用弱光的下木所占据，林下灌木层和草本层能够利用更微弱的光线、草本层往下还有更耐荫的苔藓层。

2. 水平结构

生物群落不仅有垂直方向的结构分化，而且还有水平方向的结构分化。群落在水平方向的不均匀性表现为以斑块出现，在不同的斑块上，植物种类、数量比例、郁闭度、生产力以及其他性质都有不同。例如在一个草原地段，密丛草针茅是最占优势的种类，但它并不构成连续的植被，而是彼此相隔一定的距离（30~40cm）分布的。各个针茅草丛之间的空间，则由各种不同的较小的禾本科植物和双子叶杂类草占据着，并混有鳞茎植物。但其中的某些植物也出现在针茅草丛的内部。因此，伴生少数其它植物的针茅草丛同针茅草丛之间生长有其它草类的空隙，它们在外貌、在种间数量关系和质量关系上都有很明显的不同。但它们的差别与整个植物群落（针茅草原）比较起来，是次一级的差别，而且是不很明显的和不稳定的。

在森林中，在较阴暗的地点和较明亮的地点，也可以观察到在植物种类的组成和数量比例方面以及其它方面的类似差异。群落内水平方向上的这种不一致性称作群落的镶嵌性。这种不一致性在某些情况下是由群落内环境的差别引起的，如影响植物种分布的光强度不同或地表有小起伏；在某些情况下是由于共同亲本的地下茎散布形成的植物集群所引起；另外的情况下，它们可能由种之间的相互作用引起，例如在寄主植物的根出现的地方形成斑块状的寄生植物。动物的活动有时也是引起不均一性的原因。植物体通常不是随机地散布于群落的水平空间，它们表现出成丛或成簇分布。许多动物种群，不论在陆地群落或水生群落，都具有成簇分布的性质。相比之下，有规则的分布是比较不常见的。某些荒漠中灌木的分布、鸣禽和少数其它动物的均匀分布是这种有规则分布的例子。

镶嵌性即植物种类在水平方向不均匀配置，使群落在外形上表现为斑块相间的现象。具有这种特征的群落称作镶嵌群落。在镶嵌群落中，每一个斑块就是一个小群落，小群落具有一定的种类成分和生活型组成，它们是整个群落的一小部分。例如，在森林中，林下阴暗的地点有一些植物种类形成小型的组合，而在林下较明亮的地点是另外一些植物种类形成的组合。这些小型的植物组合就是小群落。内蒙古草原上锦鸡儿灌丛化草原是镶嵌群落的典型例子。在这些群落中往往形成1～5m的锦鸡儿丛，呈圆形或半圆形的丘，这些锦鸡儿小群落内部由于聚集细土、枯枝落叶和雪，具有良好的水分和养分条件，形成一个局部优越的小环境，小群落内部的植物较周围环境中返青早，生长发育好，有时还可以遇到一些越带分布的植物。

群落镶嵌性形成的原因，主要是群落内部环境因子的不均匀性，例如小地形和微地形的变化，土壤温度和盐渍化程度的差异，光照的强弱以及人与动物的影响。在群落范围内，由于存在不大的低地和高地因而发生环境的改变形成镶嵌，这是环境因子的不均匀性引起镶嵌性的例子。由于土中动物，例如田鼠活动的结果，在田鼠穴附近经常形成不同于周围植被的斑块，这是动物影响镶嵌性的例子。

3. 层片结构

层片一词系瑞典植物学家加姆斯首创。他起初赋予这一概念以三个方面的内容，即把层片划分为三级：一级层片，即同种个体的组合；二级层片，即同一生活型的不同植物的组合；三级层片，即不同生活型的不同种类植物的组合。每一个层片都是由同一生活型的植物所组成。

生活型是植物对外界环境适应的外部表现形式，同一生活型的植物不但体态上是相似的，而且在形态结构、形成条件、甚至某些生理过程也具相似性。如今广泛采用的生活型划分按照休眠芽在不良季节的着生位置把植物的生活型分成五大类群，高位芽植物（25cm 以上）、地上芽植物（25cm 以下）、地面芽植物（位于近地面土层内）、隐芽植物（位于较深土层或水中）和一年生植物（以种子越冬）。我国植被学著作中采用的是按体态划分的生活型系统，该系统把植物分成木本植物、半木本植物、草本植物、叶状体植物四大类别。对于层片的划分，可以根据研究的需要，分别使用上述系统中的高级划分单位或低级单位。

层片作为群落的结构单元，是在群落产生和发展过程中逐步形成的。它的特点是具有一定的种类组成，它所包含的种具有一定的生态生物学一致性，并且具有一定的小环境，这种小环境是构成植物群落环境的一部分。

需要说明一下层片与层的关系问题。在概念上层片的划分强调了群落的生态学方面，而层次的划分，着重于群落的形态。层片有时和层是一致的，有时则不一致。例如分布在大兴安岭的兴安落叶松纯林，兴安落叶松组成乔木层，它同时也是该群落的落叶针叶乔木层片。在混交林中，乔木层是一个层，但它由阔叶树种层片和针叶树种层片两个层片构成。在实践中，层片的划分比层的划分更为重要，但划分层次往往是区分和分析层片的第一步。

和层结构一样，群落层片结构的复杂性，保证了植物全面利用生境资源的可能性，并且能最大程度地影响环境，对环境进行生物学改造。

**（三）时间组配**

组成群落的生物种在时间上也常表现出“分化”，即在时间上相互“补充”，如在温带具有不同温度和水分需要的种组合在一起：一部分生长于较冷季节（春秋），一部分出现在炎热季节（夏）。例如，在落叶阔叶林中，一些草本植物在春季树木出叶之前就开花，另一些则在晚春、夏季或秋季开花。

随着不同植物出叶和开花期的交替，相联系的昆虫种也依次更替着：一些在早春出现，另一些在夏季出现。鸟类对季节的不同反应，表现为候鸟的季节性迁徙。生物也表现出与每日时间相关的行为节律：一些动物白天活动；另一些黄昏时活动；还有一些在夜间活动，白天则隐藏在某种隐蔽所中。大多数植物种的花在白天开放，与传粉昆虫的活动相符合；少数植物在夜间开花，由夜间动物授粉。许多浮游动物在夜间移向水面，而在白天则沉至深处远离强光，但是不同的种具有不同的垂直移动模式和范围、潮汐的复杂节律控制着许多海岸生物的活动。土壤栖居者也有昼夜垂直移动的种类。

### （四）种类结构

每一个具体的生物群落以一定的种类组成为其特征。但是不同生物群落种类的数目差别很大。例如，在热带森林的生物群落中，植物种以万计，无脊椎动物种以十万计，脊椎动物种以千计，其中的各个种群间存在非常复杂的联系。

生物群落中生物的复杂程度用物种多样性这一概念表示。多样性与出现在某一地区的生物种的数量有关，也与个体在种之间的分布的均匀性有关。例如，两个群落都含有 5 个种和 100 个个体，在一个群落中这 100 个个体平均地分配在全部 5 个种之中，即每 1 个种有 20 个个体，而在另一个群落中 80 个个体属于 1 个种，其余 20 个个体则分配给另外的 4 个种，在这种情况下，前一群落比后一群落的多样性大。

在温带和极地地区，只有少数物种很常见，而其余大多数物种的个体很稀少，它们的种类多样性就很低；在热带，个体比较均匀地分布在所有种之间，相邻两棵树很少是属于同种的（热带雨林），种类多样性就相对较高。群落的种类多样性决定于进化时间、环境的稳定性以及生态条件的有利性。

每种植物在群落中所起的作用是不一样的。常常一些种以大量的个体，即大的种群出现；而另一些种以少量的个体，即小的种群出现。个体多而且体积较大（生物量大）的植物种决定了群落的外貌。例如，绝大多数森林和草原生物群落的一般外貌决定于一个或若干个植物种，如中国山东半岛的大多数栎林决定于麻栎，燕山南麓的松林决定于油松，内蒙古高原中东部锡盟的针茅草原决定于大针茅或克氏针茅等。在由数十种甚至百余种植物组成的森林中，常常只有一种或两种乔木提供 90% 的木材。群落中的这些个体数量和生物量很大的种称作优势种，它们在生物群落中占据优势地位。优势种常常不止一个，优势种中的最优势者称建群种，通常陆地生物群落根据建群植物种命名，例如，落叶阔叶林、针茅草原、泥炭藓沼泽等。建群种是群落的创建者，是为群落中其他种的生活创造条件的种。例如，云杉在泰加带形成稠密的暗针叶林，在它的林冠下，只有适应于强烈遮荫条件，高的空气湿度和酸性灰化土条件的植物能够生活；相应于这些因素，在云杉林中还形成特有的动物栖居者。因此在该情况下云杉起着强有力的建群种的作用。

温带和寒带地区的生物群落中，建群种比较明显；无论森林群落、灌木群落、草本群落或藓类群落，都可以确定出建群种（有时不止一个）。亚热带和热带，特别是热带的生物群落，优势种不明显，很难确定出建群种来。除优势种外，个体数量和生物量虽不占优势但仍分布广泛的种是常见种；个体数量极少，只偶尔出现的种是偶见种。

生物群落中的大多数生物种，在某种程度上与优势种和建群种相联系，它们在生物群落内部共同形成一个物种的综合体，称作同生群。同生群也是生物群落中的结构单位。例如一个优势种植物，和与它相联系的附生、寄生、共生的生物以及以它为食的昆虫和哺乳动物等共同组成一个同生群。

**（五）生态位**

生活在一个群落中的多种多样的生物种，是在长期进化过程中被选择出来能够在该环境中共同生存的种。它们中每一个都占据着独特的小生境，并且在改造环境条件、利用环境资源方面起着独特的作用。群落中每一个生物种所占据的特定的生境和它执行的独特的功能的结合，称作生态位。因此，一个生物群落的物种多样性越高，其中生态位分化的程度也越高。

生态位用以描述一个物种在环境中的地位，在一个空间单位内，每个物种因其构造上和本能上的界限而得以保持，在同一空间中，没有两个种能够长久占有同一个生态位。生态位的概念不仅包括生物占有的物理空间，还包括它在生物群落中的功能作用（例如它的营养位置），以及它们在温度、湿度、pH、土壤和其它生存条件的环境变化梯度中的位置。这样，生态位不仅决定于物种在哪里生活，而且也决定于它们如何生活，以及它们如何受到其它生物的约束。

生态位这一概念常常与竞争相联系，由于竞争的结果，生态位接近的两个种，很少能长期稳定地共存。这就涉及生态位重叠和资源分享的数量问题。生态位重叠明显地是引起利用性竞争的一个条件，在竞争和生态位重叠之间，经常可能是一种相反的关系，当竞争种的数目增加时，生态位重叠的最大允许程度减低。此外，当有竞争者时，常常会使另一个种的实际生态位缩小。竞争的种类越多，就可能使该种占有的实际生态位越来越小。长期生活在一起的种，必然是每一个种各具有自己独特的生态位。

两个物种的生态的范围，一般可以有四种情况：两个种的生态位全然分离、部分重叠、彼此相切、一个种的生态位完全包括在另一个种的生态位之中。

具有不同分布区的种，其生态位往往是彼此分离的，彼此间没有竞争。生态位上类似，且生活在同一地区的种，常常占据不同的群落生境，某些近缘种就这样被分隔开来，从而减少了竞争。除了地理分隔与群落分隔之外，两个物种的生态位还可以因营养的选择吸收，个体大小，根系深浅，物候期等的不同，而彼此分隔开来，以减少竞争。

将竞争排斥原理与生态位概念应用到自然生物群落上，则：①如果两个种在同一个稳定的生物群落中占据了相同的生态位，一个种终究要被消灭。②在一个稳定的生物群落中，由于各种群在群落中具有各自的生态位，种群间能避免直接的竞争，从而保证了群落的稳定。③群落乃至是一个相互起作用的、生态位分化的种群系统，这些种群在它们对群落的空间、时间、资源的利用方面，以及相互作用的可能类型，都趋向于互相补充而不是直接竞争。因此，由多个种组成的生物群落，就要比单一种的生物群落更能有效地利用环境资源，维持长期较高的生产力，并具有更大的稳定性。因此，关于生态位的概念，现在已经成为解释自然群落的中心思想了。

## 第四节　农业生态系统

农业生态系统是在一定时间和地区内，人类从事农业生产，利用农业生物与非生物环境之间以及与生物种群之间的关系，在人工调节和控制下，建立起来的各种形式和不同发展水平的农业生产体系。

农业生态系统也是由农业环境因素、绿色植物、各种动物和各种微生物四大基本要素构成的物质循环和能量转化系统，具备生产力、稳定性和持续性三大特性。

### 一、农业生态系统的组成

农业生态系统类似于自然生态系统，其基本组成也包括生物和非生物环境两大部分。其生物是以人类驯化的农业生物为主，环境也包括了人工改造的环境部分。

#### （一）生物组分

农业生态系统的生物组分也可以分成以绿色植物为主的生产者、以动物为主的消费者和以微生物为主的分解者。然而，农业生态系统中占据主要地位的生物是经过人工驯化的农业生物，包括各种大田作物、果树、蔬菜、家畜、家禽、养殖水产类、林木等，也包括农田杂草、病、虫等有害生物。更重要的是增加了人类——这一重要调节者和主体消费者。由于人类的有目的选择和控制，农业生态系统中其它生物种类和数量一般较少，其生物多样性往往低于同地区的自然生态系统。

### （二）环境组分

农业生态系统的环境组分包括自然环境组分和人工环境组分。自然环境组分包括水体、土体、气体辐射等，是从自然生态系统继承下来的，但已受到人类不同程度的调控和影响。例如，作物群体内的温度、鱼塘的透光率、土壤的物理化学性质等都受到了人类各种活动的影响，甚至大气成分也受到工农业生产的影响而有所改变。

人工环境组分包括生产、加工、贮藏设备和生活设施，例如：温室、禽舍、水库、渠道、防护林带、加工厂、仓库和住房等。人工环境组分是自然生态系统中没有的，通常以间接的方式对生物产生影响。人工环境组分在研究中时常部分或全部被划在农业生态系统的边界之外，归于社会系统范畴。

## 二、 农业生态系统的基本结构

### （一）农业生态系统的组分结构

农业生态系统的组分结构系指农、林、牧、渔、副（加工）各业之间的量比关系，以及各业内部的物种组成及量比关系。农业生态系统的生物种类和数量受自然条件和社会条件的双重影响。生物种类和数量不但因为农业生物种群结构调整、品种更换而改变，而且还会因农药与兽药的施用等农业措施而变化。遗传育种和新种引入会改变生态系统中生物基因构成。对农业生态系统组分结构的定量描述，常采用各业用地面积占总土地面积的比例，或各业产值占总产值的比例，以及各业产出的生物能量占纯生物能总产出量的比例，或各业蛋白质生产量占系统蛋白质生产总量的比例来表示。

农业生态系统的生物环境可以通过建水库、筑堤围、修排灌系统、开梯田、建防护林体系、挖塘抬田、平整土地、建房舍、造温室等环境改造工程而发生变化。这类环境工程成为农业生态系统独特的组分结构。

### （二）农业生态系统的时空结构

农业生态系统的空间结构常分为水平结构与垂直结构。农业生态系统的水平结构系指一定区域内，各种农业生物类群在水平空间上的组合与分布，亦即由农田、人工草地、人工林、池塘等类型的景观单元所组成的农业景观结构。在水平方向上，常因地理原因而形成环境因子的纬向梯度或经向梯度，如温度的纬向梯度、湿度的经向梯度，农业生物会因为自然和社会条件在水平方向的差异而形成带状分布、同心圆式分布或块状镶嵌分布。

农业生态系统的垂直结构系指农业生物类群在同一土地单元内，垂直空间上的组合与分布。在垂直方向上，环境因子因地理高程、水体深度、土壤深度和生物群落高度而产生相应的垂直梯度，如温度的高度梯度、光照的水深梯度。农业生物也因适应环境的垂直变化而形成各类层带立体结构。同时，人们仿照自然生物群落的成层性，利用形态上、生态上、生理上不同的农业生物类群组建复合群体，实行高矮相间的立体种植或深浅结合的立体养殖，以及种养结合的立体种养方式，形成了多种多样的人工立体结构。

农业生态系统的时间结构系指农业生物类群在时间上的分布与发展演替。随着地球自转和公转，环境因子呈现昼夜和季节变化，农业生态系统中农业生物经过长期适应和人工选择，表现出明显的时相差异和季节适应性。如农业生物类群有不同的生长发育阶段、生育类型和季节分布类型，适应不同季节的作物按人类需求可以实行复种、套作或轮作，占据不同的生长季节。

### （三）农业生态系统的营养结构

农业生态系统的营养结构受到人类的控制。农业生态系统不但具有与自然生态系统类同的输入、输出途径，如通过降雨、固氮的输入，通过地表径流和下渗的输出，而且有人类有意识增加的输入，如灌溉水，化学肥料，畜禽和鱼虾的配合饲料，也有人类强化了的输出，如各类农林牧渔的产品输出。有时，人类为了扩大农业生态系统的生产力和经济效益，常采用食物链“加环”来改造营养结构，为了防止有害物质沿食物链富集而危害人类的健康与生存，而采用食物链“解列”法中断食物链与人类的连接从而减少对人类健康危害。

## 三、农业生态系统的基本功能

农业生态系统通过由生物与环境构成的有序结构，可以把环境中的能量、物质、信息和价值资源，转变成人类需要的产品。农业生态系统具有能量转换功能、物质转换功能、信息转换功能和价值转换功能，在这种转换之中形成相应的能量流、物质流、信息流和价值流。

### （一）能量流

农业生态系统不但像自然生态系统那样利用太阳能，通过植物、草食动物和肉食动物在生物之间传递，形成能量流，而且为提高生物的生产力还利用煤炭、石油、天然气、风力、水力、人力和畜力为动力形成以农机生产、农药生产、化肥生产、田间排灌、栽培操作、加工运输等形式出现的辅助能量流。

#### （二）物质流

农业生态系统物质流中的物质不但有天然元素和化合物，而且有大量人工合成的化合物。即使是天然元素和天然化合物，由于受人为过程影响，其集中和浓缩程度也与自然状态有很大差异。

#### （三）信息流

农业生态系统不但保留了自然生态系统的自然信息网，而且还利用了人类社会的信息网，利用电话、电视、广播、报刊、杂志、教育、推广、邮电、计算机网络等方式高效地传送信息。

#### （四）价值流

价值可在农业生态系统中转换成不同的形式，并且可以在不同的组分间转移。以实物形态存在的农业生产资料的价值，在人类劳动的参与下，转变成生产形态的价值，最后以增值了的产品价值形态出现。价格是价值的表现形式，以价格计算的资金流是价值流的外在表现。

农业生态系统的能量流、物质流、信息流和价值流之间相互交织。能量、信息和价值依附于一定的物质形态。物质流、信息流和价值流都要依赖能量的驱动。信息流在较高的层次调节着物质流、能量流和价值流。与人类利益或需求发生关系的物质流、能量流和信息流都与价值变化和转移相联系。

农业生态学是运用生态学的原理及系统论的方法，研究农业生物与其自然社会环境的相互关系的应用性科学。农业生态学是生态学在农业领域应用的一个分支学科，主要研究由农业生物与其环境构成的农业生态系统的结构、功能及其调控和管理途径等。学习农业生态学的目的意义一方面要了解有关生态学的一般知识及理论与方法，另一方面要运用农业生态学的原理和方法分析农业生态系统的资源生态问题与系统优化途径。

运用农业生态学的理论和方法，分析研究农业领域中的生态问题，探讨协调农业生态系统组分结构及其功能，促进农业生产的持续高效发展，是农业生态学的根本任务。农业生态学不仅要进行基础性的理论研究，更要为发展农业生产提出切实可行的技术途径，要理论与实践紧密结合。人类社会的发展在一定程度上必然要以牺牲自然资源为代价。如何尽可能减轻经济发展对生态环境的压力和降低资源成本，走可持续发展之路，是生态学面临的重大问题。同样，这也是农业生态学要探索的问题。把握农业生产的“生态—技术—经济”复合系统的相互作用关系与特点，从整体结构优化和提高系统功能上进行合理调控，以促进农业生产持续高效发展，是农业生态学未来发展中面临的重要任务。

# 实验实训　群落基本特征分析

## 一、目的要求

掌握群落数量特征和基本特征的测定方法，加深对群落基本特征的了解，熟悉分析群落空间、时间结构的方法，并通过对数据的整理达到识别群落的目的。

## 二、实验内容

（1）样地选择与实地调查；

（2）群落数量特征分析。

## 三、主要实验仪器设备

样方框、测绳（或皮卷尺）、钢卷尺、方格纸、计算器、铅笔、橡皮、细铁针、记录表格、野外调查表格、剪刀、塑料、信封、标签、铁锹、铲刀、白布口袋、多种孔径的土壤筛、镊子、坡度仪或水平仪、电子天平、电热烘干箱、计算器。

## 四、方法与步骤

（一）样地调查

（1）样地代表群落最小面积，样地应选择群落的典型地段，尽量排除人为影响，使其充分反映群落真实情况，代表群落的完整特征。

（2）草本群落样地面积应为 100 ~ 300$m^2$，灌丛样地面积一般为 300 ~ 500$m^2$，森林样地面积则更大。样地轮廓以正方形、长方形为主。

（3）样地内随机设置 3 ~ 5 个样方，草本群落的样方通常为 1$m^2$，随机取样是在群落中随机确定每一个样方。可在群落中系统地设置一些点，编上 1，2，3，…，100 等数字，然后随机抽取其中的数字，以确定样方位置。

将群落样地情况记录于表 1 – 2 中。

表 1-2　　群落样地调查表

样方号样地面积海拔高度
群落类型群落名称
地理位置省市县镇（村）经度：　　纬度：
地形：　　坡向：　　坡度：
母岩与地质
土壤名称和性质（基岩、土层厚度、质地、A 层厚度、颜色、pH 反应）
群落特点（外貌、动态、结构等）
周围环境及群落小环境状况

（二）草地群落数量特征的测量

种类组成：仔细编制群落植物名录，应列入群落中所有种，植物种名按生活型排列。

群落空间与时间结构分析：

（1）群落层片分析　群落层片就是群落生活型组成，计算各类生活型的百分率。

（2）群落垂直结构　按乔、灌、草、地衣绘制群落垂直结构图。

（3）群落水平结构　群落内部形成一些小群聚，小群聚的分析有助于全面了解群落总体特征。

（三）数据整理

多度：种群在群落中相对丰富程度，用 + + +，+ +，+，-，- -，- - -表示。

盖度：草地群落盖度利用针刺法测定。

密度：每种植物个体数目/样地面积。

相对多度：指种群在群落中的丰富程度。

高度：指植物的自然高度和绝对高度。

频度：指一个种在所作的全部样方中出现的频率。频度 = 该种植物出现的样方数/样方总数。

重要值：综合考虑相对盖度、多度、频度等两至三个指标。

物候期：物候期划分为五个物候期，如营养期、花蕾期、开花期、结实期、休眠期。

上述指标可整理成群落表 1-3，从中可清楚看出群落中各种群在群落中的优势度大小。

表 1－3　　草地群落样方测定记录表

调查者：　　日期：　　样地号：　　样地面积：

| 植物名 | 多度 | 盖度 | 密度 | 物候 | 高度/cm | | 生活型 | 频度 | 备注 |
|---|---|---|---|---|---|---|---|---|---|
| | | | | | 叶层 | 生殖层 | | | |
| | | | | | | | | | |
| | | | | | | | | | |
| | | | | | | | | | |
| | | | | | | | | | |
| | | | | | | | | | |

## 本章小结

本章主要介绍了生态系统的概念和生态系统的特点及功能；介绍了种群的定义、分类及特征；介绍了生物群落的定义、组成及特征；介绍了农业生态系统的组成、基本结构和功能。

## 复习思考题

1. 解释概念：生态系统、种群、生物群落、食物链、竞争、共生、生产者、分解者、优势种、随机分布。
2. 生态系统中生物组分的功能有哪些？
3. 十分之一定律的内涵是什么？
4. 解释共生关系在生物进化中的意义？
5. 增长型种群的特点有哪些？
6. 比较农业生态系统与自然生态系统的异同？

## 资料收集

1. 以家乡所在地为主，调查当地有哪些类型的生态系统。
2. 以家乡所在地为主，调查当地农业生态系统主要有哪些类型，做成 ppt 在班级交流。

## 查阅文献

利用课外时间阅读《生态文明》《增长的极限》《只有一个地球》等书籍，

了解人类对于生态和环境保护的认识过程。

## 习作卡片

调查当地农田生态系统状况，提出针对性的意见和建议，做成卡片，学完该课程后再提出解决农业环境污染的意见建议，对比是否有区别。

# 课外阅读

### 中国生态农业建设的基本内容

第一，充分利用太阳能，努力实现农业生产的物质转化。也就是利用绿色植物的光合作用，不断提高太阳能的转化率，加速物流和能流在生态系统中的运动过程，以不断提高农业生产力。

第二，提高生物能的利用率和废物的循环转化。这里所说的废物主要是指作物秸秆、人畜粪便、杂草、菜屑等。对于这些废物，传统的处理方法是直接烧掉或作为肥料直接肥田，这实际上是一种浪费。如果把作物秸秆等用来发展畜牧业，用牲畜粪便制沼气，就既为农村提供了饲料和能源，又为农业生产增加了肥源。

第三，开发农村能源。解决农村能源问题应当因地制宜，采取多种途径，除采用供电、供煤等途径外，还可以兴建沼气池，推广节柴灶，利用风能、水能、太阳能、地热能等，改变靠砍树来解决烧饭燃料问题的做法。

第四，保护、合理利用和增殖自然资源。要保护森林，控制水土流失，保护土壤，保护各种生物种群。

第五，防治污染，使农业生产拥有一个良好的生态环境。

第六，建立农业环境自净体系，主要措施有扩大绿色植被覆盖面积，修建大型氧化塘，保护天敌等有益野生生物，推广生物防治。

生态农业建设的设计方式，进行生态农业的设计和布局时可以从生态农业的平面设计、垂直设计、时间设计、食物链设计等方面着手。

生态农业的平面设计是指在一定区域内，确定各种作物的种类和各种农业产业所占比例及分布区域，也就是通常所说的农业区划或农业规划布局。

生态农业的垂直设计是指运用生态学原理，将各种不同的生物种群组合成合理的复合生产系统，达到最充分、最合理地利用环境资源的目的。垂直结构包括地上和地下两部分。地上部分包括复合群体茎、叶的层次分布以及不同生物种群在不同层次空间上的配置，目的是能够最大限度地利用光、热、水、气等。地下部分是指复合群体根系在土壤中不同层次的分布，合理的地下垂直设计能够有效地利用不同层次土壤中的水分和矿物质元素。

生态农业的时间设计就是根据各种农业资源的时间节律，设计出有效利用农业资源的生产格局，使资源转化率达到最高。生态农业的时间设计包括种群嵌合设计（如套种）、育苗移栽的设计、改变作物生长期的调控型设计等。

生态农业的食物链设计是指根据当地实际和生态学原理，合理设计农业生态系统中的食物链结构，以实现对物质和能量的多层次利用，提高农业生产的效益。食物链设计的重点之一是在原有的食物链中引入或增加新的环节。例如，引进捕食性动物控制有害昆虫的数量，增加新的生产环节将人们不能直接利用的有机物转化为可以直接利用的农副产品等。

**以虫治虫**　我国是世界上最早利用天敌防治有害生物的国家，早在公元300年左右，我国就开展了生物防治工作。在我国晋代和唐代典籍中，就记载了在广州附近利用“黄蚁”防治柑橘害虫的事例。新中国成立后，我国在利用天敌防治害虫方面的研究和实践取得了迅猛发展，产生了许多行之有效的灭虫模式。

我国利用天敌昆虫防治害虫的做法有许多种，如利用赤眼蜂防治玉米螟，用七星瓢虫防治棉蚜，用红蚂蚁防治甘蔗螟等。

自1951年起，我国广东省进行利用赤眼蜂防治甘蔗螟的研究，经过试验后，于1958年在顺德建立了中国第一个赤眼蜂站，在湛江、顺德等地近7000$hm^2$甘蔗田防治甘蔗螟，取得了明显的成效。接着在广西、福建、四川、湖南等省区相继推广了这一技术。1972年，广东省大面积释放赤眼蜂防治稻纵卷叶螟，取得了很好的效果。广东省四会县大沙区应用拟澳洲赤眼蜂防治稻纵卷叶螟，放蜂面积从1973年的8$hm^2$增加到1976年的396$hm^2$，稻纵卷叶螟卵有67%~83%被寄生。在东北、华北地区利用松毛虫赤眼蜂防治玉米螟也获得成功，基本上代替了化学防治，从而有效地防止了农药污染。

**以菌治虫**　以菌治虫是生物防治的重要内容。我国目前用于生物防治的细菌制剂主要是苏云金杆菌类的青虫菌、杀螟杆菌、松毛虫杆菌、武汉杆菌等。广东省四会县施用杀螟杆菌防治稻纵卷叶螟和稻苞虫幼虫，杀虫效果达到了70%~90%。

我国还广泛利用白僵菌防治玉米螟、大豆食心虫、松毛虫等害虫。例如，辽宁省昌图县于1983年用白僵菌防治玉米螟，施用面积达50000$hm^2$，增产玉米$1.45\times10^7$kg。

——摘自盛世金农网

# 第二章　农业生态系统的结构

### 学习目标

了解农业生态系统中物种结构、空间结构、时间结构等概念；了解食物链、食物网的概念；了解农业生态系统空间结构的不同类型；了解立体栽培模式的原理；学会依据农业生态系统的空间结构设计人工食物链或食物网。

## 第一节　农业生态系统的物种结构

农业生态系统的结构包括生物组分的物种结构（多物种配置）、空间结构（多层次配置）、时间结构（时序排列）、食物链结构（物质多级循环），以及这些生物组分与环境组分构成的格局。

物种结构指生物物种是生态系统物质生产的主体，不同生物种类的组成与数量关系的格局构成生态系统的物种结构。时间结构指在生态区域内各生物种群生活周期在时间分配上形成的格局。空间结构是指生物群落在空间上的垂直分布和水平格局变化，构成空间三维结构格局。垂直结构指生物种群在垂直方向上的分布格局，在地上、地下和水域都可形成不同的垂直结构。营养结构指生态系统中生物间构成的食物链与食物网结构。

合理农业生态系统的标志体现在生物适应环境、生物与生物之间互补、组分之间量比关系协调、有利于农业生产的可持续发展、有较高的生产力和经济效益。

农业生态系统由农业环境因素、生产者、消费者和分解者四大基本要素构成。农业环境因素一般包括光能、水分、空气、土壤、营养元素和生物种群，以及人和人的生产活动等。农业生态系统的生物可以分成以绿色植物为主的生产者，以动物为主要的大型消费者和以微生物为主的还原者（分解者）。

生产者指自养型生物，主要是绿色植物，包括各种农作物和人工林木等，它们通过光合作用制成有机物质，除供应本身的生长繁育外，还作为其它异养生物的食物和能量来源。然而在农业生态系统中占据主要地位的生物是经过人工驯化的农用生物，如农作物、家畜、家禽、家鱼、家蚕等，以及与这些农用生物种类和数量密切的生物类型，最重要的大型消费者是人类。

消费者包括草食动物、肉食动物、杂食动物、寄生动物和腐生动物等，均为异养型生物。草食动物如牛、羊、马、兔等直接靠摄食植物生存，为初级消费者。因它们具有把植物食料转化为肉、蛋、乳、皮、毛和骨等产品的功能，又称为次级生产者。肉食动物则被称为次级消费者。杂食动物兼具草食和肉食两重食性。寄生于动植物体内外的寄生动物和以动物尸体、植物残体等为食的腐生动物仍属次级消费者。它们也都是次级生产者。分解者主要指依靠动植物残体生存、发育、繁殖的各种微生物，包括真菌、细菌和放线菌等。它们能把生物的残体、尸体等复杂有机物质最终分解成能量、二氧化碳、水和其它无机养分。在农业生产中，食用真菌如蘑菇、香菇、木耳等已被广泛开发利用。

绿色植物的光合产物，通过消费者和分解者的转化途径，最后分解为无机物质和热能返回到农业环境，其中一部分再供绿色植物吸收利用。由此构成一个连续不断的物质循环和能量转化系统。其中，除太阳辐射能是一切生态系统能量的基本来源外，在农业生态系统中，常常还由人类以栽培管理、选育良种、施用化肥和农药以及进行农业机械作业等形式，投入一定的辅助能源，因而增加了可转化为生产力的能量。农作物的高生产力，在很大程度上是由人类投入的各种形式的辅助能源来维持的。

## 第二节 农业生态系统的营养结构

不同生物间以营养关系为纽带，把生物组分和环境组分相互紧密地、错综复杂地联结起来的结构，称为营养结构。每一个农业生态系统都有其特殊的、复杂的营养结构关系，能量流动和物质循环都必须在营养结构的基础上进行。一般农业生态系统中的多种生物按营养关系顺序从植物到草食动物再到肉食动物排列。人类可根据农业生物的遗传、生理、解剖和生态特性，通过营养关系，将农业生物成员连接成多种链状和网状营养结构。

生态系统中生物与生物之间，生产者、消费者和分解者之间以食物营养为纽带所形成的食物链和食物网，它是构成物质循环和能量转化的主要途径。

## 一、食　物　链

植物所固定的能量通过一系列的取食和被取食的关系在生态系统中传递，我们把生物之间存在的这种传递关系称之为食物链。所谓食物链，就是一种生物以另一种生物为食，彼此形成一个以食物连接起来的链条关系。受能量传递效率的限制，食物链一般4~5个环节，最少3个。但也有例外的时候，比如我国的蛇岛，曾出现过7个环节“花蜜—飞虫—蜻蜓—蜘蛛—小鸟—蝮蛇—老鹰”，但这种情况是极为特殊的。

食物链的主要类型如下。

(1) 捕食食物链　从绿色植物开始，再到草食动物，肉食动物。如青草—兔子—狐狸—老虎。

(2) 腐食食物链　又称碎屑食物链，主要以死的有机体或生物排泄物为食物，将有机物分解为无机物。如：植物残体—蚯蚓—鸡。

(3) 寄生食物链　以寄生方式取食活的有机体而构成的食物链。如：大豆—菟丝子，蛔虫—马（牛）。

农业生态系统的食物链结构，是指农业生产中生产者、消费者和分解者之间以食物营养为纽带的形成物质循环与能量转化的关系，它是生态系统中物质循环、能量流动和信息传递的主要路径。研究设计合理的食物链结构，直接关系着农业生态系统生产力的高低和经济效益的大小。农业生态系统中的许多食物链结构，是生物在长期演化过程中形成的，如果在食物链中增加新环节或扩大已有环节，使食物链中各种生物更充分地、多层次地利用自然资源，一方面使有害生物得到抑制，可增加系统的稳定性；另一方面使原来不能利用的产品再转化，可增加系统的生产量。

能量和物质被绿色植物吸收利用转化为有机物，便成为草食动物的食料，而草食性动物又是其他肉食性动物的食料，形成生态食物链的关系。农业生态系统食物链的每一个环节，都贮存着能量和物质，食物链每增加一个环节，就增加一种使用价值。因此，在组织生产过程中，尽可能增加农业生态系统的食物链环节，便可多次增值，创造更多的使用价值。但是，增加食物链的环节，人类不能随心所欲，而应根据资源条件和农业生态系统的具体情况及人类需要来进行。

农业生态系统中几种常见的食物链结构如下。

(1) 以养殖业为主　鸡粪喂猪，猪粪养蝇蛆，蝇蛆作饲料喂鸡，剩余猪、鸡粪回到农田循环利用。

(2) 畜禽-沼气食物链结构　以沼气为纽带，如畜—沼—果模式（广西恭城县和广东梅县等），北方四位一体庭院能源生态模式：厕所—猪舍—沼气—温室。

(3) 秸秆多级利用　秸秆—培养食用菌—菌渣作畜禽饲料—养鸡—鸡粪下沼气—沼气渣培养食用菌—废料施于农田。

(4) 以污水自净为中心　辽宁大洼县西安生态养殖场，三段净化四次利用。猪舍—水葫芦（吸N）—细绿萍（吸P、K）—鱼塘—稻田。

## 二、食　物　网

在生态系统中，生物之间实际的取食与被取食的关系，并不像食物链所表达的那样简单，通常是一种生物被多种生物食用，同时也食用多种其它生物。实际生态系统中，经常是以食物网的形式存在。

这种情况下，在生态系统中的生物成分之间通过能量传递关系，存在着一种错综复杂的普遍联系，这种联系像是一个无形的网，把所有的生物都包括在内，使它们彼此之间都有着某种直接或间接的关系。像这样，在一个生态系统中，食物关系往往很复杂，各种食物链互相交错，形成的就是食物网。食物网是生态系统中物质循环、能量流动和信息传递的主要途径。

食物网越复杂，生态系统抵抗外力干扰的能力就会越强，反之，越弱。例如，苔原生态系统是地球上最耐寒也最简单的生态系统之一，它是由“地衣—驯鹿—人”组成的食物链所构成的。但众所周知，地衣对二氧化硫的含量非常敏感，如果一旦地衣遭到破坏，那么苔原生态系统就会崩溃。可如果消失的地衣是存在与热带雨林生态系统中，那么虽然也会对生态系统的稳定性和功能造成一定的影响，但不会是毁灭性的。

研究食物链和食物网的组成及其调节，是十分重要的。首先，可以带来很大的经济价值，例如鱼类和野生动物的保护，就必须明确动物、植物间的营养关系，而且还应注意食物链中量的调节，才能使该项目自然资源获得稳定和保存，否则会破坏自然界的平衡与协调，使该地区的生物群落发生改变，对社会经济产生严重影响。其次，物质流在食物链中有一个突出特性，即生物富集作用，某些自然界不能降解的重金属元素或其它有毒物质，在环境中的起始浓度并不高，但经过食物链逐渐富集进入人体后，可能提高到数百倍甚至数百万倍。

图 2 - 1 是一个农业生态系统的食物网，在该食物网中，人们合理利用了自然资源，将鸡、猪、人的粪便以及玉米秸秆放入沼气池发酵，产生的沼气用于照明和做饭，沼渣用来做肥料，从而建立了一种多层次、多功能的生态农业系统。该生态系统中，大气中的二氧化碳通过玉米的光合作用进入生物体内；植物的光合作用是在叶绿体里利用光能把二氧化碳和水合成有机物，释放氧气，同时把光能转变成化学能储存在合成的有机物中的过程。

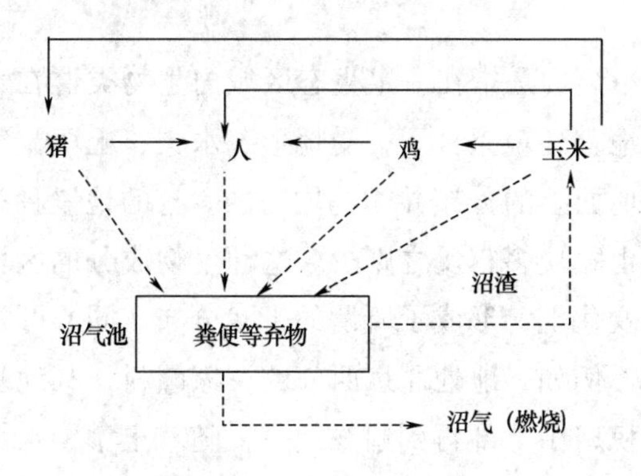


图 2 - 1　农业生态系统的食物网

图中食物链包括：玉米→鸡→人，玉米→人；玉米→猪→人，共三条食物链。在生态系统中，物质能量是沿着食物链、食物网流动的，并逐级减少。因此，食物链越短，能量消耗的越少，故人获取能量最多的食物链是玉米→人。

## 第三节　农业生态系统的空间结构

农业生态系统的空间结构包括水平结构和垂直结构两个方面。

农业生态系统的水平结构，是指农业生物种群在空间的水平变化。这是因为环境组分可因地理位置原因形成纬向或经向的水平渐变结构，也可因社会原因形成同心圆式的水平结构，农业生物组分也随之形成相应的条带状或同心圆式的水平分布。其它非地带性因子的作用会使生物形成种类镶嵌分布。生物个体间会形成均匀分布、团块分布和随机分布的各种水平结构格局。

垂直结构又称立体结构，是指生物在空间的垂直分布上所发生的变化，即生物的成层分布现象。环境因子可因山地高度、土层和水层深度变化形成垂直渐变结构，不同的垂直环境中有不同的生物类型或数量。如果环境条件好，生物种类复杂，则系统的垂直结构也复杂，反之，环境条件恶劣，生物种类简单，垂直结构也简单。

在生物群落中，不同物种可配置不同形式的立体结构。正是由于农业生态系统垂直结构，才保证了农业生物更充分地利用空间和环境资源，并取得了显著的生态效益和环境效益。

## 一、农业生态景观与农业生态系统的水平结构

生态系统的水平结构是指在一定生态区域内生物类群在水平空间上的组合与分布。在不同的地理环境条件下，受地形、水文、土壤、气候等环境因子的综合影响，植物在地面上的分布并非是均匀的。有的地段种类多、植被覆盖度大的地段动物种类也相应多，反之则少。这种生物成分的区域分布差异性直接体现在景观类型的变化上，形成了所谓的带状分布、同心圆式分布或块状镶嵌分布等的景观格局。例如，地处北京西郊的百家疃村，其地貌类型为一山前洪积扇，从山地到洪积扇中上部再到扇缘地带，随着土壤、水分等因素的梯度变化，农业生态系统的水平结构表现出规律性变化。山地以人工生态林为主，有油松、侧柏、元宝枫等。洪积扇上部为旱生灌草丛及零星分布的杏、枣树。洪积扇中部为果园，有苹果、桃、樱桃等。洪积扇的下部为乡村居民点，洪积扇扇缘及交接洼地主要是蔬菜地、苗圃和水稻田。

### （一）景观多样性

农业景观是由多种类型的在景观上有差异的农业生态系统的集合所组成的区域。

对于景观多样性来说：①只有多样生态系统的共存，才能保证物种多样性和遗传多样性；②只有多种生态系统的共存，并与异质的立地条件相适应，才能使景观的总体生产力达到最高水平；③只有多种生态系统的共存，才能保障景观功能的正常发挥，并使景观的稳定性达到一定水平。

### （二）边缘效应与生态交错带

在景观中不同斑块连接之处的交错区域为生态交错带。在生物圈中，有城

乡交错带、干湿交错带、水陆交错带、农牧交错带、群落交错带等一些交错带类型。

### （三）农业生产的三种农业区位

（1）自然区位　自然条件差异为农作物与牲畜结构安排的重要因素。

（2）杜能农业区位　农产品只有到达市场才能获取效益，而运输成为制约条件。这样在自然区位的基础上增加了受运输制约的农业专业生产区域。杜能假设这样一个与世隔绝的孤立国：①在农业自然条件一致的平原上，农产品能够实现销售的唯一市场是中心城市；②农产品的唯一运输工具是马车；③农产品的运费与重量及运输距离成正比；④农作物的经营以获取最大利润为目的。

根据这样的假设，杜能为孤立国推断出围绕中心城市的六个同心圈层，每个圈层分别有不同的最适农业生产结构，以此推出两个结论：①生产集约度理论：越靠近中心城镇，生产集约度越高；②生产结构理论：易腐烂变质、不耐贮存和单位重量价格低的农产品在靠近城市的区域生产，反之亦然。

（3）生态经济区位　经济高速发展阶段，自然条件对农业的生产结构格局影响能力上升。

### （四）社会经济条件对农业生态系统水平结构的影响

（1）人口密度梯度　人口密度对农业生态系统结构的影响是综合的。人口密度增加使人均资源量减少，劳动力资源增加，对基本农产品的需求上升。这样，必然使农业向劳动密集型转化。

（2）城乡经济梯度　农业生态系统受城镇的影响，即离城镇的远近制约人们选择农业生态系统的类型。

## 二、自然地理位置与垂直结构

生态系统的垂直结构包括不同类型生态系统在海拔高度不同的生境上的垂直分布和生态系统内部不同类型物种及不同个体的垂直分层两个方面。随着海拔高度的变化，生物类型出现有规律的垂直分层现象，这是由于生物生存的生态环境因素发生变化的缘故。如川西高原，自谷底向上，其植被和土壤依次为：灌丛草原—棕褐土，灌丛草甸—棕毡土，亚高山草甸—黑毡土，高山草甸—草毡土。由于山地海拔高度的不同，光、热、水、土等因子发生有规律的垂直变化，从而影响了农、林、牧各业的生产和布局，形成了独具特色地的立体农业生态系统。

生态系统垂直结构以农业生态系统为例，作物群体在垂直空间上的组合与分布，分为地上结构与地下结构两部分，地上部分主要研究复合群体茎枝叶在空间的合理分布以求得群体最大限度地利用光、热、水、大气资源，地下部分主要研究复合群体根系在土壤中的合理分布，以求得土壤水分、养分的合理利用，达到种间互利，用养结合的目的。

**（一）自然地理位置**

1. 流域位置变化

河流从上游—中游—下游位置的变化，影响着流域内海拔、温度、养分、水分、自然景观、生产力、经济发展等变化。

2. 地形变化：

（1）大尺度地形变化　如四川、云南高原，随海拔变化的农业生态系统的结构，低热层主要包括甘蔗、冬春季蔬菜、热带性果树、药材等；中暖层为发展粮、油、生猪、蚕桑、烤烟等；高寒层包括细毛羊、冷杉、铁杉等。

（2）小尺度地形变化　如广东潮州市官塘区秋溪乡的农业生产布局，坡顶用材林，坡腰经济林、果树，坡脚果树，旱地蔬菜、旱粮，水田水稻，低洼地养鱼等。

**（二）农业生态系统的立体栽培模式**

立体结构的生态学基础：①对资源利用的种间互补（空间、时间、营养等）。②对系统稳定性方面的互补（抗灾，减少病虫害，改善生境，提高土壤肥力等）。

1. 农田立体模式

（1）农作物间作　玉米间作大豆（甘薯、棉花），小麦间作棉花（蔬菜），棉花间作油菜等。

（2）稻田养鱼　鱼类取食浮游生物和水稻害虫，减少病虫害，增加水体氧气，鱼类的粪便和排泄物作为水稻的肥料。

2. 水体立体模式

（1）鱼的分层放养　利用鱼的不同食性和栖息特性将鱼分层放养，上层鱼：鲢鱼、鳙鱼，以浮游植物和动物为食；中层鱼：草鱼、鳊鱼，以浮萍、水草、蔬菜、菜叶等为食；下层鱼：鲤鱼、鲫鱼，以底栖动物、有机碎屑等杂物为食。

（2）鱼牧结构　如鱼鸭（猪、鸡、鹅等）混养。粤、浙、苏一带普遍采用基塘系统模式，如桑基鱼塘、蔗基鱼塘、花基鱼塘、果基鱼塘、杂基鱼塘（如牧草、蔬菜、粮作等）模式。

3. 养殖业立体模式

（1）分层立体养殖　节约棚圈材料和综合利用废弃物，如新疆米泉县种猪场采用的上层笼养鸡，中层养猪，下层养鱼模式。

（2）林鱼鸭立体种养　湖北省新洲县林科所，在低洼积水区采用的模式。

4. 农林立体模式

农林业系统：同一土地单元或农业生产系统内既包含木本植物又包含农作物或动物的一种土地利用系统。其特点为复合性、系统性、集约性，在发展中国家发展迅速。

我国农林立体栽培常见模式如下。

（1）桐粮间作　华北平原已达300多万公顷，分布在河南、山东等地，有以农为主、以桐为主、桐粮并重等几种类型。

（2）枣粮间作　华北、西北等地，尤其在河北、山东较多，有枣树为主、枣粮并举、农作物为主几种类型。

（3）林胶茶复合经营　分布于热带地区（云南、海南等），防护型立体结构，具有良好的环境（减少水土流失，减少病虫害等）和经济效应，如海鸥农场茶叶作为绿色食品，效益很好。

（4）林药间作　许多药用植物喜阴凉、湿润的环境，种植于林下，南方丘陵区采用的杉木、桐树与黄连、魔芋、天麻、三七、胡椒、肉桂、咖啡、可可等间作；华北平原采用泡桐间作芍药、贝母、板蓝根、天南星、金银花等；东北地区有松树、杉树间作人参、桔梗等；三北农牧区采用胡杨间作甘草等。

## 实验实训　农田生物量测定

### 一、目的要求

通过测定植物第一性生产力，了解农田群落不同植物种的生长特点，生产力大小，分析群落第一性生产力，可以揭示不同植物在群落中的作用。

### 二、实验内容

（1）样地确定；

（2）生物量的测定与分析。

## 三、主要实验仪器设备

铁铲、锄头、标本夹、记录本、剪刀、海拔仪、光度计、望远镜、GPS、罗盘仪、坡度计、烘干箱、天平、测高仪、电刨、锯刀、放大镜。

## 四、方法与步骤

### （一）确定样方

根据群落情况决定样方大小及数目，在样方四角竖立标杆，用线绳围成样方，齐地面剪下植物，分种装袋，以防水分损失。同时收集样方内地面植物枯落物。

### （二）样品分类、测重和干燥

剪割完成后，把各样品按植物种的叶（光合系统）、茎、花、果（非光合系统）分开，测定鲜重。然后用感量为0.1g的天平取各样品鲜重50g左右，置于烘箱中，于80℃烘至恒重（12h）。冷却后，用感量0.01g天平称干重。记录数据于表2－1中。

表2－1 农作物分层刈割记录

| 物种 | 光合系统 | | | 非光合系统 | | |
|---|---|---|---|---|---|---|
| | 鲜重/g | 干重/g | 叶面积/$cm^2$ | 鲜重/g | 干重/g | 枯落物/g |
| | | | | | | |
| | | | | | | |
| | | | | | | |
| | | | | | | |
| | | | | | | |
| | | | | | | |
| 总生物量 | | | | | | |

## 本章小结

本章主要介绍了农业生态系统中物种结构、空间结构、时间结构等概念；介绍了食物链、食物网的概念；分析了农业生态系统空间结构的不同类型；阐述了立体栽培模式的原理；分析了如何依据农业生态系统的空间结构设计人工食物链或食物网。

## 复习思考题

1. 解释概念：农业生态系统、水平结构、垂直结构、营养结构、时间结构
2. 农业生态系统中常见的食物链有哪些？
3. 立体栽培模式的理论依据的什么？
4. 如何调整农业生态系统的时间结构？

### 资料收集

1. 以家乡所在地为主，调查当地有哪些类型的农业生产模式。

2. 以家乡所在地为主，调查当地种植方式主要有哪些类型，做成 ppt 在班级交流。

### 查阅文献

利用课外时间阅读《神圣的平衡——重寻人类的自然定位》《增长的极限》《只有一个地球》等书籍，了解人类对于生态和环境保护的认识过程。

### 习作卡片

调查当地农田生态系统中各种作物的种植模式，分析该农业生态系统的水平结构、垂直结构和时间结构。

## 课外阅读

### 立体农业

立体农业，又称层状农业，就是利用光、热、水、肥、气等资源，同时利用各种农作物在生育过程中的时间差和空间差，在地面地下、水面水下、空中以及前方后方同时或较互进行生产，通过合理组装，粗细配套，组成各种类型的多功能、多层次、多途径的高产优质生产系统，来获得最大经济效益。如在葡萄地里种草莓、草莓收后种菜等。鸭河口库区，水库水面发展网箱养鱼、银鱼养殖及库汊养鱼开发，环库发展猪鸡水禽立体养殖，这也是立体农业的典型。

立体农业最早产生于农作物的间作套种。在中国已有2000多年的历史。长期生产实践中形成的珠江三角洲的基塘农业，利用江河低洼地挖塘培基，水塘养鱼，基面栽桑、植蔗、种植瓜果蔬菜或饲草，形成“桑基鱼塘”、“蔗基鱼塘”或“果基鱼塘”等种植和养殖结合的生态农业系统，是一种比较理想的立体农业。但对中国立体农业的研究仅10多年历史，其理论还处于探索阶段。在其他国家，如坦桑尼亚、斯里兰卡等也常见立体种植，美国、印度、印度尼西亚等正在兴起与中国立体农业相类似的混合种植、多层利用和农林牧渔结合的种植、养殖业。

由于气候变化所导致的洪旱灾害正在严重破坏着传统耕地。最近的三次洪灾（1993年，2007年，2008年）使得美国在农作物上损失了上亿元，而且表层土也遭到了严重的侵蚀。而降雨模式以及气温的变化可能会使印度在20世纪末的农业产量减少30%。而且，人口的迅速增长给农业带来更大的压力，使得农民不得不耗尽土地资源来满足人们的需求。人均可耕地面积从1970年的一英亩到2000年时已经减少到半英亩，而且据美国有关部门预计，到2050时，人均可耕地面积将会减少到三分之一英亩。在我们知道这种以土地为基础的传统的农业形式时，就已经有上百万的人在采用这一形式了。但继续这样下去，经历了12000年之久的传统农耕形式将不再是一种可持续发展的选择。

传统耕作方法中的灌溉现在已经用去淡水的70%。这些水用在农作物上后，又经过过多的农作物沉积入地球水层中去，使得泥沙、农药、除草剂还有化肥这些物质把淡水都给污染了，不能被再次使用。发达国家必须在世界性饥荒发生之前找到新的解决方法，不能让为一杯纯净的水，一盘优良的大米和大豆战斗这样的事情发生。

立体农业就像是一种生态功能的系统，废弃物可以被重新利用，那些用于营养液和气栽法技术中的水也经过除湿后被使用，这样的重复形成一种良性的生态环境。建立立体农业的技术现在已被用于环控农业设施，但还没有与在城市的高层建筑里生产食物有密切的关系。

第一个真正的室内农场是在美国康奈尔大学建立起来的。第一年的水培生菜，每平方英尺长出68棵来。在纽约每棵生菜的零售价是2.5美元，由此，相信人们可以很容易地算出其它农作物的赢利来。美国研究人员积极倡议在未来建立一种立体农业模式，在高大的建筑物中用营养液培植农作物，而将地面上的耕田还原成森林。

不仅仅只有这样的高层建筑才可以容纳立体农业。学校，饭店还有医院这种综合性的建筑的上层都可以成为各种各样大小不同的农田来种植庄稼。这些农田可以通过持续不断地为城市的人们提供新鲜的蔬菜和水果，防止健康问题。立体农业可以整年持续不断地生产无农业化学品的食物。鱼和家禽也可以在室内养殖。由于这种农业不需要大型的农业机械以及把粮食从农村运送到城市的卡车，从而减少了大量矿物燃料的使用，降低温室气体的排出量。

——摘自百度百科

# 第三章　农业生态系统的能量流动

**学习目标**

了解生态系统能量流动与转化的基本定律及其应用；了解农业生态系统的能量生产形成过程：初级生产、次级生产以及农业生产系统的辅助能；掌握人工辅助能对农业生产的作用，掌握农业生态系统的调控方法。

## 第一节　初级生产中的能量流动

### 一、能量流动与转化的基本定律及其应用

能量是所有生命运动的基本动力，生态系统作为以生命系统为主要组分的特殊系统，无时无刻不在进行着能量的输入和转化。能量的转化和物质的循环，是生态系统的基本功能，是地球上生命赖以生存和发展的基础。生态系统中生命活动所需要的能量绝大部分都直接或间接来自太阳能，并遵循热力学第一定律和热力学第二定律进行转化和流动。在农业生态系统中，人们通过输入人工辅助能进行调节和控制，以提高能量的转化率和生物体对能量储存的能力，协调发挥农业生态系统运行中产生的生态效益、经济效益和社会效益。因此，了解农业生态系统的能量流动与转化规律，对分析农业生态系统的功能和其它因素间的关系是非常必要的。

#### （一）热力学第一定律——能量守恒定律

热力学第一定律认为：能量可以在不同的介质中被传递，在不同的形式中被转化，但数量上既不能被创造，也不能被消灭，即能量在转化过程中是守恒

的。在热功转换过程中可用下列公式表示：

$$Q = \Delta U + W$$

式中 $Q$——系统吸收的能量；

$\Delta U$——系统的内能变化；

$W$——系统对外所做的功。

在生态系统中，被植物固定的光合产物中的化学潜能，一部分用于植物自身的呼吸消耗，另一部分成为植物体，是其它生物成员的能量来源，这些化学潜能在食物链的传递过程中，又分别被转化为动能、热能等形式，既没被创造，也没有被消灭。

了解热力学第一定律，不仅有利于把握生态系统中的能量转化过程，掌握同一转化过程中各种不同形态能量之间的数量关系，又可以根据热力学第一定律对农业生态系统进行定量分析。为农业生态系统的调节和控制提供可靠依据。

### （二）热力学第二定律——能量衰变定律

热力学第二定律是对能量转化效率的一个重要概括，它的基本内容为：自然界的所有自发过程都是能量从集中型转变为分散型的衰变过程，而且是不可逆的过程。由于总有一些能量在转化过程中要变为不可利用的热能，所以任何能量的转化都不可能达到100%的有效。

生态系统中的能量转化同样也可以用热力学第二定律予以描述。始于太阳辐射的一系列能量转化过程，只有少量的能量转化为在植物体或动物体的化学潜能，大部分以热能的形式消耗在维持动植物生命活动或微生物的分解过程中。这些以热能形式散发的能量是一种毫无利用价值的能量形式，因此，生态系统的能量流动是单向的和不可逆的。

### （三）熵与耗散结构

熵是从热力学第二定律抽象出的一个概念，也是一个对系统无序程度进行度量的热力学函数。其含义是系统从温度为绝对零度无分子运动的最大有序状态向含热状态变化过程中每一度（温度变化）的热量（变化），即熵变化就是热量变化与绝对温度之比，在温度处于绝对零度时熵值为零。可见，熵实际上是对热力学体系中不可利用的热能的度量。热力学第二定律也称熵定律，因为能量总是从集中形式趋向分散，这个过程不可逆，熵定律可以表述为：一切自发过程总是向熵值增加的方向进行。从熵定律可以看出，在自发过程中，熵值不断增加，孤立系统的不平衡态随着时间的推移，最终会趋向平衡态——熵最大状态，使系统从有序走向无序。系统要保持有序状态，必须外加能量的推动，而且外加能量的效率都必然小于100%。

耗散结构是指在远离平衡的非平衡状态下，系统可能出现的稳定的有序结构。普利高津提出的耗散结构理论，表述了一个远离平衡态的开放系统，可以通过与外界环境进行物质和能量的不断交换，增加系统的负熵，使系统保持有序状态和一定的稳定性。这种利用外界环境的物质、能量等不断地交换，使趋向无序和混乱状态的系统变为有序和稳定的状态就称耗散结构。生态系统本身就是一种开放的和远离平衡态的热力学系统，具有发达的耗散结构，通过系统不断的能量和物质的输入，保持高度的有序性和稳定性。因此，生态系统服从热力学第二定律和熵定律，生态系统要维持一个有“内秩序”的高级状态，即低熵状态，同样需要从系统外输入能量，即不断输入太阳能和辅助能。

**（四）生态金字塔**

生态金字塔是生态学研究中用以反映食物链各营养级之间生物个体数量、生物量和能量比例关系的一个图解模型。由于能量沿食物链传递过程中的衰减现象，使得每一个营养级被净同化的部分都要大大地少于前一营养级。因此，当营养级由低到高，其个体数目、生物现存量和所含能量一般呈现出基部宽，顶部尖的立体金字塔形，用数量表示的称为数量金字塔，用生物量表示的称为生物量金字塔，用能量表示的称为能量金字塔（图 3－1）。

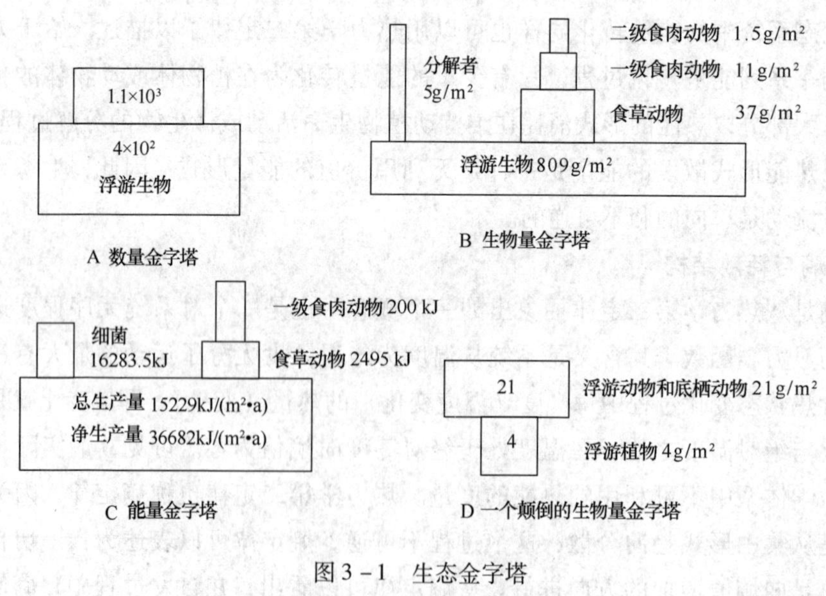


图 3－1 生态金字塔

（骆世明，《农业生态学》）

在这三类生态金字塔中，能较好地反映营养级之间比例关系的是能量金字塔。后两者，在描述一些非常规形式食物链中个别营养级的比例关系时，就会出现生态金字塔的倒置现象或畸形现象。如用数量金字塔表示“树木—昆虫—鸟类”食物链的营养关系时，一棵树上就可能有成千上万个昆虫为生，又可能有数只鸟以这些昆虫为生。这样如用数量表示就是一个两头小中间大的畸形金字塔。用生物量金字塔表示海洋中“浮游植物—浮游动物—底栖动物”的食物链营养关系时，由于浮游植物的个体小，它们以快速的代谢和较高的周转率达到较大的输出，但生物现存量却较少。用生物量金字塔表示的就是一个倒置的金字塔。但如果用能量金字塔表示食物链的营养关系，则不受生物个体大小及代谢速度不同的影响，可较准确地说明能量传递的效率和系统的功能特点。

生态金字塔理论对提高能量利用与转化效率、调控营养结构、保持生态系统的稳定性具有重要的指导意义。食物链长，塔的层次多，能量消耗多、储存少，系统不稳定。食物链短，塔的层次少基部宽，能量储存多，系统稳定，但食物链过短，塔的基部过宽时，则能量利用率太低、浪费大。对于农业生态系统，不仅要求系统稳定，还要求其转化效率要高，才能获得较多的生物产品，以提高系统生产力。另外，食物链与生态金字塔理论，对指导合理建立农业生态系统结构，保持适宜的人地比例，农牧比例，草场载畜量以及人类食物构成上均有重要指导作用。

### （五）林德曼效率与生态效率定律

美国生态学家林德曼（Lindman）20 世纪 30 年代末在对 Cedar Gog 湖的食物链进行研究时发现营养级之间的能量转化效率平均大致为 1/10，其余 9/10 由于消费者采食时的选择浪费，以及呼吸排泄等被消耗了，这个发现被人们称为林德曼效率或十分之一定理，这只是对生态系统食物链各营养级之间效率的一个粗略估算，然而，它的重要意义在于是开创了生态系统能量转化效率的定量研究，并初步揭示了能量转化的耗损过程和低效能原因，为今后深入研究奠定了基础。在林德曼研究工作的基础上，此后的研究进一步证实了众多生态系统的林德曼效率是在 10% ~20% 。

林德曼效率只是揭示了营养级之间的能量转化效率，此后的研究表明能量转化效率不仅反映在营养级之间，还反映在营养级内部，因为发生在营养级之内的大量能量耗损，也是影响能量转化效率的重要方面。能量转化效率在生态学上又被称为生态效率，因此，这一定律也被称为生态效率定律。在农业生态系统中，由于受到人为的较好控制，投入了大量的辅助能，使农业生态系统中的农业生物对食物的能量转化效率明显提高。如猪的饲料转化效率为 35%，奶牛为 20%。

## 二、初级生产中的能量流动

任何一个生态系统都进行着两大类能量的生产，即初级生产和次级生产。初级生产主要是指绿色植物通过光合作用固定太阳光能并转化为储存在植物有机体中的化学潜能的过程，这是生态系统能量流动的基础。因此，绿色植物（还包括一些化能合成细菌）被称为初级生产者。次级生产是指消费者、还原者利用初级生产量进行的同化、生长、发育和繁殖后代的过程，这些利用初级生产量实现了能量再一次储存和积累的异养生物被称为次级生产者。

### （一）初级生产的能量转化

初级生产也称为第一性生产，主要是指绿色植物进行光合作用积累能量的过程。其化学反应过程可以表示为：

$$6CO_2 + 12H_2O + \text{太阳辐射能} \longrightarrow C_6H_{12}O_6 + 6H_2O + 6O_2\uparrow$$

植物每产生 1mol 分子有机物就能以化学能的形式固定 2821kJ 的太阳能。在单位时间内（a、h、min 等）、单位面积上（$hm^2$、$m^2$）初级生产积累的能量或者干物质的量称为初级生产力（量），或称为第一性生产力（量）。在初级生产中，有一部分还要消耗于植物的呼吸作用，剩下来的才是用于消费者转化传递的能量。因此，初级生产力又可以分为总初级生产力（$P_g$）和净初级生产力（$P_n$），总初级生产力（$P_g$）是指包括呼吸消耗（$R$）在内的光合作用总速率，即 $P_g = P_n + R$；净初级生产力（$P_n$）是指除去呼吸消耗以后绿色植物真实积累下来的能量或干物质量，即 $P_n = P_g - R$。

不同植物种类，不同品种，不同的生态环境以及不同的生态系统，初级生产都有很大差别。在不同植物种类当中，$C_3$作物光饱和点低，光呼吸明显，光呼吸约消耗了一半的光合产物，因而，初级生产力较低，每年为 21.7～22.3t/$hm^2$。$C_4$植物的光饱和点高，光呼吸消耗只占光合产物的 2%～5%，因而，初级生产力较高，每年为 22～53t/$hm^2$。

地球上不同类型的自然生态系统，受光、温、水、养分等因子和生态系统本身利用这些因子能力的制约，初级生产力的差异很大，据测算，全球每年初级生产总量为 $172\times10^9$t，折合能量约为 $21.6\times10^{20}$J。其中农田的初级生产量为 $9.1\times10^9$t，折合能量为 $1.14\times10^{20}$J；温带草原为 $5.4\times10^9$t，折合能量为 $0.68\times10^{20}$J；稀树草原为 $10.5\times10^9$t，折合能量为 $1.32\times10^{20}$J；森林为 $84.2\times10^9$t，折合能量为 $10.59\times10^{20}$J，海洋为 $55\times10^9$t，折合能量为 $6.92\times10^{20}$J。这种初级生产力的差异决定了生态系统的系统生产力，也决定了其对异养生物（包括人类）

的承载能力，同时还影响到人类对其开发、利用的程度和需要采取的保护性措施。

地球上各自然生态系统的净初级生产量在3～2200g/（$m^2$·a），以热带雨林最高，达到2200g/（$m^2$·a）。全世界耕地的平均净初级生产力为650g/（$m^2$·a），低于全世界陆地生态系统的平均值［773g/（$m^2$·a）］，因此，人类要想获得更多的初级生产量，不能只限定在耕地上，森林、草地、沼泽、水域等生态系统也是初级能流的主要来源。

### （二）农业生态系统的初级生产力

农业生态系统的初级生产力包括农田、草地和林地。1984年我国农用土地的初级生产总量大约为$5411\times10^{13}$ J/a，其中农田生产量为$1944\times10^{13}$ J/a，占35.9%，单位面积生产量为$145760\times10^3$ J/（$hm^2$·a）。草原生产量为$343\times10^{13}$ J/a，占6.3%，单位面积生产量为$219896\times10^3$ J/（$hm^2$·a）。

据1998年的资料，在农田生态系统的总初级生产力中，粮食作物约占78%，经济作物约占7%，其它青饲料、绿肥约占5%。其中有26.4%用于人的直接消费，30.2%用于次级生产，43.4%用于工业原料和燃料等。与世界平均水平相比，1998年我国主农作物中的粮食作物、糖料作物（甘蔗）、蔬菜等单位面积生产力已超过了世界平均水平，但纤维作物、油料作物和水果的单位面积生产力仍低于世界平均水平，尤其是水果差距较大，如果与高产国家相比，我国主要粮食作物的生产力仍有较大的差距。

我国的草原面积约为40000万$hm^2$，约占国土面积的40%，但由于主要分布在干旱、贫瘠地带以及不合理的开发利用（超载和毁草开荒），造成严重退化，生产力极其低下，单位面积产肉量仅为世界平均水平的30%。我国的草原面积和自然条件大体与美国相当，而产肉量却相距甚远。美国草原牧业每年提供的牛羊肉为$9\times10^9$ kg，占全国肉类总产量的70%，而我国草原牧业所提供的牛羊肉量仅占全国肉类总量不足10%。我国的林地面积为26289万$hm^2$，森林覆盖率为13.9%，森林生态系统的生产力比世界平均水平低10%左右。

### （三）初级生产力的调控途径

提高植物的光能利用率，可以从解除植物遗传特性决定的内部制约和生态环境决定的外部限制两个方面入手。要改善农业生态系统初级生产力，则要用系统的观点，从区域生态环境的改良及绿色植被的配置、农户种养结构的安排、农田地块作物群体结构的调控、优良品种的选用和具体栽培管理措施的使用等各个层次考虑，使净初级生产力得以持续稳定和提高。作物生产潜力的实际数量除受自然因素制约外，还受农业生产技术水平和经济社会因素的影响。因此，要提高农业初级生产力，可从以下几方面着手。

（1）因地制宜，增加绿色植被覆盖，充分利用太阳辐射能，增加系统的生物量通量或能通量，增强系统的稳定性。即使是在物种结构非常复杂的热带雨林，也有1%～2%的漏光，农业生态系统由于物种结构简单，漏光现象更为严重。减少裸地，绿化荒山荒地，依据群落演替规律，宜林则林，宜草则草，宜农则农，林地和果园等可推广乔灌草结合或农林复合系统是提高农业生态系统光能利用率的切实可行的方法。

（2）适当增加投入，保护和改善生态环境，消除或减缓限制因子的制约。人类不合理利用土地等资源已造成严重的土壤侵蚀、生产力下降等问题。据报道，世界每年耕地表土净流失量高达230亿t，我国高达33亿t，仅次于印度，居世界第2位，水土流失面积达3.67亿$hm^2$，占国土总面积的38.2%；荒漠化面积达2.62亿$hm^2$，而且荒漠化面积仍以较快速度扩展。一些环境问题报告指出，我国沙漠化所造成的直接经济损失每年约65亿美元，约占全球荒漠化经济损失的16%。我国的温室气体排放量居世界第2位，酸雨物质二氧化硫的排放量已居世界第1位。据世界银行估计，我国每年环境污染造成的损失占国民生产总值的0.6%～0.8%。据报道，如果土壤表土土质好，1$km^2$将包含100t有利于植物生长的各种物质，它们有效结合在一起，将能提供农作物所需95%的氮和25%～50%的磷，土壤侵蚀及与之相联系的水资源问题，造成巨大的生态经济效益损失。工业“三废”污染直接或间接影响植物的生长发育，例如酸雨被称为“植物的空中死神”，因此防治农业环境污染，治理生态退化，改善农业生产的资源环境条件，建立可持续农业生产体系，对提高生产力有重要意义。我国目前大面积农业产量，只有气候生产潜力的30%～60%，土地、水和生物资源状况都有待进一步改善。因此，通过人工措施，在选用优良品种基础上，调控植物群体结构，改善环境因子，如搞好水利建设和其他农业基础建设，改善水利灌溉条件和土壤肥力，解除水分、养分等限制因子，将直接提高农牧业生产力。优化人工辅助能投入组合，适时适量合理使用化肥、农药、生长调节剂等，如发展精确农业，推广配方施肥，使用各种有机无机复合肥、缓释肥和微生物肥，开展病虫草害综合防治，适当使用生长调节剂等，也有助于提高初级生产力。如我国南方稻田普遍缺硅，施硅肥可提高土壤供氮能力，增加水稻对氮、磷的吸收，使株型挺拔，从而提高光能利用率，增产3.8%～6.6%。直到20世纪90年代，我国的化肥利用率和灌溉水利用率都为30%～40%；而每年因为病虫害造成谷物、棉花、蔬菜和水果减产的幅度分别达 10%、20% 和 25%。可见，优化辅助能利用的技术还大有潜力可挖。

（3）改善植物品质特点，选育高光效的抗逆性强的优良品种。在实际生产中，各种不良环境是作物光合能力的限制因子，各种耐干旱、耐盐碱、耐低温、抗病虫的高光效良种的选育及其配套技术的开发，一直是农业科技的前沿，如墨西哥小麦和 IR8 水稻品种等优良品种的推广应用为核心的“绿色革命”，使农作物产量得到了大幅度提高。

（4）加强生态系统内部物质循环，减少养分水分制约。推广农牧结合生态农业，注重用地养地相结合，建立生物固氮体系，重视秸秆回田和有机肥与无机肥相结合，保证农田养分平衡，使地力和作物产量同步提高。如果单纯依靠施用化肥，不重视农业生态系统内部物质循环利用，难以建立高产高效持续农业；如果只凭农牧结合和秸秆回田的较封闭的物质循环，没有化肥投入，则补充不了农田养分亏损，同样会使农业生产力萎缩下降。因此，要建立有机无机相结合的现代农作制度，确保农业生产力的持续稳定提高。

（5）改进耕作制度，提高复种指数，合理密植，实行间套种，提高栽培管理技术。在传统农业精耕细作、用地养地结合的基础上，建立现代型复种多熟耕作制度，是我国农业的主攻方向之一。我国耕地复种指数逐年增加，1949 年约为 128%，1985 年上升到 148.3%，2008 年达 155%，据中国农业科学院专家测算，我国耕地复种指数的理论值可达 195%，耕地复种成为农业增长的一个重要因素，今后仍有相当的潜力可挖。其关键一是适应市场经济，调整和优化种植结构；二是合理安排作物间套种和轮作的作物组合，充分利用不同作物间的生态位互补，科学配置高秆和矮秆、深根和浅根、喜光与耐阴、速生与后熟作物错落有序的组合，避免或减少作物相互间的竞争；三是配合相应的土壤耕作、灌溉施肥和轮作倒茬制度。

（6）调控作物群体结构，尽早形成并尽量维持最佳的群体结构。要按照不同植物生物量和经济产量的形成模式，采取适当的促、控措施，在时间和空间上合理配置作物复合群体的冠层结构，提高照光叶面积指数（照光叶面积和与总叶面积之比）和叶日积（叶面积与光合时间的乘积）。在水肥条件满足时，群体结构的好坏，直接决定着初级生产力的高低，突出反映在照光叶面积上，合理的间、套种作物间高低搭配，形成了错落有序的群体立体采光方式，比表面明显高于单作，中下层叶片的光照状况得以改善；且下层多为宽叶、水平叶作物，绿色面积的增大，使漏光减少，照光叶面积指数和光合效能得到提高，并使不同时期的光照得以较充分的截获，总叶日积增加，从而提高了总初级生产力。此外，改善农田微气候环境条件，使作物群体能充分利用投射到的辐射，减少漏射、反射和植物呼吸作用、病虫害等造成的损失，也是提高净初级生产力的有效途径。

## 第二节 次级生产中的能量流动

### 一、次级生产的能量平衡

次级生产是指初级生产以外的有机体的生产，即消费者、分解者利用初级生产的有机物质进行同化作用，表现为自身的生长、繁殖和营养物质的储存。初级生产者以外的异养生物（包括消费者和分解者）称为次级生产者。初级生产是绿色植物利用太阳光能制造有机物质，而次级生产是动物、微生物等对这些物质的利用和再合成，其能量的固定和转化是通过摄食、分解和合成等完成的。

次级生产采食的能量中，只有一部分被消化，而大部分以粪便的形式被排出体外，从被采食的初级产品中减去粪能，称作消化能。但消化能也不是全部被动物利用，其中一部分以尿素或尿酸形式从尿中排出，一部分以甲烷及氢的气体形式排出，从消化能中减去尿能和气体能后称作代谢能。动物在进食过程中还要消耗能量，这部分能量以热的形式排出体外，称作热增耗。从代谢能中扣除热增耗，称作净能，净能首先满足动物的维持需要，余下部分才用于增重、产奶、产蛋等生产，即转化为次级产品。其能量转化过程的平衡可用公式表示为：

$$P = NI + I$$

$$I = A + (R_1 + R_2) + (F + U + G)$$

式中 $P$——净初级生产总量；

$NI$——未被食用的部分；

$I$——被食用的部分；

$A$——储存能；

$R_1$——热增耗；

$R_2$——维持能；

$F$——固态排泄量；

$U$——液态排泄量；

$G$——气态排泄量。

## 二、次级生产的能量转化效率

次级生产对初级生产的能量转化效率是关系到数个营养级的过程（植物→食草动物→一级食肉动物→二级食肉动物……），因此，它的转化效率也比较复杂。然而，人们比较关注和相对比较重要的有以下几种。

### （一）营养级之间能量利用效率

首先是初级生产量被食草动物吃掉的比率。在自然生态系统中，怀梯克（1975）得出以下利用效率：热带雨林 7%，温带落叶林 5%，草地 10%。以后的各营养级大约可摄取前一营养级净生产量的 20% ~25%，其余的 75% ~80% 则进入了腐食食物链。

### （二）营养级之内的生长效率

营养级之内的生长效率即动物摄取的食物中有多少转化为自身的净生产量。在自然生态系统中，哺乳动物和鸟类等恒温动物的生长效率较低，仅 1% ~3%，而鱼类、昆虫、蜗牛、蚯蚓等变温动物的生长效率可以达到百分之十几到几十。这两类动物在能量利用效率上存在差距的一个主要原因是恒温动物用于自我维持耗能太高。因此，在农业生产中如何利用变温动物的低耗能特性，提高能量的转化效率，已成为未来人类食品开发的一个方向。

在农业生态系统中，人工饲养的家禽、家畜能量的利用率要明显高于自然生态系统。一般讲，家禽、家畜可将饲料中 16% ~29% 的能量转化为体质能，33% 的能量用于呼吸消耗，31% ~49% 的能量随粪便排出。在不同畜禽种类、饲料、管理水平和饲养方法之下能量的转化效率不同。养殖业中料肉比也可以从另一侧面反映出不同种类畜禽的能量利用效率。我国养殖业饲料与产肉比率大致为：猪 4.3∶1，牛肉 6∶1，禽肉 3∶1，水产养殖业 1.5∶1。根据不同畜禽及水生动物的能量转化效率选择适宜的养殖对象是提高次级生产力的重要方面。

## 三、次级生产在农业生态系统中的地位和作用

动物和微生物的生产在农业生态系统中具多种功能，作为消费者、分解者

可以分解转化有机物、提供畜（动）力，还可以生产奶、肉、蛋、皮毛等营养丰富、经济价值高的产品。农业动物和微生物能够将人们不能直接利用的物质如草、秸秆等转变为人们可以利用的产品，能够富集分散的营养物质。次级生产的这种作用在农业生态系统中是不可取代的。次级生产以初级生产为基础，合理的次级生产对初级生产起促进作用，但不合理的次级生产也会影响初级生产，如过度放牧会导致草地退化；在城郊局部区域密布的集约化养殖场，也可能带来有机污染严重等一系列环境问题。次级生产的主要作用有以下几点。

**（一）转化农副产品，提高利用价值**

利用畜禽和食用菌可以转化不能直接利用的农副产品，既可使低价值的有机质变为高价值的优质食物，减少农业生态系统的养分流失。同时，发展畜牧养殖业和菌业，可把许多没有直接利用价值和直接利用价值低的农副产品转化成价值高的产品，如利用秸秆氨化养牛、种食用菌，利用杂草或荒坡地种草发展养殖业。

**（二）生产动物蛋白质，改善膳食结构提高人民生活水平**

1980 年我国人均综合畜产品占有量仅为美国和法国的 1/15，经过 30 多年的努力，我国养殖业有了很大的发展，人均占有肉蛋量和动物蛋白质消耗量均达到或超过世界平均水平，我国城乡居民的膳食结构日趋合理。

**（三）促进物质循环，增强生态系统功能**

次级生产中饲料转化为畜产品的效率为 25% ~30%。经过消化道“过腹还田”后的有机物肥肥效高，有利于作物高产稳产。据 1994 年统计，我国仅养猪一项，每年就提供粪肥约 11 亿 t，相当于硫酸铵 2237 万 t，过磷酸钙 1525 万 t 和硫酸钾 990 万 t，回田后可促进物质循环，增强农业生态系统功能。

**（四）种养结合、农牧互促，有助于农业资源的合理利用和农业的可持续发展**

在当前社会主义新农村建设中，一种新的发展模式——生态循环农业正越来越受到人们的重视，如“稻—蟹”、“猪—沼—菜”、“猪—沼—果（鱼）”、“种—养—加”、“牛—蘑菇—蚯蚓—鸡—猪—鱼”、“家畜—沼气—食用菌—蚯蚓—鸡—猪—鱼”、“家畜—蝇蛆—鸡—牛—鱼”等模式。循环农业模式形成生产因素互为条件、互为利用和循环永续的机制和封闭或半封闭生物链循环系统，整个生产过程做到了废弃物的减量化排放、甚至是零排放和资源再利用，大幅降低农药、兽药、化肥及煤炭等不可再生能源的使用量，从而形成清洁生产、低投入、低消耗、低排放和高效率的生产格局。

**（五）增加就业门路，增加农民收入，并有助于建立种植—养殖—加工—贸易一体化的农业产业化体系**

大农业中的畜牧业属于次级生产，畜牧业目前成为农村退耕还林还草工程实施后的替代产业，解决了大量的剩余劳动力；畜牧业大发展提供了大量的有机肥，改善了土壤结构，提高了土壤有机质的含量，为农业可持续发展，维持生态平衡，创造优美环境提供了有利的生态条件；畜牧业的发展加大了草场建设力度，人工草场的建设为保护水资源，防止水土流失提供了保障；畜牧业的发展提供了大量的草场、优美的生态环境和绿色无污染的食品，促进了草地旅游业的发展，拓宽了农民增收的空间；畜牧业发展促进了农副产品的转换升值和农产品加工企业的发展，从而促进了农民增收。

## 四、提高次级生产力的途径

农业生态系统的次级生产力，直接受次级生产者的生物种性、生产方式、养殖技术、养殖环境所制约。

不同动物的次级生产力有较大的差异，鱼、奶牛、鸡的能量转化率和蛋白质转化率是各种动物中比较高的。同一种动物的不同品种其生产力也有差异，选育良种对提高生产力具有重要的意义。

饲料是动物生长的基本条件，饲料的成分直接影响动物生产力的高低。根据营养生理学原理，使用全价饲料，可以大大提高饲料转化率和缩短饲养周期。在科技因素中，饲料的应用和饲养技术的改进为65%～70%，以科学配合饲料推动下的现代化养殖生产体系，正逐步改造传统的低效率的饲养方法，使次级生产力得到较大的提高。

养殖技术和养殖管理水平对农业次级生产力的形成起关键作用。目前，我国养殖业的整体单产水平不高，而且发展不平衡，高低相差悬殊。以养猪为例，我国传统家庭养殖规模小，猪存栏量一般仅1～2头，饲料以稻谷等谷物为主，每头猪要消耗200～300kg粮食，能量转化率只有4%左右，而现代集约化养猪场的转化率可提高10多倍。

针对我国的实际，次级生产力的提高方向主要如下。

**（一）调整种植业结构**

建立“粮、经、饲”三元生产体系，增加饲料来源，开发草山草坡，发展氨化秸秆养畜，全面使用配合饲料，提高饲料转化率。按照经济社会发展趋势，我国在2030年前后将会实现中等发达国家的生活水平，此时人口将达16亿左右。根据与中国大陆饮食习惯相同的台湾省的饮食结构的历史变化，当人均国民生产总值达2700美元后，肉、乳、蛋的消费量将有一个突飞猛进，此时人均粮食（谷物）的需求量最少要达到450kg。因此未来30年我国国内市场对肉、乳、蛋等次级生产产品的需求仍将大大增加，粮食问题将更为突出，而粮食问题实质上是饲料粮的短缺问题，基本对策就是调整种植业结构，加快玉米等饲料粮的发展力度，逐渐形成粮食作物∶经济作物∶饲料作物比例约为59∶20∶21的比较合理的三元结构。自1978年以来，我国种植业结构围绕社会和市场需求在不断进行调整，但与合理的三元结构还有一定的差距。

此外，还要拓宽饲料来源，开发利用秸秆饲料和各种草山草坡，发展草食动物。据中国农业科学院（1995）调查，我国各类作物秸秆资源丰富，农区发展草食家畜大有潜力可挖。我国年植物蛋白饲料资源量达1500万t，饲用程度40%～50%；鱼粉10多万t；作物秸秆秧蔓5亿多t，各种树叶资源5亿多t，各种青绿饲料1.6亿多t，蔬菜叶和瓜果类资源0.5亿t，水生植物资源0.4亿t，这些资源的利用程度已达10%～20%；糠麸资源0.5亿t，各种糟渣0.2亿t，利用程度40%～50%；还有1亿多吨牧草资源。因此，要从国情出发，坚持“以粮换肉”和“以草换肉”两条脚走路。

为了提高次级生产力，还要推广使用全价饲料，重点是推广饲料添加剂及其配套利用技术，推广适用于不同畜种、鱼种，不同品种，不同生产阶段和不同环境下的优质、高效、无残留、无污染、无公害的畜禽渔饲料添加剂。

### （二）培育、改良和推广优良畜禽渔品种

不断提高良种推广率，全面提高农业次级生产力，加强高转化率优质抗病品种的选育，因地选择适宜养殖品种。

### （三）适度集约养殖，加强畜禽渔环境控制及设施工程建设，减少维持能和其它消耗

以我国主要的次级生产养猪为例，我国每个农业劳动力生产肉类为101kg，世界平均为163kg，发达国家则高达2192kg。所以要针对我国各地农村养猪的生产特点、营养需要、饲料资源等，分别制订相应饲养标准，重点是因地制宜进行适度规模养殖，推广科学养猪配套技术。

**（四）推广鱼畜禽结合、种养加配套的综合养殖模式，充分利用各种农副产品和废弃物**

1. 发展草食动物

作物秸秆、树叶、菜叶、青草、干草这类富含纤维素的有机物质，作为牛、羊等草食动物的饲料，可以扩大肉食来源。牛、羊、马、兔的消化器官发达，具有较强的消化能力。如以小麦秆喂牛，其消化率达 42%；喂马其消化率为 18%；而猪基本上不能消化麦秆。其次，牛、羊具有较强的消化粗纤维的能力，是由于在它们的胃中有着大量细菌和纤毛虫。我国每年生产 4.5 亿多吨粮食，同时也生产 6 亿 t 的秸秆，目前仅有 1/4 左右用作饲料，其中经处理（青贮或氨化）后利用的秸秆仅占已利用秸秆的 1/5 左右，利用潜力还很大。

2. 发展水产业

充分利用水面发展鱼、虾、蟹、贝类水生生物，将人们不能食用的麦草、稻草、蔗叶、菜叶、田间杂草和农产品加工后的副产品，以及人畜粪便作塘鱼的饵料，经草鱼食用后，其碎屑和草鱼粪便可促使浮游生物的生长，并可促进鲢鱼（鲢和花鲢）的生长。鱼、虾是冷血动物，具有维持消耗低，繁殖率高的特点，比陆生温血动物能量转化效率高 2 倍以上。

3. 发展腐生食物链生产

运用生态学原理，进行食物链设计，充分利用植物的光合产物，把对它们的浪费减少到最低限度。腐生食物链利用的生物有蜗牛、蚯蚓、蝇蛆、食用菌等。农田中放养蚯蚓，可使土壤疏松，蓄水保肥，促使有机残体的腐殖化和微生物的活动。放养蚯蚓的农田中，小麦、玉米、棉花增产 11% ~18%，蔬菜增产 35% ~50%，蚯蚓还含有丰富的动物蛋白。专门用于养蚯蚓时 1$hm^2$ 土地一年产鲜蚓 60000 ~75000kg，鲜蚓中含粗蛋白质 15% ~17%，是畜牧业优质的蛋白质饲料，蚯蚓还可作药材原料因此。利用棉仔屑、作物秸秆、碎木料等可以培养食用菌，菌渣还可作牛、鱼的良好饲料。

4. 发展沼气和堆肥等有机物综合利用方式，有效利用分解能

对没有用作饲料的各种有机物，不应直接烧掉，而是用作沼气的原料，或制作其它燃气，或制作堆肥，或回田培肥地力，还可使用“腐秆灵”等菌肥加快回田秸秆的分解。实践证明，发展沼气是不少农村实现物质能量多级利用，形成生态经济良性循环的有效途径。

5. 混合养殖，多级利用

畜禽粪便常含有较多未被利用的能量和营养物质，可作为另一种畜禽鱼的

饲料，混合喂养并辅之以蚯蚓养殖、沼气发酵，可大大提高物质能量的利用率。据李玲等（1985）的研究，利用鸡粪喂猪，猪粪入沼气池制沼气，沼渣养蘑菇，形成的鸡猪沼气蘑菇混合养殖生产体系，饲料中的能量利用率由分别单独养殖鸡、猪的61.5%提高到80.7%。

## 第三节　农业生态系统中的辅助能

除太阳辐射能之外，生态系统接收的其它形式的能量统称为辅助能，包括自然辅助能与人工辅助能，投入到农业生态系统的主要是人工辅助能。人工辅助能投入到农业生态系统之后，并不能转化成为生物体内的化学能，而是通过促进生物种群对太阳光能的吸收、固定及转化效率，扩大生态系统的能流通量，提高系统的生产力。

自然辅助能的形式有风力作用、沿海和河口的潮汐作用、水体的流动作用、降水和蒸发作用。人工辅助能包括生物辅助能和工业辅助能两类。前者是指来自于生物有机物的能量，如劳力、畜力、种子、有机肥、饲料等，也称为有机能；后者是指来源于工业的能量投入，也称为无机能、化石能，包括以石油、煤、天然气、电等含能物质直接投入到农业生态系统的直接工业辅助能，以及以化肥、农药、机具、农膜、生长调节剂和农用设施等本身不含能量，但在制造过程中消耗了大量能量的物质形式投入的间接工业辅助能。

### 一、人工辅助能投入对农业生产力的影响

人工辅助能的投入是农业生态系统与自然生态系统的最重要的区别，在人类诞生后的采集农业阶段就有了最基本的人工辅助能投入（人力），因而也就有了农业生态系统，大量的人工辅助能特别是工业辅助能投入的农业阶段是在工业化农业时期，农业发展历史也就是一个人工辅助能不断增加和农业生产力不断提高的历史。

在现代农业阶段，随着科学技术的迅猛发展，科技含量不断增加，以机械化、良种化和化学化为主要形式的人工辅助能投入，极大地推动了农业生产力的发展，取得了巨大的成就。近50年来，世界粮食每公顷产量由1949年的1155kg提高到1999年的3025kg，增加了1.62倍。世界肉类产量由1961年7144万t

增加到 1998 年的 21620 万 t，增加了 2.03 倍。农业生产力的发展，不但养活了持续增长、目前已近 60 亿的世界人口，而且人均农产品占有量也有所增加，如人均粮食量由 1961 年的 330kg 增到 1999 年的 344kg，人均肉类从 1961 年的 23.23kg 增加到 1998 年的 36.7kg，总体人民生活水平得到提高。我国农业发展水平相对滞后，目前尚处于现代农业的起步阶段。在改造传统农业的过程中，我国也大力引进和应用了现代农业先进的科学技术，工业辅助能投入量的快速增加，极大地促进了农业生产力的提高，发展速度大大超过了同期世界平均水平，甚至超过了一些发达国家的增长速度。如我国的粮食单产，由 1949 年的 $1298kg/hm^2$ 提高到 1999 年的 $4961kg/hm^2$，增长了 2.82 倍，比同期世界粮食单产增长了 1.72 倍，是美国的 2.47 倍，日本的 0.97 倍，法国的 3.41 倍，德国的 1.33 倍，英国的 1.68 倍。1961 年我国的肉类总产量为 254 万 t，1998 年为 5514 万 t，增长 20.71 倍，比同期世界肉类总产增长了 2.03 倍，是美国的 1.16 倍，日本的 4.98 倍，法国的 0.76 倍，荷兰的 3.24 倍。我国粮食及肉类的人均占有数量 1999 年分别为 403.7kg 和 47.3kg，超过了世界平均水平：344kg 和 36.7kg。

## 二、人工辅助能的投入产出效率

在农业生产系统中，大量的人工辅助能的投入能否提高初级生产者对太阳光能的固定量和促进次级生产者对植物化学潜能的转化量，是衡量人工辅助能投入与产出效率的重要方面。一般来说，随着辅助能投入的增加，生物能的产出水平和农业产量也相应地增加，但产投比不一定增加，甚至会出现下降的趋势，即出现报酬递减现象。

从 20 世纪 50 年代初到 80 年代末，发达国家和发展中国家的辅助能投入水平都在不断提高，比较而言，发展中国家的投入水平增长更加迅速，尽管如此，发展中国家的无机能投入水平仍远远低于发达国家。而产投比却是随着工业辅助能投入的增加而下降。总体上，发展中国家的能量产投比明显高于发达国家。这是由于发展中国家农业生产能量投入的水平较低，增加能量投入后所起到的促进作用较大所致。这也反映了农业生产中随着工业辅助能的投入不断增加而出现的报酬递减的总趋势。辅助能的产出水平和转化效率不仅与能量投入水平有关，而且还与投能结构密切相关，投能结构是总投能中人工辅助能所占的比例；化肥、燃油、机具等各项投能占无机能投入的比例等。在世界农业发展的历史中，无机能投入比例不断增加是一个总体趋势。我国农业能量的总体投入，在20世纪50年代以劳力、畜力和有机肥等形式投入的有机能占主导地位，无机能投入不足2%，到80年代，无机能投入量提高到10%以上而且增长最快的是以化肥形式的投入，其投入量已占到工业辅助能的80%以上，这是传统农业向现代化农业过渡的明显标志之一。

据大量的调查研究，在无机能投入较低的阶段，增加无机能投入，农业产出和能量投入效率明显增加，但在无机能投入较高阶段，继续增加无机能投入，其能量效率有降低的趋势。例如：我国的粮食总产从1965年的19453万t，提高到1998年的51229.7万t，增长1.63倍，但工业辅助能的总耗能由1965年的$1314.6\times10^{11}$kJ增长到1998年的$21460.0\times10^{11}$kJ，提高了15.32倍，由此也反映了农业生产中能量效率随无机能投入增加而下降的趋势。但在我国，总体上增加无机能的投入，产出的能量和农业产量仍属上升阶段，只不过是增加速度有所减慢，并未出现负值现象。

## 三、生态系统的能流分析

能流分析是对生态系统能量的流动、转化、散失过程的描述，一般多采用的是模型图解法。H. T. Odum创建了一套能量符号语言，用于描述复杂的能流过程，是目前广大生态学工作者广泛采用的方法之一。它所创建的8种常用的基本能量符号见表3-1。

**表3-1　生态系统能量分析常用图示符号**

| 符号 | 组件名称 | 含义 | 用途 |
|---|---|---|---|
| 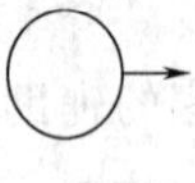 | 能源 | 圆圈表示能源 | 可以表示太阳能、石油、煤炭 |
| 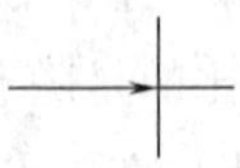 | 流动控制组件 | 将各组件联系起来的能量流通道 | 可以表示能量流动的多种情况 |
| 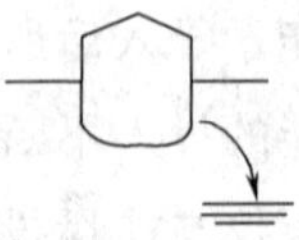 | 储存库 | 系统中储存能量的场所 | 表示能量储存在油库、水库等场所 |
| 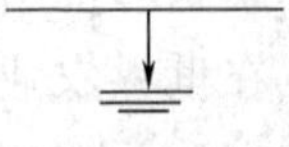 | 热槽 | 能量的耗散，不做任何功 | 存在于储存库、工作门、组件中要释放的能量 |

续表

| 符号 | 组件名称 | 含义 | 用途 |
|---|---|---|---|
| 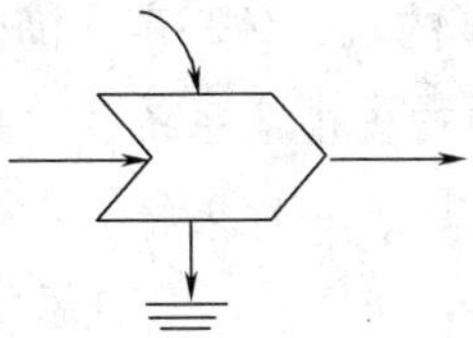  | 工作门 | 两个以上能的相互作用 | 可表示两个以上能的不同作用方式 |
| 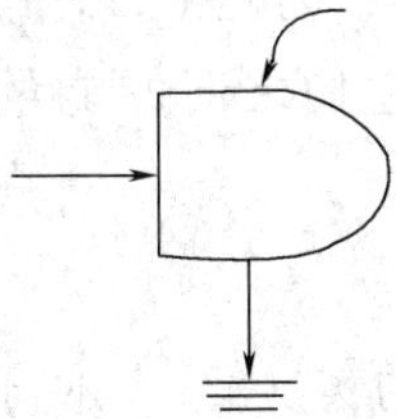  | 生产者 | 作为一个植物生产者系统 | 表示低质量能转达化为高质量能 |
| 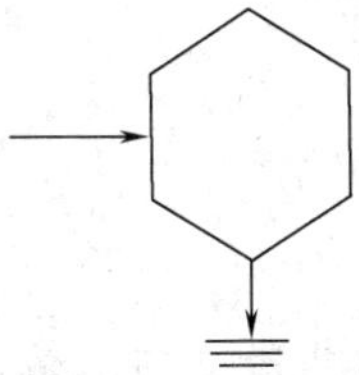  | 消费者 | 通常为异养生物 | 表示动物、微生物等 |
| 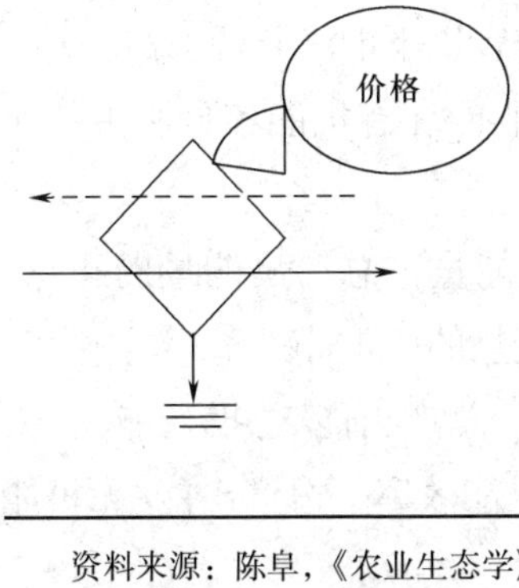 价格 | 交换组件 | 能量和资金的流动。能量向一个方向流动。资金向另一个方向流动 | 表示资金、能量的流动 |

资料来源：陈阜，《农业生态学》，2002。

应用这套能量符号语言，能醒目地绘制出生态系统的能流图，具有定量化，规范化和符号统一的特点。应用这种方法进行生态系统能量分析，一般可分为以下几个步骤。

### （一）确定系统的边界

根据研究目的，确定被研究对象的系统边界，即研究对象的范围。它可以是一家农户、一个村、一个乡（镇）、一个县或更大区域的农、林、畜、渔、加工等亚系统所组成的复合农业生态系统，也可以是单独的种植业系统、林果业系统、畜牧业系统或加工业系统等，甚至可以是一块农田、一片果林、一个养殖厂、一个鱼塘等更小的子系统。

### （二）确定系统的组成成分及其相互关系

明确所研究系统有哪些成分组成。明确它们在系统中的作用，并用适当的能量符号将它们一一标明，再用连线的方法表明它们之间的能量流动关系。

### （三）确定各组分之间的实物能量流动或输入输出量

应用实例、收集资料、估算、类推等方法得到基本的实物量，以便于计算系统的能流量。如农田化肥、农药、农膜、作物秸秆、农家肥及种苗等的数量；家畜饲料、机械、燃油、电力等的数量，农畜产品输出的数量等。

### （四）将实物量换算为能量

按照有关的折能标准，将实物量换算成相应的能量。

### （五）绘制能流图

按照各组成成分之间的能量流动关系和已经折算出的能量绘制出量化的能量流动模型图。

### （六）能流分析

对研究系统的能流有了清晰的轮廓之后，可以进行以下能流分析工作。

（1）输入能量的结构分析　如总输出能量中工业能和有机能各自所占的比重，农机动力等形式的能量所占的比重等。

（2）能量结构分析　如经济产品能量与副产品能量占总产出能量的比重；农、林、果、养殖、水产等产品能量各自占总产出能量的比重等。

（3）能量转化效率分析　如系统能量转化效率（总产出能/总投入能）；人工辅助能效率（总产出能/人工辅助能投入量）；无机能效率（总产出能/无机能总投入量等。

（4）综合分析及评价　对所研究系统的能流状况进行综合分析，并与其他系统进行比较，找出本系统能流的问题、不足以及调控的途径（图 3－2）。

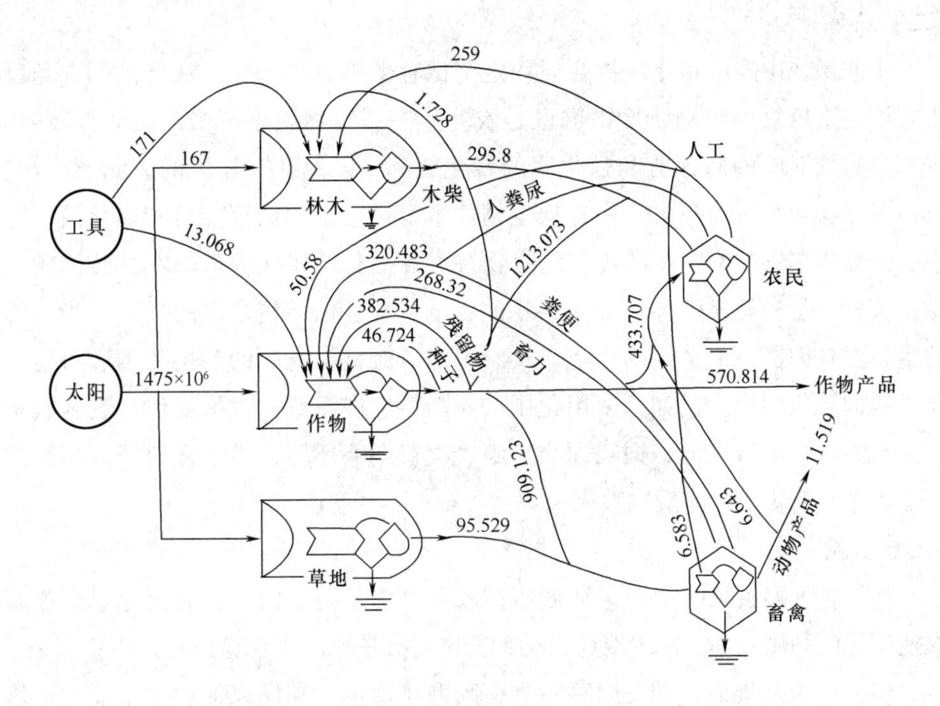


图 3－2　能流图符号及黑龙江省海伦县农业生态系统能流模型（单位：4.18 × $10^9$ J/a）

（闻大中，《我国北方黑土地区农业生态系统的能流》，1982）

## 四、 农业生态系统能流的调控途径

在现代社会中，农业生态系统是人类为了达到某种经济目标，遵循自然规律和社会经济规律而设计的复合人工生态系统。人类经济目标的载体是系统的物质生产力。能流生产作为物质生产的内涵，其在系统中的流量、流速和系统中有较高能流转化功能的组分结构以及减少系统能流损失是决定系统物质生产力并将进一步影响人类实现既定目标的重要方面。根据上述内容，农业生态系统能流调控的途径应围绕“扩源、强库、截流、减耗”四个方面来做。

### （一）扩源

初级生产所固定的太阳光能是生态系统的基础能流来源。扩大绿色植被面积，提高对太阳光能的捕获量。将尽可能多的太阳光能固定转化为初级生产者体内的化学潜能，为扩大生态系统能流规模奠定基础。包括发展立体种植，提高复种指数，合理轮作，组建农村复合系统，乔、灌、草结合绿化荒山、荒坡等措施都是扩大生态系统基础能源的有效方法。

### （二）强库

生态系统中能量和物质被暂时固定与储存的地方称为库。从能流储存角度讲主要是指植物库和动物库，这也是农业生态系统物质生产力的具体体现者。强库是指加强库的储存能和强化库的转化效率，以保证有较大的生物能产出，具体可以从两个方面考虑：一是从生物体本身对能量的储存能力和转化效率考虑，例如：选育和配置高产优质的生物种类和品种，建立合理的农林牧渔生物结构等；二是从外界生存环境对生物的影响考虑，加强辅助能的投入，为生物的生长发育创造一个良好的环境，从而提高了对太阳光能的利用效率和对生物化学能的转化效率。例如：使用化肥、农药、发展灌溉、机械耕作、设施栽培等提高农作物的生产力；饲喂配合饲料、改善饲喂环境、科学管理等提高畜禽的出栏率、产蛋率、缩短饲喂周期等。

### （三）截流

通过各种渠道将能量尽量地截留在农业生态系统之内，扩大流通量，提高农业资源的利用效率，减少对化石辅助能的过分依赖。主要途径有：

（1）开发新能源，如发展薪炭林，兴办小水电，利用风能、太阳能、地热能等。

（2）提高生物能利用率，充分利用作物秸秆、野生杂草和牲畜粪便等副产品，将其中的生物能通过农牧结合、多级利用、沼气发酵等方法尽可能地用于生态系统内的转化。

### （四）减耗

降低消耗，节约能源，减少能源的无谓损失，发展节能、节水、节地、降耗的现代农业。如开发普及节柴灶，节能炉具，节水灌溉，立体种植，推广少耕、免耕，改进化肥施用技术，减少水土流失等。

# 实验实训　农业生态系统的能量流分析

## 一、目的要求

农业生态系统的能量分析是指对农业生态系统中各种能量加以确定和计算，并对各种能量流之间的关系进行分析，进而从能量角度对系统的基本特征作出评价，为农业生态系统的调节和控制提供依据。通过本次实训，要求掌握能量分析方法。

## 二、方法与步骤

（一）确定系统的边界和组分

为了学生在学习期间便于操作，以学会方法和练习技能为基本目标，本实训建议选择一个种植业和养殖业兼营的农户或一个小型农场为农业生态系统教学调查分析。确定了系统的边界以后，再分析该系统由哪些组分或亚系统组成，从而理清系统内的关系。

（二）确定系统内各主要组分之间的相互关系

明确了系统由哪些组分构成以后，主要分析各组分的输入、输出项目，种植业系统的输入要包括太阳光能以外的燃料、电力、农业机械、农用机具、化肥、农药、除草剂等工业辅助能，以及人力、畜力和作为有机肥料投入的人畜粪、还田秸秆等生物能源；系统的输出则包括作物经济产品和副产品。对于养殖业系统来说，其输入包括饲料、饲草、垫草、畜舍或棚圈、畜牧机械、人力等，其输出则为肉、乳、蛋、皮、毛等畜产品及粪便。

在进行能量分析时，除了对各组分或亚系统本身的能量进行分析外，更重要的是要注意系统内组分间的供求关系。理清种养结合系统的能量流动关系，不仅要包括系统与外界之间的输入输出，也包括系统内各组分或亚系统之间的输入输出。

（三）确定各项输入输出的数量

明确了系统的各种输入输出项目以后，还要掌握系统的各项输入、输出的实际数量，即系统及系统内各组分或亚系统之间的流入、流出量。这些输入、输出的实际流量可通过座谈访问、实际调查、间接估算或查阅有关统计资料等方法取得。

这里所取得的输入和输出数量，其计算单位可以采用常规计量单位，但各种用具、农业机械、房舍等固定资产，并不是一次生产就全部投入消耗完毕，它们可以反复使用，这可按经济学上折旧的方法，即按其使用寿命来折算每年的实际消耗，对系统的输入也只有实际消耗的这部分。

（四）将各种流量转换为能流量

只有将上述各种类型的输入和输出的数量转换为以能量单位表示的能流量，才能进行系统的能量分析。由于输入输出的各种工业辅助能，生物辅助能种类繁多，必须用能量折算标准来进行换算（可查相关资料），全部换算为能量单位，使工作类型的物质、能量的输入、输出具有可比性。

将各种输入、输出流量转换成能流量时，将实际流量乘以其热值，即可得出能量的输入输出量。在进行能量折算时，各种农业机械可按其功率折算成千克数再乘以折旧系数0.1，即可进行换算。

（五）结果分析

利用计算结果进一步分析系统的能流量状况。

1. 分析系统的能量投入产出情况

计算出系统及各亚系统的能量输入、输出总量。注意计算系统的输入总量时通常是计算太阳能以外的各种人工辅助能的输入总量，输出量则是指系统所输出的农产品和副产品中所含能量。

2. 分析系统的人工投入能量结构

即分析系统中各种类型的人工辅助能占总能量投入的百分比，或分析各种类型的人工辅助能的投入比例。农业生态系统的人工辅助能包括工业辅助能和生物辅助能两大类。其中，工业辅助能又包括直接无机能（煤、燃油和电能消耗等）和物化能（农用机具、农业机械、农药、化肥、生长调节剂等），生物辅助能则包括生物物质能（种子、苗木、有机肥等）和生物动力能（人力、畜力）。

3. 分析系统中各种人工辅助能的投能效率

投能效率是指投入单位能量所获得的产出能的多少，通常以能量产投比衡量。

能量产投比 = 产出能/总人工投能

对于整个系统，人工辅助能投入总量与产出能总量之比，就是系统的能量产投比。对于系统中的亚系统，也可以分析其能量产投比。

## 三、实训内容与作业

针对实训所调查的农业生态系统，根据本次实训的要求，通过进一步的调查和收集资料，分析该系统及其各亚系统的输入、输出情况，从能量转化角度对系统综合分析和评价，写出实训总结。

## 本章小结

本章主要介绍了生态系统能量流动与转化的基本定律及其应用，阐述了农业生态系统的能量生产形成过程：初级生产、次级生产以及农业生产系统的辅助能。介绍了人工辅助能对农业生产的作业，重点介绍了农业生态系统的调控方法。

**复习思考题**

1. 解释概念：食物链、生态金字塔、初级生产、次级生产、耗散结构、能量转化率

2. 何为辅助能？其在农业生态系统中有哪些作用？

3. 农业生态系统能流的途径有哪些？

4. 如何提高农业初级生产力？

5. 如何提高次级生产力？

6. 简述农业生态系统能力调控的途径。

### >>> 资料收集

1. 调查家乡所在地的次级生产力提高有哪些方向。

2. 调查家乡所在地农田生态系统能量流动情况。

### >>> 查阅文献

美国学者巴巴拉沃德和雷内杜博斯撰写的《只有一个地球》、罗马俱乐部发表的研究报告《增长的极限》、联合国世界与环境发展委员会发表的报告《我们共同的未来》，美国海洋生物学家蕾切尔·卡逊因的《寂寞的春天》《我们周围的海洋》。

### >>> 习作卡片

调查当地的生态金字塔，找出你所熟悉的初级生产、次级生产，对于如何提高初级生产力和次级生产力提出针对性的意见和建议，做成卡片，随着学习与调查的深入，对比提出的意见和建议是否有偏差，更好地掌握农业生态系统的调控方法。

## 课 外 阅 读

### 田鼠的防治

9 月 22 日，新疆乌鲁木齐县鹰沟牧场是蓝天白云，牛羊正低头啃食着草叶，

板房沟乡灯草沟村哈萨克牧民哈肯别克躺在草原上，眯着眼睛看着蓝天中翱翔的雄鹰。但在这美景中，一个个小土堆的出现却大煞风景，这些土堆中不时冒出田鼠灰色的小脑袋，看到有人便“嗖”的一下缩了回去。

哈肯别克说：“田鼠经常在晚上出来吃草，第二天一大片草都没了，而且牛羊再也不会吃这些田鼠吃剩下的草。它们还吃草籽，没了草籽，来年地上就不长草。”

“这些田鼠也赶着秋天打草越冬，啃草根、吃草茎、运草籽，鼠害发生严重区域内牧草损失率为20%～25%，它们还会挖出草原下的土，易造成草原水土流失。”乌鲁木齐县草原工作站高级工程师纳比乌拉说。

据了解，今年鼠害发生区域主要分布在乌鲁木齐县、米东区、水磨沟区的草原内。每逢秋季，草原上的田鼠便开始啃草根、衔草籽准备越冬，随之造成的是牧草的严重损失。今年截至目前，首府草原鼠害发生面积已达125万亩，严重危害面积32万亩。

9月25日，在米东区北沙窝草原上，一只鹰站在一种特制的木架上，突然，鹰展翅箭一般冲向草丛，等它再飞起时，利爪上多了一只正“吱吱”乱叫的田鼠。

供鹰站立的特制架子称“招鹰架”，分布在北沙窝附近的草原上，每根高2～3m，有木质和水泥制的。

“北沙窝是荒漠草原，附近的植被太矮，也没高大树木，不利于鹰在上面栖息，而鹰在高空盘旋则容易惊动田鼠，不利于鹰捕捉田鼠。”米东区草原部门工作人员赵伟说。

有了招鹰架，又有很多田鼠在这里打洞，不少鹰把北沙窝当成了风水宝地。

市畜牧水产草原站草原监理科科长崔国盈说，据测算，一只成年鹰一日可捕食平均20只田鼠，每个鹰架可控制250余亩的草场鼠害，在设有鹰架的区域，鼠害防治有效率达80.25%。

从2004年至今，首府草原部门共布设鹰架400余个，10万余亩鼠害严重发生区域面积得到有效控制。

——摘自乌鲁木齐在线讯：记者宋建华　实习生赵晶晶、马妍报道

# 第四章　生态系统的物质循环

**学习目标**

了解物质循环的基本规律和几种主要物质的生物地球化学循环；了解物质循环的基本概念和类型以及物质流动的特征；了解物质循环与农业环境问题；掌握物质循环的地质大循环和生物小循环、气相型循环和沉积型循环、物质循环的库与流；掌握物质流动的生物量与现存量、周转率与周转期、循环效率、生态系统内的物流与能流的关系；掌握农业生态系统养分循环的一般模型及特征、农业生态系统中养分循环与环境问题；掌握水循环、碳循环、硫循环、氮循环，了解节水农业、温室效应、酸雨与氮肥利用及污染物的流动与积累。

## 第一节　物 质 循 环

### 一、物质循环的基本概念和类型

能量流动和物质循环是生态系统的重要特征。物质循环和能量流动二者密切关联，构成统一的生态系统功能单位。物质在有机体和生态系统的发生与演化过程中起着双重作用，它既是用以维持生命活动的物质基础，又是能量的载体。但能量流动和物质循环又是有区别的，前者是单向流动，故称为能量转化，而物质循环则是可以重复利用的过程。

#### （一）地质大循环和生物小循环

各种化学元素包括生命有机体所必需的营养物质，在不同层次、不同大小的生态系统内，乃至生物圈里，沿着特定的途径从环境到生物体，从生物体再到环境，不断地进行着流动和循环，构成了生物地球化学循环。生物地球化学循环依据其循环的范围和周期，可分为地质大循环和生物小循环，它们是密切联系、相辅相成的。

1. 地质大循环

地质大循环是指物质或元素经生物体的吸收作用，从环境进入生物有机体内，然后生物有机体以死体、残体或排泄物形式将物质或元素返回环境，进入五大圈层的循环。五大自然圈层是指大气圈、水圈、岩石圈、土壤圈和生物圈。地质大循环具有范围大，周期长，影响面广等特点。地质大循环几乎没有物质的输入与输出，是闭合式的循环。整个大气圈的 $CO_2$，通过生物圈中生物的光合作用和呼吸作用，约 300 年循环 1 次；$O_2$ 通过生物代谢，约 2000 年循环 1 次；水圈（包括占地球表面积 71% 的海洋）中的水，通过生物圈的吸收、排泄、蒸发、蒸腾，约 200 万年循环 1 次；至于由岩石土壤风化出来的矿物元素，循环 1 次则需要更长的时间，有的长达几亿年。

2. 生物小循环

生物小循环是指环境中各种营养元素经生物体吸收，在生态系统中被相继利用，然后经过分解者的作用，回到环境后，再为生产者吸收、利用的循环过程。生物小循环具有范围小、时间短、速度快等特点，是开放式的循环（图 4－1）。

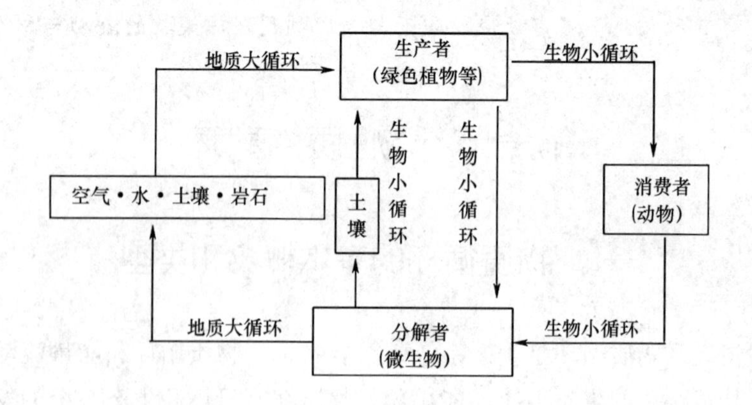


图 4－1 陆地生态系统中元素的生物小循环与地质大循环

（张季中，《农业生态与环境保护》，2007）

## （二）气相型循环和沉积型循环

根据物质的主要贮藏库不同，可将物质循分为两大类型循环：气相型循环和沉积型循环。

（1）气相型循环（gaseous cycle）　大气圈是气体循环必经的主要贮藏库。参加这类循环的元素相对地具有扩散性强、流动性大和容易混合的特点。该类循环主要以气体形式进行扩散和传播，循环的周期相对较短，很少出现元素的过分聚集或短缺现象，具有明显的全球循环性质和比较完善的循环系统，属于气体循环的物质主要有C、H、O、N、水等。

（2）沉积型循环（sedimentary cycle）　属于沉积型循环的营养元素主要有P、S、I、K、Na、Ca等矿物质元素。它们的主要贮藏库是岩石圈和土壤圈。保存在沉积岩中的这些元素只有当地壳抬升变为陆地后，才有可能因岩石风化、侵蚀和人工采矿等方式释放出来被生产者——植物所利用，参与生命物质的形成，并沿食物链转移，最终动植物残体或排泄物经微生物的分解作用，将元素返回环境。其中一部分保留在土壤中供植物吸收利用，一部分以溶液或沉积物状态汇入江河湖海，后经沉降、淀积和沉岩作用变成岩石，当岩石因地壳运动或火山活动被抬升而露出地表并遭受风化剥蚀时，该循环才算完成。因此，循环周期很长，但是保留在土壤中的元素能较快地被吸收利用。

### （三）物质循环的库与流

1. 库

物质在运动过程中被暂时固定、贮存的场所称为库。生态系统中的各个组分都是物质循环的库，可分为植物库、动物库、大气库、土壤库和水体库。各库又可分为许多亚库，如植物库可分为作物、林木、牧草等亚库。在生物地球化学循环中，物质循环的库可归为两大类：一是贮存库，其容积较大，物质交换活动缓慢，一般为非生物成分的环境库；二是交换库，其容积较小，与外界物质交换活跃，一般为生物成分。例如，在一个水生生态系统中，水体中含有磷，水体是磷的贮存库；浮游生物体内含有磷，浮游生物是磷的交换库。

另外，还有两个与物质贮藏库有关的概念：源和汇。源是产生和释放物质的库，汇是吸收和固定物质的库。如化石燃料燃烧是温室气体$CO_2$的一个重要的源，海洋则是$CO_2$汇。

2. 物质流

物质在库与库之间的转移运行称为流。生态系统中的能流、物流和信息流使生态系统密切联系起来并使生态系统与外界环境联系起来。没有库，环境资源不能被吸收、固定、转化为各种产物；没有流，库与库之间就不能联系、沟通，则会使物质循环短路，生命无以维系，生态系统必将瓦解。

## 二、物质流动的特征

### （一）生物量与现存量

生物量与现存量在某一特定时刻，单位面积或体积内积存的有机物总量构成生物量。它可以是指全部植物、动物和微生物的生物量。生物量又可称为现存量。生产量是指现存量与减少量之和。减少量是指由于被取食、寄生或死亡、脱毛、产茧等损失的量，不包括呼吸损失量。生产量高的生态系统，生物现存量不一定大。例如，某生态系统的生产量为5000kg，但由于减少量为4500kg，其现存量也只有500kg。由其推算的净生产量。净生产量是总生产量扣除植物或动物器官呼吸最后的剩余量，即在一定时间内以植物或动物组织或贮藏物质的形式表现出来的蓄积的有机质数量。

### （二）周转率与周转期

周转率和周转期是衡量物质流动（或交换）效率高低的两个重要指标。周转率（$R$）是指系统达到稳定状态后，某一组分（库）中的物质在单位时间内流出或流入的量（$FI$）占库存总量（$S$）的分数值。周转期是周转率的倒数，表示该组分的物质全部更换平均需要的时间。

$$\text{周转率}(R)=\frac{\text{单位时间内进入(或流出)某组分的物质量}}{\text{该组分的物质贮存量(库存量)}}=FI/S$$

$$\text{周转期}(T)=1/\text{周转率}=1/R$$

物质在运动过程中，周转速率越高，则周转1次所需时间越短。物质的周转率用于生物的生长称为更新率。某段时间末期，生物的现存量相当于库存量（$S$）；在该段时间内，生物的生长量（$P$）相当于物质的输出量（$FO$）。不同生物的更新率相差悬殊，1年生植物当生育期结束时生物的最大现存量与年生长量大体相等，更新率接近1，更新期为1年。森林的现存量是经过几十年甚至几百年积累起来的，所以比净生产量大得多。如某一森林的现存量为324t/hm$^2$，年净生产量为28.6t/hm$^2$，其更新率为28.6/324 =0.088，更新期约需11.3年。至于浮游生物，由于代谢率高，现存量常常是很低的，但有着较高的年生产量。如某一水体中的浮游生物的现存量为0.07，年净生产量为4.1，其更新率为4.1/0.07 =59，更新期只有6.23天。

### （三）循环效率

当生态系统中某一组分的库存物质，一部分或全部流出该组分，但并未离开系统，并最终返回该组分时，系统内发生了物质循环。循环物质（*FC*）与输入物质（*FI*）的比例，称为循环效率（*EC*）。

$$EC = FC/FI$$

**（四）生态系统内的能流与物流的关系**

1. 物质不灭，循环往复

物质和能量在转化过程中都只会改变形态而不会消灭，但物质循环不同于能量流动，能量衰变为热能的过程是不可逆的，它最终以热能离开生态系统。而物质是可以循环往复地利用的。虽然生态系统内物质的数量有限，且分布不均，但是因为它能在生态系统中通过形态的改变、更新，再次纳入生态系统的循环，可以反复多次重复利用，永恒地循环。

2. 物质循环和能量流动密不可分，相辅相成

能量是生态系统中一切过程的驱动力，也是物质循环运转的驱动力。物质是组成生物、构造有序世界的原材料，是生态系统能量流动的载体。能量的生物固定、转化和耗散过程，同时是物质由简单可给形态变为复杂的有机结合形态，再回到简单可给形态的循环再生过程。因此，任何生态系统的存在和发生都是能流和物质循环同时作用的结果，二者并行发生，相辅相成，缺一不可。

**（五）物质循环的调节**

物质循环通常是在生物和环境间进行，生物在物质循环中占有特殊地位，没有生物，物质就难以进入循环物质贮存在环境中，移动很慢，形态单一，然而一旦进入生物，则可能得到较快变化，加速物质循环速度，增加物质的形态结构。如果生态系统中的生物部分被削弱甚至消失，物质循环也将会被减弱甚至停止，最终导致生态系统的破坏。

生态系统内部存在稳态机制，对物质循环有一定的调节能力。自然生态系统中的各种元素在岩石库、土壤库、水体库、大气库及生物库之间，保持着相对平衡的关系，其库容量和流动速度受到生物作用的负反馈调节，主要表现在物质循环与能量流动的相互调节与限制，非生物库对外来干扰的缓冲，各元素之间的相互制约等。循环中每一个库和流，因外来干扰引起的变化，都会引起有关生物的相应变化，产生负反馈调节使变化趋缓而恢复稳态。如大气中$CO_2$浓度增加，使植物光合作用增强，加强了对$CO_2$的吸收和消耗，使大气中$CO_2$量相对减少。此外，海洋也会加强对$CO_2$的溶解吸收，形成一定的调节能力。

# 第二节 水循环与节水农业

水是地球表面分布最广泛和最重要的物质，是生物体内各种生命过程的介质，是参与地表物质与能量转化的重要因素。水长期参与生态系统的形成和发展过程。水分循环不仅调节了气候，而且净化了大气。水分的时空分布与状况在较大程度上决定着农业景观生态类型与土地利用格局，同时水分的异常变化也会给农业带来巨大影响。因此，研究水分平衡具有十分重要的意义。

## 一、水的分布

在自然界中，水以固态、液态和气态形式分布于水圈、大气圈、岩石圈、土壤圈和生物圈几个贮存库中。关于地球的总水量，目前存在许多不同的估计。1970 年国际水文学会统一了大致的数据，认为地球上水的总体积接近 $15\times10^{8}km^{3}$（表 4－1）；并把各部分水量在地球表面上的平均深度规定为它的当量深度。据估计，海水的当量深度为 2700～2800m，冰和雪约为 50m，地下水大约 15m，陆地水 0.4～1m，大气中平均水气含量的当量深度为 0.03m。

**表 4－1　　地球的水量估计**

| | 水量/$km^3$ | 占总水量/% |
|---|---|---|
| 淡水湖 | 125000 | 0.009 |
| 河流 | 1250 | 0.0001 |
| 土壤水和渗流水 | 67000 | 0.005 |
| 地下水 | 8350000 | 0.61 |
| 盐湖和内陆海 | 104000 | 0.008 |
| 冰盖和冰川 | 29200000 | 2.41 |
| 大气水分 | 13000 | 0.001 |
| 海洋 | 1370000000 | 97.30 |

资料来源：张季中，《农业生态与环境保护》，2007。

## 二、全球水循环及水资源特征

地球上的水并不是处于静止状态的。海洋、大气和陆地的水，在自身位能、太阳能、气象因子、生态环境以及人类活动的耦合作用下，进行着连续的大规模交换，使自然界中的水形成了一个随时间、空间变化的复杂的动态系统（图4－2）。这种动态交换过程，就是水分循环。由于太阳辐射，海面和陆地表面每年约有488000km$^3$水分蒸发到太空中。自海洋表面蒸发的水分，被气流带到陆地上空以雨、雪、露和冰雹等形式降落到地面时，一部分通过蒸发和蒸腾返回大气，一部分渗入地下形成土壤水或潜水，还有一部分形成径流汇入江河，最终注入海洋，这就是水分的海陆循环。内流区的水不能通过河流直接流入海洋，它和海洋的水分交换比较少。因此，内流区的水分循环具有某种程度的独立性。但它和地球上总的水分循环仍然有联系。从内流区地表蒸发和蒸腾的水分，可被气流携带到海洋或外流区上空降落，来自海洋或外流区的气流，也可在内流区形成降水。

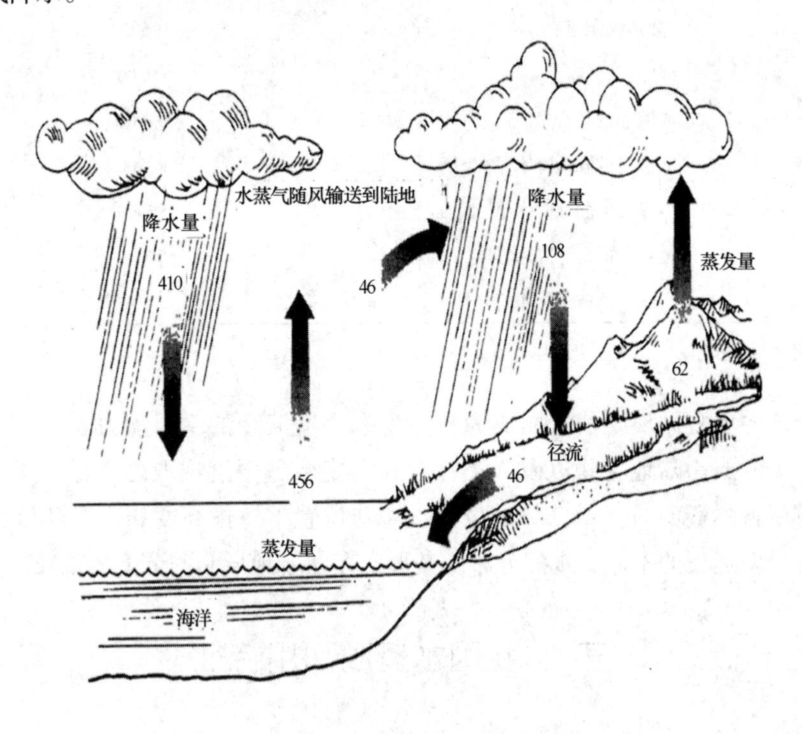


图4－2　地球上的水分循环（单位：$10^3km^3/a$）

（张季中，《农业生态与环境保护》，2007）

在水分循环过程中，只有少部分被动植物和人吸收利用。植物吸收的水分中，大部分用于蒸腾，只有很小部分被光合作用同化形成有机物质，并进入生物链，有机物质在生态系统中最终被生物分解并返回环境。

水在循环中不断进行着自然更新。据估计，大气中的全部水量 9d 即可更新 1 次，河流需 10～20d，土壤水需 280d，淡水湖需 1～100a，地下水约需 300a。盐湖和内陆海水的更新，因其规模不同而有较大的差别，时间 10～1000 年，高山冰川约需数十年至数百年，极地冰盖则需 16000a，只有海洋中的水全部更新时间最长，要 37000a。降水、蒸发和径流在整个水分循环中是 3 个最重要的环节，在全球水量平衡中同样是最主要的因素。若以 $P$ 表示降水量，$E$ 表示蒸发量，$R$ 表示径流量，则海洋水量平衡式可写为 $E=P+R$；陆地水量平衡式可写为 $P=E+R$。表 4－2 是全球水量平衡的总体情况。

**表 4－2　全球年水量平衡**

| 项目 | 水量/$km^3$ |
|---|---|
| 海洋降水量 | 382000 |
| 海洋蒸发量 | 419000 |
| 陆地降水量 | 106000 |
| 陆地蒸发量 | 69000 |
| 进入海洋的径流量 | 37000 |
| 来自陆地蒸发的陆地降水量 | 12000 |
| 来自海洋蒸发的陆地降水量 | 94000 |
| 来自陆地蒸发的海洋降水量 | 57000 |
| 来自海洋蒸发的海洋降水量 | 325000 |

资料来源：张季中，《农业生态与环境保护》，2007。

全球的水分循环既使水圈成为自然生态环境演变的主要动力之一，又使陆地淡水资源成为陆地生物以及人类社会在一定数量限度内取之不尽、用之不竭的可更新自然资源。但由于纬度位置、海陆位置、海拔高度和生态环境的影响以及距太阳远近的不同，水的分布及其形态存在着地域和季节上的差异。

## 三、 我国水资源利用特征

### （一）水资源总量

我国水资源总量为 2.8 万亿 $m^3$。其中地表水 2.7 万亿 $m^3$，地下水 0.83 万亿 $m^3$，由于地表水与地下水相互转换、互为补给，扣除两者重复计算量0.73万亿 $m^3$，与河川径流不重复的地下水资源量约为0.1万亿 $m^3$。按照国际公认的标准，人均水资源低于3000 $m^3$ 为轻度缺水；人均水资源低于2000 $m^3$ 为中度缺水；人均水资源低于1000 $m^3$ 为重度缺水；人均水资源低于500 $m^3$ 为极度缺水。我国目前有16个省（区、市）人均水资源量（不包括过境水）低于严重缺水线，有6个省、区（宁夏、河北、山东、河南、山西、江苏）人均水资源量低于500 $m^3$。

**（二）我国水资源的主要特点**

总量并不丰富，人均占有量更低。我国水资源总量居世界第六位，人均占有量为2240 $m^3$，约为世界人均的1/4，在世界银行连续统计的153个国家中居第88位。地区分布不均，水土资源不相匹配。长江流域及其以南地区国土面积只占全国的36.5%，其水资源量占全国的81%；淮河流域及其以北地区的国土面积占全国的63.5%，其水资源量仅占全国水资源总量的19%。年内年际分配不匀，旱涝灾害频繁。大部分地区年内连续四个月降水量占全年的70%以上，连续丰水或连续枯水年较为常见。

**（三）水资源开发利用中存在的主要问题**

1. 供需矛盾日益加剧

首先是农业干旱缺水。随着经济的发展和气候的变化，我国农业，特别是北方地区农业干旱缺水状况加重。目前，全国仅灌区每年就缺水300亿 $m^3$ 左右。20世纪90年代年平均农田受旱面积2667万 $hm^2$，干旱缺水成为影响农业发展和粮食安全的主要制约因素；全国农村有2000多万人口和数千万头牲畜饮水困难，1/4人口的饮用水不符合卫生标准。

其次是城市缺水。我国城市缺水现象始于20世纪70年代，以后逐年扩大，特别是改革开放以来，城市缺水愈来愈严重。据统计，在全国663个建制市中，有400个城市供水不足，其中110个严重缺水，年缺水约100亿 $m^3$，每年影响工业产值约2000亿元。

2. 用水效率不高

目前，全国农业灌溉年用水量约3800亿 $m^3$，占全国总用水量近70%。全国农业灌溉用水利用系数大多只有0.3～0.4。发达国家早在20世纪40～50年代就开始采用节水灌溉，现在，很多国家实现了输水渠道防渗化、管道化，大田喷灌、滴灌化，灌溉科学化、自动化，灌溉水的利用系数达到0.7～0.8。其次，工业用水浪费也十分严重。目前我国工业万元产值用水量约80亿 $m^3$，是发达国家的10～20倍；我国水的重复利用率为40%左右，而发达国家为75%～85%。

我国城市生活用水浪费也十分严重。据统计，全国多数城市自来水管网仅跑、冒、滴、漏损失率为15%~20%。

3. 水环境恶化

2000年污水排放总量620亿t，约80%未经任何处理直接排入江河湖库，90%以上的城市地表水体，97%的城市地下含水层受到污染。由于部分地区地下水开采量超过补给量，全国已出现地下水超采区164片，总面积18万$km^2$，并引发了地面沉降、海水入侵等一系列生态问题。

4. 水资源缺乏合理配置

华北地区水资源开发程度已经很高，缺水对生态环境已造成了影响。目前黄河断流日益严重，却每年调出90亿$m^3$水量接济淮河与海河，因此，对水资源的合理配置和布局，区域间的水资源的调配要依靠包括调水工程在内的统一规划和合理布局。

5. 经济发展与生产力布局考虑水资源条件不够

在计划经济体制下，过去工业的布局，没有充分考虑水资源条件，不少耗水大的工业却布置在缺水地区；耗水大的水稻却在缺水地区盲目发展，人为加剧了水资源合理配置的矛盾。

综合上述，我国水资源总量并不丰富，地区分布不均，年内分配集中，北方部分地区水资源开发利用已经超过资源环境的承载能力，全国范围内水资源可持续利用问题已经成为国家可持续发展战略的主要制约因素。

## 四、节水农业

节水农业指的是在农业生产的各个环节上，都严格依照节水相关标准，充分利用及调节土壤中的水分，从而增强农业的粮食产量，提高水资源的利用率。节水农业是我国实现农业生产可持续及发展可持续的重要保障，对于我国将来的粮食产值问题有着十分关键的作用。现今，节水农业的相关技术仍需要进一步的实验与探索，一方面提高粮食作物的产量，研发抗旱性能强、需水量低的作物培植，另一方面研发新的节水浇灌设备及方法，并且探索管理保水型田地的方案等。

近些年来，我国科技工作者进行了不懈的努力进行各种节水灌溉技术机械化设施理论研究与实践，使我们对灌溉有了新的认识。原中国农业大学教授工程院院士曾德超指出，作物生长活动根区深度，在不同的生长期是不同的，而作物吸水量的70%来自活动根区的上半层。也就是说，在灌溉时，只要作物活动根区的上半层有能满足生长需要的水分，就可以保证作物高产，这就是节水灌溉的理论基础。我国正在研究和推广应用的节水灌溉技术措施很多，主要有渠道防渗、低压管道输水灌溉技术、喷灌技术、微灌技术等。现今我国现代农业节水技术的研究进展如下。

### （一）农业工程方面的节水

对地面进行精细浇灌十分适用于当前的农业土地经营，这种方法不但可以高效预防土壤间的空间变异情况，同时还可以提升地面浇灌的准确性，提高水资源利用率，降低灌溉运水体系浪费的水量。伴随着世界防渗渠道高分子建材的发展与应用，地面精细浇灌技术定会受到人们越来越多的关注，并大力推广和应用。

### （二）农业工艺方面的节水

农业工艺方面的节水指的是利用调控化学药剂或覆盖耕作等方法调节农田的蓄水情况及水体分布状态，从而增强农田水分生产效率及水体的使用效率。利用这种方法，将作物的湿润形式与浇灌技术结合起来，进而极大程度增强养分及水分的耦合效率，减少土壤养分及水分的流失危害，对水肥的耦合性进行优化，增强农业作物的质量及产量。

### （三）农业生物方面的节水

农业生物方面的节水主要包含部分干燥技术及分根区交替浇灌技术两方面内容。利用维持土壤水平面或者竖直面区域土壤的干燥性，仅让部分土壤获取水分，保持湿润，进而相互对植物根系的干燥及湿润进行控制，确保让不同部分的植物根系获取水分紧缺练习，提高根系的水分吸取功能，起到既不消耗植物光合作用，又降低蒸发水的作用。同时，农业生物方面的节水还可以降低植物间的湿润面积，防止植物深层渗漏或蒸发造成的水量损失。

### （四）农业水管理方面的节水

对浇灌水进行管理的技术正逐渐向信息化、自动化、智能化方面迈进。现今，浇灌水管理体系可以在降低浇水数量及资金投入的同时，确保农业浇灌的需要，防止浪费水资源，增强浇灌体系的工作效率。

当前我国农业节水灌溉发展着力点如下。

（1）西北、华北、东北地区资源性缺水严重，降水量少，蒸发量大，干旱缺水成为农业发展的主要瓶颈，年际间产量因旱波动较大这些地区主要通过推广应用节水农业技术，积极发展玉米、马铃薯、棉花等大宗作物在没有灌溉条件的地区，坚持蓄水和保墒并举，通过保护性耕作深松耕土壤改良，营造土壤水库，提高蓄水保水能力；合理开发抗旱小型水源，推广抗旱坐水种，科学应用抗旱剂、保水剂，解决春季抗旱保苗问题；大力推广地膜秸秆覆盖技术，实现集雨保墒；在有灌溉条件的地区，大力发展膜下滴灌、微灌、喷灌、集雨补灌、水肥一体、化旱作节水机械化等高效节水技术。

（2）黄淮海小麦主产区资源性缺水和工程性缺水并存，缺水与浪费并存，大水漫灌较为普遍，地下水严重超采，用水矛盾日益突出重点是推广测墒节灌技术，改善灌溉制度，优化输水灌水方式通过开展土壤墒情监测，科学制定灌水方案，重点推广应用“小白龙”输水、“小地龙”喷灌、长畦改短畦等技术模式。围绕水果、蔬菜等园艺作物生产，大力推广微灌水肥一体化技术。在适宜地区，实施保护性耕作，采取深松镇压、划锄覆盖等保墒措施，提高土壤蓄水保墒能力。

（3）南方地区重点是加强坡改梯以及田间集雨灌排设施建设，增强蓄水调水能力，围绕玉米马铃薯等作物，主推地膜覆盖、生物覆盖和集雨补灌等技术。在经济园艺作物上发展以现代微喷灌、水肥一体化为核心的高效节水技术。在水田推广水稻浅湿薄晒灌溉、控制灌溉等技术，促进水肥耦合。

## 第三节　碳循环与温室效应

### 一、碳循环与循环周期

碳是生命的骨架，是构成生命有机体的主要元素之一。植物组织及微生物碳的含量占干重的40%～50%，同时它又是能量的源泉，碳的来源是$CO_2$。生物圈的碳循环主要是指植物通过光合作用将$CO_2$转变成有机物（糖类、蛋白质及类脂化合物）并通过食物链在生态系统中传递，被植物和动物所消耗，最终通过呼吸作用、发酵作用和燃烧又使碳以$CO_2$形式返回大气中，再加入上述循环的全部过程。

碳的生物小循环有3个层次或途径：①在光合作用和呼吸作用之间的细胞水平上的循环；②大气$CO_2$和植物体之间的个体水平上的循环；③大气$CO_2$—植物—动物—微生物之间的食物链水平上的循环。此外，碳以动植物有机体形式深埋地下，在还原条件下，形成化石燃料，于是碳便进入了地质大循环。当人们开采利用这些化石燃料时，$CO_2$被再次释放到大气中。另一方面，大量的$CO_2$和水反应形成碳酸氢盐和碳酸盐，许多动物，如贝类的贝壳就含有碳酸盐。这些动物死亡后碳酸盐或成为溶解状态，或在风化和地壳运动中被暴露或成为沉积物。各种形式的碳化合物受剥蚀，最终都会产生$CO_2$（图4－3）。

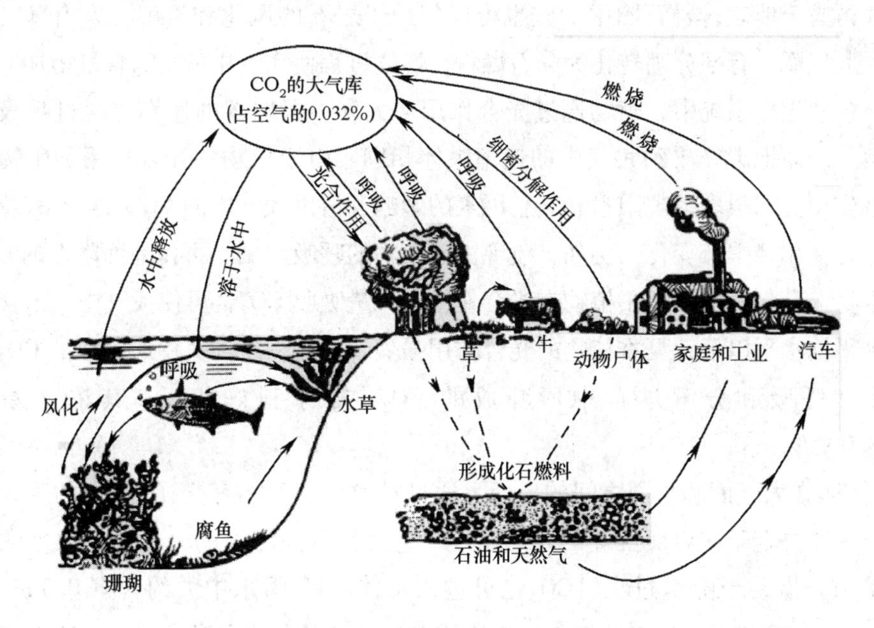


图4－3　全球碳循环示意图

（孙儒泳，《农业生态与环境保护》，1993）

据估计，全球碳贮存量约为$2.6\times10^{16}$t，但绝大部分以碳酸盐的形式禁锢在岩石圈中，其次是贮存在化石燃料中。生物可直接利用的碳是水圈和大气圈中以$CO_2$形式存在的碳，$CO_2$或存在于大气中或溶解于水中，所有生命的碳源均是$CO_2$。碳的主要循环形式是从大气的$CO_2$蓄库开始，经过生产者的光合作用，把碳固定，生成糖类，然后经过消费者和分解者，通过呼吸和残体腐败分解后，再回到大气蓄库中。碳被固定后始终与能流密切结合在一起，生态系统生产力的高低也是以单位面积中的碳来衡量。

植物通过光合作用，将大气中的$CO_2$固定在有机物中，包括合成多糖、脂肪和蛋白质，而贮存于植物体内。食草动物吃了以后经消化合成，通过一个一个营养级，再消化再合成。在这个过程中，部分碳又通过呼吸作用回到大气中；另一部分成为动物体的组分，动物排泄物和动植物残体中的碳，则由微生物分解为$CO_2$，再回到大气中。

除了大气，碳的另一个贮存库是海洋，它的含碳量是大气的50倍，更重要的是海洋对于调节大气中的含碳量起着重要的作用。在水体中，同样由水生植物将大气中扩散到水上层的$CO_2$固定转化为糖类，通过食物链经消化合成，再消化再合成，各种水生动植物呼吸作用又释放$CO_2$到大气中。动植物残体埋入水底，其中的碳都暂时离开循环。但是经过地质年代，又可以石灰岩或珊瑚礁的形式再露于地表；岩石圈中的碳也可以借助于岩石的风化和溶解、火山爆发等重返大气圈。有部分则转化为化石燃料，燃烧过程使大气中的$CO_2$含量增加。

自然生态系统中，植物通过光合作用从大气中摄取碳的速率与通过呼吸和分解作用而把碳释放到大气中的速率大体相同。由于植物的光合作用和生物的呼吸作用受到很多地理因素和其它因素的影响，所以大气中的$CO_2$的含量有着明显的日变化和季节变化。例如，夜晚由于生物的呼吸作用，可使地面附近的$CO_2$的含量上升，而白天由于植物在光合作用中大量吸收$CO_2$，可使大气中$CO_2$含量降到平均水平以下；夏季植物的光合作用强烈，因此，从大气中所摄取的$CO_2$超过了在呼吸和分解过程中所释放的$CO_2$，冬季正好相反，其浓度差可达0.002%。

$CO_2$在大气圈和水圈之间的界面上通过扩散作用而相互交换。$CO_2$的移动方向，主要决定于在界面两侧的相对浓度，它总是从高浓度的一侧向低浓度的一侧扩散。借助于降水过程，$CO_2$也可进入水体。1L雨水中大约含有0.3mL的$CO_2$。在土壤和水域生态系统中，溶解的$CO_2$可以和水结合形成碳酸，这个反应是可逆的，反应进行的方向取决于参加反应的各成分的浓度。碳酸可以形成氢离子和碳酸氢根离子，而后者又可以进一步离解为氢离子和碳酸根离子。由此可以预见，如果大气中的$CO_2$发生局部短缺，就会引起一系列的补偿反应，水圈中的$CO_2$就会更多地进入大气圈中；同样，如果水圈中的$CO_2$在光合作用中被植物利用耗尽，也可以通过其它途径或从大气中得到补偿。总之，碳在生态系统中的含量过高或过低都能通过碳循环的自我调节机制而得到调整，并恢复到原有水平。大气中每年大约有$1\times10^{11}$t的$CO_2$进入水体，同时水中每年也有相同数量的$CO_2$进入大气中，在陆地和大气之间，碳的交换也是平衡的，陆地的光合作用每年大约从大气中吸收$1.5\times10^{10}$t碳，植物死后被分解约可释放出$1.7\times10^{10}$t碳，森林是碳的主要吸收者，每年约可吸收$3.6\times10^{9}$t碳。因此，森林也是生物碳的主要贮库，约储存$7.5\times10^{11}$t碳，这相当于目前地球大气中含碳量的2/3。

在漫长的地球演变过程中，和其它元素的循环一样，碳循环并不是有规律地进行，有时会出现停滞现象，有可能在某一环节上出现碳的大量堆积，并在相当长的一段时间内保持静止不动。例如，成煤期就有大量的碳被封存在地下煤层中；以石油形态的碳长期被禁锢在地壳内，从而造成了碳循环的部分阻塞。但是根据近期的观测统计表明，近100年来，大气中的$CO_2$含量一直在不断上升，在大气这个环节上出现了碳的堆积和碳循环的堵塞。由于这次堵塞的特点出现在大气这个环节上，形成堵塞的时间较短，加之现代地球上的人口众多，经济发达，因而其危害更加严重。

在地质历史时期，碳的流通缓慢，而且一直在进行沉积；在岩石（特别是石灰岩）中积存的碳约达$1\times10^{16}$t。在化石燃料（煤和石油）中的碳约积存有$1\times10^{13}$t，这些碳被长期封存地下，从未在短期内大量逸出。因此，大气中的$CO_2$含量是一个恒量，或者说接近恒量，从而维持了碳循环的相对稳定和平衡。

碳循环在不同的范围内，其循环周期并不相同，整个大气圈中的$CO_2$，单纯通过生物圈中生物的光合作用和呼吸作用，约300年循环一次。在生态系统中，碳循环的速度是很快的，最快的在几分钟或几小时就能够返回大气，一般会在几周或几个月返回大气。

## 二、温室效应

在漫长的地质历史上，地球各个圈层经过复杂的相互作用，造就了大气的基本化学组成，并使各种气体的相对比例基本达到了平衡。人类出现以来，特别是工业革命以来，由于各种生产和生活活动的影响，显著地改变了这种平衡状态，使得大气的化学成分发生了明显的变化。$CO_2$、甲烷等气体含量正在以前所未有的速度增加，进而导致全球范围的气候变化。全球变化是指由于人类活动排放温室气体而产生温室效应导致全球气候变暖、降水量增加、海平面上升，并由此产生一系列生态和环境的总称。

### （一）人类活动对大气中二氧化碳浓度的影响

自从人类出现以来，一系列与碳元素有关的经济活动不断加入到碳循环过程中来，其中最重要的活动是燃烧矿物燃料和砍伐森林。前者的影响是大大加快了岩石圈中有机碳的消耗和二氧化碳的排放，后者的影响则是减弱了生物圈同化二氧化碳的能力，其最终结果是打破碳循环原有的平衡，使大气中二氧化碳浓度增加。

二氧化碳浓度增加是怎样造成的呢？在19世纪到20世纪初主要是砍伐森林，20世纪以来又加上燃烧矿物燃料，如煤、石油及天然气。从公元1000—1800年间，大气二氧化碳浓度是相当稳定的。大约变化于270~290μL/L。到了

19 世纪，大量砍伐森林，开垦耕地，由于自然植被与未开发森林的含碳量比农业用地大 20～100 倍，从 1850—1986 年的 100 多年的时间里，估计仅此一个因素就向大气排放（115±35）$\times 10^9$t 碳。植被的大量破坏导致碳的大量释放。陆地生态系统贮存的总碳量中 99.9% 的碳存在于植物体中，动物体内贮存的碳仅约占 0.1%。因此，植被（尤其是森林）碳的巨大贮存库。据统计全世界的各类植被中，仅森林的生物量就有 $1.9\times 10^{12}$t（干物质），其中所含碳大约 $7.5\times 10^{11}$t；当森林被破坏而变成裸地、农田或牧场时，林木中的碳和土地与残落物中有机质的碳也就被大量释放出来。在这种情况下，森林不仅不能从大气中吸收 $CO_2$，反而会将大量 $CO_2$ 释放出来排入空中。估计由此排出的碳每年可达 $2\times 10^9$t，除了森林每年将大量的碳排入空气外，还有草原的沙漠化、酸雨和农药的危害都能使贮存在植物中的碳大量释放出来。因此，根据有关估计认为，在 1850—1950 年间，由于人类的活动而排入大气中的碳达 $1.8\times 10^{11}$t，其中 1/3 来化石燃料的燃烧，其余 2/3 则来源于植被的破坏，特别是森林破坏的结果。

燃烧矿物燃料的作用在 20 世纪之前相对讲十分微弱。19 世纪中期因砍伐森林向大气中排放的碳每年已达 $0.5\times 10^9$t，而燃烧矿物燃料的排放量当时可能只有 $0.1\times 10^9$t。但 20 世纪以来，由于矿物燃料的消耗迅速增大，向大气中排放的碳，在第一次世界大战前已达（0.8～0.9）$\times 10^9$t。第二次世界大战前为 $1.5\times 10^9$t，虽两次世界大战及 20 世纪 30 年代的经济大萧条，但仍使排放量的增量达到 4%。1973 年石油危机之后才回落到 2%。估计从 1850—1978 年总共向大气排放了 $201\times 10^9$t，加上因砍伐森林的排放量，使大气中二氧化碳浓度从 280μL/L 上升到 350μL/L 以上。目前，因燃烧矿物燃料每年向大气排放（5.7±0.5）$\times 10^9$t 碳。大气中二氧化碳浓度年度增量达 1.6μL/L。

**（二）人类活动对大气中甲烷浓度的影响**

甲烷（$CH_4$）俗称沼气，其浓度在温室气体中占第二位。其增长与世界人口的增长有非常大的相关。19 世纪之前大约不超过 0.8μL/L，19 世纪末增加到 0.9μL/L。从 1978 年开始有正式观测，测得浓度为 1.5μL/L。现在已达到 1.72μL/L。即大气中含 $4900\times 10^6$t 的甲烷，也就是每年向大气中排放（40～48）$\times 10^6$t 甲烷，年增量 0.8%～1.0%。

甲烷的主要源地是沼泽、稻田及牲畜反刍。通过泥塘、沼泽及苔原每年排放到大气中的甲烷约 $115\times 10^6$t，稻田排放约 $110\times 10^6$t，牲畜反刍约 $80\times 10^6$t，白蚁产生 $40\times 10^6$t，还有其它各种源地，年排放总量 $500\times 10^6$t 以上，通过与大气中氢氧根（$OH^-$）反应吸收约 $500\times 10^6$t。因此，大体上维持平衡。但由于人类活动增加，目前平衡已受到破坏，甲烷浓度按人口增加的比例，迅速增长。如果今后仍然保持与人口增加相同的速度增长，估计到 2030 年浓度可达 2.34μL/L，2050 年可达 2.5μL/L。

**（三）温室效应对农业生态系统的可能影响**

太阳辐射为短波辐射，最大能量在600nm，而地球辐射是长波辐射，最大能量在 16000nm。大气中的二氧化碳、甲烷、一氧化二氮、臭氧、氯氟碳（CFCs）、水蒸气等可以使短波辐射几乎无衰减地通过，但却可以吸收长波辐射，因此，这些气体有类似温室的作用，故称上述气体为“温室气体”。由此产生的效应称为温室效应。温室效应是一个自然过程，如果没有它，地球表面的温度将不再是现在的 15℃，而是 -18℃。当前存在的问题是由于人类活动导致大气中温室气体增加了，温室效应加强了，因而导致全球气候变暖。

由于温室效应所导致的全球气候变化对农业会产生直接和间接的影响，而且影响结果有正、负效应之分。气候变暖引起种植制度变化，即引起种植制度的界限位移，季节安排的变动，作物和作物品种类型的重组。从经济的角度看，全球变化对农业经济效益的影响主要是影响作物的产量和成本，从而影响农产品的价格。对作物产量的影响，视作物的种类和分布区域不同而异。例如，对 $C_3$作物而言，$CO_2$ 会增加光合作用强度，导致局部增产；气体尘埃的增加会消弱光照强度，从而降低光合作用强度；$C_3$作物的产量则是这二者综合效应的结果。由于 $C_3$作物的光合作用的另一个重要条件——水分在全球变化过程中也会发生变化，在某些地方全球变化会使区域洪涝灾害增多，为了保证作物的正常生长，必须兴修水利工程；在另一些地方全球变化会引起局部严重干旱，又必须修建灌溉设施；使极地冰盖层融化，导致海平面上升，陆地面积将受到威胁，粮田将会被大量淹没；温室作用对作物生长造成不良影响，谷类作物株高降低，不育小穗增加，干物质产量和经济产量降低；同时全球变化还可能带来作物病虫害的危害加剧、作物适应的种植范围减小和扩大、生物多样性变化和生态系统的破坏、其它方面投资增加等一系列影响，从而增加作物生产成本。

## 第四节　氮循环与氮肥利用

### 一、自然界中的氮素循环

氮是氨基酸和叶绿素中不可缺少的元素，是遗传物质 DNA 和 RNA 各种碱基的组分。大气中氮的含量为79%，总贮量约为$28 \times 10^6$亿t，但不能为大多数植物直接利用。只有通过固氮菌和蓝绿藻等生物固氮，闪电和宇宙射线的固氮，以及工业固氮的途径，形成硝酸盐或氨的化合物形态，才能为多数植物和微生物吸收利用。

全球氮素循环的主体存在于土壤和植物之间。据Rosswall（1975）估计，在全球陆地生态系统中，氮素总流量的95%在植物—微生物—土壤系统进行，只有5%在该系统与大气圈和水圈之间流动。他还估计了全球陆地生态系统各组分的氮素平均周转速率，所得数据为：植物4.9a，枯枝落叶，1.1a；土壤微生物，0.09a；土壤有机质，177a；土壤无机氮，0.53a。

根据Soderlund和Svensson（1975）汇总科学家们的研究结果，全球氮素在各大圈层的贮量列于表4-3。从该表看出，全球氮素贮量最多的是岩石、大气，其次是煤等化石燃料。

**表4-3　全球氮素贮量（以N计）**　　单位：$10^6$t

| 陆地 | 氮素贮量 | 海洋 | 氮素贮量 | 大气 | 氮素贮量 |
|---|---|---|---|---|---|
| 植物生物量 | $1.1 \times 10^{-4} \sim 1.4 \times 10^4$ | 植物生物量 | $3 \times 10^2$ | $N_2$ | $3.9 \times 10^9$ |
| 动物生物量 | $2 \times 10^2$ | 动物生物量 | $1.7 \times 10^2$ | $N_2O$ | $1.3 \times 10^3$ |
| 枯枝落叶层 | $1.9 \times 10^3 \sim 3.3 \times 10^3$ | 死亡有机质 | | $NH_3$ | 0.9 |
| 土壤 | | 可溶性 | $5.3 \times 10^5$ | $NH_4^+$ | 1.8 |
| 有机质 | $3 \times 10^5$ | 颗粒 | $0.3 \times 10^4 \sim 2.4 \times 10^4$ | $NO_2$ | 1～4 |
| 不溶性无机氮 | $1.6 \times 10^4$ | $N_2$（溶解的） | $2.2 \times 10^7$ | $NO_3^-$ | 0.5 |
| 可溶性无机氮 | | $N_2O$ | $2 \times 10^2$ | 有机氮 | 1 |
| 微生物 | $5 \times 10^2$ | $NO_3^-$ | $5.7 \times 10^5$ | | |
| 岩石 | $1.9 \times 10^{11}$ | $NO_2$ | $5 \times 10^2$ | | |
| 沉积物 | $4 \times 10^8$ | $NH_4^+$ | $7 \times 10^3$ | | |
| 煤 | $1.2 \times 10^5$ | | | | |

在生态系统中，植物从土壤中吸收硝酸盐、铵盐等含氮化合物，与体内的含碳化合物结合生成各种氨基酸，氨基酸彼此联结构成蛋白质分子，再与其它化合物一起建造植物有机体，于是氮素进入生态系统的生产者有机体中，进一步为动物取食，转变为含氮的动物蛋白质。动植物排泄物或残体等含氮的有机物经微生物分解为$CO_2$、$H_2O$和$NH_3$返回环境，$NH_3$可被植物再次利用，进入新的循环。氮在生态系统的循环过程中，常因有机物的燃烧而挥发损失；或因土

壤通气不良，硝态氮经反硝化作用变为 $N_2O$ 和 $N_2$ 而挥发损失；或因灌溉、水蚀、风蚀、雨水淋洗而流失等。损失的氮或进入大气，或进入水体，变为多数植物不能直接利用的氮素。因此，必须通过上述各种途径的固氮来补充，从而保持生态系统中氮素的平衡（图 4-4）。

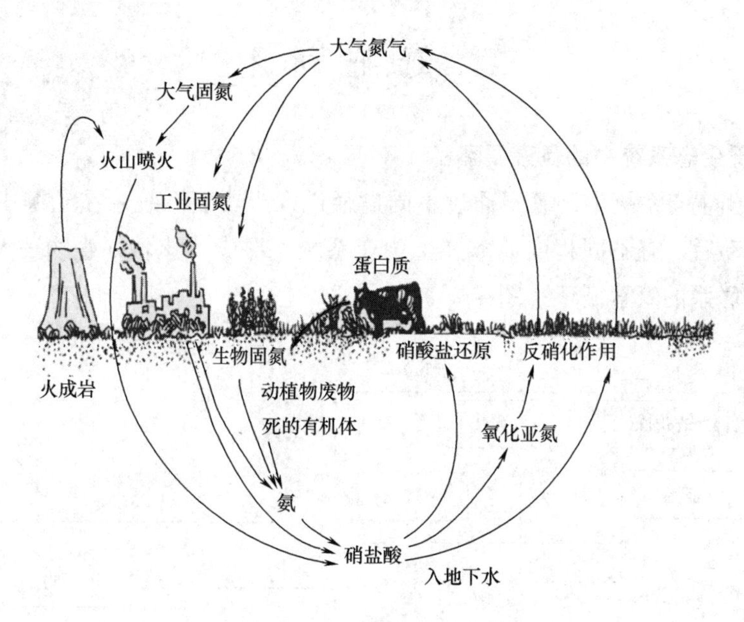


图 4-4　氮循环示意图

（祝廷成，《农业生态与环境保护》，1983）

反硝化和固氮作用是氮素循环中很重要的两个环节。反硝化损失的数据十分缺乏，据粗略估计，陆地系统反硝化损失（$N_2+N_2O$）的总量在（108～160）×$10^6$t/a，其中 $N_2O$ 为（16～69）×$10^6$t/a。水系统的反硝化损失总量在（25～179）×$10^6$t/a，其中 $N_2O$ 为（20～80）×$10^6$t/a。产生的 $N_2O$ 主要流向平流层，少部分进入土壤和水系统。

就固氮作用而言，根据 Soderlund 和 Svensson（1975）估计，水系统生物固氮量为（30～130）×$10^6$t/a；陆地系统生物固氮为 139×$10^6$t/a；当时工业固氮为 36×$10^6$t/a，燃烧生成的氮氧化物为 19×$10^6$t/a，共计 194×$10^6$t/a。随着工业的发展，1990 年工业固氮已达 82×$10^6$t/a，燃烧生成的氮氧化物与 20 世纪 70 年代相比已大量增加。因此，目前陆地上固氮总量估计已超过 250×$10^6$t/a。

关于氮氧化物（$NO_x$）和氨（$NH_3/NH_4^+$），无论是陆地系统还是水系统地系统都有逸出和进入。在陆地系统，逸出大于进入，水系统则是进入大于逸出。因此，其净结果是 $NO_x$ 和 $NH_3/NH_4^+$ 通过大气圈流入海洋。

有机氮和硝酸盐是江河流水中的重要化合物，据 Soderlund 和 Svensson（1975）估计，每年有（13～24）$\times10^6$t 氮流入海洋，有 $38\times10^6$t 有机氮（以 N 计）进入水系统的沉积物中，海水中的有机氮以浪花的形式进入大气圈，之后以干、湿沉降进入陆地系统的每年约有（10～20）$\times10^6$t/a。

## 二、氮肥利用

### （一）农田生态系统中的氮素循环

在农田生态系统中，氮素通过不同途径进入土壤亚系统，在土壤中经各种转化和移动后，有不同程度地离开土壤亚系统，形成“土壤—生物—大气—水体”紧密联系的氮素循环（图 4－5）。

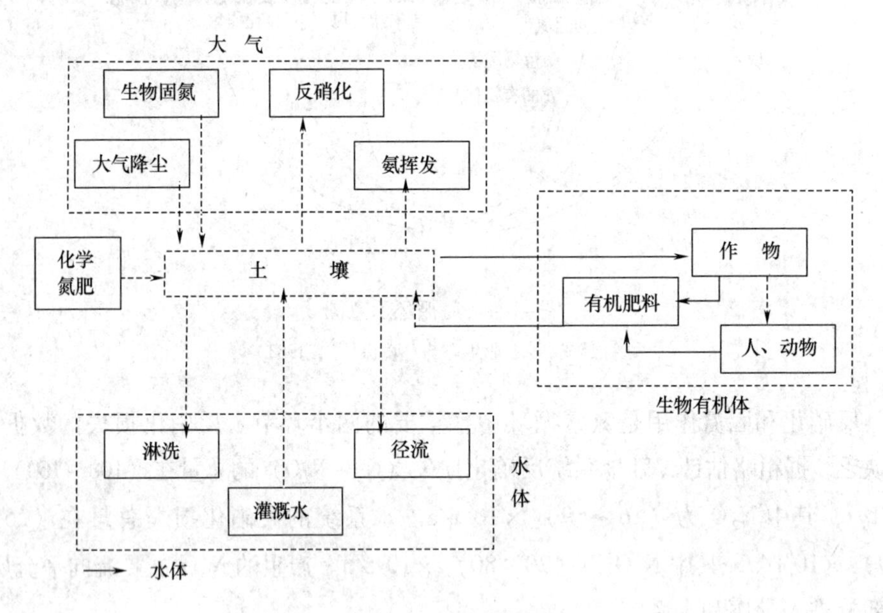


图 4－5 农田生态系统氮素循环示意图

（骆世明，《农业生态与环境保护》，2001）

土壤和生物之间氮素循环过程是，土壤氮素通过植物吸收而被利用，继而间接被人类和家畜利用，然后又以有机肥（人畜粪尿和秸秆等）的形式返回农田进入氮素循环。土壤与大气之间的情况是，大气中的分子态氮通过生物固氮作用被还原为氨，成为土壤氮素的重要来源之一。降水和干沉降也带入一部分氮素于土壤中。而土壤通过硝化－反硝化作用和氨挥发以气态氮的形式流向大气。土壤和水体之间氮素循环过程是，土壤中的氮素通过淋洗和径流损失进入水体、生物有机体，而江河、湖泊河水库中的氮又通过灌溉水进入土壤。

输入土壤的氮素主要包括生物固氮、施用的化学氮肥和有机肥料、降水和干沉降，以及灌溉水等带入的氮量。从土壤输出的氮素除了随收获物移出的氮量以外，还有通过各种气态与液态方式或途径损失的氮量。

### （二）农业生产中的氮素平衡

农业生产中的氮素收支平衡，在各地区之间存在着很大的差异，而在同一国家或地区，年度之间也有很大的变化。表 4－4 列出了 1952 年和 1987 年中国农业生产中的氮素平衡情况（朱兆良，1992）。1952 年，我国农业田的氮素总输入量较低，平均只有 68kg/（$hm^2$·a）。氮素的主要供给源是生物固氮和有机肥，化肥氮所占的比例小于总收入量的 1%。

**表 4－4　　中国农业生产中的氮素平衡账**

| 项目 | 收支量/$\times 10^4$tN | | 占总收支的比例/% | |
|---|---|---|---|---|
| | 1952 | 1987 | 1952 | 1987 |
| 输入项 | | | | |
| 化肥 | 5.9 | 1396.4 | 0.9 | 60.5 |
| 有机肥 | 214.0 | 441.0 | 31.5 | 19.1 |
| 生物固氮 | 329.9 | 341.7 | 48.4 | 14.8 |
| 降水和灌溉水 | 130.5 | 130.5 | 19.2 | 5.6 |
| 小计 | 680.3 | 2309.6 | 100.0 | 100.0 |
| 支出项 | | | | |
| 作物收获 | 416.5 | 1229.8 | 73.4 | 58.4 |
| 化肥氮的损失 | 3.0 | 698.2 | 0.5 | 33.2 |
| 有机肥氮的损失 | 27.9 | 56.2 | 4.9 | 2.7 |
| 淋洗和径流 | 120.0 | 120.0 | 21.2 | 5.7 |
| 小计 | 567.4 | 2104.2 | 100.0 | 100.0 |
| 收支盈亏 | +112.9 | +205.4 | | |

资料来源：朱兆良，《农业生态与环境保护》，1992。

在 1987 年，化肥氮成为我国最主要的氮素供给源，占总输入的比例高达 60.5%，而化肥氮的损失亦高至占总输出的 1/3。我国农业生产的氮素平衡账中，输入始终大于输出。因此，农田土壤的氮素总贮量趋于增加。

### （三）生物固氮

生物固氮主要有共生固氮作用、自生固氮作用和联合固氮作用 3 种类型，其中，共生固氮作用贡献最大。共生固氮是指某些固氮微生物与高等植物或其它生物紧密结合，产生一定的形态结构，彼此进行着物质交流的一种固氮形式。有根瘤菌与豆科作物共生；放线菌与非豆科植物共生以及蓝细菌与蕨类植物共生（海萍），与真菌共生（地衣）等。据估计，在农业生态系统中，豆科植物一根瘸菌的共生固氮量占整个生物固氮量的70%（姚惠琴，1992）。自生固氮是指独立于其它生物之外，能自行生长繁殖固氮的微生物进行固氮的一种形式。主要有两大类：一类为光合固氮细菌，包括固氮红螺菌和固氮蓝细菌；另一类自生固氮菌为化能有机营养型，如固氮菌、贝依林克氏菌及厌氧芽孢梭菌等。自生固氮量不大。联合固氮作用广泛存在于自然界。不少种类的自生固氮细菌（如固氮螺菌）在某些禾本科植物根际存在数量较大，生活在根系的黏质鞘套内或进入根皮层细胞间隙，依赖根的分泌物及脱落细胞作碳源，其固氮效率比自生固氮菌高，但远不如根瘤菌与豆科植物共生的固氮效率。人们把这种菌和植物的松散联合称为联合固氮作用。各种作物的根际与根表，均有联合固氮微生物。生物固氮是农业生态系统的重要供给源之一。各个国家由于气候环境条件和农田利用方式的不同，其生物固氮及其在农业生产中的重要性差别很大（表4－5）。

**表4－5　生物固氮量与化肥氮量的比较**

| | 中国 | 美国 | 澳大利亚 | 印度 | 英国 | 新西兰 | 荷兰 |
|---|---|---|---|---|---|---|---|
| 生物固氮量（$\times 10^{10}$ tN/a）（$A$） | 341.7 | 953.4 | 1384 | 149.8 | 48.7 | 86.2 | 5.2 |
| 化肥氮量（$\times 10^{10}$ tN/a）（$B$） | 1396.4 | 597.6 | 13.3 | 113.6 | 90.9 | 0.6 | 84.9 |
| $A/(A+B)\times 100$ | 19.7 | 61.5 | 99.0 | 56.9 | 34.9 | 99.3 | 5.8 |

# 第五节　硫循环与酸雨

硫是植物和动物生长所必需的元素。硫是原生质的重要组分。硫的化学特性在某些方面与氮相似，它们都是蛋白质的重要成分，也是土壤有机质的重要成分。无机态的硫被植物和微生物吸收后，形成有机态的硫。

# 一、自然界中的硫循环

硫在地壳中含量较高，是第十大元素。硫的重要贮存库是岩石圈，但它也在大气圈中停留和运行。硫的来源除了沉积岩的风化外，还有化石原料（煤、石油等）的燃烧，火山喷发和有机物的分解（图4-6）。

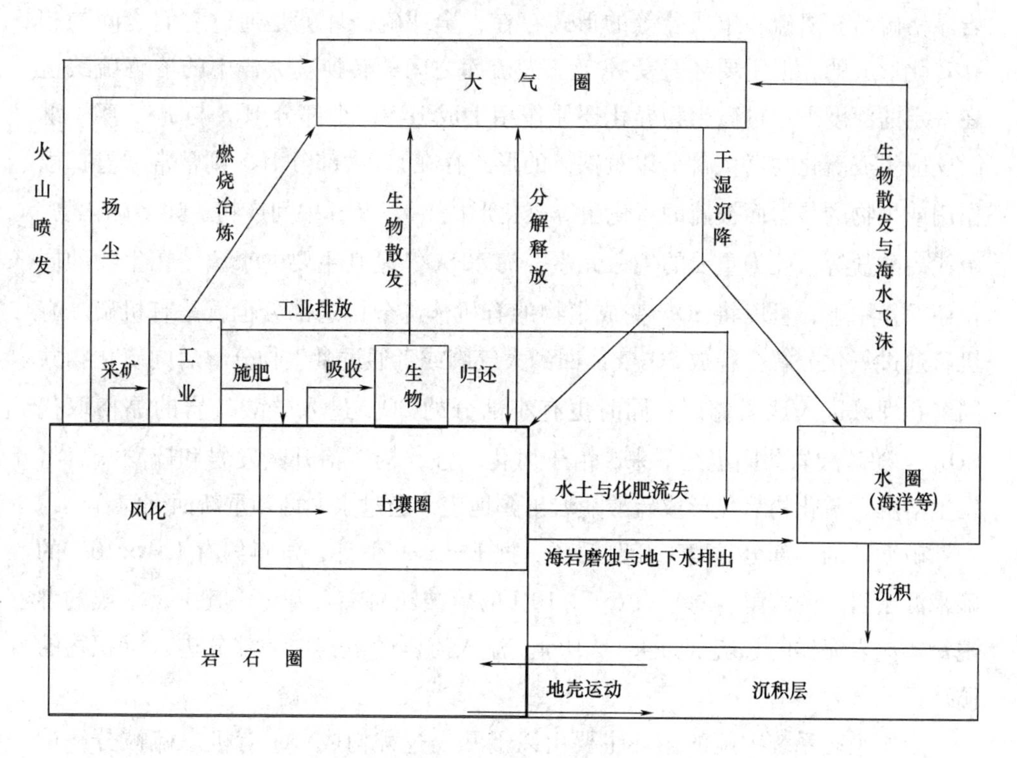


图4-6　自然界中的硫循环

（骆世明，《农业生态学》，2001）

在生物圈内，硫主要以$H_2S$、$SO_2$及$SO_4^{2-}$等形态参与流通，在化学作用或生物作用下氧化形态的硫可转变成还原形态，而反之亦然。陆地和海洋中生物物质的分解而来的$H_2S$，每年以$9.5\times10^7$t的数量进入大气之中（其中S的数量为$9.0\times10^7$t年），并在大气圈中被氧化成$SO_2$。$SO_2$是陆地和海洋间流通的一种常见的硫化物。$1.0\times10^8$t以上的$SO_2$通过人类的活动而排入空中，其中80%来自燃烧各种含硫的燃料（如煤和石油），20%来自有色金属的冶炼。在空气中，一部分$SO_2$氧化变成$SO_3$，继而又转变成$H_2SO_4$［在有些情况下还可能形成$(NH_4)_2SO_4$］；大气尘埃中所含的Fe或Mn对此氧化过程有催化作用。因此，一

部分以 $H_2SO_4$ 的气雾形态，或以硫酸盐的微粒形态而存于大气中的硫，会很快返回地面或海洋。约需 5d 到 2 周时间即可返回地面，返回的数量约为 $1.16\times10^8$ t/a。但是，空气的湍流可能带着含硫的气体直接与各种植物和地面接触或吸滞，估计每年像这样由大气回到生物圈内的硫可达 $2.5\times10^7$ t。

地壳表层系统主要存在三大硫库分别为：海水中的溶解硫酸盐、地质历史时期蒸发岩中的硫酸盐矿物、碎屑沉积物中的硫化物。有一小部分硫则以碳酸岩晶格硫、有机硫、单质硫等的形式存在，全球硫循环就是通过它们之间的相互转化形成的，但主要还是受控于三大硫库之间的转换。大洋中的溶解硫酸盐在一定的深度下通过微生物异化还原作用生成 $H_2S$，小部分 $H_2S$ 与 $Fe^{2+}$ 离子继续反应生成硫化物（大部分以黄铁矿的形式存在），大部分 $H_2S$ 则常常通过扩散作用或生物的传送而被硫的氧化菌等氧化形成 $SO_4^{2-}$ 及其中间产物，如多硫化物，硫代硫酸盐等。硫为重要的生命元素，海水 $SO_4^{2-}$ 是其主要的来源，在生物的同化还原作用下，可以将 $SO_4^{2-}$ 变成生物的有机体部分，这部分也就是有机硫。有机硫通过氧化分解会释放 $SO_2$ 气体回到大气圈或者通过微生物分解后同硫化物共同沉积埋藏进入地质储库；同时也有小部分的 $SO_4^{2-}$ 进入碳酸盐岩的晶格取代 $CO_3^{2-}$，随碳酸岩共同沉淀下来；由于风化剥蚀、构造抬升蒸发岩和硫酸盐岩将发生溶解、硫化物氧化形成硫酸盐岩出露地表，通过水文循环重新回到海洋。

硫循环的一部分是属于开路循环。据 Eriksson 估计，每年约有 $1.4\times10^7$ t 的硫来源于岩石的溶解。每年有 $6.6\times10^7$ t 的硫被江河带入海洋，其中，土壤的淋洗每年流入海洋的总硫量为 $4.1\times10^7$ t。流入海洋的硫其中一部分进入沉积物的循环。

土壤生态系统中硫的循环主要由以下几个过程构成：①有机态硫被分解矿化成 $S^{2-}$ 或 $SO_4^{2-}$；②硫酸根在渍水、缺氧土壤中的还原；③还原态硫（包括 SO）氧化，终产物为 $SO_4^{2-}$。这些反应大都由微生物参入，但同时受环境条件的制约，土壤中的硫大多呈有机态。由于微生物生命活动的结果，使有机质不断矿化，这在土壤硫化物的转化过程中起着重要作用。在好气条件下，还原态硫被无色硫化细菌所矿化，最终氧化成元素硫和硫酸盐。而在嫌气条件下（稻田和灌溉地），绿色和紫色硫化细菌把有机硫转化硫化氢。从无机硫化物形成硫酸盐是一个比较重要的过程。它使土壤 pH 下降。硫酸盐在土壤中主要以石膏的形式存在。石膏的溶解度足以使硫酸盐离子能满足植物生长的需要。土壤硫通过植物吸收和淋失被消耗。植物体中硫酸盐中的硫大部分被重新还原成—SH，以植物残体或有机肥的形式重新进入土壤。$SO_4^{2-}$ 离子在土壤和植物间进行循环。

以强酸态存在的 $SO_4^{2-}$ 在植物体内还原，而在土壤中则被氧化。

## 二、农业生态系统中的硫素平衡

农业生态系统中硫的输入主要有以下几个途径：①土壤矿物的风化分解；②大气的硫沉降作用（包括干沉降和湿沉降）；③施用含硫肥料，如硫酸铵、过磷酸钙和硫酸钾等；④灌溉水中含硫化合物；⑤在海滨地区，海水中的硫在风和潮汐的作用下，可通过空气进入土壤，也可通过地下水上升进入土壤。

硫的输出主要包括：①土壤硫随水土的流失；②硫的气态挥发；③作物收获移走。表4-6是中国土壤硫素的平衡状况。从总体上讲，我国土壤中硫素的输入大于输出。

**表4-6　中国土壤硫元素平衡**　单位：kg/（$hm^2$·a）

| 输入 | | 输出 | |
|---|---|---|---|
| 化学肥料 | 10.0 | 作物收获 | 7.5~615.0 |
| 人畜粪便 | 2.8 | （燃料、饲料） | 6.0~12.0 |
| 降雨 | 6.5~113.5 | | |
| 灌溉水 | 6.7~12.25 | 渗漏损失 | 3~5.3 |

资料来源：骆世明，《农业生态学》，2001。

## 三、人类活动对硫平衡的影响

人类活动对硫平衡最突出的影响就在于人类的经济活动导致酸性物质以二氧化硫、硫化氢等形式的大量排放（表4-7）。

**表4-7　大气圈中含硫气体的源和年释放量**

| 来源 | 年释放量/（TgS/年） |
|---|---|
| 人为来源（以 $SO_2$ 为主，化石燃料的燃烧产生） | 80 |
| 生物量燃烧（$SO_2$） | 7 |
| 海洋（DMS） | 40 |
| 土壤和植物（$H_2S$、DMS） | 10 |
| 火山（$H_2S$、DMS） | 10 |
| 总量 | 147 |

人类活动造成硫的排放主要有以下几个途径。

### （一）燃煤

煤中含S量一般在0.5%～5%，我国南方煤含硫量在3%～5%，属高硫煤。20世纪80年代初，全球燃煤地区$SO_2$排放为（7.0～8.0）$\times10^7$t/a，占全球人为$SO_2$总排放的80%以上。我国1988年$SO_2$排放为1.5$\times10^7$t，1995年估计达到2.0$\times10^7$t。

### （二）燃油

天然气、原油中S含量多在1%以下。我国石油制品轻油的含硫量在0.25%～7%。估计全球20世纪80年代燃油、天然气的$SO_2$释放为1$\times10^7$t/a数量级。

### （三）矿冶

金属矿床中有相当部分为硫化物矿床，如铅、锌、铜矿。这些矿在开采和冶炼过程中，低价S被氧化为$SO_2$而排入大气。全球因矿冶的$SO_2$排放估计在7$\times10^6$～1.0$\times10^7$t/a，约占全球$SO_2$总排放的10%左右。

### （四）农业活动导致硫的挥发

在嫌气条件下，微生物分解有机质硫化合物时，能够产生许多挥发性气体，除了$H_2S$外，还有COS，$(CH_3)_2S$，$CS_2$和$CH_3SH$等，这些气体以扩散方式进入大气。

## 四、酸　雨

### （一）酸雨的形成

按理论计算，大气中的二氧化碳在燕馏水中达到平衡时的酸度约为5.6，因此把pH小于5.6的雨称为酸雨。$SO_2$是产生酸雨的主要原因。雨水酸性的90%是由工业生产和燃料燃烧时排放的二氧化硫和氮氧化物在大气或水滴中经光氧化、气相氧化、液相氧化和气－固界面化等途径转化为硫酸和硝酸所造成的。此外，还有氯、氟及钾、钠、钙、镁等离子的作用。

### （二）国内外对酸雨的研究概况

20世纪70年代起，欧美等发达国家开始重视对酸雨的研究，而我国酸雨监测与研究起步较晚。1974年从北京西郊开始，1979年上海、南京、重庆、贵阳等城市相继开展。有关酸雨对农作物和蔬菜的影响已报道，但酸雨对园林绿化植物的危害及抗性机理方面的报道较少。高绪评等（1987）对南京常见的105

种花卉和园林树木、冯宗炜等（1988）对重庆的30种乔灌木树种、陈树元等（1997）对南京110种绿化树种进行了模拟酸雨喷洒试验，结果表明，不同植物对酸雨的敏感性不同，有些树种只有在酸雨pH低于2.5时表现出伤害，而有些较敏感树种在pH3.5时就表现出伤害症状。广东地区尚未见相关的研究报道。酸雨伤害机理的研究国外有不少报道，研究表明酸雨腐蚀叶片的蜡质层，破坏叶表皮组织，干扰气体和水分的正常交换和代谢；酸雨淋失叶子中的钙、镁、钾等营养元素导致养分缺乏，从而引起光合作用下降，生长减慢；酸雨还淋失土壤中的钾、钙、镁，使植物生长必需的营养物亏缺以至削弱其生长；酸雨能使土壤中的铝活化游离出来，使植物遭受铝毒害；酸雨还可降低丛枝状菌根的活性。植物对酸雨抗性机理方面的研究相对较少，抗雨树种的叶片往往具有叶面光滑、角质层厚等特点，而叶子质地柔软、蜡质层薄，表面粗糙的树种往往对酸雨较敏感。严重玲等（1999）采用稀土元素防护酸雨胁迫对菠菜的影响，施用稀土元素可降低菠菜对酸雨的敏感性，从而增加了菠菜对酸雨pH的耐受范围。

**（三）酸雨的危害**

排放入大气中的硫氧化物和硫化物最终又以酸沉降（包括干沉降和湿沉降）的形式对农业生态系统产生影响。酸雨组分中的硫和氮是植物生命活动中必需的营养元素，短暂、间歇性的酸性降雨应该是无害的，特别是在有机质含量低的砂质贫瘠土地区，以及含硫比例低、无机硫淋溶剧烈的热带、亚热带酸性土壤地区，酸雨中硫、氮的输入有利于植物生长，起着“附加营养源”的作用。然而，过多的酸沉降可导致生态环境的酸化，进而导致一系列的生态学问题。

（1）据有关部门统计结果显示，有60%植物得了病，20%植物得了重病，不少植物枯萎死亡，造成这一现象的元凶就是酸雨。酸雨淋洗植物表面，直接伤害或通过土壤间接伤害植物；酸雨使土壤酸化，肥力降低，有毒物质更毒害作物根系，杀死根毛，导致发育不良或死亡。①盐基营养的淋失与贫瘠；②土壤S饱和、养分失调；③铝胁迫与铝毒问题；④有机质分解减弱；⑤重金属积累；⑥根圈土壤化学条件改变，根系分布构型改变；⑦污染物对叶子的直接效应；⑧寄生虫活动的加强。

（2）酸雨使水域酸化，污染河流、湖泊和地下水，直接或间接危害人体健康；酸雨还杀死水中的浮游生物，减少鱼类食物来源，造成水生和陆地生态失衡，破坏水生生态系统。

（3）酸性气体被人呼吸后，会对呼吸系统造成严重危害，造成一系列疾病。

（4）酸雨对金属、石料、水泥、木材等建筑材料均有很强的腐蚀作用，因而对汽车、电线、铁轨、桥梁、房屋等均会造成严重损害。酸雨对名胜古迹和文物也会造成严重损坏，如露天的石碑石像，有的字迹和雕纹模糊不清，甚至完全消失，有的则显出脱落和“淘空”的迹象。在酸雨区，酸雨造成的破坏比比皆是，触目惊心，不仅造成重大经济损失，更危及人类生存和发展。

### (四) 酸雨防治

1. 控制二氧化硫的排放

(1) 煤炭洗选脱硫　煤炭洗选脱硫是在煤炭燃烧前用水冲洗煤炭，使其中的无机硫被洗除。通过洗选，可将煤中40% ~60%的无机硫脱去，同时也降低了煤的灰分，提高了煤炭的质量和热能利用率。

(2) 发展型煤　将原煤经过洗选、破碎、分筛、加入黏合剂、添加剂、固硫剂、成型等加工过程制成的一种固体清洁燃料。使用这种煤的锅炉，烟气中二氧化硫可减少40% ~45%，烟尘减少50% ~90%。

(3) 烟气脱硫　一般以煤和石油做燃料的烟气中，二氧化硫含量为0.5% ~1%，含硫量较低，烟气量大而温度高，采用烟气脱硫可收到较好的效果。烟气脱硫方法分为干法和湿法。干法是采用粉状或粒状吸收剂或催化剂来脱除烟气中的二氧化硫；湿法是采用液体吸收剂洗涤烟气，以除去二氧化硫。

2. 酸雨的生物防治

专家们认为：利用生物技术治理环境具有巨大的潜力。1993 年在印度召开的“无害环境生物技术应用国际合作会议”上，专家们提出了利用生物技术预防、阻止和逆转环境恶化，增强自然资源的持续发展和应用，保持环境完整性和生态平衡的措施。生物学家利用微生物脱硫，将2 价铁变成3 价铁，把单体硫变成硫酸，取得了很好效果。美国煤气研究所筛选出一种新的微生物菌株，它能从煤中分离有机硫而不降低煤的质量。捷克筛选出的一种酸热硫化杆菌，可脱除黄铁矿中75%的硫。据1991 年统计，捷克利用生物技术已平均脱去煤中无机硫的78.5%，有机硫的23.4%，目前，科学家已发现能脱去黄铁矿中硫的微生物还有氧化亚铁硫杆菌和氧化硫杆菌等。

3. 加强执法力度，增强环保意识

酸雨已成为全球性关注的问题，需要加强环境管理，强化环保执法。为了进一步遏制酸雨和二氧化硫污染的发展，我国出台了关于酸雨和二氧化硫防治的法规，1995 年8 月，全国人大常委会通过了新修订的《大气污染防治法》，在1996 年全国人大批准的《国民经济和社会发展“九五”计划和2010 年远景目标纲要》中，以及在《国务院关于环境保护若干问题的决定》，我国已经初步形成一套较完整的环境保护法律、法规体系，对于酸雨和二氧化硫污染防治，法律中也有了专门规定，现在的问题是如何执好法，使法律充分发挥其作用。

## 第六节　养分循环与测土施肥

### 一、农业生态系统养分循环的一般模型及特征

现代农业的兴起与发展，是以投入大量的化学肥料、农药作基础和保障而换取农副产品输出为特征的。在物质循环规模不断扩大、效益不断提高的同时，也出现了物质资源日趋短缺、能源大量消耗和农业环境污染等问题。研究营养物质在农业生态系统中的转移，循环和平衡状态及调节控制机制，是世界各国当前普遍关注的问题。

1976 年在荷兰首都阿姆斯特丹（Amsterdam）召开的“农业生态系统中的矿物质营养元素循环”国际学术讨论会上，各国学者提供了 65 个农业生态系统养分循环的实例，从不同类型的农业生产全面分析了世界各国农业生态系统物质循环，在此基础上，M. J. Frissel 进行了综合分析，设计了农业生态系统养分循环模式。我国生态学家沈亨理等结合我国实际做了新的描述和说明（图 4 -7）。该模式是陆地农业生态系统物质循环最简单、也是最基本的模式。

养分循环通常是在植物、家畜、土壤和人这四个养分库之间进行的，同时，每个库都与外系统保持多条输入与输出流。根据研究目的，养分循环模型的边界可有不同。例如，研究农田生态系统可以只包括土壤和植物两个库；研究农牧系统可以包括土壤、植物和畜禽三个库，而把人类库作为外系统对待；研究农村生态系统的养分循环，应把人类库作为循环的组成部分考虑，形成更为完整的库流网络体系，这个循环体系当然是更大范围的区域系统乃至全球系统养分循环的一个组成环节。

土壤是养分的主要贮存库，土壤接纳、保持、供给和转化养分的能力，对整个系统的功能和持续发展至关重要。养分循环模型中把土壤库划分为矿物质库、有机质库和有效态库三个亚库，可以清楚地说明土壤库贮存、转化和供应养分的特点。该模式中的植物库与畜禽库，也分别由作物、杂草、草地、林果等亚库以及禽畜、肉蛋乳商品畜禽等亚库所组成。在养分循环中，昆虫、野生动物等通常在数量上不占重要地位而忽略不计，土壤小动物、土壤微生物等则

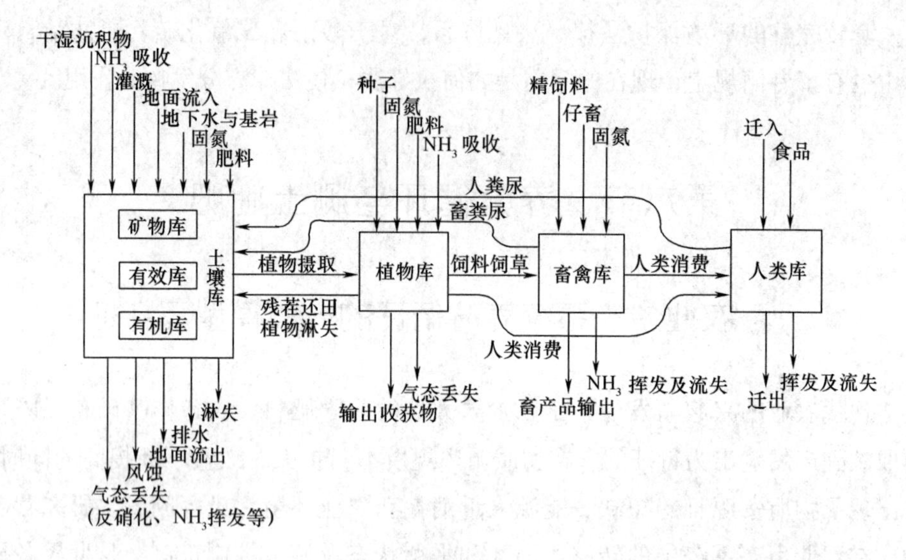


图 4－7　农业生态系统养分循环的一般模型

（沈亨理，《农业生态学》，1996）

包括在土壤有机质库中。

养分在几个库之间的转移是沿着一定路径进行的。除库与库之间的养分转移外，还有系统对外的输出，如农畜产品作为目标产品的输出和挥发、流失、淋溶等非生产的输出；对系统内的输入，有肥料、饲料等的直接输入和灌溉、降水、生物固氮以及沉淀物的间接输入等。从理论上讲，沿多条线路的养分流动都是存在的，但实际上有些只能测得它们的净结果，如土壤中的矿化与无效化过程是两个方向相反，而又同时进行的过程，分别测定它们的转移是困难的，所以通常只测定它们作用的净结果。

各种养分元素在各库之间完成一次循环所需的时间长短不一。如微生物只需若干分钟，一年生植物需要几个月，大型动物需要几年的时间。通常人们选定一年为时间标准来计算养分循环的转移量。

要了解某种养分在各库中的平衡状态，必先求出养分的净沉入量和净流出量。当流入量与流出量相等时，说明该种养分处于平衡状态。

## 二、农业生态系统的养分平衡与调节

### （一）农业生态系统的养分平衡

1. 营养物质的平衡

农业生态系统的养分平衡是通过养分的净流入量和净流出量来测算的。若流入量与流出量相等则说明该养分处于平衡状态；若某养分的输出大于（或小于）输入量时，说明系统中该养分处于减少（或积累）状态。农业生态系统是一个以满足人类社会需求为目的的生产系统，其开放程度高，大量的农产品作为商品输出，使养分脱离系统。为了维持农业生态系统的养分平衡，保证农业生态系统稳定高产并持续增产，必须在最大限度地提高农业生态系统的归还率的同时，投入大量的化肥。

原始农业类似于自然生态系统，人类干预程度很低，系统输出量小，养分基本处于平衡状态；传统农业也是一种自给自足的农业形式，收获的经济产品供人类作粮食和畜禽作饲料，非经济产品以及畜禽排泄物归还农田，经土壤微生物分解又供应作物生长需要，参与养分循环，这样使从农田吸取的物质和归还农田的物质基本平衡，但生产力较低下。随着人口的增长，一方面需要农业生态系统提供更多的农副产品，这样就需要更多的物质和能量的补给以扩大系统的物质流通量；另一方面随着工业的发展，加上燃料稀缺，非经济产品也往往移出系统，从而造成农业生态系统的严重养分亏缺。

据研究，每生产100kg粮食需消耗土壤中纯氮1.5～2kg，五氧化二磷1～1.5kg，氧化钾2～3kg。虽然有较多的化肥投入，但无机化肥流失、淋溶及挥发等损失较多，从而造成利用率低。农业生态系统的养分亏缺导致土壤有机质的消耗，土壤肥力下降。

2. 农田养分的输入

农田养分的输入途径，一般包括施用化肥和有机肥、降水和灌溉水的带入、种子苗木的带入，以及落尘等自然飘入等。就氮素而言，还包括来自大气的生物固氮。

传统农业主要依赖于施用有机肥来补充农田养分。现代农业大量施用化肥，已成为农田养分的主要来源，而且化肥用量仍在不断增长。我国每公顷农田施用的化肥总量（折合有效成分100%），1978年为91.58kg，1988年增长到184.6kg，10年间平均每公顷农田每年递增9.3kg。生物固氮是农业生态系统氮素的主要来源之一。据估算，1976年全球农田的生物固氮量约$8.9\times10^{10}$kg，比同年的工业固氮量多$3.93\times10^{10}$kg。降水和灌溉水的养分输入量，地区间差异较大，受水量的多少和水中营养元素含量的高低所左右。据美国统计，降水的氮输入量为每年3.325～30kg/hm$^2$，灌溉水最高每年可达126kg/hm$^2$。

3. 农田养分的输出

农田养分的输出途径一般包括随收获物带走、随水流失和淋失、蒸散以及尘土飘失等。就氮素而言，还包括氨的挥发和反硝化作用。

随作物收获物的输出率，因作物种类和产量水平不同而异。通常产量越高，输出越多，地力消耗也就越大。养分的淋失量，包括渗漏至根系活动层以下的数量和侧向渗漏至系统边界以外的量。淋失速度则因气候、土壤、施肥量、灌溉管理等因素的影响而异。如江苏太湖地区稻田土壤每年随水分渗漏带走的养分，氮为10.5～20.3kg/hm$^2$，五氧化二磷为0.38～1.43kg/hm$^2$，氧化钾9～18.75kg/hm$^2$。养分随地表径流和侵蚀作用的流失速度与土壤管理状况有关，一般来说，流失小于淋失。氮素的输出还有反硝化作用和氨的挥发，日本资料表明，氮的反硝化与挥发损失，稻田为69.75kg/hm$^2$，旱地为30kg/hm$^2$（均为纯氮）。

4. 有机质与农田养分循环

有机质在养分循环中的作用表现在：一是有机质是各种养分的载体，有机质经微生物分解，能释放出供植物吸收利用的有效氮、磷、钾等养分，增加土壤速效和缓效养分的含量；二是为土壤微生物提供生活物质，促进微生物的活动，增加土壤腐殖质的含量，改善土壤物理状况，提高土壤潜在肥力；三是具有和硅酸盐同样的吸附阳离子的能力，有助于土壤中阳离子交换量的增加，又能与磷酸形成螯合物而提高磷肥肥效，减少铁、铝对磷酸的固定。此外，还能保蓄水分，提高土壤的抗旱能力；抑制有害线虫的繁殖；以及形成对作物生长有刺激作用的腐殖酸等。

土壤中有机质的来源主要是作物残体，以作物的根茬、落叶、落花留给土壤的有机物，每公顷达75～300kg（干物质）；还有以秸秆直接还田和做牲畜饲料后以畜粪厩肥还田，这都是土壤有机质的来源；土壤中各种生物遗体和排泄物也是土壤有机质的重要来源。土壤中的生物有土壤动物、原生动物和微生物，其中以微生物的数量最大。以旱地土壤为例，微生物的质量大约占土壤生物总质量的78%，变形虫、原生动物等占2%，土壤动物占20%。土壤微生物的生命活动要求土壤有机质保持一定的碳氮比。这是因为微生物为了构成体细胞，每同化4～5份碳，必需1份氮；同时每合成1份体质碳素，必需4份碳素做能源。因此，微生物的正常生长繁殖因缺氮而受到限制，有机质分解缓慢，没有无机氮在土壤中的积累，甚至产生微生物与作物争氮的现象；当有机质的碳氮比小于25∶1，特别是在15∶1以下时，有机质分解迅速，使土壤有机质大量消耗，同时引起氮的挥发损失。各种有机物的碳氮比不同。作为有机肥施用时，应注意肥料种类的合理搭配。

有机氮与无机氮的合理配比有利于保持土壤养分平衡和作物产量稳定。据研究，每季每公顷总用氮量为127.5～135kg时，有机氮与无机氮的配比以50∶50为宜，即每公顷施碳铁375kg，猪厩肥1500～2000kg。这样能保持土壤速效磷、钾原有水平，土壤有机质含量增加，保持作物稳产。单纯施用无机氮会加速有机质分解，并使土壤速效磷、钾下降。

### （二）农业生态系统的养分调节

1. 养分循环调节的基本原则

（1）合理输入　现代农业的特点是商品生产和系统开放，不从多种途径拓展系统外养分来源，生产难以发展，也难以克服养分亏损、库存下降的局面。系统外养分来源是多方面的，就农田而言，既包括化肥、也包括农家肥、土杂肥，及来自城镇与市场的各种有机的与无机的肥源。

（2）建立养分再生机制　广义的再生应指生态系统固有的养分再循环与再投入机制，例如，生物固氮、利用动物聚积养分、利用深根作物吸收深层养分、促进土壤矿物风化释放等。这些养分来源是对人工途径输入养分的主要补充，在许多情况下甚至占主要比例。

（3）强调养分保蓄、供求同步　现代农业条件下养分随水流失和气态丢失成为主要倾向，水分控制、施肥技术、作物状况是决定养分丢失的主要因素。自然生态系统植被与微生物活动受温度和水分变化的控制有较强的同步性，养分流失少，是农业生态系统管理可以借鉴的。

（4）充实有机库存　土壤生物在养分保蓄、转化、再生和同步供应方面的作用，在现代农业条件下仍然得到肯定，有机物质对保障良好的土壤生物环境和根系健康有着重要意义，在施用化肥条件下通过土壤有机库提供的养分仍然占有重要比例。这说明土壤有机库大小对养分状况有不可替代的作用。

（5）提高投入效率　效率问题是农业技术进步、生物进化、农业持续性的基本问题。不注重效率是浪费资源、环境污染、生产萎缩的重要原因。依据最小养分律，抓住和克服限制因子，实行合理的投入组合，综合高产，是提高效率的关键。

（6）整体优化　养分循环是生态系统整体功能的表现，是系统各组成部分相互作用的结果。养分循环的调节与控制，只有考虑到全部库、流的协调和系统的持续性才能取得良好的效果。

2. 保持农田养分平衡的途径

保持农田养分平衡的途径提高农田土壤有机质含量，维持各种营养物质的输入与输出平衡，是增进农业生态系统物质循环的关键。

（1）合理安排作物种类　作物所生产的全部有机物质中因不能收获而归还农田的部分所占的比率，称为自然归还率，如根茬、落花、落叶等。除自然归还的部分外，还有可以归还但不一定能归还的部分，称为理论归还率，如作物的茎秆、荚壳等。归还率可以用干物质或养分来衡量。禾本科作物的自然归还率较低，油菜的自然归还率较高，为40%～60%。不同作物氮、磷、钾的理论归还率不同，麦类分别为25%～32%、23%～24%、73%～79%，油菜分别为51%、65%、83%，水稻分别为39%～63%、32%～52%、83%～85%，大豆分别为24%、24%、37%。因此，在种植制度中合理安排自然归还率较高的作物，可减轻对地力的消耗。

（2）建立合理的轮作制度　在我国水热资源丰富的地区，应因地制宜地推广多熟种植，提高复种指数，是增产增收的主要措施之一，如果安排合理，还有可能提高地力；人多地少的地区，有充裕的劳动力资源，可以实行集约化栽培。提高复种指数，合理轮作，不仅能增产增收，还可以提高地力。作物生产中，水旱轮作可改善土壤的物质和化学性能，减轻病虫草害。多熟种植中合理轮作换茬，用地与养地相结合，可提高土壤有机质含量。

（3）农林牧结合，发展沼气　实行农林牧结合，解决农业生态系统的燃料、饲料、肥料问题，可扩大农业生态系统的物质循环，有利于维持农田养分平衡。无论是丘陵山区还是平原地区，实行乔灌草结合，既可保护环境，减轻水土流失，又可提供燃料，促进秸秆还田。发展畜牧业生产，尤其是发展草食动物的养殖，既能增加农业生态系统的经济效益，同时，也能促进农业生态系统的养分实现良性循环。此外，沼气作为一种新兴能源，具有原料来源广泛、热效率高、使用方便等特点。利用农林牧的废弃物发展沼气，既可解决农村能源，又可使废弃物中的养分变为速效养分，作为优质肥料施用。

（4）农副产品就地加工，提高物质的归还率　主要通过组配合理的生物链与加工链，充分利用当地（系统内）的农副产品和废弃物资源，实现就地加工、转化、增殖、输出产品、回收废物。因各种农作物如果以原材料的方式输出系统，农田养分也被带出系统，如果就地加工，再将残渣还田，可大大提高营养物质的归还率。如大豆、花生、油菜、芝麻等油料作物榨油后，随油脂输出的仅是碳、氢、氧的化合物，若以油饼返回农田，其余养分可绝大部分返回农田；棉花等纤维作物，输出的纤维含氮均不足1%，其余营养元素都保存在其茎、叶、铃壳、棉籽中，将棉籽榨油，棉籽壳养菇，棉籽饼及茎叶粉碎后作饲料，变为粪肥后还田，不仅增加系统的产出，还可促进农田养分的平衡。

（5）充分利用非耕地上的养分　利用非耕地上的各种饲用植物、草本植物或木本植物的叶子，直接刈割作肥料，或通过放牧利用，以畜粪移入农田；利用池塘、沟渠放养水花生、水浮莲、水葫芦等水生植物，富集水体中的养分，也可用作牲畜饲料，再以粪便移入农田，均可增加农田养分。水花生、水浮莲、水葫芦等的含钾量都很高，一般为5%～6%，高的可达8%，对增加农田钾素营养尤其具有重要意义。城肥下乡、河泥上田等，也属于利用非耕地上的养分来源。

## 三、测土施肥

### （一）测土施肥定义

测土施肥又称测土配方施肥，配方施肥是根据作物需肥规律、土壤供肥性能与肥料效应，在有机肥为基础的条件下，产前提出氮、磷、钾和微肥的适宜用量和比例以及相应的施肥技术的一项综合性科学施肥技术。

由此可知，配方施肥的内容，包含着“配方”和“施肥”两个程序。“配方”的核心是肥料的计量，在农作物播种前，通过各种手段确定达到一定目标产量和肥料用量，回答“获得多少粮，该施多少氮、磷、钾等”这一问题。施肥的任务是肥料配方在生产中的执行，保证目标产量的实现。根据配方确定的肥料用量、品种和土壤、作物、肥料的特性，合理安排基肥、种肥和追肥比例，以及施用追肥的次数、时期和用量等。同时在配方施肥中要特别注意必须坚持以“有机肥料为基础，有机肥与无机肥相结合，用地与养地相结合”的原则，保证土壤越种越肥，以增强农业后劲。因此我国的“配方施肥”较通常所说的“推荐施肥”有更广泛的内涵。

（1）测土　取土测定土壤养分含量。

（2）配方　对土壤养分进行诊断按照作物所需营养提出施肥配方。

（3）科学施肥。

### （二）测土施肥的作用

1. 增产增收，效益明显

配方施肥首先表现有明显的增产增收作用。具体表现如下。

（1）调肥增产不增加化肥投资，只调整 $N:P_2O_5:K_2O$ 比例，即起到增产增收作用。例如，湖北黄冈将化肥 $N:P_2O_5:K_2O$ 从1980年的1∶0.17∶0.025调整到 1992 年的 1 : 0. 57 : 0. 7，使该县稻谷生产效率提高了 64%。

（2）减肥增产在高肥高产地区，通过减少肥料用量而达到增产或平产效果。例如，广东珠江三角洲实行“水稻氮调法”后，氮肥用量减少 40% 左右，而水稻单产仍较传统施肥提高 10% 以上。

（3）增肥增产例如陕西省通过配方施肥发现不缺钾的垆土农田施用钾肥，其作物增产 15% ~23%。

2. 培肥地力，保护生态

配方施肥不仅直接表现在农作物增产效应上，还体现在培肥土壤，保护生态，提高土壤肥力。例如，河南省博爱县界沟乡连续五年施行配方施肥，全乡肥力有明显提高，土壤有机质增加 0. 21%，碱解氮增加 14mg/kg，有效磷增加 5. 2mg/kg，有效钾增加 18mg/kg，土壤理化性状得到改善。

3. 协调养分，提高品质

过去我国农田大多偏施氮肥，造成土壤养分失调，不仅有损于产量，而且殃及产品质量。据农业部汇总资料表明，配方施肥与习惯施氮肥比较，棉花提高衣分 1. 3% ~3. 4%、绒长 0. 4 ~1. 6mm、单铃增重 0. 1 ~0. 4g；西瓜甜度增加 2 度。由此可见，配方施肥可协调养分，提高品质。

4. 调控营养，防治病害

据报道，湖北省实行配方施肥的早稻“叶斑病”发病率由 45. 2% 减少到 2. 9% ~9%；棉花枯萎病发病率由 56% 下降到 5% 左右。缺硼土壤上配施硼肥后，对防治棉花蕾而不花、油菜花而不实、小麦“亮穗”等生理病症均有明显效用。

5. 有限肥源，合理分配

利用肥料效应回归方程，以经济效益为主要目标，可以合理分配有限肥源。

**（三）配方施肥原理**

1. 养分归还学说

作物产量的形成有 40% ~80% 的养分来自土壤，但不能把土壤看作一个取之不尽、用之不竭的“养分库”。为保证土壤有足够的养分供应容量和强度，保持土壤养分的携出与输入间的平衡，必须通过施肥这一措施来实现。依靠施肥，可以把作物吸收的养分“归还”土壤，确保土壤能力。

2. 最小养分律

作物生长发育需要吸收各种养分，但严重影响作物生长，限制作物产量的是土壤中那种相对含量最小的养分因素，也就是最缺的那种养分（最小养分）。

如果忽视这个最小养分，即使继续增加其他养分，作物产量也难以再提高。只有增加最小养分的量，产量才能相应提高。经济合理的施肥方案，是将作物所缺的各种养分同时按作物所需比例相应提高，作物才会高产。

3. 同等重要律

对农作物来讲，不论大量元素或微量元素，都是同样重要缺一不可的，即缺少某一种微量元素，尽管它的需要量很少，仍会影响某种生理功能而导致减产，如玉米缺锌导致植株矮小而出现花白苗，水稻苗期缺锌造成僵苗，棉花缺硼使得蕾而不化。微量元素与大量元素同等重要，不能因为需要量少而忽略。

4. 不可代替律

作物需要的各营养元素，在作物内都有一定功效，相互之间不能替代。如缺磷不能用氮代替，缺钾不能用氮、磷配合代替。缺少什么营养元素，就必须施用含有该元素的肥料进行补充。

5. 报酬递减律

从一定土地上所得的报酬，随着向该土地投入的劳动和资本量的增大而有所增加，但达到一定水平后，随着投入的单位劳动和资本量的增加，报酬的增加却在逐步减少。当施肥量超过适量时，作物产量与施肥量之间的关系就不再是曲线模式，而呈抛物线模式了，单位施肥量的增产会呈递减趋势。

6. 因子作用律

作物产量高低是由影响作物生长发育诸因子综合作用的结果，但其中必有一个起主导作用的限制因子，产量在一定程度上受该限制因子的制约。为了充分发挥肥料的增产作用和提高肥料的经济效益，一方面，施肥措施必须与其它农业技术措施密切配合，发挥生产体系的综合功能；另一方面，各种养分之间的配合作用，也是提高肥效不可忽视的一个问题。

### （四）测土配方施肥的基本方法

当前所推广的配方施肥技术从定量施肥的不同依据来划分，可以归纳为以下三个类型。

1. 地力分区（级）配方法

地力分区（级）配方法的作法是，按土壤肥力高低分为若干等级，或划出一个肥力均等的田片，作为一个配方区，利用土壤普查资料和过去田间试验成果，结合群众的实践经验，估算出这一配方区内比较适宜的肥料种类及其施用量。

地力分区（级）配方法的优点是具有针对性强，提出的用量和措施接近当地经验，群众易于接受，推广的阻力比较小。但其缺点是，地区局限性大，依赖于经验较多。适用于生产水平差异小、基础较差的地区。在推行过程中，必须结合试验示范，逐步扩大科学测试手段和指导的比重。

2. 目标产量配方法

目标产量配方法是根据作物产量的构成，由土壤和肥料两个方面供给养分原理来计算施肥量。目标产量确定以后，计算作为需要吸收多少养分来施用肥料。目前有以下两种方法。

（1）养分平衡法　以土壤养分测定值来计算土壤供肥量。肥料需要量可按下列公式计算：肥料需要量 =（作物单位产量养分吸收量 × 目标产量）－（土壤测定值 × 校正系数）肥料养分含量 × 肥料当季利用率。

①式中作物单位吸收量 × 目标产量 = 作物吸收量。

②土壤测定值 ×0.3 校正系数 = 土壤供肥量。

③土壤养分测定值以 mg/kg 表示，0.3 为养分换算系数。

这一方法的优点是概念清楚，容易掌握。缺点是，由于土壤具有缓冲性能，土壤养分处于动态平衡，因此，测定值是一个相对量，不能直接计算出“土壤供肥量”，通常要通过试验，取得“校正系数”加以调整，面校正系数。

（2）地力差减法　作物在不施任何肥料的情况下所得的产量称空白田产量，它所吸收的养分，全部取自土壤。从目标产量中减去空白田产量，就应是施肥所得的产量。按下列公式计算肥料需要量：肥料需要量 = 作物单位产量养分吸收量 ×（目标产量－空白田产量）养分含量 × 肥料当季利用率。

这一方法的优点是，不需要进行土壤测试，避免了养分平衡法的缺点。但空白田产量不能预先获得，给推广带来了困难。同时，空白田产量是构成产量诸因素的综合反映，无法代表若干营养元素的丰缺情况，只能以作物吸收量来计算需肥量。当土壤肥力愈高，作物对土壤的依赖率愈大（即作物吸自土壤的养分越多）时，需要由肥料供应的养分就越少，可能出现剥削地力的情况而有能及时察觉，必须引起注意。

3. 肥料效应函数法

通过简单的对比，或应用正交、回归等试验设计，进行多点田间试验，从而选出最优的处理，确定肥料的施用量，主要有以下三种方法。

（1）多因子正交、回归设计法　此法一般采用单因素或二因素多水平试验设计为基础，将不同处理得到的产量进行数量统计，求得产量与施肥量之间的函数关系（即肥料效应方程式）。根据方程式，不仅可以直观地看出不同元素肥料的增产效应，以及其配合施用的联应效果，而且还可以分别计算出经济施用量（最佳施肥量）、施肥上限和施肥下限，作为建议施肥量的依据。

此法的优点是，能客观地反击影响肥效诸因素的综合效果，精确度高，反馈性好。缺点是有地区局限性，需要在不同类型土壤上布置多点试验，积累不同年度的资料，费时较长。

（2）养分丰缺指标法　利用土壤养分测定值和作物吸收土壤养分之间存在的相关性，对不同作物通过田间试验，把土壤测定值以一定的级差分等，制成养分丰缺及庆施肥料数量检索表。取得土壤测定值，就可对照检索表按级确定肥料施用量。

此法的优点是，直感性强，定肥简捷方便。缺点是精确度较差，由于土壤理化性质的差异，土壤氮的测定值和产量之间的相关性很差，一般只用于磷、钾和微量元素肥料的定肥。

（3）氮、磷、钾比例法　通过一种养分的定量，然后按各种养分之间的比例关系来决定其它养分的肥料用量，例如，以氮定磷、定钾，以磷定氮等。

此法的优点是，减少了工作量，也容易为群众所理解。缺点是，作物对养分吸收的比例和应施肥料养分之间的比例是不同的，在实用上不一定能反映缺素的真实情况。由于土壤各养分的供应强度不同，因此，作为补充养分的肥料需要量只是弥补了土壤的不足。所以，推行这一定肥方法时，必须预选做好田间试验，对不同土壤条件和不同作物相应地作出符合于客观要求的肥料氮、磷、钾比例。

配方施肥的三类方法可以互相补充，并不互相排斥。形成一个具体配方施肥方案时，可以一种方法为主，参考其它方法，配合起来运用。这样做的好处是：可以吸收各法的优点，消除或减少存在的缺点，在产前能确定更符合实际的肥料用量。

# 实验实训　农业生态系统的物质流分析

## 一、目的要求

通过对一个农业生态系统进行物质循环和养分平衡分析，了解各种营养元素在农业生态系统中的循环平衡情况，进一步对农业生态系统的功能进行定量评价。通过本次实训，要求掌握农业生态系统物质循环和养分平衡分析的一般方法和程序。

## 二、方法与步骤

### （一）确定分析对象的边界，划分养分库

先确定分析对象的边界，确定了系统边界以后，再将该系统划分为若干个养分库。一般包括土壤库、作物库、林草库、牲畜库和人群。

由于氮、磷、钾对农业生态系统的养分循环影响最大，所以农业生态系统的养分分析一般以氮、磷、钾作为分析对象。

### （二）确定养分的输入、输出项目及流量

养分输入项目一般包括：①外来养分，如化肥、降水、灌溉水、落尘带入；②农副产品及农业废弃物的再利用，如种子、秸秆、粪肥等（不包括留在田里的根茬）；③养分的区域性富集，如塘泥、水草、山林杂草进入农田，则属于农田土壤的养分区域性富集；④生物固氮。

养分输出项目一般包括：①目标性输出，主要指农畜产品及其副产品输出时带走的养分；②非目标性输出，包括流失、淋失、燃烧、反硝化作用、挥发等；③系统内消耗，如人畜消耗，病虫草害也导致系统内养分减少。

对于所调查分析的现实系统，需要根据具体情况进行具体分析，先确定系统具体存在哪些输入、输出项目。确定了输入、输出项目以后，再通过实地调查、现场测量、实验室分析、经验估算、查阅资料等方法，确定输入、输出项目的流量。

### （三）将各种物质的实际流量转换为养分流量

由于输入输出的各种物质种类繁多，必须根据不同类型的物质的养分含量进行折算，折算为氮、磷、钾纯量，才能进行物质循环及养分平衡分析。

某些养分输入、输出项目，由于其数量相对很小，如通过干、湿沉降带入的养分，虽然客观存在，但是其数量相对于施肥带入来说，可以忽略不计；某些养分在同一环境中存在类似的输入和输出项目，数量上可以相互抵消，如非施肥季节随灌溉水带入的养分和随灌溉水排出而带走的养分基本相当，可以忽略不计。某些养分输入、输出项目计算困难，可查阅有关资料或借用经验数据。

### （四）列出养分平衡表

列出养分在不同养分库的输入和输出情况，如表 4－8 所示。

表 4-8　不同养分库的输入和输出情况

| 项目 | 土壤库 | | 作物库 | | 林草库 | | 牲畜库 | | 人群 | | 整个系统 | |
|---|---|---|---|---|---|---|---|---|---|---|---|---|
| | 输入 | 输出 | 输入 | 输出 | 输入 | 输出 | 输入 | 输出 | 输入 | 输出 | 输入 | 输出 |
| 合计 | | | | | | | | | | | | |
| 盈亏量（$\Delta W$） | | | | | | | | | | | | |
| 每公顷盈亏量 | | | | | | | | | | | | |

表中，养分盈亏量 = 输入量 - 输出量，得到结果为负数，表明该库养分输入小于输出，养分亏缺；得到结果为正数，表明养分输入多于输出，处于养分积累状态，得到结果为 0，表明输入与输出相等，养分平衡。

（五）结果分析

（1）通过调查分析农业生态系统中养分循环的一般模式，即由土壤—植物—动物—土壤的养分循环模式。分析养分在此模式中几个库之间的流动路径和养分平衡状态。

（2）分析该系统中养分循环及特征。

（3）分析有机质与农田养分的循环。

（4）分析农田生态系统养分循环平衡的途径。

## 三、实训内容与作业

按本实训要求的方法步骤逐步进行物质循环和养分平衡分析。将所作的结果分析和综合性评价写成实训总结。

## 本章小结

本章主要介绍了物质循环的基本规律和几种主要物质的生物地球化学循环，介绍了物质循环的基本概念和类型以及物质流动的特征；介绍了物质循环与农业环境问题；简要介绍了物质循环的地质大循环和生物小循环、气相型循环和沉积型循环、物质循环的库与流；简单介绍了物质流动的生物量与现存量、周转率与周转期、循环效率、生态系统内的物流与能流的关系；介绍了农业生态系统养分循环的一般模型及特征、农业生态系统中养分循环与环境问题；简单介绍了水循环、碳循环、硫循环、氮循环，了解了节水农业、温室效应、酸雨与氮肥利用及污染物的流动与积累。

## 复习思考题

1. 解释概念：地质大循环、生物小循环、气相型循环、沉积型循环、库与流、源与汇、生物量、现存量、周转期、周转率、循环效率、温室气体、温室效应。
2. 物质流动的特征有哪些？
3. 物质循环有几种类型？
4. 简述水、碳、氮、硫的生物地球化学循环的过程。
5. 简述农业生态系统养分循环调节的基本原则。
6. 我国水资源开发利用中存在一些什么问题？
7. 化肥的施用给环境造成了何种影响？
8. 为什么说生物固氮具有非常重要的意义？
9. 农业生态系统养分循环的一般模式的主要内容是什么？
10. 农业生态系统的养分循环带来的主要环境问题是什么？
11. 怎么来预防酸雨对环境的破坏？

## >>> 资料收集

1. 调查家乡所在地有没有酸雨的形成，引起酸雨的主要原因是什么？
2. 调查家乡所在地测土施肥的实行情况与带来的经济收益。
3. 调查家乡所在地农业水利工程的利用与开发情况。
4. 调查家乡所在地近五年来气温的变化，分析一下是否与温室效应有关。

## >>> 查阅文献

利用课外时间阅读《寂静的春天》《增长的极限》《只有一个地球》等书籍，了解人类对于生态和环境保护的认识过程。

## >>> 习作卡片

把农药、化肥、金属、固废物、氟、排泄物等污染做成卡片，随着学习与调查的深入，找出这些物质循环的污染途径，对污染合理利用和改善的措施，更好地调控环境条件，以利于农业生态环境系统的良性循环。

# 课外阅读

## 死神的特效药

现在每个人从胎儿未出生直到死亡，都必定要和危险的化学药品接触，这个现象在世界历史上还是第一次出现的。合成杀虫剂使用才不到20年，就已经传遍动物界及非动物界，到处皆是。我们从大部分重要水系甚至地层下肉眼难见的地下水潜流中部已测到了这些药物。早在十数年前施用过化学药物的土壤里仍有余毒残存。它们普遍地侵入鱼类、鸟类、爬行类以及家畜和野生动物的躯体内，并潜存下来。科学家进行动物实验，也觉得要找个未受污染的实验物，是不大可能的。

在荒僻的山地湖泊的鱼类体内，在泥土中蠕行钻洞的蚯蚓体内，在鸟蛋里面都发现了这些药物；并且住人类本身中也发现了；现在这些药物贮存于绝大多数人体内，而无论其年龄之长幼。它们还出现在母亲的乳汁里，而且可能出现在未出世的婴儿的细胞组织里。

这些现象之所以会产生，是由于生产具有杀虫性能的人造合成化学药物的工业突然兴起，飞速发展。这种工业是第二次世界大战的产儿。在化学战发展的过程中；人们发现了一些实验室造出的药物消灭昆虫有效。这一发现并非偶然：昆虫，作为人类死亡的“替罪羊”，一向是被广泛地用来试验化学药物的。

这种结果已汇成了一股看来仿佛源源不断的合成杀虫剂的溪流。作为人造产物——在实验室里巧妙地操作分子群，代换原子，改变它们的排列而产生——它们大大不同于战前的比较简单的无机物杀虫剂。以前的药物源于天然生成的矿物质和植物生成物——即砷、铜、铅、锰、锌及其它元素的化合物；除虫菊来自干菊花、尼古丁硫酸盐来自烟草的某些同属，鱼藤酮来自东印度群岛的豆科植物。

这些新的合成杀虫剂的巨大生物学效能不同于他种药物。它们具有巨大的药力：不仅能毒害生物，而且能进入体内最要害的生理过程中，并常常使这些生理过程产生致命的恶变。这样一来，正如我们将会看到的情况一样，它们毁坏了的正好是保护身体免于受害的酶：它们障阻了躯体借以获得能量的氧化作用过程；它们阻滞了各部器官发挥正常的作用；还会在一定的细胞内产生缓慢且不可逆的变化，而这种变化就导致了恶性发展之结果。

希腊神话中的女王米获，因一敌手夺去了她丈夫贾逊的爱情而大怒，就赠予新娘子一件具有魔力的长袍。新娘穿着这件长袍立遭暴死。这个间接致死法现在在称为“内吸杀虫剂”的药物中找到了它的对应物。这些是有着非凡特质的化工药物，这些特质被用来将植物或动物转变为一种米获长袍式的东西——使它们居然成了有毒的了。这样做，其目的是：杀死那些可能与它们接触的昆虫，特别是当它们吮吸植物之汁液或动物之血液时。

内吸杀虫剂（特指将药剂吸入动植物全身的组织里而使昆虫等外界接触物中毒者）世界是一个难想象的奇异世界，它超出了格林兄弟的想象力，或许与查理·亚当斯的漫画世界极为近乎同类。它是个这样的世界，在这里童话中富于魅力的森林已变成了有毒的森林，这儿昆虫嘴嚼一片树叶或吮吸一株植物的津液就注定要死亡。它是这样一个世界，在这里跳蚤叮咬了狗，就会死去，因为狗的血液已被变为有毒的了；这里昆虫会死于它从未触犯过的植物所散发出来的水汽；这里蜜蜂会将有毒的花蜜带回至蜂房里，结果也必然酿出有毒的蜂蜜来。

昆虫学家的关于内部自生杀虫剂的梦幻终于得以证实了，这是在实用昆虫学领域的工人们觉察到，他们从大自然那儿能够领会到一点暗示：他们发现在含有硒酸钠的土壤里生长的麦子，曾免遭蚜虫及红蜘蛛的侵袭。硒，一种自然生成的元素，在世界许多地方的岩石及土壤里均有小量的发现，这样就成了第一种内吸杀虫剂。

关于除草剂仅仅对草本植物有毒，故对动物的生命不构成什么威胁的传说，已得到广泛的传播，可惜这并非真实。这些除草剂包罗了种类繁多的化工药物，它们除对植物有效外，对动物组织也起作用。这些药物在对于有机体的作用上差异甚大。有些是一般性的毒药；有些是新陈代谢的特效刺激剂，会引起体温致命地升高；有的药物（单独地或与别种药物一起）招致恶性瘤；有些则伤害生物种属的遗传质、引起基因（遗传因子）的变种。这样看来，除草剂如同杀虫剂一样，包括着一些十分危险的药物；粗心地使用这些药物——以为它们是“安全的”，就可能招致灾难性的后果。

——摘自蕾切尔·卡逊《寂静的春天》

# 第五章　农业生态系统的评价与调控

学习目标

学会采用不同的方法来进行农业生态系统的评价；掌握在对农业生态系统评价的基础上采用不同层次和不同方式对其进行调控；掌握农业生态系统人工调控的原理及方法；掌握农业生态工程设计的主要内容及实施的基本步骤。

## 第一节　农业生态系统的评价

对农业生态系统进行人工调控之前，必须对这个系统进行详细的系统分析，然后对其做出评价与诊断，最后进行优化设计并实施，以达到人工调控的目的。

### 一、能量流的评价

#### （一）生态效率

生态效率可以分两大类，即营养级位内和营养级位之间的。前者是度量一个物种利用食物能的效率，同化能量的有效程度；后者则是度量营养级位之间的转化效率和能流通道的大小。

1. 营养级位内的生态效率

营养级位内的生态效率包括同化效率和生长效率。

①同化效率。对生产者来说，这种效率是：

$$同化效率=\frac{被植物固定的能量}{吸收的光能}$$

对消费者用下式表示：

$$同化效率=\frac{同化量(被吸收的食物量)}{摄取量(吃下的食物量)}$$

②生长效率。它包括组织生长效率和生态生长效率。

$$组织生长效率=\frac{营养级位\ n\ 的净生产量}{营养级位\ n\ 的净同化量}$$

$$生态生长效率=\frac{营养级位\ n\ 的净生产量}{营养级位\ n\ 的摄入量}$$

2. 营养级位之间的生态效率

营养级位之间的生态效率包括以下几种效率。

①林德曼效率。某营养级位对上一个营养级位的能量利用效率。

$$林德曼效率=\frac{营养级位\ n\ 的同化量或摄取量}{营养级位\ n-1\ 的同化量或摄取量}$$

②生产效率。用不同营养级位的净生产量表示。

$$生态效率=\frac{营养级位\ n\ 的净生产量}{营养级位\ n-1\ 的净生产量}$$

③消费效率。

$$消费效率=\frac{在营养级位\ n\ 上的摄取量}{在营养级位\ n-1\ 上的净生产量}$$

消费效率也称为利用效率。

### （二）农业生态系统的生态效率

在农业生产实践中，容易测得并经常被采用的是光能利用率、平均生长率、饲料转化率、饲料资源利用率。

1. 光能利用率

光能利用率是指单位面积地面上植物光合作用积累的有机物所含能量与同期照射在同一地面上日光能的比率。

$$光能利用率=\frac{h\Delta W}{\Sigma S}\times 100\%$$

式中 $h$——物质燃烧热值，kJ/g；

$\Delta W$——干物质增重，$g/cm^3$；

$\Sigma S$——干物质增重时间内太阳能总辐射量，$kJ/cm^3$。

2. 平均生长率

平均生长率是指生育生长期内平均每天的生长速率，即净生产量的增加速率。

$$平均生长率=\frac{平均净生产量}{全生育期天数}$$

3. 饲料转化率

饲料转化率是指某类动物的净生产量所含能量与它所消耗食物中所含能量之比。它所反映的是食物能转化为动物净生产量的效率。

家畜一般可将摄食中的16% ~29%的饲料能同化为化学能，33%用于呼吸消耗，31% ~49%随粪便排出。不同的畜禽，不同的饲料，不同的饲养管理，其转化效率是不同的。

4. 饲料资源利用率

饲料资源利用率是指某农业生态系统内所有畜禽对饲料的消耗量与系统内第一性生产所产生的饲料总量之比。它所反映的是系统内第二性生产者的结构与第一性生产者的结构搭配的合理性。如果第一性生产者所产生的饲料资源大部分是粗纤维秸秆，而第二性生产者主要是食精料的猪和鸡，那么，这样的结构搭配就不是很合理，饲料资源利用率就会比较低。

上面简略描述了农业生态系统的四种能量转化效率。现在，我们将其与自然生态系统的能量转化效率作一对照，见表5-1。

**表5-1 自然生态系统与农业生态系统的能量转化效率（曹志平，2008）**

| 类型 | 自然生态系统 | 农业生态系统 |
|---|---|---|
| 同营养级内 | 同化效率<br>生长效率 | 平均生长率，饲料转化率 |
| 营养级之间 | 林德曼效率<br>生产效率<br>消费效率 | 光合效率<br>饲料资源利用率 |

## 二、信息调控的评价

关于生态系统中信息调控的评价，是当今生态学中的一大难题。对于生态系统中信息是如何流动的，人们的认识还很模糊；关于生态系统是否是一个反馈调控系统，也存在着一定的争议。

因此，人们常常用生态系统的稳定性来表示对系统内信息联系与反馈调控的综合评价。这是一种保守的办法，也是一种更适宜的办法。

在文献中，学者们使用了许多意义不同而又彼此相关的定义，这也是造成对稳定性问题诸多争论的原因之一。下面介绍几类不同的稳定性。

（1）抵抗力和恢复力　稳定性恢复力描述群落在受到外界干扰后回到原来状态的能力；抵抗力描述群落免受外界干扰而维持原状的能力。

（2）局域稳定性和全域稳定性　局域稳定性描述群落在经受一小干扰后回到原来状态的能力；全域稳定性描述群落在经受一大干扰后回到原来状态的能力。

（3）脆弱性和强壮性　与局域或全域稳定性有关，但其注意点在环境上。能在环境改变不大条件下保持稳定的称脆弱的系统；能在很大环境改变范围中保持稳定的称为强壮的系统。

（4）度量抵抗力　最常用的经验方法是估计不同生态系统对同种干扰的相对反应大小。对干扰的反应可用以下方法衡量：①用系统某一特定特征的变化幅度来衡量；②用系统达到某一给定的偏离程度所需要的时间来度量；③用使系统达到某一给定量的变化所要求的干扰强度来描述，也有人建议用系统某些特征的50%的变化所要求的干扰强度来度量抵抗力。

在自然条件下，期望干扰后的系统恢复到和原来系统一模一样是不可能的。因而在经验上，弹性通常用干扰后系统恢复到与原系统有50%～80%的相似所需要的时间来表示。振幅的度量涉及确定一个域值，超过该值，系统就不能恢复到初始状态。估计振幅的最广泛使用的方法是在不同的干扰强度下，观察系统是否能恢复到初始状态。

生态学家试图构造生态系统恢复力的描述性或预测性指数。不幸的是，估计任何生物群落的恢复力都是很困难的。因为：①某一干扰作用后，生态系统恢复到初始状态涉及很长的时间周期。一般来说，实践上估计弹性和振幅只能在一个较短的时间内进行，而生态系统特征的变化速率通常是非线性的。因此，根据系统早期恢复的特征进行外推也许是不可能的。②在估计恢复性时，生态系统的哪些特征应该测量，也没有统一的意见。不同的生态系统特征，如物种数量、生产量、多样性等不一定以同样的速率恢复到平衡点，因而就导致了弹性估计的差异。③自然干扰通常是很频繁的，因而，在各次干扰之间通常没有足够的时间容许系统达到一个稳定的平衡状态。在此情况下，要确定平衡状态以表明生态系统的恢复性是不可能的。

## 三、价值流的评价

价值流是生态经济社会复合生态系统特有的功能，因此，对价值流的评价只有在复合生态系统中才会发生，在自然生态系统中则不会出现这种情形。

价值流是复合生态系统中经济功能的表现。因而，对价值流的评价有成熟的经济学方法。例如，在农业生态系统中，常用净产值、人均纯收入、劳动生产率、土地生产率、农产品商品率、产投比等经济学指标来评价系统的价值流功能。在农业生态系统中，最常见的两种评价价值流的方法是投入产出表分析和边际效益分析。

## 四、功能评价的不足

迄今为止，对于生态系统功能的评价指标及方法仍然很不完善，有理论上的缺陷，也有方法上的不足。下面，试着从几个方面来分析功能评价的困境。

### （一）不同功能评价的困难

对于农业生态复合系统四大功能的评价，在能流、物流、信息流、价值流这四种功能评价中，能流与价值流的数据相对来说较易获得，而且评价指标也比较成熟，而物流和信息流的数据就难以获得，而且评价指标也不太成熟。从理论上来说，循环指数对于物质循环效率来说，是一个很好的评价指标，问题是，面对一个复杂的生态系统，这样的数据很难获得。因为循环速率受化学元素自身性质的影响，受动植物生长速率的影响，受有机物质腐烂速率的影响，还受人类活动的影响，所以，人类要真正勾画出一个系统的物质循环速率图是非常困难的（见表5－2）。

**表5－2　农业生态复合系统的功能评价（曹志平，2008）**

| 功能 | 能流 | 物流 | 信息流 | 价值流 |
|---|---|---|---|---|
| 评价对象 | 能流效率 | 物质循环效率 | 系统稳定性、持续性与均衡性 | 经济效益 |
| 评价指标 | 光能利用率 | 周转率 | 生产力的变异系数 | 产投比 |
| | 平均生长率 | 循环指数 | 系统惯性和弹性 | 净产值 |
| | 饲料转化率 | | 基尼系数 | 劳动生产率 |
| | 饲料资源利用率 | | | 土地生产率 |
| | | | | 农产品商品率 |
| | | | | 人均纯收入 |
| 数据的可获得性 | | | | |

至于信息流，我们面临的困难更大，最主要的原因是我们在理论上对信息

流的本质以及过程了解很少。由于这种机理方面的研究积累不够，限制了我们对生态系统信息流的认识，从而也限制了我们在评价方法上的突破，在没有办法的情况下，我们姑且以生态系统的稳定性作为一个侧面来反映生态系统信息流的功能，然而，即使如此简化，退求其次，我们在评价生态系统的稳定性时，仍然困难重重，最主要的问题仍然是数据难以获得。对于自然生态系统来说，尤其如此。数据所需时间长是一个问题，时空尺度的难以把握是另一个问题。

例如，系统的抵抗力可以用如下3种方法来表示：①系统某一特征的变化幅度；②系统到达某一给定的偏离程度所需要的时间；③系统到达某一给定量的变化所需要的干扰强度。对于一个可控的实验系统来说，这些数据是可获得的，但对于一个有着千百万年进化历史，而且仍然处于进化过程中的自然生态系统来说，这些数据就难以获得了，系统偏离所需要的时间是很难确定的。我们很难确定系统的初始状态，因而也就难以确定系统的“偏离”所花费的时间。再说，这个时间可能很短，如几个月、几年、几十年，但也可能很长，需要几百年、几千年甚至更长。由于时间的尺度难以把握，那么我们对系统特征变化幅度的尺度也难以把握。在一个小的时间尺度内，系统也许是变化的。但在一个大的时间尺度内，系统也许是平稳的，那些“振幅”只不过是在平稳状态下的正常“变化”。至于系统到达某一给定量的变化所需要的干扰强度，在自然状态下，更是难以测得，只有在实验状态下才有可能。

### （二）综合不同功能的困难

自然生态系统有能流、物流、信息流三大功能，农业生态复合系统有能流、物流、信息流、价值流四大功能。在评价过程中，如何将这些功能综合起来，是我们所面临的最大团难。迄今为止，不论是国内还是国际上，尚无解决这一困难的真正有效的办法。

由于没有理想的方法将不同类型的指标综合起来，作为一个权宜之计，只好将不同的指标赋予不同的权重，然后再相加。权重是人们对各指标相对重要性的一种主观判断，并无客观标准。所以，不同的人，对同一指标的权重赋值是不同的。如果我们将所有指标的权重总数设为1，然后，根据各指标的相对重要性分别赋值，这个值必须大于零而小于1。

目前，确定指标权重的方法很多，可以概括为如下7类。

（1）经验估算法　指不说明定权的理由和根据而直接给出权重的一类方法。特征是无任何说明而直接定权。

（2）意义推求法　讲明定权时考虑问题的具体依据、根据的意义等再直接给出权重的方法。

（3）公式计算　有确定的定权公式（函数形式），自变量含义明确。例如，污染物的权重可用其浓度超标值求得，依据是超标值越大权重越大。其归一化的权重计算公式为

$$A_i = \frac{(c_i/s_i)}{\Sigma(c_i/s_i)}$$

式中　$A_i$——某污染物的权重；

$c_i$——第 $i$ 种污染物实测值；

$s_i$——第 $i$ 种污染物标准允许值。

（4）调查统计法　通过发送调查表，征询有关专家和人员的意见，然后进行统计综合而定权的方法。特征是有调查、征询意见的过程。专家评判调查法、层次分析法均属此类。

（5）序列综合法　通过比较评价因子（指标）的某些性质分别排序，再根据其综合序列值推求权重的方法。特征是根据指标调查数据的结构特点进行，有排序过程且根据顺序值定权。

（6）因子分析法　通过因子分析（或主成分分析）方法求取权重。特征是用高等数学的主成分分析或因子分析法，通过对数据库结构（矩阵）的线性代数变换求取其因子贡献。

（7）回归系数法　是指在评价系统总体水平与评价指标之间建立多元回归方程，然后将评价指标的回归系数标准化处理后作为其权重的方法。

在农业生态系统评价中，应用较多的是专家评判调查法和层次分析法。

专家评判调查法，又称特尔斐法，它是通过匿名征求专家意见的方法得到指标的权重，其实施步骤如下。

①评价小组确定的指标权重发给每个专家，要求专家根据个人意见提出新的指标，并简要陈述其理由。评价小组根据专家意见汇总、合并同类指标权重，形成一个增选改进的指标权重全集。

②将改进的指标权重全集发给专家，由专家对所有指标权重再一次进行评判，由评价小组进行汇总，并进行下述处理工作。

a. 计算专家的集中意见，其公式为：

$$M_j = \frac{\Sigma C_{ij}}{m_j}$$

式中　$M_j$——$j$ 指标的算术平均值；

$m_j$——参加指标打分的专家人数；

$C_{ij}$——$i$ 专家对于指标的打分。

b. 计算专家意见的协调程度，这可以由变异系数 $V_j$ 反映：

$$V_j = \frac{S_j}{M_j}$$

式中 $V_j$——$j$ 指标的变异系数，$V_j$ 越小，$j$ 指标的专家意见协调程度越高；

$M_j$——$j$ 指标的算术平均值；

$S_j$——$j$ 指标标准差。

通过对所有特选指标权重按得分排序，并考察其变异系数，选取得分最高（得分率 0.7 以上）、变异系数不很大的（一般小于 0.5）几个指示权重作为入选指标权重。若专家意见比较集中，可一次选取所需指示权重，否则可删去所选的几个指标权重和得分率最低的几个指标权重，将余下的指标权重继续提供专家选择、打分，以此类推，直到选取指标权重为止。

层次分析法（AHP）是美国著名数学家 T. LSaaty 于 20 世纪 70 年代提出的。这种方法把复杂的问题分解为各个组成因素，按一定支配关系分组形成有序的递阶层次结构。通过两两比较的方式，确定层次中诸因素的相对重要性，然后综合人们的判断，给出决策因素重要性的总排列。这种方法的主要优点，一是思路简单明了，使决策者对复杂问题的判断决策过程数字化、系统化、模型化，且不需要高深数学工具和复杂的运算手段，便于接受；二是不仅能进行定量分析，还可以进行定性分析，从而把决策过程中的定性与定量因素有机地结合起来，在定量数据较少时也能对问题的本质、包含的因素及内在关系分析清楚；三是适于多目标、多层次复杂问题的系统分析判断。

## 第二节　农业生态系统的调控

对农业生态系统进行综合评价，是为了更好地调控和管理农业生态系统。农业生态系统一方面从自然界继承了自我调节能力，保持一定的稳定性；另一方面它在很大程度上受人类各种技术手段的调节。充分认识农业生态系统的调控机制及调控途径，有助于建立高效、稳定、整体功能良好的农业生态系统，有助于利用和保护农业资源，提高系统生产力。农业生态系统是一个人工管理的生态系统，既有自然生态系统的属性，又有人工管理系统的属性。因此，它不可避免地既受自然因素的调节与控制，又受人工因素的调节与控制。

## 一、农业生态系统的调控目的

### （一）提高系统的生产力和生产效率

农业生产系统的生产力是指某一现实系统在一定时间内一定面积上生产的农产品的多少。理所当然，任何经营者都希望获得更多农产品，可见系统产出的农产品多是系统优良的重要特征之一。但是，只考虑系统输出的多少而不考虑系统的输入也是不行的，农业生产同样要考虑成本的高低，这就需要用另一个指标——生产效率来衡量。所谓生产效率，是指系统各种形式的输出与输入之比，如能量产投比、资金产投比等。通过对系统的生产力和生产效率的测量，可以对不同类型、不同等级的农业生态系统当前的生产性能做出评价和比较。

对农业生态系统采用的任何调控措施，不仅要提高系统的生产力，使系统产出更多的农产品并获得较高的产值，而且要注意提高系统的生产效率，使一定的资源或资金的投入获得尽可能多的产出。因此，提高系统的生产力和生产效率是农业生态系统调控的最终目的。

### （二）维持系统的持续稳定发展

农业生态系统的稳定性就是指系统在遭受外界干扰时，仍能保持其稳定平衡状态，维持其特定功能的特性。稳定性差的系统，在遭受外界干扰时，其生产力将产生较大波动，可见稳定性实际上反映了系统的变异性。在一个时间序列中，生产力的变异程度越小，表明系统的稳定性越好。农业生态系统的持续性是指系统长久维持较高生产能力的特性。持续性良好的系统，其生产力应该是不断提高的，至少保持原有生产力水平不降低，可见持续性反映了生产力的发展变化趋势。

不同的生态系统，其稳定性和持续性有着不同的表现，通常，系统的结构越合理，系统的自我调节机制越丰富，抵抗外界干扰的能力越强，稳定性和持续性表现越好。人为的调控措施就是要维持农业系统的稳定持续发展。系统的生产力不但不应随时间的推移和环境的变化产生较大的波动，而且还要有一定的提高。也就是说，对农业生产系统采取的任何调控措施，都应产生积极的效应，要维持农业系统的高产、稳产和持续增产。

## 二、农业生态系统的调控层次

农业生态系统的调控有三个层次。

第一个层次的调控是自然调控。它是从自然生态系统的调控机制中继承下来的非中心式调控机制。这个层次的调控是通过生物与环境、生物与生物以及环境因子之间的相互作用，生物的生理、生化或遗传等机制来实现的。自然调控层次是基础，它每时每刻都在进行着，但有时表现得相当缓慢，一个调整周期需要很长的时间。如生态自然恢复有时需要几年、几十年甚至是更长的时间。

第二个层次的调控是人工直接调控。它是利用了农民或农业生态系统的经营者作为调控中心的典型的中心式调控机制，主要通过采用各种农业技术来实现。由于人工直接调控速度快、幅度大、效果明显，被广泛地用于农业生产的各个领域和环节，为农业的增产增收发挥着巨大的作用，但是，也常常因为过度依赖这个层次的调控，忽视自然调控而造成生态平衡失调，这一点应该引起足够的重视。

第三个层次的调控是社会间接调控。农业生态系统的经营者或农民在生产或经营活动中不可避免地要受到经济、法律、财政、金融、交通、市场、贸易、科技、教育、通信等各种社会因素的影响，经营者在社会因素影响下所采取的行动或进行的决策，实际就是对农业生态系统实施了间接调控。例如，近几年来我国农村政策的不断调整，就是对农业生态系统的间接调控。

## 三、 自然调控的机制及类型

### （一）自然调控的机制

在自然生态系统中的调控是通过非中心式调控机制来实现的。生物与生物之间、生物与环境之间存在着反馈调控、多元重复补偿稳态调控机制，以保持生态系统的稳定性。

所谓反馈是指当生态系统中某一成分发生变化的时候，它必然会引起其它成分出现一系列的相应变化，这些变化最终又反过来影响最初发生变化的那种成分的过程。反馈有两种类型，即负反馈和正反馈。最初某种成分发生变化，减弱或抑制该成分发生变化的反馈称为负反馈。负反馈的作用是能够使生态系统达到和保持平衡或稳态，反馈的结果是减弱或抑制最初那种成分所发生的变化。最初某种成分发生变化增加或增强该成分发生变化的反馈称为正反馈。正反馈的作用常常使生态系统远离平衡或稳态，反馈的结果是增加或增强最初那种成分所发生的变化。群落或系统在不同的时期或者在演替过程中，正、负反馈作用的表现结果不同。例如，在资源充足的情况下，种群数量的增加是种群数量进一步增加的原因，因为种群数量越大，繁殖速度越快，系统整体上表现为正反馈的结果；随着种群数量迅速增长达到一定程度时，开始受到资源和空间的限制，种群数量虽继续增加，但增长速度逐渐降低，系统整体上表现为负反馈的结果，种群数量稳定地接近环境容量。

正反馈往往使系统产生急剧变化甚至发生演替。负反馈往往使系统趋于稳定或平衡。生态系统具有多种反馈机制，它能在不同的层次结构上行使调节机能。在个体水平上的正负反馈使得个体与环境、个体与群体之间保持一定的协调关系。在种群水平上捕食者与被捕食者就存在着反馈调节机制，被捕食者数量增加捕食者数量会相应增加，捕食者数量的增加会使被捕食者数量减少；被捕食者数量减少，又导致了捕食者数量相应减少。在群落水平上由于受空间资源环境最大容纳量的制约，群落的数量及其对比关系也受到反馈机制的调节。在系统水平上，交错的群落关系，生态位的分化，严格的食物链量比关系等都受着反馈机制的调节。系统组分越多，相互关系越复杂，则系统所包含的正负反馈机制也越多，自我调节能力越强，系统的稳定性也越大。

生态系统的反馈调节机制的作用是有一定限度的。系统在不降低和破坏其自动调节能力的前提下所能忍受的最大限度的外界压力（临界值）称为生态阈值。外界压力包括环境因素、自然灾害等自然因素和人为因素。

多元重复补偿是指在生态系统中，有两个或两个以的组分具有相同或相近的功能，或者是处在相同或相近生态位上的多个组成成分，当外来干扰使其中一个或多个组分受到破坏的情况下，另外的一个或几个组分可以在功能上予以补偿，从而保持系统的相对稳定。

**（二）自然调控的类型**

成熟的生态系统组成复杂，生物具有多样性，整体上表现为和谐、协调、稳定。系统的长期发展，依靠各种自然调控机制，表现出很强的稳定性和抵抗外界干扰的能力。自然调控的类别有：程序调控、随动调控、最优调控和稳态调控。

（1）程序调控　生物个体的发育、生物群落的演替都明显地表现出程序调控的特征。植物从种子的萌发到开花结实，动物从卵、胎出生到发育、成熟、繁殖、死亡，昆虫的变态等过程都是按一定的先后顺序来进行的，不会颠倒。群落的演替过程在物种间的营养关系、化学关系上也明显地表现出程序性。

（2）随动调控　动植物的运动过程能跟踪一些外界的目标。随外界目标的变化而调整自身的行为。向日葵的花随着太阳转动；植物的根伸向肥水充足的方向；蝙蝠靠超声波跟踪捕捉昆虫等，这些都是典型的生物个体所表现出的随动调控过程。

（3）最优调控　生态系统经历了长期的进化，优胜劣汰，形成的很多结构和功能都是最优的或接近最优的。六角形的蜂巢是最节省材料的；鱼类的流线形鱼体是降低流体阻力最理想的体形等，都是最优调控的结果。

（4）稳态调控　自然生态系统形成了一种发展过程趋于稳定、受到干扰维持稳定、受到破坏自动修复的稳定性调控机能，这就是稳态调控。这种稳态主要靠系统组织层次、系统的功能组分冗余及系统的反馈作用来获得。

### （三）自然调控机制的应用

农业生态系统在很大程度上采用了自然生态系统的自然调控机制，并且近几年来自然调控机制的应用越来越得到人们的认可和提倡，如现在国内外正在尝试和发展的生态农业、自然农业、有机农业、生物农业、生物动力学农业等，都在技术上加大了自然调控机制的运用。

实际上，农业生态系统是一个靠人工调节和自然调节并存，两种调节相互补充开放的系统，调节对农业生态系统的生产和经营起到了积极的推动作用。但是，由于人们过多地或者说是过分地依赖人工调节，而忽视了自然调节这个基础调节手段，虽然在短时间内取得了一定的经济效益，但同时严重的破坏了生态环境效益。在农业生产上人们大量甚至是过量地使用化肥，造成了土壤结构和功能的破坏，板结，持水、持肥性能下降；过量的化肥流失到环境中，造成水体的富营养化等一系列环境问题；同时长时间大量使用化肥，对土壤中的微生物也造成一定的影响，有可能导致致病微生物病害的爆发。在植物保护上，大量使用化学农药，在杀死害虫和病源微生物的同时也杀死了天敌和有益微生物，致使病虫害连年持续爆发，这样又不得不连续大量使用农药，形成了恶性循环。毁林造田、退草耕作造成了土地的沙漠化。激素的使用给食品安全带来了严重隐患，影响了人们的身体健康。大量触目惊心的实例发人深省，使人们不得不将调节方式的重点调回到自然调控的方式上来。

在传统继承和保留自然调节的基础上，加大了自然调控技术的开发和应用。通过光照、温度、水分、土壤、空气、声音等生态因子对动植物的影响进行自然调控，增加系统的生物多样性。利用系统功能组分冗余、反馈等机制调节农业生产。充分利用随动调控、程序调控、优化调控、稳定调控，往往投入少，成本低，既保证了农业生产经营的经济效益，又避免了资源浪费和环境污染，带来了生态效益和社会效益。

自然调节的具体应用体现在各种农业技术措施上，在土壤中多施有机肥料和生物肥料，以促进生态系统的物质循环和能量的流动；在植物保护上多采用生物农药、引进天敌、调节环境因子等措施，有些是事半功倍的长效机制，又避免了环境污染，增加了食品的安全性。

在畜禽等的动物养殖上也广泛采用了自然调控方式，除传统上应用的自然调节措施外，还有当前在全国范围内推广的自然生态养猪法、畜禽的自然散养等。在提高了经济效益的同时，其产品也受到了社会的普遍好评，带来了生态和社会效益。

## 四、人工调控机制

人工调控是指农业生态系统在自然调控的基础上，受人工的调节与控制。人工调控遵循农业生态系统的自然属性，利用一定的农业技术和生产资料，加强系统输入，改变农业生态环境，改变农业生态系统的组成成分和结构，达到提高农业生产，加强系统输出的目的。农业生态系统的调控途径可分为直接调控和间接调控两种。

### （一）直接调控

1. 生境调控

生境调控就是利用农业技术措施改善农业生物的生态环境，达到调控目的。包括对土壤、气候、水分、有利有害物种等因素的调节。其主要目的是改变不利的环境条件，或者削弱不良环境因子对生物种群的危害程度。

调节土壤环境，可通过物理、化学和生物等方法进行。传统的犁、耙、耘、起畦，以及排灌、建造梯田等属于物理方法，改善耕层结构，防调水、肥、气、热的矛盾；化肥、除草剂和土壤改良剂的使用，能够改善土壤中营养元素的平衡状况，属于化学方法；而施用有机肥、种植绿肥，放养红萍、繁殖蚯蚓等措施属于生物方法，既能改善土壤的物理性状，又能改善土壤中营养元素的平衡状况，有利于提高土壤肥力。

调节气候环境，表现在区域气候环境的改善，可通过大规模绿化和农田林网建设，人工降雨、人工驱雹、烟雾防霜等措施来得以实现。局部气候环境的改善，可通过建立人工气候室和温室、动物棚舍、薄膜覆盖、塑料大棚、地膜覆盖、施用地面增温剂等方法实现。

调节水分的方法也很多，如修水库、打机井、建水闸、田间灌排、喷灌、滴灌、施用叶面抗蒸腾剂等方法都可以直接改善水分供应状况。通过土壤耕作，增施有机肥料，改良土壤结构，也可以增强土壤的保水能力。

2. 输入输出调控

农业生态系统的输入包括肥料、饲料、农药、种子、机械、燃料、电力等农业生产资料；输出包括各种农业产品。输入调控包括输入的辅助能和物质的种类、数量和投入结构的比例。输出调控包括调控系统的储备能力，使输出更有计划；对系统内的产品加工，改变产品输出形式，使生产加工相结合，产品得到更充分的利用，并可提高产品的经济价值；同时，控制非目标性输出，如防止因径流、下渗造成的营养元素的流失。

3. 农业生物调控

农业生物调控是在个体、种群和群落各水平上通过对生物种群遗传特性、栽培技术和饲养方法的改良，增强生物种群对环境资源的转化效率，达到调控目的。个体水平的调控，其主要手段包括品种的选用和改良，以及有关物种的栽培和饲养方法。如优良品种的开发、杂种优势利用、遗传的手段、生长期间整枝打顶、疏花疏果、激素喷施等措施调节生长。

种群水平的调控，主要是建立合理的群体结构和相应的栽培技术，调节作物种植密度、牧畜放养密度、水域捕捞强度、森林砍伐强度，从而协调种群内个体与个体、个体与种群之间的关系，控制种群的动态变化，保持种群的最大繁荣和持续利用。

群落水平的调控，是调控农业生物群落的垂直结构、水平结构、时间结构和食物链结构，以及作物复种方式、动物混养方式、林木混交方式等，建立合理的群落结构，以实现对资源的最佳利用。

4. 系统结构调控

农业生态系统的结构调控是利用综合技术与管理措施，防调农业内部各产业生产间的关系，确定合理的农、林、牧、渔比例和配置，用不同种群合理组装，建成新的复合群体，使系统各组成成分间的结构与机能更加协调，系统的能量流动、物质循环更趋合理。在充分利用和积极保护资源的基础上，获得最高系统生产力，发挥最大的综合效益。从系统构成上讲，结构调控主要包括以下三个方面。

①确定系统组成在数量上的最优比例。如用线性规划方法求农林牧用地的最佳比例。

②确定系统组成在空间上的最优组合方式。要求因地制宜合理布局农林牧

生产，按生态位原理进行立体组合，按时空三维结构对农业进行多层配置。

③确定系统组成在时间上的最优组合方式。要求因地制宜找出适合地区优先发展的突破口，统筹安排先后发展项目。

## （二）间接调控

农业生态系统的社会间接调控，是指农业生态系统的外部因素，包括财贸金融、工交通信、科学文化、政法管理等，通过经营者对生态系统产生调节作用的有关社会机制。具体包括以下内容。

1. 财贸金融系统的间接调控

财贸金融系统通过影响经营者资金来源、消费方式和生产方向，实施间接调控。其主要调控手段有信贷、投资、税率、利率、价格、货币发行、市场渠道、政府预算等。市场渠道是商品交换的必要条件，缺乏适当的市场流通，商品交换受阻，农业生态系统只能局限于自给性，无法大量生产能充分发挥本地资源优势的、经济价值高的农业产品，进而影响农业生态系统的发展方向。又如农产品价格鼓励决定着经营者发展农产品的方向和数量。

2. 工交通信系统的间接调控

工交通信系统通过影响经营者的农业生产资料和信息，实行间接调控。工交通信影响农业的装备能力、加工能力、物质流通能力和信息沟通能力。现代化农业愈来愈依赖农资工业发展的程度，即农机用具、化肥、农药、薄膜等农业生产必需品的供给。交通运输直接影响商品流通能力。美国专业化生产的主要条件之一就是有便利的、容量大的长距离运转能力以及较好的贮存保管手段。信息系统对于经营者及时了解市场需求、资源供应情况、天气变化等是十分必要的。

3. 科技文教系统的间接调控

科技文教系统通过影响经营者的素质及其使用的农业技术，实施间接调控。从某种意义上来说，提高公众的生态意识，普及推广农业技术，就是提高农业生态系统的自我调节能力。

4. 政法管理系统的间接调控

政法管理系统通过影响经营者的积极性和行为规范，实施间接调控。政法管理系统通过强制性或倡导性的各种政策、方针、法令的制定和执行，影响着社会生产的组合形式、生产资料所有权、收益分配权、生产决策权等，对经营者的积极性和行为规范产生影响，对农业生态系统的类型、结构与生产力产生深刻的影响。如《中华人民共和国森林法》、《中华人民共和国野生动物保护法》、渔业许可证制度、《基本农田保护条例》等，都将对保护森林、野生动物、渔业资源及基本农田起到良好的作用。

## 第三节 农业生态工程

农业生态工程可以定义为：运用生态学、经济学的有关理论和系统论的方法，以生态环境保护和社会协同发展为目的，对农业生态系统和自然资源进行保护、改造、治理、调控和建设的综合工艺技术体系或综合工艺过程。

对农业生态系统的调控简单地讲，就是因地制宜，即根据当地资源条件、气候条件、生产条件乃至生产和生活习惯条件来具体决定采用怎样的农业生产模式。资源条件主要是指自然资源，平原、山区、沙丘、海滨等地形、地貌、坡度、土层厚薄、酸性土或盐碱地、土壤肥力、水源有无等都是考虑的依据。气候条件对农业生产模式的影响显而易见。不同纬度地区和不同海拔地区有不同的温度资源，应该根据温度条件选择不同作物和种植制度，还可以加上动物生产，配合林果，这就是很典型的综合农作制度。

农业生态工程可以定义为：运用生态学、经济学的有关理论和系统论的方法，以生态环境保护和社会协同发展为目的，对农业生态系统和自然资源进行保护、改造、治理、调控和建设的综合工艺技术体系或综合工艺过程。

### 一、农业生态工程设计的主要内容

#### （一）生物种群的选择

一般来说，生物种群的选择有五个方面的依据。

1. 自然资源和自然环境状况是选择生物种群的重要依据

依据生产实践中，人工栽培和饲养的生物种已经过了前人的实践证明，能够适应当地的自然条件，农业生态工程的种群选择仍然是以它们为主体。但是，农业生态工程建设中，为了追求更高的效益，往往需要引进新的品种或新的生物种。在引进新的物种时，切不可盲目行事，必须经过严格的动植物检疫，并进行较长时间的适应性试验研究，慎重筛选。否则，不仅可能导致生态工程的失败，还可能造成十分严重的后果。例如，1956 年，巴西圣保罗大学的研究人员为了培育新的蜜蜂品种，从非洲引进了 35 只毒性极强的非洲蜂蜂王，在培育过程中由于管理人员疏忽，在1957年的某一天跑掉了26只，由于当地优越的自然条件，非洲蜂繁殖很快，这种凶猛的蜜蜂经常袭击人类，造成200多人死亡，到1974年已越过巴西国界，以每年200～300km的速度向四周发展，使整个美洲“谈蜂色变”。我国也曾发生类似事件，一些人为了利用农业废弃物饲养据说外国人很喜欢吃，经济效益很高的福寿螺，但这种繁殖很快的蜗牛引进以后，由于种种原因并没有出口的可能性，而东方人又不习惯吃这种东西，致使这种曾经身价百倍的小动物流落到农田，成为生物入侵的典型之一。由此可见，引进新的物种时必须十分小心。

2. 社会经济条件是选择生物种群的前提

当地的社会经济条件是设计和实施农业生态工程的重要社会保障，它不但决定今后对工程的投入能力，也决定了工程运行过程中的技术保证水平。经济比较落后的地区一般经济承受能力都比较差，不可能保证较高的物质、能量和资金的投入，往往导致一些资金集约型经营项目失败。因此，在进行农业生态工程设计时，首先要充分预测生产单位的资金投入能力、设备拥有水平、产品加工能力、交通运输状况等因素。同时，还要考虑当地人民的宗教信仰、风俗习惯等社会因素。

3. 要考虑劳动者的文化技术素养

虽然目前已有一些有识之士开始投资农业生产，兴办农业企业，但我国农业从业人员的整体水平仍是各行业中最低的，绝大部分文化技术素养最低的人正在从事农业生产，这也正是我国农业生产发展缓慢的重要原因。因此，在进行农业生态工程设计时，必须针对生产单位的劳动者文化技术素养高低，来合理选择生物种群。对一个连温度计都不会使用的农民，如果要求他从事技术集约型的农业生产项目，那是注定要失败的。从这一方面来讲，发展农业职业教育，提高农业从业人员的文化技术素养，是将我国从农业大国向农业强国转变的重要前提，也是农业生态工程实施的重要基础。

4. 要掌握市场对该生物种群经济产品的需求情况和价格变动情况

农业生态工程是以生态与经济协调为前提的，经济效益终究是经营者最关心的。然而，如何实现农业生态系统的高经济效益，却未必每个经营者都能够把握好。农业生态工程的设计者应该是高水平的，对市场应该有较准确的把握。这需要考虑四个方面的内容。

（1）市场容量的大小　前几年，特种养殖、特种种植在我国农村风起云涌，各种特种生物的生产项目也确实使一部分农民致富了，但也有不少亏本的，这中间就有个市场容量问题。黑米的价格是普通大米价格的几倍少数人种黑米供宾馆里少数高消费人群消费，经济效益高，但如果大家都种黑米，黑米的价格就会回到原来普通大米的价格；杜仲是一种以皮入药的中药材，有的地区号称要发展1500hm$^2$杜仲，而原来种杜仲的地区也都在扩种，那五年以后杜仲皮也只能当柴烧了。

（2）市场需求规律　市场对农产品的需求规律包括两层含义，即时间上的淡季与旺季，以及地域上的产地与消费中心。目前大力发展的反季节蔬菜，就是针对蔬菜供应的淡季而获得高效益的。随着交通运输的发展，产地与消费中心的价格差异也明显减小。但是，掌握市场需求规律，合理选择生物种群和控制收获时间，对农业生态系统的经济效益有着深远的影响。

（3）市场价格变动情况　由于价值规律的作用，市场价格变动情况和市场需求情况往往是偶联的。正常情况是，产地的价格偏低，而消费中心的价格较高。但某些农产品也可能出现集中产地价格高而分散产地价格低的情况，这是因为集中产地购销渠道畅通，而分散产地因产品规模低、未建立起销售网络等原因，导致价格偏低甚至滞销的现象。这提示人们，农业生态工程不仅要把握好生产环节，还要注意把握好如何实现农产品的价值。

（4）对市场的占有能力　选择生物种群时，还要考虑生产单位的市场占有潜在能力。从成功地组织生产到成功地组织销售，都是农业生态工程设计中必须考虑的问题。我国目前正处于传统农业向现代农业的转化阶段，农产品的商品率不断提高，在实现农产品商品化的过程中，把握市场动态变化，可能使生物种群的选择较合理，但一个生产项目选定以后，可能要连续多年从事这一项目的生产，几年以后，市场可能发生变化，这种产品可能大幅度增加，市场竞争加剧，在这种情况下，生产单位的市场占有能力就显得非常重要。配套的加工能力、成功的促销手段、恰当的媒体宣传，乃至于国际贸易、网上销售等，都将成为未来农业经营者占有市场的重要手段。

5. 要考虑生物种群可能带来的生态环境效益

农业生态系统中的各种有机废弃物都可以利用腐生食物链的某些生物成员进行利用转化，从而可以实现农业生态系统的无污染、无废物生产。因此，进行农业生态工程设计时，必须在系统中合理安排这类生物组分，提高系统的生态环境效益。

**（二）人工食物链设计**

农业生态工程的食物链设计，具体包括食物链“加环”设计、食物链“解链”设计和“加工环”设计。其中，食物链“加环”设计是根据系统现有营养结构、资源类型的数量状况选定加环食物链的生物种群类型和种群数量及时空配置。食物链加环的类型包括生产环、增益环和减耗环三种。

食物链设计一般可以采用两条不同的技术路线：①顺序型设计。就是根据营养级层次排列顺序，根据系统内食物营养资源情况，针对系统中的草牧链、残屑链甚至寄生链，通过增加一个或几个生物种群，依次进行食物链加环设计，以提高系统内的资源利用率。②外延型设计。食物链加环的外延型设计，就是以人为确定的某一个食物链环节或营养级为中心开始，逐步向外延伸进行加环，以丰富系统的食物网。

1. 食物链生产环设计

利用人类不能直接利用或利用价值较低的生物产品作为资源，通过加入一个新的生物种群进行能量和物质转化，以增加一种或多种产品的产出。生产环的增加，可以实现变废为宝、变低价值为高价值、变分散为集中、变粗为精、变滞销为畅销，从而提高整个系统的效益。其核心是“废弃物的资源化”和“产品的再转化”。

增加生产环的设计，可以采用顺序型设计。作物秸秆还田可增加农田有机质含量，提高土壤肥力，但若在其中增加一个草食动物环节，如将稻草进行氨化处理后喂牛，再以牛粪的方式返回农田，则系统的效益更高。生产环也可以采用外延型设计，如农田养蜂就是作物生产环节向外延伸增加的一个生产环节。不管是哪一种技术路线的加环设计，都要先计算准备转化的生物产品的数量和食物营养资源数量，然后选择合适的加环生物种群类型并计算种群的适宜数量，使之相互适应。如果增加的生产环生物种群数量过大，则可能会因资源不足而影响生产；若增加的生产环生物种群数量过小，则系统仍有资源浪费现象存在。生产环的加环可以加入一个或多个生产环节，要视系统的资源种类、性质和数量来确定。

2. 食物链增益环设计

食物链增益环主要是针对人类生产、生活过程中产生的废弃物来进行的。因为这些废弃物中仍然含有一定数量的营养物质和能量，实际上它们本身就是一种资源。根据这些资源的性质和特征，选定合适的生物种群来进行物质和能量的富集，这种富集的产品又可以提供给生产环，从而增加生产环的效益。水域通过放养水葫芦、水浮莲等水生植物，富集水体中的养分，并形成初级产品，这些产品又可以作为草食性鱼类的饵料提供给水域生态系统的生产者，从而提高鱼类产量；畜粪、垃圾等可以养殖蚯蚓、蝇蛆等腐生。陆生生物富集转化废弃物中的有机质，生产出高蛋白的产品，这些产品又可作为蛋白饲料来喂鸡、养猪，以提高生产环的效益。据研究，每千克新鲜鸡粪可生产25～30g蝇蛆，10万只蛋鸡的排泄物，一天可生产227～453kg鲜蛹，其质量约占干粪量的2.5%～3%，与此同时，还能生产出540kg无味的土壤结构改良剂。

食物链的增益环设计对开发废弃物资源、扩大食物生产、保护生态环境等方面都具有很重要的意义。

3. 食物链减耗环设计

据统计，大约有270种害虫严重地损害农作物，其中危害水稻的约40种，危害马铃薯的约60种，危害甜菜的约100种，危害小麦、玉米的约128种。这些害虫每年在世界各地吃掉小麦7300万t，水稻12100万t，甜菜22800万t，蔬菜2300万t，葡萄和其它水果1100万t。根据联合国粮农组织统计，有害生物造成的损失，平均占各种农作物潜在产量的30%。所以，我们把有害生物称为农业生态系统的耗损环。目前，植物保护用的化学药剂达5000种以上，年总产量超过1700万t，总施用面积达40亿$m^2$，全球农田、林地平均施用农药已超过2.25$kg/hm^2$。但是，长期大量施用化学农药，已产生了一系列严重后果。据研究，我国癌症发病率逐年提高与农药使用量呈平行相关关系，我国农村中40%～50%的儿童白血病患者与农药等化学物质有关。

目前，国内外普遍探索利用生物措施防治有害生物，这种可以抑制耗损环的生物种群，称之为食物链的减耗环。目前全世界已有70多个国家建立了生物防治研究所，国际上也建立了完备的生防组织，欧盟12国加上美国和澳大利亚共14个国家签署了加强生防科技的协议，集资一亿元在法国筹建“国际生防研究中心”。生防的定义也可以扩大为：利用生物及其代谢产物来控制有害生物或减轻有害生物的危害程度的方法。

食物链减耗环的应用前景是十分广阔的，在农业生态工程设计中具有特殊重要的作用。减耗环的具体设计可分四步进行：①查清当地主要有害生物类群（耗损环）及其发生发展规律，以及种群动态规律和它们彼此之间的相互关系。②选择对耗损环生物种群具有拮抗、捕食、寄生等负相互作用，但又对系统中的生产性生物无害的合适的生物种群。③建立减耗环生物种群的保护、放养与人工繁殖的工艺技术体系。④根据耗损环的种群数量和发生发展规律，来确定减耗环生物种群的数量配比。

4. 食物链的解链设计

由于大量使用化学制剂，造成有毒物质沿着食物链富集，严重地影响着生态系统的功能和人类健康。对于一片存在重金属污染的农田，如果种植粮食作物或饲料，重金属盐就会通过食物链富集，最终危害人体健康，而且这样的食物链拉得越长，有毒物质的富集浓度也就越高，对人体的危害也就越大。针对这样的情况，使用食物链解链技术，可以避免或减轻有毒物质可能造成的危害。

在进行食物链解链设计时，要合理确定解链的时机和解链的方式，才能达到较好的效果。目前，食物链解链设计可从三个方面考虑：①在农业生态工程设计中，通过改变产品用途，使它们脱离与人类食物相连的食物链，切断污染物进入人体的渠道。例如，污染的耕地上种植粮食，但这些粮食可以用于生产工业酒精或工业淀粉。②改变农业生态工程设计中的生物种群类型，使它们的产品不可自己进入人体。例如，污染的耕地可以用于种植棉花、黄麻、红麻等工业原料作物，或用于种植观赏植物。③加入一个或多个生物种群，使那些对于人类有害的物质得以降解，或使有毒物质离开农业生态系统。例如，含有污染物的有机废弃物可加工成城市公园绿地急需的优质肥料，使有毒物质不再在农业生态系统内循环。

5. 产品加工链的设计

农副产品的加工虽然并不一定包含农业生物成员，不属于食物链的环节，但农副产品加工业是农业生态系统的一个重要组分，通过加工可以实现产品增值。从某种意义上说，通过机械设备和工艺流程的产品加工，也可以看作是农业生态系统中的一个食物链环节，而且这个环节对农业生态系统的经济流起着非常重要的影响。

进行农业生态工程设计时，在原有食物链上合理地加入产品加工环，虽然在这个环节中起作用的是人类和相应的机械设备，但它能获得价值更高的加工品。随着农产品商品率的提高，产品的包装、贮藏、保鲜、加工所取得的效果越来越明显。实际设计产品加工链时，应充分考虑系统内的资源、产品和副产品的种类和数量，因地制宜地选择合适的加工项目和生产规模。

6. 食物链复合环的选择与设计

在农业生态系统中的有些生物或生产环节，既可以作为农业生态工程的减耗环或增益环，本身又能提供产品，即又是一个生产环，这可以称之为复合环。江南地区的稻田养鱼就是一种典型的复合环利用，稻田里杂草一般使水稻减产10%左右，人工除草需要耗费大量的人力，稻田中若放养草鱼，杂草成了草鱼的好饵料，在不投入人工饵料的情况下一般可获得500～1000kg/hm$^2$的鱼产量，同时也能大大减轻农田杂草的危害，使水稻增产。农田养蜂、稻田养鸭、果园栽培食用菌等也都具有这类效果。

农业生态系统中合理利用产品加工环，既能获得增值了的成品，提高系统的经济效益，而且加工后的副产品又可作肥料或饲料，这类加工项目也是一种复合环。

### （三）生物群落结构设计

根据系统论的原理，结构决定功能，即功能的大小取决于系统的结构是否合理。为了使农业生态系统获得更高的效益，首先必须合理设计系统的群落结构。

农业生态工程的生物群落结构设计，包括种群组成和数量设计、种群平面布局设计、生物群落垂直结构设计三部分，以建立充分利用空间和资源的立体生产系统。在确定群落的种类构成和数量比例时，应根据系统所能提供的资源情况和社会对产品的需求情况来进行科学预测和计算，确定了群落的种类构成和数量比例以后，再考虑群落的平面布局、垂直布局和景观布局等内容。

### （四）人工环境设计

人工环境设计的目的是为人工生物群落创造一个良好的条件，充分发挥农业目标生物的生产潜力，提高农业生态系统的效益。人工环境设计的具体内容如下。

1. 合理改善限制因子

对于某一生物种群而言，某一时期的限制因子只有 1 ~ 2 个，通过对环境因子的人工调控，可以获得好的效果。例如，珠江三角洲水网地区，由于地下水位高，影响作物的生长发育，当地农民挖塘抬基形成了著名的基塘生态系统，有效地改善了限制因子，使基塘系统表现出很高的生产力。

2. 配合生物群落的垂直结构

设计人工环境人为设计的生物群落垂直结构很大程度上依赖于人工环境的设计，以保证垂直梯度上的各种生物均有着适宜的环境条件。例如，葡萄园栽培食用菌，必须采用棚架式设计以保证下部食用菌的阴湿条件。

3. 设施农业是最典型的人工环境设计

这类人工环境的建设，可以为农业生物创造较理想的环境条件。植物生产中，塑料大棚、日光温室和人工气候室等的应用，能对光、温、湿、气等多种因子进行周密的控制，同时也因其适应市场而表现出高效益。农业动物棚舍和养殖场地建设的人工控制水平也不断提高，从传统的仿自然生态环境到完全人为控制和机械化操作，使规模经营的养殖企业能获得很高的经济效益。例如，龟、鳖等冷血动物，自然条件下至少五年才能达到上市规格，如果建造恒温室内集约化养殖池，温度控制在30℃左右，一年即可达到上市规格。

### （五）节律匹配设计

节律匹配设计是在生物机能节律的基础上，根据环境因子的时间节律、市场需求的时间节律、劳动力分配的时间节律、生产资料供应节律、资金提供的时间节律等，来设计农业生物种群的时间节律配合。种植业生产中的套作是一种典型的节律匹配设计，这是从自然的光、热资源年节律变化考虑的；大棚蔬菜主要是考虑市场需求的时间节律，通过淡季供应来取得高效益；在劳动力不足的情况下，双季稻地区适当安排一定比例的一季稻，可缓解劳动力资源的分配；在资金紧张或生产规模较大时，合理设计资金周转节律，是保证系统正常运转的重要前提。

## 二、实施农业生态工程的基本步骤

### （一）本底调查

通过本底调查，了解系统的背景，是搞好农业生态工程建设的先决条件。通常本底调查包括以下内容。

（1）系统的自然资源状况　这包括系统的地形地貌、气候特点，以及土壤资源、水资源、生物资源及矿产资源的状况等内容。

（2）系统的社会经济背景　如所有制形式、产品分配制度、生产管理制度、流通能力（包括离主要贸易中心的距离和运输能力）、市场状况（指主要农产品及农业生产资料的供求情况和市场价格）、经济状况（指经济实力和融资能力等）、人口状况（人口数量和年龄结构等）、劳动力状况（包括劳动力数量和劳动者的文化技术素质及劳务市场供应潜力），以及各种与农业有关的政策和法规等。

（3）系统的结构和功能现状　即了解原系统的亚系统和组分构成及其结构和功能现状。

对于以上内容，应着重调查当时的实际情况，并了解各项目在不同地点所表现出来的差异和特点，必要时还要了解各项目在不同时期的历史变化。为以后各步骤的顺序进行提供充足而真实的本底资料。

为了获得可靠的和可比的本底资料，调查之前应统一调查方法，制定出统一的调查提纲和表格。本底资料的来源是多方面的，可采用各级各类部门、单位和个人的统计记录，查阅有关资料，进行座谈访问、实地勘查、田间试验和室内分析等，还可以利用前人的研究结果，以及有经验的专家、领导和农民提供的经验值。

**（二）诊断性评价**

根据本底调查的结果，综合运用生态学原理和经济学原理，以系统论的方法，对现实系统进行诊断分析和综合评价，以明确系统的优势和主攻方向，找出现实系统所存在的问题，确定农业生态工程设计的指导思想和建设目标。具体来说，诊断性评价一般包括以下内容。

（1）环境分析　对系统的自然环境和社会环境进行综合分析，明确系统的优势和主攻方向，找出需要改善的环境因子。

（2）组分与资源的协调性评价分析　系统所安排的生物种类和数量与系统所能提供的资源种类和数量是否协调，为了合理地利用系统内资源，找出需要调整的组分。

（3）结构合理性评价　对系统的水平结构、垂直结构、时间结构和营养结构分别进行诊断分析，找出其中尚待改进和调控的内容。

（4）功能现状评价　对现实系统的能量流动、物质循环、信息传递、价值转换进行定性和定量分析，必要时还可以采用一定的数学描述和计算机模拟，以诊断系统的功能现状，找出需要改善的环节和内容。

（5）效益分析　分析原系统的社会效益、经济效益和生态效益，从而确定农业生态工程设计的指导思想和建设目标。在确定系统的建设目标时，应尽量具体化，对三大效益的各个方面都要提出具体的要求和目标，并且还要分别确定其近期目标（1～3 年）和长期目标。同时还要注意，目标应该是切实可行的，在系统原有效益的基础上，既要考虑充分发挥系统的生产潜力，提高系统效益，又要使各项指标符合实际情况，避免将目标定得过高。

**（三）编制设计方案**

在编制农业生态工程设计方案时，原系统可能有多个方面的内容需要调整，而每一项需要调整的内容又可以通过不同的途径和方式来实现，所以同一系统可以编制出几套不同的设计方案。对于这些设计方案的每一项具体措施，都要事先预测其可能产生的影响，然后综合分析并预测每一套方案可能实现的效益，以此对照前面所确定的指导思想和建设目标，从全部方案中评审出一个最有价值的设计方案。

编制设计方案是在本底调查和诊断性评价的前提下进行的，设计时应充分考虑本底调查的实际情况，根据诊断性评价所得出的结论，运用生态学原理和经济学原理来进行合理设计。就设计方案的内容而言，一般应包括系统的组分、平面结构设计、垂直结构设计、时间结构设计（节律匹配）以及营养结构的设计，并要求设计出系统的物流（包括废弃物和副产品）路径和流量，以物流图描述出来。

**（四）方案实施**

在设计方案实施之前，通常还需要拟定一个实施程序，并制定出实施的具体措施和方法，以保证实施能够有计划有步骤地进行。

**（五）跟踪调查及反馈检验**

每完成一个生产周期或一个年度以后，都要及时进行跟踪调查，以把握方案实施动态，了解各阶段实际产生的效益情况，检验设计方案的正确性和可靠性，对不合理的内容及时进行修正和调整。

对于规模较大的农业生态工程建设，为了保证方案准确可靠，需要请有经验的专家、领导、老农对方案进行多方论证和反复推敲，有时还要在一个较小的具有代表性的范围内进行模拟试验，在模拟过程中对方案作进一步的修正和优化，确认方案准确可靠以后再推广普及。

对任意一个具体的农业生态系统，在进行农业生态工程建设时，虽然可以按照以上步骤进行，但在实际工作中却并非如此简单，它要求经营者不仅能够根据具体情况综合运用生态学原理和经济学原理进行合理设计，组配出一个生态上协调合理、生产上切实可行的高效益的农业生态系统，而且还要善于管理系统内的每一种生物，使系统中的每一组分都获得高产、优质和低成本。为此，农业生态工程建设者不仅要能够灵活运用生态学原理和经济学原理，还要精通系统内各种农业生物的高产栽培和饲养管理技术，以充分发掘系统的生产潜力。

# 实验实训　农业生态系统的调查与设计

## 一、目的意义

本实验把农户作为农业生态系统调查研究的对象，通过调查若干农户，分析农户所在农业生态系统的优点与存在的问题，并提出农业生态系统的调整与设计的初步方案。在此基础上，分析和总结由一个个农户组成的农业生态系统现状，并能提出初步发展规划。

## 二、方法与步骤

### (一) 农户调查

1. 调查内容

(1) 自然条件　包括地理位置、地势、地形、土质、地下水位、气候条件及特点（包括光热水变化规律极其生产潜力、主要气象灾害等）。

(2) 生产条件　农户庭院面积、人口、庭院设施种类、数量、承包的土地面积、类型（山、水、田、林等）劳力、畜力、机械、灌溉条件等。

(3) 经济状况　庭院经营收入、大田经营收入、年总收入、人均纯收入、人均粮、棉、油、肉、蛋、蔬菜、水果等数量、生活水平等状况。

(4) 生产经营状况　庭院生产经营类型、规模、产品种类、数量、投入资金额、各类经营产值、纯收益、大田生产经营类型、规模、产量、产值、主要农作物的栽培管理经验、主要病虫草害的类型及其危害程度、大田生产投入情况及效益。

(5) 市场调查　农户所生产经营的各类产品在市场上的销售状况及市场对其它产品的需求状况。

(6) 农户各成员的知识水平、技术特长、生产经验等。

(7) 农户生产经营中存在的突出问题（包括庭院和大田两方面）。

2. 调查方法

(1) 搜集资料　通过农户所在地区的农业生产领导部门、技术部门、市场管理部门、科研单位等有关部门收集：①当地气象资料；②农业区划资料；③市场行情；④水文地质资料；⑤土壤普查资料。

(2) 农户调查

①选户：选择庭院和大田生产都有一定规模，并取得一定效益的有代表性的农户进行调查。

②调查：通过对庭院和大田实地察看、测量、和农户座谈取得第一手资料。

③对调查资料及时整理并填入调查表中，如有遗漏或不清楚，应设法补充，力求资料的完整性。

(3) 统计与初步分析　在上述调查整理的基础上可进行初步统计和简单分析，并记录对该农户的印象和评价意见。

### (二) 农业生态系统设计

1. 设计的原则和依据

(1) 需求原则。

（2）提高系统的总体功能和综合效益原则。

（3）相宜性原则。

①农业生态综合经营项目的多少、规模的大小以及可能实现的经济、生态、社会效益的大小等，应当与农户所拥有或可供其支配、使用的各类生产要素相适应，宜农则农、宜林则林、宜牧则牧，以发挥各业的潜在优势和现实优势。

②要与市场需求结构相适应，产销对路。

③要与农户的具体情况，如劳力、资金、技术水平、文化程度、管理能力相适应，即要“因户制宜”。

（4）合理利用空间、时间的原则，在庭院内实行立体开发，充分利用地上、地面、地下各层空间；在大田中也要进行立体开发，充分利用各层空间的光、热水、土资源，同时还要在时间上合理安排，使有限的资源得到多次、充分而有效的利用，保证再生产的节奏与连贯。

（5）综合经营原则，在不违背相宜性原则的前提下，以市场为导向，开展多种经营，保持农户收益的稳定增长。

（6）结构应具有较强的调节机能，保证农户的整体生产力在各种条件下都比较稳定。

2. 设计内容

（1）总体设计　根据农户的自然和经济条件以及各方面的需要确定庭院和大田的生产经营方向、规模，并在两者之间合理分配人力、物力、财力，使它们相互联系，充分发挥各自的生产经营潜力，提高农户的整体生产经营水平，获得最佳的经济效益、生态效益和社会效益。

①确定大田生产经营结构。根据农户的经济实力、生产条件、生活需要、生产任务、市场需求价格、大田土壤肥力、农作物产量、庭院能提供的肥料数量、化肥、农药供求等，确定大田作物生产的种类和比例。

②确定庭院生产经营结构。根据农户的经济实力、生活需要、市场情况、劳动力素质、技术特长、庭院环境、设施、大田产品种类和数量确定庭院种植、养殖、加工等生产类型和规模，以充分利用庭院空间，现有设施，提高庭院生产的经济效益，美化庭院生活环境。

③对庭院和大田生产进行综合平衡，使两者密切配合，协调发展。

（2）部门设计　主要分为庭院和大田设计。

①庭院设计。主要从以下几个方面进行：平面设计；垂直设计；时间设计；食物链设计。

②大田设计。主要从以下几个方面进行：种植制度设计，包括确定各种作物的播种面积及配置、确定复种方式、轮作方式及配置，间混套作方式及配置；养地制度设计及其它配套措施。依据种植制度，确定土壤耕作制、灌溉制、农田防护林、病虫草害防治、作物品种类型组合等。

3. 方法步骤

（1）对农户现有的农业生态系统进行评价

①现有的农业生态系统结构是否合理？

②农户的能量流动、物质循环是否合理？

③农户的生态环境、经济效益如何？

④各种产品能否满足需要？

⑤各种资源是否得到充分利用和保护？

⑥增产潜力多大？障碍因素是什么？

（2）进行需要和可能的分析　计算农户的养分平衡、水分平衡、资金产投比、能量利用率、劳动生产率等。

（3）确定农户生产经营的目标　主要目标有：总产量最高；经济效益最大（如产值、净产值、纯收益最大）；总生产成本最低；资源利用率最高；生活环境优美。

（4）运用经验法，优化法进行农业生态工程设计。

（5）空间配置　根据因地制宜的原则把各种生产要素在庭院和大田内合理安排，并绘制平面分布图。

（6）可行性论证　对资源利用效益、产量效益、经济效益、社会效益、生态效益等进行可行性分析。

（7）编写设计说明书

①基本情况。

②粮、棉、油、肉等各方面的需求指标。

③农业生态工程设计（庭院、大田）方案。

④实施设计方案的措施。

## 本章小结

本章主要介绍了农业生态系统的评价与调控。介绍了采用不同的方法来进行农业生态系统的评价；在对农业生态系统评价的基础上采用不同层次和不同方式对其进行调控；重点对人工调控进行了阐述；并对农业生态工程做了初步的介绍，包括农业生态工程设计的主要内容及实施的基本步骤。

**复习思考题**

1. 解释概念：生态效率、同化效率、生长效率、消费效率、光能利用率、平均生长率、抵抗力、恢复力、局域/全域稳定性、脆弱性、强壮性、反馈机制、正反馈、生态阈值、人工调控、生境调控、间接调控、农业生态工程。

2. 现有的农业生态系统功能评价的不足有哪些？

3. 农业生态系统为什么要进行调控？

4. 农业生态系统的调控可以分为哪几个层次？

5. 自然调控的机制及类型是什么？

6. 人工调控的机制是什么？

7. 农业生态工程设计的主要内容是什么？

8. 如何实施农业生态工程。

## 资料收集

以家乡所在地为主，通过对某农户进行调查，对其农业生态系统进行调整与设计，编写设计说明书。

## 查阅文献

利用课外时间阅读《地球不高兴——被掩盖的真相》《神圣的平衡——重寻人类的自然定位》《生态文明与生态自觉》等书籍，学习人类对生态环境的认识和评价之路。

## 习作卡片

在农户调查的基础上，总结农户所在自然村（或者所在区域）农业生产现状，形成报告，并撰写农业生态系统的规划的报告。一般包括的内容如下。

（1）自然条件　包括年降水量、年蒸发量、年日照时数、年平均温度、年极端温度、日照时数、太阳辐射量、无霜期等。

（2）土地资源类型　包括山坡地、丘陵地、平地、水田、水域、滩涂地。

（3）土地使用状况　包括耕地面积、林地面积、草地面积、园地面积及其它用地。

（4）社会条件　人口数量、人口密度、受教育现状、农业人口数量、劳动力数量、农业机械化条件、交通现状、距周边市场距离、农业用电情况、化肥用量、农药用量、农村能源现状（沼气、风能、水能、生物质能、电能）。

（5）农业生产现状　种植业结构、牧业结构、林业结构。

（6）农村经济现状　农业、工业、加工业、副业、渔业现状。

（7）农业生态系统发展规划报告提纲

①农业结构调整：种植业结构、畜业结构、林业结构、农林牧结构。

②农村经济结构调整：第一、二、三产业发展方向。

③农村市场环境建设。

④农村科技推广及教育体系建设。

⑤投资基础环境及设施建设。

⑥农业龙头企业建设。

⑦农村生态环境建设。

## 课外阅读

### 中国生态农业第一村——留民营

留民营村地处北京大兴区东南部长子营镇境内，全村土地面积2192亩，260户，人口近900人，是我国最早实施生态农业建设和研究的试点，被誉为“中国生态农业第一村”，早已蜚声海内外。

2004年，联合国秘书长安南参观大兴区的一个村，他说：“我早就耳闻你们正在想方设法让世界变得更加美好。我向你们保证，联合国系统与你们站在一起。”这个村就是有“全球环保500佳”之称的留民营生态村。

被誉为“中国生态第一村”的留民营北距京津塘高速公路3km，南距104国道4km。“参天之树，必有其根；怀山之水，必有其源。”如果我们把流经大兴东南的凤河比喻成一条玉带，那么用山西南部即晋南县名命名的村落，就像一颗颗璀璨的珍珠镶嵌在这玉带之上。所以这里流传着一种说法：山西多少县，大兴多少营。留民营自然也不例外，这里多数是山西人的后裔。留民营村原名柳木营，经历了几百年的风雨，后改名为留民营，以示人民安居乐业。

留民营村的文化活动丰富，而且都有很久的传统。小车会和留民营的大鼓代代相传。一年一度的农民运动会也是异彩纷呈，曾入选了《北京体育二十年》。家喻户晓的“千人饺子宴”已有近30年的历史，大年三十全体村民齐聚会议厅，一起吃饺子，共同欢庆春节，服务员则由村内党、团员和干部担当。

留民营村一直重视生态环境的保护，早在1991年，就与中国林科院专家共同制定了生态村农用林业建设规划。规划前精心设计，规划后精心组织实施，使留民营村的生态环境日益改善，连续受到首都绿化委员会的表彰，其模式在京郊得到推广，留民营村也因此荣获了“全国绿化美化千佳村”称号。2006年留民营村被市委农工委、市农委、市旅游局和北京电视台提名为“北京最美丽的乡村”。

留民营的生态模式是：以沼气站为能源转换中心，促进各业的良性循环，达到清洁生产，循环利用。几十年来，留民营围绕着这一生态循环模式，遵循生态学原理，进行全方位的产业结构调整、开发利用新能源和大力植树造林，从单一的种植发展成为一种、二养、三加工，产、供、销一条龙的生产格局。

走进留民营，我们发现生态农场虽然不大，但经过多年的村镇建设，现在已形成了完备的基础设施，交通、电信比较发达，具有良好的投资环境。从总体规划现状看，整个留民营形成了地下三个网即供水、供电、供气（沼气）网络；地上四个区即农民居住区、畜牧养殖区、工业开发区、和农业观光区。具体包括：无公害有机蔬菜示范基地、沼气太阳能综合利用、民俗旅游观光（180户村民住宅，60户村民四合院），青少年绿色文明教育基地、动物园、儿童娱乐中心、农具展馆、生态庄园、庄园酒楼、中老年活动中心、影剧院。拥有大中小会议室20个，餐厅3个，同时接纳400多人就餐，是集种植、养殖、旅游、度假、休闲、农业观光为一体的高科技生态旅游度假村。

——摘自网络百度百科

# 第六章　农业资源利用与保护

学习目标

掌握农业资源的概念、分类和特性，了解现阶段我国自然资源和社会资源的开发和利用状况；掌握合理利用自然资源需要遵守的原则；熟悉土地资源、生物资源、水资源等农业自然资源的合理利用和保护途径；掌握对农业资源进行评价的方法。

## 第一节　农业资源的分类与特性

农业资源是人类赖以生存的物质基础，随着我国社会经济的发展和人口数量的不断增加，农业资源承受的压力越来越大，并导致局部地区农业资源的退化和生态环境的不断恶化，严重地制约着我国经济的可持续发展和人民生活水平的提高。清醒地认识我国农业资源的现状，解决农业资源利用中存在的问题，协调好人口、资源、环境和发展之间的关系，走农业资源可持续利用的道路，是我国农业发展的战略选择。

在一定的技术、经济和社会条件下，人类农业活动所依赖的自然资源、自然条件和社会条件构成农业资源。认识农业资源的存在状况及其发展规律，目的在于合理开发与保护农业资源，建立与资源状况相适应的农业生产结构体系，提高资源的转化效率，以促进农业生产持续、稳定发展。

## 一、农业资源的相关概念

### （一）资源

资源是在一定的时空范围和一定的经济条件、技术水平下，由人们发现的、可被人们利用的、有价值的物质和因素，包括有形的物品和无形的因素，如资本、技术和智慧等。资源既包括一切为人类所需要的自然物，如阳光、空气、水、矿产、土壤、植物及动物等；也包括以人类劳动产品形式出现的一切有用物，如各种房屋、设备、其它消费性商品及生产资料性商品；还包括无形的资产，如信息、知识和技术以及人类本身的体力和智力。任何事物只要它能满足人们的某种特定需求，能够被人们利用来实现某些有价值的目的，都可以被认为是资源。资源包括两大类别，即自然界赋予的自然资源和来自人类社会劳动的社会资源，包括来自社会的人、财、物和技术等。

资源的概念是动态的，是随着人类的认识水平和科技成就而不断地扩展的，与人类需要和利用能力紧密联系。也就是说，资源是一个历史范畴的概念，随着社会生产力水平和科学技术水平的进步，其内涵与外延将不断深化和扩大。

### （二）农业资源

农业资源是一种特定的资源，是指农业生产活动中所利用的有形投入和无形投入。它包括自然界的投入和来自人类社会本身的投入，并且，由于它与农业这一特定的产业部门联系在一起，所以也或多或少地具有部门的一些特性。

农业资源有广义与狭义之分。由于农业生产是在人类管理与控制下的一种有目的的生物生长过程，所以农业生产活动所需要的投入包括生物生长发育所需要的自然界的投入和人类为达到特定目的而进行的物质技术投入。广义的农业资源是指所有农业自然资源和农业生产所需要的社会经济技术资源的总和。狭义的农业资源仅指农业自然资源，不包括农业生产的社会经济技术条件。

农业自然资源是自然界可被利用于农业生产的物质和能量，以及保证农业生产活动正常进行所需要的自然环境条件的总称。农业自然资源包括农业气候资源、农业土地资源、农业水资源、农业生物资源。

农业生产的社会经济技术资源，是指农业生产过程中所需要的来自人类社会的物质技术投入和保证农业生产活动正常进行所必需的社会经济条件。农业社会经济资源包括农业人力资源、农业能源与矿产资源、农业资金、农业物质技术资源、农业旅游资源、农业信息资源等。直接来自其它社会部门的农药、化肥、农机等都是农业生产所依赖的社会资源。随着农业经营从经验上升到科学，从小规模自给性生产到大规模商品性生产，农业越来越需要准确的天气、病虫、地力、技术、交通、市场等方面的农业生产信息。因此，农业生产信息也正成为日益重要的社会资源。

## 二、 农业资源的分类

依据资源的直接来源，农业资源可分为自然资源和社会资源两大类。

自然资源是指在一定社会经济技术水平下，能够产生生态效益或经济价值，以提高人类当前或预见未来生存质量的自然物质、能量和信息的总和。农业资源包括来自岩石圈、大气圈、水圈和生物圈的物质。具体包括：由太阳辐射、降水、温度等因素构成的气候资源；由地貌、地形、土壤等因素构成的土地资源；由天然降水、地表水、地下水构成的水资源；由各种动植物、微生物构成的生物资源。生物资源是农业生产的对象，而土地、气候、水资源等是作为生物生存的环境存在的，是全部生物种群生命活动依托的处所。

社会资源是指通过开发利用自然资源创造出来的有助于农业生产力提高的人工资源，如劳力、畜力、农机具、化石燃料、电力、化肥、农药、资金、技术、信息等。

自然资源与社会资源的关系：①自然资源是农业资源的基础，是生物再生产的基本条件。②社会资源的投入是对自然资源的强化和有序调控手段，可以扩大自然资源利用的广度和深度，反映农业发达的程度和农业生产水平。如在农业发展早期，人们主要依赖优越的自然资源，除人力、畜力及简单的农具外，几乎没有其它社会资源投入，生产力水平极低下，随着生产的发展，社会资源的投入日益增多，农业生产力随之不断提高，现代农业生产越来越依赖社会资源的投入。③在农业生产中社会资源的投入并不是越多越好，伴随现代农业的发展而带来的诸如环境污染、资源短缺等一系列社会、生态弊端正影响着人类健康发展，有待在前进中不断克服和发展。④农业生产是自然再生产与经济再生产相交织的综合体，农产品是自然资源与社会资源共同作用的结果，都是人类通过社会劳动把资源的潜在生产力化为社会财富的过程。如玉米种子春天播种到出苗后经过一系列的生长发育过程，秋天又能收回更多的种子，是种子自身繁殖即自然再生产过程；同时从种到收需要投入种子、劳力、畜力、化肥、机械等费用，但通过卖种子又能获得较这些费用更高的经济收入，这是经济再生产过程。

按其重复利用程度，农业自然资源可进一步分为可更新资源（再生性资源）和不可更新资源（不可再生性资源）。如土壤肥力可以借助于生物循环得到更新，得以长期利用；森林、草原以及各种动植物、微生物、地表水、地下水也属于可更新资源；劳力、畜力等也属于可更新资源；农业气候资源（如光、温、降水）在年内属于流失性资源，在年间又具有相对的稳定性，能年复一年的显现，也可归为可更新资源中。可更新资源能持续地或周期性地被产生、补充和更新。而不可更新资源缺乏这种持续补充和更新能力，或者其补充和更新周期相对于人类的生产活动而言过长。化石燃料、矿藏等都属不可更新资源。深层地下水的补充和更新常常较缓慢，特别是在干旱地区，人们常把这种深层地下水当作是一种不可更新的“水矿”不可更新资源的贮量有限，用一点少一点，如不珍惜或节约使用，就会供不应求，导致资源危机。

## 三、 农业自然资源的特性

随着人类认识水平的提高，会有越来越多的物质成为资源，所以物质资源化和资源潜力的发挥是无限的，但在一定的时空范围和经济、技术水平下，有效性和稀缺性是资源的本质属性。一般而言，自然资源都有一些共同的特征。

### （一） 可用性

可用性即资源必须是可以被人类利用的物质和能量。对人类社会经济发展能够产生效益或者价值。如耕地资源，是农业生产的基础，它为人类生活提供了80%以上的热量、75%以上的蛋白质、85%以上的食物。

### （二） 有限性

有限性是指在一定条件下资源的数量是有限的，不是取之不尽、用之不竭的。不可更新资源的有限性显而易见，而可更新资源的自然再生、补充能力也同样有限。当人类对其开发利用超过自然资源的更新能力时，就会导致资源量的逐渐枯竭，因而可更新资源也具有稀缺性。以水资源为例，地球表面70%被水覆盖，从宇宙中观察，地球几乎是一个“水球”。但在许多干旱的内陆地区，水资源是一种绝对的稀缺资源，并成为限制经济社会发展的主要因子。

### （三） 多宜性

多宜性即自然资源一般都可用于多种途径，如土地可用于农业、林业、牧业，也可用于工业、交通和建筑等。自然资源的多宜性为开发、利用资源提供了选择的可能性。例如，一条河流，两岸护以林带，在适当地点筑坝就能为能源部门提供廉价的电力，为农业提供自流灌溉，为交通提供经济的水运，为牧业提供水生饲料，为居民提供优美的生活环境，为旅游者提供游览区，还可以提供水产品和林产品。资源的开发与保护要根据这一特点，不能仅局限于资源的某一种功能，而必须充分发挥其各种利用潜力，发挥资源的综合效益。

### （四）整体性

整体性是指自然资源不是孤立存在的，而是相互联系、相互影响和相互依赖的复杂整体，是一个庞大的生态系统。一种资源的利用会影响其它资源的利用性能，也受其它资源利用状态的影响。如土地是一个较广泛的概念，它可以包括特定区域空间的水、空气、辐射等多种资源；由于水、气资源的质量变化，也会影响到土地资源质量的变化；水资源的缺乏会引起土地生产力的下降。因此在开发利用的过程中，必须统筹安排、合理规划，以确保生态系统的良性循环。

### （五）区域性

自然资源存在空间分布的不均匀性和严格的区域性。虽然从宏观上，全球自然资源是一个整体，但任何一种资源在地球上的分布都不是均匀的，各种资源的性质、数量、质量及组合特征等形成很大地域差别。中国自然资源的分布就具有明显的地域性。煤、石油和天然气等能源资源主要分布在北方，而南方则蕴含丰富的水资源。这种资源分布的地域性与不平衡性，影响着经济的布局、吉构、规模与发展，使资源的运输和调配成为必然。

### （六）可塑性

可塑性指自然资源在受外界有利的影响时会逐渐得到改善，而在不利的干扰下会导致资源质量的下降或破坏。这就为资源的定向利用和保护提供了依据。人类虽不能创造自然资源，但可以采取各种措施，在一定程度上改变它的形态和性质。如通过改土培肥、改善水利、培育优良的生物品种等，进一步发挥自然资源的生产潜力。自然资源不仅是人类生产劳动的对象，一定条件下也可以是人类生产劳动的产物。

在社会经济的发展中，必须正确地处理好自然资源利用与保护的关系。对自然资源的过度利用，势必影响资源的整体平衡，使其整体结构、功能以及在自然环境中的生态效能遭到破坏甚至丧失，从而导致自然整体的破坏。因此，开发任何一项自然资源，都必须注意保护人类赖以生存、生活、生产的自然环境。

## 四、我国农业自然资源状况

我国位于亚洲的东部，东临太平洋，是一个海陆兼备的国家。南北相距5500km，东西相距5200km，大陆海岸线长达18000多千米，沿海岛屿5000多个。我国是一个多山的国家，山地和高原所占面积很大。海拔500m以上的，占全国总面积的75%，山地、高原、丘陵占69%，平原占12%，盆地占19%。地势西高东低，自西向东构成了“三大阶梯”。以青减高原为主的最高的一级阶梯，海拔4000m以上，青藏高原至大兴安岭、太行山、巫山和雪峰山之间为第二阶梯，海拔在1000~2000m，主要由山地、高原和盆地组成，从该线往东直到海岸线，以海拔1000m以下的平原、低山和丘陵为主，是最低一级阶梯，东北平原、华北平原、长江中下游平原几乎相连，是我国最重要的农业区。

### （一）土地资源和耕地资源

土地是人类从事生产活动的场所，是农业生产最基本、最珍贵的生产资料，广义的土地是指地球表层所拥有的全部自然资源和包括人类活动影响在内的全部综合体。狭义的土地是指地球表面的陆地部分，是土壤、地形、植被、岩石、水文、气候等因素长期作用，以及人类的长期活动共同影响形成的自然综合体。我国土地资源的特征包括以下几个方面。

1. 绝对数量大、人均占有量少

世界人均耕地0.37hm$^2$，我国人均仅0.1hm$^2$，人均草地世界平均为0.76hm$^2$，我国为0.35hm$^2$。

2. 类型多样、区域差异显著

我国地跨赤道带、热带、亚热带、暖温带、温带和寒温带，其中亚热带、暖温带、温带合计约占全国土地面积的71.7%，温度条件比较优越。从东到西又可分为湿润地区（占士地面积32.2%）、半湿润地区（占17.8%）、半干旱地区（占19.2%）、干旱地区（占30.8%）。又由于地形条件复杂，山地、高原、丘陵、盆地、平原等各类地形交错分布，形成了复杂多样的土地资源类型，区域差异明显。全国90%以上的耕地和内陆水域分布在东南部地区；一半以上的林地分布并集中于东北部和西南部地区；86%以上的草地分布在西北部干旱地区。

3. 难以开发利用和质量不高的土地比例较大

我国有相当一部分土地是难以开发利用的。在全国国土总面积中，沙漠占7.4%，戈壁占5.9%，石质裸岩占4.8%，冰川与永久积雪占0.5%，加上居民点、道路占用的 8.3%，全国不能供农林牧业利用的土地占全国土地面积的 26.9%。在现有耕地中，涝洼地占 4.0%，盐碱地占 6.7%，水土流失地占 6.7%，红壤低产地占 12%，次生潜育性水稻地为 6.7%，还有近亿亩耕地坡度在 25°以上，需要逐步退耕。干旱、半干旱地区 40% 的耕地不同程度地出现退化，全国 30% 左右的耕地不同程度地受到水土流失的危害。

**（二）气候资源**

1. 光资源

太阳辐射是进行光合作用的能源，也是生命所需热量的能源。我国大部分地区属于中纬度地带，太阳辐射能资源丰富。光照年总辐射量在 80 ~ 240kcal/cm$^2$，其分布规律是从东向西逐渐增大。年辐射量最大的青藏高原，大部分地区在 160kcal/cm$^2$ 以上，西北地区年辐射量为 110 ~ 130kcal/cm$^2$，华北地区为 120 ~ 140kcal/cm$^2$，东北地区为 110 ~ 130kcal/cm$^2$，长江中下游地区为 120 ~ 130kcal/cm$^2$，而其上游四川盆地仅 80 ~ 100kcal/cm$^2$，是全国年辐射量最低的地区。目前全国光能利用率平均约为 0.5%。光热潜力仍然很大。提高复种指数、实行间套作是提高光能利用率的重要途径。

全年日照时数，华南一般 1800h，日照百分率 45%，长江中下游分别为 2000 ~ 2200h 及 40% ~ 45%，华北 2600h 与 65%，内蒙古自治区、西北各地 3000h 及 60% ~ 70%，最多的在塔里木盆地东部，内蒙古自治区西部、宁夏回族自治区、甘肃北部、柴达木盆地和西藏西部地区，全年日照时数达 3100 ~ 3300h，日照百分率达 70%。

2. 热量资源

热量是维持生命活动的主要条件。在现有的科技水平下，很难大面积地改变与控制热量条件。因此，作物的生产力在一定程度上取决于热量条件。热量条件对作物布局、多熟种植起了决定性作用。我国大部分地区属于温带和亚热带，热量资源南方比较丰富。按大于等于 10℃ 积温划分，我国的热量分布自南向北逐渐减少。一般纬度越高，海拔越高，大于等于 10℃ 积温越低。如最南部的南沙群岛超过 10000℃，全年日平均温度都在 10℃ 以上，最北部的黑龙江北部为 1500℃，一般不适宜农作物生长。东北平原为 3000 ~ 4000℃，一年一熟；华北、关中平原为 4000 ~ 4500℃，可一年两熟；长江流域以南地区 5800℃ 以上，可一年三熟，南岭以南地区在 7000℃ 以上，农作物可四季生长，稻作一年可三熟。各地区无霜期大致是：黑龙江北部小于 100d；东北大部 100 ~ 160d，长城以南 160 ~ 210d，秦岭淮河以南 210 ~ 250d，长江下游 250 ~ 300d，华南 300 ~

360d，海南 365d。

3. 降水资源

我国多年平均降水深 648mm，降水总量 6.19 万亿 $m^3$。年降水深分布极不平衡，总的趋势从东南沿海向西北内陆逐渐减少。东南沿海和西南部分地区年降水深超过 2000mm，长江流域 1000 ~ 1500mm，华北、东北 400 ~ 800mm，西北内陆地区年降水量显著减少，一般不到 200mm，新疆塔里木盆地、吐鲁番盆地和青海柴达木盆地是降水深最小的地区，一般为 50mm，盆地中部不足 25mm。

**（三）水资源**

水资源包括降水量、河川径流与地下水。我国平均年径流总量为 27115 亿 $m^3$，年均地下水资源量为 8288 亿 $m^3$，扣除重复计算量，我国的多年平均水资源总量为 28124 亿 $m^3$。河流径流是水资源的主要组成部分，占我国水资源总量的 94.4%。我国平均年降水量为 61889 亿 $m^3$，降水量的 45% 转化为地表和地下水资源，55% 消耗于蒸发。

我国水资源的主要特点：①总量并不丰富，人均占有量更低。我国水资源总量居世界第六位，人均占有量为 2240$m^3$，约为世界人均的 1/4，在世界银行连续统计的 153 个国家中居第 88 位，属于世界上 13 个贫水国之一。②地区分布不均，水土资源不相匹配，南多北少，东多西少。长江流域及其以南地区国土面积只占全国的 36.5%，其水资源量占全国的 81%；淮河流域及其以北地区的国土面积占全国的 63.5%，其水资源量仅占全国水资源总量的 19%。③年内年际分配不匀，旱涝灾害频繁。大部分地区年内连续四个月降水量占全年的 70% 以上，连续丰水年或连续枯水年较为常见。

**（四）生物资源**

我国生物种属繁多，群落类型多样，品种资源丰富，是世界上生物种类最丰富的国家之一。我国有高等植物 300 多个科，2980 多个属，30000 多个种。仅次于马来西亚、巴西，居世界第三位。

1. 我国农、林、牧、渔业的品种资源丰富

我国是世界上最古老的作物资源中心之一，世界上栽培植物（农作物）中最主要的有 90 多种，常见的在我国就有 50 多种，其中水稻、大豆、粟、稷、荞麦、绿豆、赤豆等 20 种作物均起源于我国。全世界果树大约属 60 科，2200 种左右，而我国主要果树就有 50 多科，约 300 种，品种万余个。全世界栽培的蔬菜大约有 100 多种，其中原产于我国的约占 49%。我国也是许多著名花卉的原产地。豆科牧草全世界约有 600 属、1200 种，我国约有 139 属、1130 种，是人

工草场最重要的栽培牧草；禾本科牧草全世界共有500属、6000多种，我国有190多属、1150种。我国还有丰富的野生资源植物，初步统计较重要的纤维原料植物有438种，淀粉原料植物145种，蛋白质和氨基酸植物260种，油脂植物374种，芳香油料植物285种，药用植物更是种类繁多，而且有许多是我国特有的珍惜种类。初步统计，我国有鸟类1186种，兽类470余种，其中具有经济价值的鸟类和兽类分别有329和188种。我国的家禽家畜品种资源也十分丰富，著名的地方良种约280个，其中拥有地方猪品种就有48个。我国近海有较大经济价值的鱼类1500多种，有淡水鱼类832种，其中不入海的纯淡水鱼类767种，江河洄游性鱼类65种。

此外，我国动物区系兼有古北区和东洋区的特点，黄河、长江中下游地区，两大区系的动物交叉分布，兽类的狼、狐，鸟类中的麻雀、喜鹊、鸢等广泛分布，一级保护的特有珍稀动物有大熊猫、金丝猴、白唇鹿等23种，鸟类有丹顶鹤等3种，还有爬行类扬子鳄等。害虫天敌资源有赤眼蜂、啄木鸟等。

2. 森林资源

森林是重要的生物资源，2003年第六次森林清查结果，森林面积2.36亿万$hm^2$，全国森林覆盖率达到18.21%，森林蓄积量199.7亿$m^3$。经济价值较高的有1000多种，如用材树种红松、落叶松、云杉、冷杉等，粮油树种板栗、大枣、核桃、油茶等，经济林树种橡胶、油桐、竹等。我国特有的古老树种有水杉、银杉等。

我国森林资源的特点是：①人均占有量低。我国的森林覆盖率只相当于世界森林覆盖率的61.52%，平均每人占有森林面积不到0.132$hm^2$，全国人均占有森林面积不到世界人均占有量的1/4。②分布不均，东部地区森林覆盖率为34.27%，中部地区为27.12%，西部地区12.54%，而占国土面积32.19%的西北5省区森林覆盖率只有5.86%。③森林质量不高，林龄结构不合理。可采资源继续减少，这对后备资源培育构成极大威胁。④蓄积量低。全国平均每公顷蓄积量只有84.73$m^3$。单位面积蓄积量指标远远低于世界林业发达国家水平，人均木材蓄积量9$m^3$，仅相当世界人均水平的13%。林木蓄积消耗量呈上升趋势，超限额采伐问题十分严重，全国年均超限额采伐达7554.21万$m^3$。

3. 草原资源

我国草原面积约3.19亿$hm^2$，约占全国总面积的33.6%，其中可利用面积为2.62亿$hm^2$，主要分布在中国的西北部。从大兴安岭起，经黄土高原北部、青藏高原东缘，至横断山脉划一斜线，线以西为草原集中分布区，以东为农耕区（其间约有草地440万$hm^2$）。我国重要的饲用植物不下6000种，占世界主要禾本科和豆科牧草种类的85%以上。中国草原上养育的各种家畜（不包括猪）量占全国1/3以上，其中有多种著名畜种，如三河马、新疆细毛羊、伊犁马、西藏羊、沙毛山羊及阿拉善骆驼等。

4. 水产资源

我国不仅有辽阔的陆地疆域，渤海、黄海、东海、南海四海相连，呈东北西南向的弧形，环绕我国东部和东南海岸，总面积 $370\times10^4hm^2$，其中200m深线以内的大陆架面积 $1.47\times10^8hm^2$。内陆水面约 $0.27\times10^8hm^2$，其中河流 $0.12\times10^8hm^2$，湖泊 $0.08\times10^8hm^2$，池塘水库近 $0.07\times10^8hm^2$，沿海还有潜海滩涂 $49.33\times10^4hm^2$。目前淡水渔业利用率为65%，淡水养殖的利用率为23.5%，海洋捕捞多集中在近海范围，已引起近海渔业的退化，单位船生产力下降，同时经济鱼减少，杂鱼、小鱼增多。

### （五）矿产资源

矿产资源是地壳形成后，经过几千万年、几亿年甚至几十亿年的地质作用而生成，露于地表或埋藏于地下的具有利用价值的自然资源。目前95%以上的能源、80%以上的工业原料、70%以上的农业生产资料、30%以上的工农业用水均来自于矿产资源。

我国地质条件复杂，矿产资源丰富，矿种齐全，根据《2006年中国国土资源公报》的内容，全国有查明资源储量的矿产共159种。其中，能源矿产10种，金属矿产54种，非金属矿产92种，水气矿产3种。据国土资源报报道，截至2002年年底，我国探明可直接利用的煤炭储量1886亿t，人均探明煤炭储量145t，按人均年消费煤炭1.45t以及全国年产19亿t煤炭计算，可以保证开采上百年。另外，包括3317亿t基础储量和6872亿t资源量共计1万多t的资源，可以留待后人勘探开发。“十五”期间，我国累计探明天然气地质储量2.6万亿 $m^3$。主要矿产的保有储量，铁矿石476亿t、磷矿石160亿t、钾盐约5亿t、食盐4040亿t。我国矿产资源的特点是：资源总量大，人均占有少；富矿少，贫矿多；地区分布不平衡；规模小，生产效率低；注重传统矿产资源开发利用，非传统矿产资源利用少。

## 五、我国农业社会资源状况

### （一）人口过剩

根据2011年第六次人口普查，我国已达13.8亿人口，约占世界人口的1/4，农村人口占50.32%。庞大的人口基数给我国社会能源、资源、环境、粮食、就业、教育等带来全面紧张，总人口增长高峰、老龄人口高峰及劳动年龄增长高峰相继来临。按目前农业水平看，农村劳力约有1/3是剩余的，未来的人口剩余问题将是严重的，当然人口多、劳力多也为发展劳力密集型的精耕细作、多熟制、乡镇企业、各种服务业、农田基本建设等提供了可能，在一定程度上，劳力替代了资金与技术的短缺。

### （二）农业市场相对较少

在美国，占全国5%的农业人口与2%的劳动力所面向的国内市场是巨大的，1个农业劳动力可以而向1.5个人的需要，农业还处于一种半自给半商品的状况，因此劳动生产率低，农民收入低，某种农产品减少一点就会显得捉襟见肘，而多增产点又缺乏销路而积压。

### （三）农业资金不足

农业本身积累资金较慢，而工业的发展依靠农业提供的积累。近些年来，国家逐年加大了对农业和水利业的投入力度，加强农业和农村基础设施建设，着力改善农业生态环境脆弱的状况。大江大河大湖治理、农村电网和县乡公路改造等已取得明显成效，农业和农村基础设施落后的状况有了较大改观，农民生产生活条件也得到改善。但由于国家财力有限，农民自身积累不足，加之农业效益比较低，相对于工业投资而言，农业投入还是严重不足。

### （四）农业现代装备水平中等

新中国成立以来，我国农业现代化水平有了显著的提高，为农业生产发展奠定了重要基础，尤其是水利与化肥的发展，对农业生产起了关键的作用，有效灌溉面积达57%，比世界平均高2倍多；每公顷化肥用量位于世界第一，是美国的2倍，但化肥利用率较低。从总体看，我国现代装备水平已属中等，我国和美国每公顷耕地无机能的消耗差不多，美国机械化程度高，但化肥、灌溉水平不如我国，美国发达的畜牧业与食品加工业约占农业总耗能的3/5，因此美国农业的总耗能大大多于我国。

### （五）农用能源

农业系统在耕作、养殖、排灌作业中都要消耗能量，用于农业系统的化肥、农药、农机的制造要消耗能量，农业系统的产品流通、分配也要消耗能量。客观的讲，我国的能源供应较紧张，国家正在着力改善能源供应状况，在农村大力推广沼气、太阳能、风力和地热的利用，但由于自然条件、社会经济条件的制约或技术措施等诸多因素的限制，仍存在着许多问题，有待于逐步解决。

# 第二节　农业资源的合理利用与评价

人类对资源的利用最初仅仅是为了温饱和生存，随着人类社会的发展，经济收益在资源利用中的地位逐步上升，开展资源保护通常与资源利用发生矛盾。为了解决人口增长与人均自然资源和农业用地不断减少的矛盾，为了保护自然资源、改善生态环境，为了农业现代化进一步发展，必须合理利用农业资源，所谓合理利用农业资源，就是合理的开发、利用、治理、保护和管理农业资源，以期达到最佳的生态和经济效益。

合理利用农业资源，是发展农业生产的一个具有战略意义的重大问题，必须依据农业资源的特性，综合考虑农业生态系统内的资源现状，以及各种农业资源所具备的特点，合理利用农业资源，遵循资源利用的基本原则，以充分发挥资源的最大效益。

## 一、合理利用农业自然资源的基本原则

随着社会生产的发展和人口的增加，产生了资源的有限性和环境污染问题的矛盾，这个矛盾日趋突出。为了解决人口增长与人均自然资源和农业用地不断减少的矛盾，为了保护自然资源、改善生态环境，为了农业现代化进一步发展，必须合理利用农业资源。所谓合理利用农业资源，就是农业资源的合理开发、利用、治理、保护和管理，以期达到最好的综合经济效果。

合理利用农业自然资源，是发展农业生产的一个具有战略意义的重大问题。必须根据前述的自然资源的基本特性，综合考虑农业生态系统内的资源现状，以及各种农业资源所具备的特点，合理利用农业资源，遵循以下基本原则，以充分发挥资源效益。

### （一）因地制宜、因时制宜的原则

我国地域辽阔，自然资源时空分布形成了严格的区域性和时间节律性。因此，在农业自然资源的合理利用中，要注意遵循因地制宜、因时制宜的原则，切忌“一刀切”。特别是农用可更新资源的利用，一方面要注意不同农作物、畜禽、林木、水生生物等都对其生长发育环境有着特殊的要求；另一方面要注意分析和研究不同地区资源的特点和其可利用性，充分利用资源的有利条件，发

挥其生产潜力，做到宜农则农、宜林则林、宜牧则牧、宜渔则渔，并根据资源的供应量，合理组配农业生物种群和配置适宜的种群密度。针对农业自然资源的时间节律性，设计合理的农业生物节律与之配合，真正做到因地制宜和因时制宜，扬长避短，发挥优势。

譬如，根据气候干湿状况与生产力地区差异，在我国的东南部湿润、半湿润地区，要充分发挥资源的综合优势，不断提高综合效益；西北部干旱、半干旱地区，立足于保护生态环境，努力恢复和提高资源生产力；东西部之间，干湿过渡地带，要加强综合治理，尽快扭转恶性循环。

不同的农业生态系统，其农业社会资源状况也具有很大的差异，农业基础设施、经济实力和融资能力、离主要贸易中心的距离、交通运输能力、劳动力的数量和质量、农业信息的获取和处理能力等各不相同，农产品市场更是一个动态市场，农业经营者应根据本单位的具体情况，找出自己的社会资源优势和不足，随时掌握农产品市场的动态变化，具体情况具体分析，因地制宜、因时制宜地安排农业生产。

**（二）资源利用与资源保护相结合的原则**

资源利用与资源保护是相互联系又相互制约的，合理利用必须做到合理开发利用与加强资源保护相结合。在开发利用时注意保护，在保护的前提下合理开发利用。如果说开发利用资源是为了满足人类生活和社会需求，保护资源就是为了保证这种供应的连续性；如果说开发利用资源是为了提供当代人的需要，那么保护资源是为了不危害子孙后代的需求。

自然资源的合理利用和保护，应当根据不同的资源类型和特点，制订相应的利用和保护计划。可更新资源的利用要首先考虑资源的再生能力，开发利用的强度不应超过资源的再生能力。在利用可更新资源时，还要注意抑制资源生产力的下降，防止自然资源的破坏和流失，确保其可持续利用。对于系统内不可更新资源的利用，要确定资源的储采比，合理调节有限资源的耗竭速度，开源节流，延长资源的使用年限。

任何一种资源的利用都有适量、不适量和最大适量的问题，中国在农业生产中严重的教训是过去曾经忽视了生态平衡，对自然资源的利用超过了资源的利用极限和再生极限，进行掠夺性经营。诸如种植业中的盲目开荒、林木业中的过度采伐、草原牧业中的超载放牧、渔业中的过度捕捞等。其对于农业生产力以及生态环境所带来的恶果已为历史事实所证明。

合理利用和保护资源，不仅包括对自然资源的保护和利用，也包括对农业社会资源的合理利用和保护。在农业社会资源的合理利用和保护中，构筑合理的人才管理机制是现代化农业企业的关键，通过引进人才、培训人才、加强社会交往，以充实加强系统的人才贮备库；通过继续教育、对口培训，以提高系统内的劳动者素质；通过合理的分配制度、和谐的内部关系，以充分调动全体从业人员的积极性。

### （三）资源利用与资源节约相结合的原则

由于中国生产技术比较落后，设备陈旧，管理不善，资金短缺，资源性产品价格偏低，资源管理体制和政策尚不十分健全等，导致资源浪费现象严重，矿产资源每年至少浪费1000万吨以上，水资源的浪费更是数目惊人。因此，中国自然资源的节约潜力很大。节约使用资源不仅有利于资源保护，而且具有投资少、周期短、见效快等特点。

当然，一方面要注意节约使用资源；另一方面也要注意资源的开源与节流相结合。资源的开源和节流是互为依存的，开源是节流的前提，节流是开源的继续，应根据不同资源不同条件确定其侧重点。对于某一现实的农业生态系统，开源的途径是多方面的，通过资源引进、低值资源的利用、替代资源的开发、废物资源化等途径，从而拓展系统的资源流通量，提高农业生态系统的功能。

据测算，现在栽培植物的光能利用率全世界平均不到0.1%，普通大田作物的光能利用率为1%～2%，理论光能利用率可接近5%，在实验室中甚至可达10%～12%，植物光能利用的发展潜力巨大。此外，遗传工程、生物固氮等现代生物学研究的进展，电子技术、核技术等在农业上的广泛应用等，也已为农业自然资源的进一步开发利用带来新的前景。

替代资源的开发具有很重要的实际意义，为了使资源替代实现最佳经济效果，可利用边际平衡原理进行分析。利用多种资源生产等量农产品时，为了节省费用、降低成本，用高效（或价格低廉）的资源来替代一部分原有资源，当替代资源的边际费用与换出资源的边际费用相等时，就使相互替换的资源之间的替换率达到了最适度，从而能找出生产等量农产品的成本最低的资源组合。

### （四）综合开发、综合利用的原则

这是由资源本身所具有的多宜性决定的，对多宜性资源要进行综合开发，实现资源的多层次、多途径利用，以提高资源的利用效益。例如，水库的主体功能是用于农业灌溉，但在水库中养殖鱼类并不影响其灌溉功能；再结合钓鱼，既能给垂钓者提供乐趣，又能增加系统收益；若综合开发为由旅游、养殖、灌溉、水力发电等项目组成的综合利用系统，则系统的效益更高。由此可见，综合开发、综合利用资源，形成良性循环的多层次、多途径综合生产系统，不仅可充分发掘资源的生产潜力，还能大大提高农业生态系统的效益。

资源的综合开发和综合利用不仅要对资源进行定性分析，以找出资源能提供的多种利用途径，还要对资源进行定量分析，以找出等量资源生产多种农产品的最佳收益组合。这可利用边际平衡原理，即：一定数量的资源分配用于生产多种产品时，当生产出的各种产品的边际收入相等时，系统的生产收益最大。

## 二、土地资源的合理利用与保护

### （一）土地资源利用现状

世界陆地面积为1.3亿多平方千米，占地球表面的29.2%；各大洲中除南极洲外，面积最大的是亚洲，其次是非洲。

在地球陆地表面，有近50%的面积是永久性冻土、干旱沙漠、岩石、高寒地带等难以利用和无法利用的土地，此外尚有相当数量的土地存在各种障碍因素，实际适于人类利用的土地只有7000万$km^2$左右。在世界范围内各地种利用土地分布存在很大差异，如果按照不同气候带划分，适于耕种的土地主要分布在热带，约16亿$hm^2$，其余各气候带之和大约为15亿$hm^2$：远东和欧洲各国25%以上土地是可耕种的，而大洋洲（澳大利亚、新西兰和太平洋岛屿）可耕种只占其土地面积的5.5%左右，南美洲也仅为其土地面积的6.2%。但是，可作为牧场的草原占其土地面积的比例，大洋洲最多，为54.8%，北美洲为13.7%，远东为15.3%。森林面积占各洲土地面积的比例南美洲约为46.4%，大洋洲为10.2%。目前，全世界有荒地面积约为50亿$hm^2$，主要分布在非洲和美洲，亚洲的土地开发利用率远较其它各洲高。

1960年以来，世界人口的急剧增长给土地资源造成愈来愈大的压力，地球的土地资源究竟能否承载这样庞大的人口数量，已成为大多数人关心的问题。

目前我国土地资源利用的主要问题有：土地质量退化；水土流失严重；土地沙化加剧；土壤次生盐碱化和潜育化；非农业占地导致耕地面积减少。

耕地侵占导致可耕地数量减少。日本从1950—1987年耕地减少了100万$hm^2$，英国近20年共减少农用地113万$hm^2$。20世纪90年代初，世界居民占地约1.5亿$hm^2$，到2000年，全世界有约2亿$hm^2$肥沃土地成为非农用地。尚未开垦的土地已无太大的潜力，迫使人们向草原移军，过度砍伐、草原破坏和沼泽滩涂的围垦近年来由于人口增长对耕地的压力，人们盲目毁林开荒，使森林、草地、沼泽和滩涂等类型的土地资源面积不断减少。在过去的10多年中，非洲每年开垦郁闭阔叶林130万$hm^2$，其中滥伐面积占世界热带树林和林地面积的62%。世界森林平均每年约减少300万$hm^2$，到20世纪末已有约40%（主要是热带雨林）被消灭。半数以上的森林损失发生在象牙海岸、尼日利亚、利比亚、几内亚和加纳这些西非国家，那里森林消失的速度是世界平均值的7倍。全球草原消失已达19%，目前世界上所谓“湿草原”地带大部分成为农区，且垦荒还在向半干旱草原移动。人类为此付出了沉重的代价。30年代美国的“黑风暴”迄今为人所惊骇。中国长城一线的风沙已正向南侵，蒙古巴颜浩特西北至锡林郭勒之间的草原荒漠化面积由20世纪50年代末的12%，增加到70年代的50%。

围垦沼泽和滩涂，尽管得到了某些眼前利益，但破坏了湿地生态系统，使许多水禽和鱼类减少，甚至灭绝。沿海滩涂是近岸水产食物链的一个重要环节，它为鱼类和甲壳类动物提供有高度生产性的产卵地、养殖地和喂养地，世界全部鱼类捕获量的2/3是在潮汐带孵化的。由于耕地压力上升，全世界沼泽地已丧失25%～50%，法国布列塔尼亚半岛的海岸湿地在过去的20年里消失了约40%，剩余的2/3正在受排水和其它开发活动的严重影响，自20世纪50年代以来英格兰东海岸的瓦利有2万$hm^2$盐沼和潮泥滩被开垦用来发展农业；70年代中期美国原有的海岸湿地已损失一半，1983年美国国家海洋渔业局计算，由于重要的河口湾的损失，美国渔业自1954—1978年每年损失2.08亿美元。

地力衰退：主要表现在养分的亏缺上。据统计世界土壤养分不足的面积约占总面积的23%，热带地区表现为P、Ca、Mg和B的不足；南美洲10亿$hm^2$酸性土中，N和P不足的占90%，缺K的70%，缺Zn的60%。水土流失：据统计，全世界水土流失面积达2500万$km^2$，占总面积的16.8%；耕地中受流失土地占2.1%。有史以来，人类耕地总损失量为目前总耕地的1.33倍。水土流失不仅使上游的土地肥力下降，生态破坏，而且造成下游河道和水库的淤积、严重影响沿河生产发展和人类生命财产安全。据世界观察学专家估计，每年全球的土壤侵蚀量约为250亿t，远远大于土壤的形成数量。据联合国开发计划署估计，仅水土流失一项，每年全世界就要失去耕地5万～7万$km^2$。

土壤盐渍化：世界干旱半干旱地区均有盐碱土分布，其面积占该地区面积的39%，主要分有于亚欧大陆、北非、北美西部。历史上曾多次出现因错误灌溉而失败的农业系统，世界各地仅盐碱化造成的荒废土地就与目前灌溉的土地一样多。各国水稻产区的土地次生盐渍化和沼泽化现象也较常见。

土地沙漠化：全球沙化、半沙化面积约占全球面积的1/3，据联合国资料，每年有7万$km^2$的土地变成沙漠，许多沙漠化逐年向外扩展，如撒哈拉沙漠南侵速度为每年30～50km，流沙长度沿长度约3500km。土壤污染和环境恶化：随着工业的速度发展，“三废”的排放、化肥和农药在农业中的大量投入，使土地污染问题日趋严重。土地污染不仅使土地生产力降低，而且，还会引起农产品和人类生存环境的污染，威胁、危害人体的健康。污染的环境破坏了原有的生态平衡，导致许多物种的灭绝。

### （二）土地资源利用与保护途径

针对这种情况，土地资源利用与保护的途径主要有以下几个方面。

#### 1. 加强土地资源管理

首先，要严格执行基本农田保护制度，通过法律措施加强对现有耕地的保护。其次，严格控制耕地占用，特别是企业建设、住房建设用地，应尽量使用非耕地或低质量耕地以保证耕地数量的稳定和质量的提高。第三，要加强土地管理与整治工作，搞好土地资源的调整和规划，为合理利用和保护土地资源提供依据。

#### 2. 因地制宜利用土地

利用土地资源要注意因地制宜，要根据土地资源状况调整用地结构，充分发挥各类土地资源的生产能力，宜农则农、宜林则林、宜牧则牧、宜渔则渔。对于山区林地，25°以上的坡地禁止开垦，已有的耕地要限期退耕还林、还草；25°以下的坡耕地要限期实施坡改梯，以减轻水土流失。洪灾频繁的湖区耕地，应有计划地平垸蓄洪、退耕还湖，保护生态环境，以利土地资源的持续利用。

#### 3. 加强土地资源的综合治理

耕地实行用地与养地相结合，建立用地与养地相结合的轮作制度，增施有机肥，提高土壤肥力，改良土壤结构，提高土壤质量。对于次生盐渍化土壤和潜育化土壤，应合理灌溉，加强综合治理，改造中低产田，防止土地资源的退化和破坏。水土流失较严重的地区，应加强绿化，增加植被，采用生物措施和工程措施相结合，减轻水土流失的危害。沙化地区应积极研究沙化地农业生态工程技术，加强综合治理。

#### 4. 加强土地综合利用和立体开发

我国人口多，人均耕地面积少，农业生产的进一步发展，必然依赖于土地的集约经营。因此，加强土地资源的综合利用和立体开发，提高单位面积的产量和产值，是农业生态系统持续稳定发展的基本前提。为此，应合理利用各种农业生态工程技术，建立充分利用空间和资源的立体生产系统，综合运用生态学原理和经济学原理来管理农业生态系统，以提高系统的生产力和生产效率。

## 三、生物资源的合理利用与保护

### （一）森林资源的利用与保护

我国森林资源利用中存在的问题也较多，这主要表现在：滥砍滥伐现象严重，过量采伐和重采轻造的现象仍较突出；由于护林防灾规章制度和组织不健全，使森林水灾严重，大量森林毁于火灾；由于人口增长，毁林开荒以增加粮食产量，导致了严重的生态后果；重采轻育，使森林资源得不到人工更新。

森林资源的利用与保护途径主要为：大力开展造林绿化，认真贯彻《中华人民共和国森林法》，提高森林覆盖率；封山育林，制止滥砍滥伐，加强森林资源管理；有计划地加速边远过熟林区的开发利用；对水源区和用于防风固沙的森林要严加保护：加强森林的更新和抚育，提高速生丰产林面积；开发木材综合利用技术，开发木材的替代材料（如以钢代木、以塑代木、以草代木等），以尽可能减少森林资源的砍伐。

### （二）草场资源的利用与保护

在草场资源利用中，我国目前还存在着草场管理不善，滥垦、滥牧、滥采现象仍较严重，大部分草场不同程度地存在超载现象，草场资源退化严重。南方山地及滩涂草地尚有大部分未开发，造成草场资源的极大浪费；北方农区草地大多垦草种粮，造成“开垦—沙化或次生盐渍—撂荒”的恶性循环，严重地破坏了草地资源。草地资源重利用轻建设的现象仍较普遍，草地畜牧业设施简陋，草地经营粗放。家畜良种化程度低。我国草地畜牧业的畜群结构不合理，家畜大多为古老的地方品种，优良品种较少，良种化程度低。

根据草场的具体条件，确定合适的载畜量，及时调整畜群结构，是提高草场资源利用效率的重要措施；建设一定面积的集约化人工草场，实行科学管理，以达到优质高产，推动我国畜牧业生产的发展；严禁对草原乱垦、滥放，加强对草场资源的管理，以防止草场土壤沙化和草场资源退化。

### （三）渔业资源的利用与保护

渔业资源利用中存在的问题主要是：随着工农业生产的发展，环境污染也越来越严重，日益严重的水域污染，导致水生生物种类减少，沿海和近海渔业资源遭到严重破坏，优质经济鱼类大幅度减少，幼杂鱼比例过大。渔业发展不平衡，渔业内部结构失调突出。近年来，我国淡水养殖业发展较快，但浅海滩涂开发利用不够，外海水产资源开发利用不充分，水产品保鲜加工基础设施落后，制约了我国渔业进一步发展。

渔业资源的利用与保护途径为：确定科学、合理的捕捞强度，严禁超强度捕捞，坚决制止捕捞经济渔类的幼苗，滥用破坏渔业资源的渔具和捕鱼方法；大力开展人工养殖和资源增殖；发展远洋渔业；对内陆水域资源，要控制围湖造田，防止环境污染；建立水产资源和水域环境的监测系统，以保护渔业，促进渔业发展。

**（四）野生生物资源的利用与保护**

野牛生物资源具有非常重要的意义：①生物资源是维系生态系统多样性的物质基础。多样化的生态系统、交错的食物网关系、复杂的种间相互作用，都依赖于生物圈的生物多样性。②物种多样性是人类赖以生存和长期延续的前提。现在的农业动物和植物，最初都来自于野生生物；现在的野生生物，将来也可能成为农业生物。③遗传多样性为育种工作和遗传工程提供了广阔的前景。野生生物经历了漫长的自然选择，其遗传、变异形成了内容丰富的基因库，人类对农业动植物的改造和育种工作，利用野生生物资源中的某些特异基因，往往能使育种工作取得重大进展；遗传工程的迅速发展，对野生生物的基因利用，将有更加广阔的前景。

野生生物资源的保护措施主要有以下几种。

1. 加强野生生物资源的管理

目前，我国已制定了《中华人民共和国野生动物保护法》《中华人民共和国野生植物保护条例》等法律法规。然而，珍稀野生植物的采集，野生动物的乱捕、滥猎现象仍然十分严重。这一方面需要有关职能部门加强管理，严格执法；另一方面，还要广泛宣传，提高公民的环保意识，使广大公众加强监督，齐抓共管。

2. 野生生物资源的就地保护

目前，建立各种类型的自然保护区，将有价值的自然生态系统和野生生物生境保护起来，已成为有效保护野生生物资源的重要措施。我国于 1956 年在鼎湖山建立了第一个自然保护区，到 2013 年年底，全国已建立国家级自然保护区 407 个。自然保护区的类型有森林生态系统、草地生态系统、荒漠生态系统、内陆湿地和水域生态系统、海洋和海岸带生态系统、野生动物、野生植物、自然遗迹等。

3. 野生生物资源的迁地保护

利用植物园保护野生植物资源，各国均有许多成功的经验。例如，中国植物园保存的高等植物达 23000 种，为了加强珍稀濒危野生植物的保护，还对濒危林木、果树、观赏植物、药用植物等进行保护性繁育。野生动物的迁地保护主要是通过动物园来进行，我国利用动物园迁地保护的野生动物达 10 万多头，已建成以保护野生动物为目的的濒危动物繁育中心、基地 26 个，濒临灭绝的大熊猫、扬子鳄、东北虎开始复苏。

4. 离体保护种质资源

我国已成为世界上遗传种质资源材料保存最多的国家之一，收集和保存的作物遗传种质资源总量达 35 万份，保存的畜禽地方良种有 398 个，同时新建立了一批具有现代化水平的动物细胞库和动物精子库。把这些离体保护种质资源的设备设施进一步发展，应用到野生生物种质资源的保护，将对我国的遗传工程有着重大意义。

## 四、水资源的合理利用与保护

我国水资源存在的问题主要有：水资源相对较少；水资源分布不均匀；水环境恶化；水资源利用效率低。水资源的合理利用与保护途径主要在以下几个方面。

### （一）加强水利基础建设

兴修水利包括有计划地修建水库等集水设施，增加蓄水、供水能力；修建规范的排灌系统，提高水资源的利用率；清理维修池塘、坝堰、水渠，提高其灌溉功能。进行大江、大河、湖泊的综合治理，加强江河湖泊的蓄洪、泄洪和灌溉功能。

### （二）节约用水

在水资源不足的地区，改进灌溉技术，采用喷灌、滴灌等措施，可节约水资源；改良土壤结构，提高土壤的保水保肥能力，可减少灌溉水的耗用；地膜覆盖、塑料大棚、日光温室等设施设备，不仅能改良农业生物的温度等生态因子，其水分利用率也很高，发展节水农业，减少水资源浪费是农业生态系统发展的一大方向。工业生产和城市居民生产的节水也具有很大的潜力。

### （三）水资源的区域调节

我国水资源分布的地带性差异，形成了明显的南方水资源相对过剩，而北方水资源严重不足的状况。我国目前进行的南水北调工程，就是为了解决北方水资源的缺乏状况。射外姗距离的水分区域调节完全是可行的，通过修建引水渠和输水系统，可提高水体的灌溉效率和水体灌溉覆盖度。

### （四）加强废水利用

废水利用不仅包括农业灌溉水的回收利用，还包括城市生活污水和其它只含有机污染物的废水的污水灌溉，以及用于污水处理的氧化塘内的种植和养殖。对于含有酸、碱、盐和重金属污染物或其它有毒物质的污水，一般不能直接用于农业灌溉，也不能用于食物生产，以防有毒物质沿食物链进入人体，最终危害人体健康。对于这类废水，可用作生产观赏植物、纤维作物等的灌溉用水，也可作纯观赏用途，或回收用于工业生产。

### （五）适度开采地下水

在严重缺水地区，开采地下水用于生活和农业灌溉也是必要的，但地下水的开采应该适度，不能形成过度开采。目前，我国北方各大中城市都存在地下水开采过度的问题，地下水位平均每年下降1m以上。

### （六）综合利用水资源

水体的功能是多方面的，包括灌溉、运输、养殖、种植、清洗、溶解、观赏、游乐等，综合利用水资源的方法也多种多样。通过多渠道、多途径、多层次综合利用水资源，提高水资源的生产效率，建立合理的水域生态系统，不仅可提高水域生态系统的经济效益，也有利于水域实现生产自净和良性循环，改善水域生态环境，提高整个系统的功能。

# 第三节 农业资源调查与评价

## 一、农业资源调查与评价概述

### （一）农业资源调查与评价的目的和意义

农业资源调查是指对一个国家、一个地区各种农业资源的种类、特征、数量、质量、分布和潜力及其开发利用现状、存在问题，进行的全面综合的调查。而农业资源评价则是在资源调查基础上，针对资源数量的有限性和质量、分布及其结构功能的差异性，结合发展生产的要求，对各种资源在利用中可能发生或已发生的作用和效益予以科学的计量与评价，提出资源合理开发利用的方向和方式。

农业资源调查评价的基本目的在于查清农业资源的数量、质量、分布利用状况及其生产潜力，协调人与自然、人与资源的关系，保持和增强农业生产中生物系统为人类需要提供资源的能力，以提高资源生产力和生产率，促进农业扩大再生产，使生产的发展与环境协调，取得最佳的综合效益。

通过农业资源调查，首先可以为研究农业结构和布局奠定基础，要构建一个合理的结构和布局，对农业资源进行综合评价是一项必不可少的基础工作。其次，可为科学划分农业区域提供可靠依据，农业生产地域差异性强，不同地区的生产力水平、自然资源和经济条件不同，农业资源调查与评价能揭示农业生产的地域分异规律。第三，可以为农业资源的合理开发和农业区域规划提供科学依据。

**（二）农业资源调查评价的原则**

根据农业资源调查与评价的目的，结合农业生产特点，在农业资源调查与评价中必须遵循下列原则。

（1）着眼长远，立足当前，实行长远与当前结合，为农业生产服务。既要从我国当前农业的实际情况和特点出发，依据实现农业可持续发展的具体要求，查明资源及其潜力，探明地区的资源优势和生态规律，为制定农业区域规划和开发整治的最优方案提供依据；也要考虑在市场经济条件下自然生态系统变化和经济周期速度快的特点，使评价工作不断向深度和广度发展。

（2）运用生态效益、经济效益和社会效益相结合的原则，进行综合效益分析、评价。农业资源调查与评价工作既要依据自然生态规律要求，查明和分析各部门与农作物在一定自然条件下的适宜性和技术可能性，又要在此基础上根据社会经济规律要求，分析论证其经济合理性和可行性，以期在保证生态效益的前提下，取得最大的社会经济效益。

（3）要深入分析主导因素和限制因素，进行全面系统的评价。各种农业资源在农业生产中是一个有机的整体，但由于各种资源条件对不同作物与生产部门的意义、作用和适宜程度各不相同，因而不能把所有因素放在同等重要的地位，而必须着力于主导因素和限制因素的调查与评价。所谓主导因素，就是在很大程度上决定某一生产门类的发展是否适宜，是否合理可行的因素，它可以是单项因素，也可以是部分自然因素的结合。

（4）依据农业地域差异，因地制宜、扬长避短、发挥区域优势的原则，评价资源的质量等级及其合理利用的方向和途径。农业资源是形成农业生产地域性的基本因素，在社会、经济技术条件大体相同的情况下，条件的差异常成为决定农业生产结构和地区布局的决定因素。因此农业资源评价要着重于发挥当地资源优势，突出地域生态条件的特征和主导因素，分析确定各种资源的开发利用方向，为因地制宜地利用改造自然和指导农业生产提供依据。

### （三）农业资源评价与调查的内容

农业资源调查与评价的基本内容，一般应包括以下几个方面：第一，摸清资源“家底”，查明资源的种类、分布、数量、质量特征和潜力。第二，评价各种资源条件与农业生产的关系，探索农业生态规律及各种资源条件对农业生产的适宜性和限制性。第三，综合分析各种资源条件在地域上的不同组合及其对农业生产的有利和不利影响。第四，探讨各地区合理开发、利用、改造和保护自然资源的方向、方式和途径及其生态效益和社会经济效益。

由于农业资源种类繁多，不同农业资源调查与评价内容也各不相同，因而农业资源调查与评价的具体内容很多。调查与评价工作要围绕农业生产发展和人类生活需要，侧重于那些有重大影响而较为稀缺的自然资源，主要是土地资源、气候资源、水资源、生物资源等，而数量巨大不易匮乏的农业资源，则可以不作为重点。

## 二、 农业资源的评价

农业资源利用效率评价是资源科学研究的重要内容。农业资源利用效率研究不仅可以促进资源科学综合研究，丰富资源科学理论，而且有利于保障粮食安全、改善生态环境、提高粮食产量，因此，农业资源利用效率研究具有很强的理论和现实意义。

### （一）农业资源评价方法

目前，国内外许多学者将经济学、社会学、生态学、数学等学科的理论和方法与农业生产实践相结合，在计算机等现代分析手段的辅助下，对如何更好地评价农业资源利用效率进行不断地探索。我国农业资源具有绝对量大、相对量小的特点，特别是耕地资源紧张，水资源匮乏，构成了农业持续发展的重要限制因素。粮食生产过程中不当的资源利用方式非但没有达到稳产高产的目的，反而给环境带来了很大的负效应。如何对有限的农业资源进行内涵挖潜，提高资源利用效率，协调粮食生产过程中生态效益、经济效益与社会效益三者间的关系，实现农业资源的高效持续利用，是一个具有理论和实践意义的课题。

1. 比值分析法

比值分析法是一种简便而又实用的方法，农业资源效率计算可以表达为：

$$R_{\propto} = \frac{E_0 - N_0}{R_i}$$

式中 $R_{\propto}$——广义的农业资源效率；

$R_i$——资源消耗量或占有量；

$E_0$——有效价值产出；

$N_0$——伴随该资源消耗利用过程产生的负面效应价值。

可以利用比值分析法直接求算资源利用效率，还可以通过计算资源消耗系数来间接求算资源利用效率。消耗系数越大，资源的利用效率就越低。

2. 能量效率分析的评价方法

农业资源利用效率评价指标体系中除包括水、土、气、生等单项资源利用效率评价指标外还包括物质、能量转化效率等一些综合性指标。能量效率分析就是要研究系统的能量流，从能量利用转化的角度进行效率分析。在研究能量流的过程中，利用能量折算系数把各种性质和来源不同的实际投入、产出物质转换成能流量，通过计算机和统计分析确定系统内各成分间各种能流的实际流量。

对于农业生产系统，主要是研究其辅助能量投入、产出以及转化率的大小，包括生物辅助能、工业辅助能、人工辅助能、产出能等。目前能流分析方法有统计分析法、输入输出分析法、过程分析法三种。以输入输出法为例，首先测定输入输出实际的流量，利用能量折算系数统一量纲；在此基础上，进行能量效率分析，分别计算各种辅助能的能量利用效率（总产出能/各辅助能投入），太阳能利用率（系统能量总产出/系统太阳能输入）、总的能量利用效率（总产出能/总投入能）以及能量投入边际产出等。还可以利用统计的方法，对各辅助能投入与能量总产出之间进行回归分析，寻找农业生产中的限制性因子。应用灰色系统理论的关联分析方法对影响能量总产出的各项投入因子的重要性进行量化分析，寻找较能影响系统产出的因素，计算各种能量的投入比例，分析系统的能量投入结构，以反映能量投入效果，确定能量投入是否合理。

3. 因子－能量评价模型

因子－能量评价模型是基于能量分析，以能量作为评价媒介，采用能量的形式，将诸多功能、性质、量纲等都不一致的因子置于统一的衡量指标下。不同于能量效率分析的是，它以能量运动转化的衰减过程为评价主线，不仅是对辅助能的评价，而且更多地是对自然资源利用效率的评价，评价过程也具有更好的层次性。因子－能量评价模型将农作物产量形成过程划分为若干环节，每个环节加入一个资源因子，对应一个理论产量，随着环节的深入，影响因子逐渐增多，理论产量呈衰减趋势，通过建立因子间相互关系来寻找限制性资源因子及其定量制约程度。因子对生产过程的影响主要通过以下几个方面体现：因子－能量损失量（相邻理论产量的差值）；因子－能量衰减率（差值与上一级理论产量的比值）；资源组合利用效率（实际产量与各级理论产量的比值）。

4. 能值评价方法

能值是由著名生态学家奥德姆创造的一个新词，其定义为：一种流动或贮存的能量所包含的另一种能量的数量，称为该能量的能值。在实际应用中通常以太阳能值为标准来衡量其他各类能量的能值，即一定数量某种类型的能量中所包含的太阳能的数量。将单位数量（1J、1kg 等）的能量或物质所包含的太阳能值称为“太阳能值转换率”。能值的提出是系统能量分析在理论和方法上的一个重大飞跃，借助太阳能值转换率，生态系统的能量流、物质流和货币流等，均可换算为统一的能值。因此，系统研究包含了自然和经济资源，而且这些作用流可以直接加减和相互比较，从而实现了系统生态分析和经济分析的有机统一。

5. 包络分析法

包络分析法是美国著名运筹学家 Chares 和 Cooper 等在 1978 年提出的，主要采用数学规划方法，利用观察到的有效样本数据对决策单元进行生产有效性评价。DEA 法用一组输入、输出数据来估计相对有效生产前沿面，这一前沿能够很方便地找到，生产单位的效率度量是该单位与确定前沿相比较的结果。应用 DEA 法可以进行农业资源相对生产效率评价及农业技术效率评价。

6. 指标体系评价方法

为评价目标建立评价指标体系是较基础而常用的方法，在农业资源利用效率研究中建立评价指标体系，根本目的在于通过制定适当的度量指标，并依据指标间的前后、左右关系，形成有序而全面的评价指标系统，用以定量反映和衡量农业资源利用的有效性状况，识别和诊断不同地区、不同类型和不同模式农业生产和再生产过程中的限制性因素及其制约程度，勾绘出农业发展的资源利用基本轮廓。

### （二）农业资源调查与评价的程序

1. 有步骤地安排工作程序

农业资源调查与评价工作一般应按照先调查后评价的顺序进行，但二者在实践中不是截然分开的，通常是结合进行的。首先，要根据农业部门或作物对光、热、水、土等有关自然条件的要求，对一定地区的自然条件进行分析，评定其分布、数量、质量特征，以及对生产发展与布局的适应性和保证程度，并评价这些条件在地域上的组合和作用；其次，在综合分析基础上，区分主次因素，深入分析主导因素及其对生产发展的作用，按主导因素的数量、质量指标及主导因素同各项次要因素的联系特征，把评价地区划分为不同等级的自然条件评价类型地区；最后，按类型地区逐一论证其合理开发利用的可能方式、方向及综合经济效果。

2. 选择具体的调查与评价方法

农业资源调查的形式很多：按调查所涉及学科分为综合调查和专题调查；按调查包括的范围可以分为全国、大区、流域、省、地（市）、县、场等；按时间分为一次性调查和经常性调查；按不同特点又分为普查、重点调查、典型调查；按调查方法可分为地面常规调查和遥感调查。针对农业资源调查的不同目标，应有选择地采用不同的调查方法。

3. 设计适当的指标系统

在农业资源调查与评价中，无论采用哪种方法，都要对各地区各种自然资源的适宜性和保证程度进行切实的分析评价，还必须根据评价项目的具体要求，因地制宜制定一系列的指标体系，以作为自然、经济、技术评价的尺度。定性分析只能从适宜性和合理性程度上反映分析等级尺度，主要用于概查和初期评价。如对土地质量的适宜性、限制性评价，其级间差异只是用“适宜”、“不适宜”、“高度适宜”、“中度适宜”、“勉强适宜”、“有条件适宜”、“当时不适宜”、“永久不适宜”等定性指标来表示相对的等级差别。当进入详查阶段后，只进行定性分析已不能满足评价要求，还要进行定量分析。这就要求制定定量指标，如反映土地特性和质量的自然属性指标：浊度、雨量、土壤质地、土壤水分有效性、抗侵蚀性、作物产量、树种年增长量等。

## 实验实训　农业资源及其利用现状调查

### 一、目的意义

通过对农业资源及其利用现状调查，了解所在地区的农业资源现状，分析存在问题，提出改进农业资源利用的措施。

## 二、方法与步骤

1. 活动准备

将全班按每组 3～5 人一组，分为 6～10 组：以组为单位制定出活动提纲。

2. 实训步骤

（1）搜集资料　可到有关地区农业生产行政管理部门、农业技术推广部门、农业科研院所、气象站、水文站和学校图书馆等广泛搜集本地区与农业资源有关的资料。如农业区划资料、土壤普查资料、农业基本统计资料、土地管理基本统计资料、气象资料、水文地质资料等。

（2）实地调查

①选点。选取能够代表调查地区自然条件、农业生产条件和社会经济条件的地区或生产单位。

②实地勘察。请有关人员引导察看现场，熟悉地形、位置、耕地分布、居民点情况，并绘制平面示意简图。

③座谈访问。向有生产经验和了解情况的基层干部、技术人员和农民群众访问或座谈，获得相关资料。

④填写表格或问卷。根据调查目的，设计有关调查表格或问卷，并根据座谈访问、资料查阅、实地勘察等方法进行填写。

（3）调查内容

①农业自然条件。如地理位置、地形地貌、土质、地下水位、水资源、气候资源等。

②农业生产条件。如耕地面积、山地面积、草地面积、林地面积、荒地面积、劳动力状况、灌溉条件、机械化水平等。

③农业生产现状。如历年各业的规模、单产、总产量、总产值及其变化，历年各业成本、收入情况及其变化，各业收入比重，各种农产品的自给率、商品率，以及人均产量、人均产值、劳动产量、劳动产值、人均纯收入等。

④社会经济条件。如人口状况、劳动力状况、交通条件、经济条件、教育条件、通信条件等。

⑤农业资源利用现状。通过调查各种农业自然资源和社会资源的利用现状，总结其资源利用面的成功经验，找出资源利用过程中存在的问题。

（4）资料整理与分析　调查过程中，应及时对所收集的资料进行整理，并进行必要的统计分析，从而得出有价值的结论。

3. 编写报告

根据调查获得的资料，分组讨论与总结，写出一份调查报告。

## 本章小结

本章主要介绍了农业资源的合理利用及保护，分别从农业资源的分类与特性、农业资源的合理利用与评价和农业资源的调查等三方面进行了介绍，介绍了农业资源的概念、分类和特性，以及现阶段我国自然资源和社会资源的开发和利用状况；介绍了合理利用自然资源需要遵守的原则；介绍了土地资源、生物资源、水资源等农业自然资源的合理利用和保护途径；介绍了如何对现有的农业资源进行评价。

**复习思考题**

1. 解释概念：资源、农业资源、自然资源、社会资源、多宜性、可塑性。
2. 试分析自然资源与社会资源的关系。
3. 现阶段我国农业资源的基本状况如何？
4. 合理利用农业资源的原则是什么？
5. 土地资源的利用和保护途径有哪些？
6. 为什么要对农业资源经行调查评价？
7. 在农业资源调查评价中应遵守哪些原则？

## 资料收集

收集当地农业资源中自然资源和社会资源的利用现状及将来要采取的可持续利用对策。

## 查阅文献

利用课外时间阅读《远离垃圾与白色污染》《生命之水在哪里》《谁动了我的空气》《只有一个地球》等书籍，了解我们生活的地球上各种资源的利用现状及存在的问题。

## 习作卡片

通过调查，将当地农业自然条件、农业生产条件、农业生产现状和社会经济条件等信息制成小卡片，进一步熟悉自己家乡发展现状。

## 课外阅读

### WWF 报告称到 2030 年人类需要两个地球的资源

5 月 15 日消息，WWF（世界自然基金会）今天发布的《地球生命力报告2012》指出：随着人口的增长，人类对资源的需求正在不断增加，给地球的生物多样性带来巨大压力，并威胁着我们未来的安全、健康和福祉。《地球生命力报告》每两年发布一次，是一份记录地球健康状况的前沿报告，由 WWF（世界自然基金会）与伦敦动物学学会（ZSL）和全球足迹网络（GFN）合作完成。

今年《地球生命力报告》首度在国际空间站发布。荷兰籍宇航员 André Kuipers 从他独特的视角阐述了地球所处的现状。这是他第二次进入国际空间站执行任务。

Kuipers 在报告发布时说："我们只有一个地球。从太空我可以看到人类活动对地球的影响，包括空气污染、水土流失和森林火灾——这些挑战都反映在今年的《地球生命力报告》中。但是，尽管地球面临各类不可持续发展带来的压力，我们还是拥有拯救家园的能力，这不仅仅是为了我们的利益，更是为了我们的子孙后代。"

《地球生命力报告》中使用地球生命力指数（LPI），即跟踪记录 2600 个物种中 9000 多个种群的变化情况，来衡量地球生态系统的健康状况。1970 年以来，地球生命力指数下降了 28%，其中热带是重灾区——在不到 40 年中下降了 61%。在生物多样性不断丧失的同时，人类的生态足迹——在本报告中用来说明人类对自然资源需求的重要指数——已经超过了地球生态系统的供给能力。

"当前，我们的生活方式过度消耗了自然资源，人们似乎认为还有另外一个地球可资利用。我们使用的资源量超过了地球供给的 50%。如果不改变这一趋势，这个数字会增长得更快，到 2030 年，即使两个地球也不能满足我们的需求，" WWF 全球总干事吉姆·利普（Jim Leape）指出。

报告强调，人口增长和过度消费是造成环境压力的主要因素。

"这是一份地球的体检报告，诊断结果显示地球现在很不健康。" 伦敦动物学学会环境保护主任 Jonathan Baillie 说，“忽略这一诊断将会给人类带来巨大的影响。恢复地球健康的根本在于解决人口增长和过度消费的问题。”

### 城市化的挑战

报告还强调了城市化所带来的日益严峻的资源环境影响。到 2050 年，全球将有 2/3 的人口生活在城市，而城市化往往伴随着收入提高，以及人均生态足迹尤其是碳足迹的上升，比如北京市的人均生态足迹是中国平均水平的 3 倍。人类需要开发和改进管理自然资源的方式，充分发挥城市化提高资源效率、降低直接碳排放的潜力。

“我们有能力开创一个繁荣的未来，为 2050 年地球上 90 亿～100 亿人口提供食物、水和能源”吉姆·利普说。“这有赖于减少废弃物、更合理地管理水资源，以及使用可再生的清洁资源和能源，例如风能和太阳能。”

### 发展与生态足迹

本报告也反映了富裕国家与贫困国家的巨大差别：高收入国家的生态足迹平均比低收入国家高 5 倍。生态足迹最大的 10 个国家是：卡塔尔、科威特、阿联酋、丹麦、美国、比利时、澳大利亚、加拿大、荷兰和爱尔兰。

然而，根据地球生命力指数，1970 年以来生物多样性下降最快的地区位于低收入国家，这说明最贫困和最脆弱的国家正在为富裕国家的生活方式买单。当一国的生物承载力（即资源再生的能力）不断下降，它需要从其它国家的生态系统进口必需的资源，这可能给资源输出国带来潜在的长期损害。

对于巴西、俄罗斯、印度、中国、南非等国家与中等收入国家而言，其人均生态足迹低于高收入国家，但在工业化进程中快速增长，面临着更大的可持续发展挑战。在人口和消费进一步增长的背景下，中等收入国家有可能给全球生态足迹带来比目前更大的影响。

“对外部资源的依赖越大，国家承担的风险也越大，生态问题越来越成为经济发展的瓶颈，”全球足迹网络主席 Mathis Wackernagel 说，“人类不停地向自然索取，拥有的自然资本却越来越少，这是一个危险的策略，但这正是多数国家正在走的道路。这些国家应该开始核算并解决生物承载力赤字，否则他们不仅把地球推向危险的边缘，更是把自己也推向危险境地。”

《地球生命力报告》提出了一系列建议，旨在扭转地球生命力指数下降的趋势，把生态足迹拉回“一个地球”的限度内。这分为 16 个优先行动，包括改进消费模式、核算自然资本价值，以及构建法律政策框架，公平管理食物、水和能源。

摘自互联网 http：//tech. sina. com. cn/d/2012 - 05 - 15/14077109865. shtml

# 第七章　农业环境污染及防治

**学习目标**

了解大气污染的现状、对农业生产的危害、相应的防治措施，熟悉现阶段大气环境污染的处理技术；了解水污染的现状和类型，熟悉水污染的危害和污水防治措施；了解固体废弃物的概念及危害性，熟悉固体废弃物的主要处理与处置方法。

## 第一节　大气污染及防治

### 一、大气的组成

大气是多种气体的混合物，就其组分的含量变动情况可分为恒定组分、可变组分和不定组分三种。恒定组分指 $N_2$、$O_2$ 和 Ar。$N_2$ 占空气体积 78.09%、$O_2$ 占 20.95%、Ar 占 0.93%．三者总和占空气总体积的 99.97%，其余为微量的氖、氦、氙、氡等稀有气体。可变组分指空气中的 $CO_2$ 和水蒸气，通常 $CO_2$ 含量为 0.02%～0.04%，水蒸气含量小于 4%。可变组分在空气中的含量随季节、气象与人类活动的变化而变化。不定组分指煤烟、尘埃、硫氧化物、氮氧化物及一氧化碳等，它与人类活动直接有关，这些组分达到一定浓度，会给人类、生物造成严重的危害。

### 二、大气污染的特征

大气污染通常是指由于人类活动或自然过程引起某些物质进入大气中，呈现出足够的浓度，达到足够的时间，并因此危害了人体的舒适、健康和福利或环境的现象。究其成因主要分为自然因素（如森林火灾、火山爆发等）和人为因素（如工业废气、生活燃煤、汽车尾气等）两种。随着工业及城市化进程的加快，人为因素在大气污染中扮演越来越重要的角色，尤其是工业生产和交通运输。大气污染不仅对人类健康产生影响，而且对农业生产，农业生态系统也带来巨大破坏作用。我国是世界上大气污染最严重的国家之一，大气污染是我国环境问题中的一个主要问题。我国的经济发展、能源结构、地形及气候条件决定了大气污染具有以下特征。

（1）煤烟型污染是污染的普遍问题，主要污染物是烟尘和二氧化硫；

（2）汽车尾气污染明显增加，并逐渐上升为城市大气主要污染源，总悬浮颗粒物或可吸入颗粒是影响城市空气质量的主要污染物；

（3）酸雨分布区域性、季节性明显，污染物成分特点突出，多以硫酸酸雨为主；

（4）工业“三废”任意排放是目前大气污染的罪魁祸首，但农业引发的大气污染仍不容忽视。

## 三、大气污染物

### （一）一次污染物与二次污染物

按照污染物形成过程的不同，可将其分为一次污染物与二次污染物。一次污染物是从污染源直接排出的大气污染物，如颗粒物、二氧化硫、一氧化碳、氮氧化物、碳氢化合物等；二次污染物则是由污染源排出的一次污染物与大气正常组分，或几种一次污染物之间，发生了一系列的化学或光化学反应而形成了与原污染物性质不同的新污染物。如伦敦型烟雾中硫酸、光化学烟雾中过氧乙酰硝酸酯、酸雨中硫酸和硝酸等。这类污染物颗粒小，一般在0.01～1.0μm，其毒性一般较一次污染物强。

### （二）常见主要大气污染物简介

据不完全统计，目前被人们注意到或已经对环境和人类产生危害的大气污染物约有100种。其中影响范围广、对人类环境威胁较大、具有普遍性的污染物有颗粒物、二氧化硫、氮氧化物、一氧化碳、碳氢化合物及光化学氧化剂等。

1. 颗粒物

颗粒物即颗粒污染物，是指大气中粒径不同的固体、液体和气溶胶体。粒径大于10μm的固体颗粒称为降尘，由于重力作用，能在较短时间内沉降到地面。粒径小于10μm的固体颗粒称为飘尘，能长期地飘浮在大气中。粉尘的主要来源是固体物质的破碎、分级、研磨等机械过程或土壤、岩石风化等自然过程以及燃料燃烧所形成的飞灰。目前大气质量评价中常用到一个重要污染指标总悬浮颗粒物（TSP），它是指分散在大气中的各种颗粒物的总称，数值上等于飘尘与降尘之和。

2. 含硫化合物

硫常以二氧化硫和硫化氢的形式进入大气，也有一部分以亚硫酸及硫酸（盐）微粒形式进入大气，人类活动排放硫的主要形式是二氧化硫（$SO_2$）。天然源排入大气的硫化氢，也很快氧化为$SO_2$，成为大气中$SO_2$的另一个源。

$SO_2$是一种无色具有刺激性气味的不可燃气体，刺激眼睛、损伤器官、引发呼吸道疾病，甚至威胁生命。是一种分布广、危害大的大气污染物。$SO_2$和飘尘具有协同效应，两者结合起来对人体危害作用增加3~4倍。$SO_2$在大气中不稳定，在相对湿度较大且有催化剂存在时，发生催化氧化，转化为$SO_3$，进而生成毒性比$SO_2$大10倍的硫酸或硫酸盐。故$SO_2$是酸雨形成的主要因素之一。

3. 碳氧化合物

碳氧化合物主要是CO和$CO_2$。$CO_2$是大气中的正常组成成分，CO则是大气中排量极大的污染物。全世界CO年排放量约为$2.10\times10^8$t，为大气污染物排放量之首。CO是无色、无味的有毒气体，主要来源于燃料的不完全燃烧和汽车尾气。CO化学性质稳定，可以在大气中停留较长时间。一般城市空气中的CO水平对植物和微生物影响不大，对人类却是有害物质。因为一氧化碳与血红蛋白的结合能力比氧与血红蛋白的结合能力大200~300倍，当CO进入血液后，先与血红蛋白作用生成羧基血红素能使血液携氧能力降低而引起缺氧，使人窒息。

$CO_2$主要来源于生物呼吸和矿物燃料的燃烧，对人体无毒。在大气污染问题中，$CO_2$之所以引起人们普遍关注，原因在于它能引起温室效应，使全球气温逐渐升高、气候发生变化。

4. 氮氧化物

氮氧化物是NO、$N_2O$、$NO_2$、$N_2O_4$、$N_2O_5$等的总称，其中主要的是NO、$N_2O$、$NO_2$。$N_2O$是生物固氮的副产物，主要是自然源。故通常所说的氮氧化物，多指NO和$N_2O$、的混合物，用$NO_x$表示。全球年排放氮氧化物总量约为$10^9$t，其中95%来自于自然源，即土壤和海洋中有机物的分解；人为源主要是化石燃料的燃烧过程，如飞机、汽车、内燃机以及硝酸工业、氮肥厂、有色及黑色金属冶炼厂等。

NO 毒性与一氧化碳类似，可使人窒息。NO 进入大气后被氧化成 $NO_2$。$NO_2$ 的毒性约为 NO 的 5 倍。它既是形成酸雨的主要物质，又是光化学烟雾的引发剂和消耗臭氧的重要因子。

5. 碳氢化合物

碳氢化合物包括烷烃、烯烃和芳烃等复杂多样的含碳和氢的化合物。大气中碳氢化合物主要是甲烷，约占 70%。大部分的碳氢化合物来源于植物的分解，人类排放的量虽然小，却很重要。碳氢化合物的人为来源主要是石油燃料的不充分燃烧过程和蒸发过程，其中汽车尾气占有相当的比重。

目前，虽未发现城市中的碳氢化合物浓度对人体健康的直接影响，但已证实它是形成光化学烟雾的主要成分。碳氢化合物中的多环芳烃化合物 3，4－苯并（a）芘具有致癌作用，已引起人们的密切关注。另外，甲烷也具有温室效应，且效应比同量的二氧化碳大 20 倍。

6. 含卤素化合物

大气中的含卤素化合物主要是卤代烃以及其它含氯、溴、氟的化合物。大气中卤代烃包括卤代脂肪烃和卤代芳烃。如有机氯农药 DDT、六六六，以及多氯联苯（PCB）等以气溶胶形式存在。含氟废气主要是指含 HF 和 $SiF_4$ 的废气。主要来源于钢铁工业、磷肥工业和氟塑料生产等过程。氟化氢是无色有强烈刺激性和腐蚀性的有毒气体，极易溶于水，还能溶于醇和醚。氟化氢对人的呼吸器官和眼结膜有强烈的刺激性，长期吸入低浓度的 HF 会引起慢性中毒。在氟污染区，大气中的氟化物被植物吸收而在植体内积累，再通过食物链进入人体，产生危害，最典型的是“斑釉齿症”和使骨骼中钙的代谢紊乱“氟沉着症”。

7. 光化学烟雾（洛杉矶烟雾）

汽车、工厂等排入大气中的氮氧化物、碳氢化合物等一次污染物，在太阳紫外线的作用下发生光化学反应，生成浅蓝色的混合物（一次污染物与二次污染物）称为光化学烟雾。光化学烟雾的表观特征是烟雾弥漫，大气能见度低。一般发生在大气相对湿度较低、气温为 24～32℃的夏季晴天。光化学烟雾最早在美国的洛杉矶发现，以后陆续出现在世界的其它地区。一般多发生在中纬度（亚热带）汽车高度集中的城市，如蒙特利尔、渥太华、悉尼、东京等。20 世纪 70 年代我国兰州西固石油化工区也出现了光化学烟雾。光化学烟雾成分很复杂，主要成分是臭氧、过氧乙酰硝酸酯（PAN）、大气自由基以及醛、酮等光化学氧化剂。夏季中午前后光线强时，是光化学烟雾形成可能性最大的时段。天空晴朗、高温低湿和有逆温层存在，或地形条件，利于使污染物在地面积聚的情况都易于形成光化学烟雾。

光化学烟雾的危害非常大，烟雾中的甲醛、丙烯醛、PAN、$O_3$等可刺激人眼和上呼吸道，诱发各种炎症。臭氧浓度超过嗅觉阈值（0.01～0.015mg/kg）时，会导致人哮喘。臭氧还能伤害植物，使叶片上出现褐色斑点。PAN 则能使叶背面呈银灰色或古铜色，影响植物的生长，降低抵抗害虫的能力。此外，PAN 和 $O_3$还会使橡胶制品老化、染料褪色，对油漆、涂料、纤维、尼龙制品等造成损害。

8. 酸雨

环境科学中将 $pH < 5.6$ 的雨、雪等大气降水统称为酸雨。由于人类活动的影响，使大量 $SO_2$和 $NO_x$等酸性氧化物进入大气中，并经过一系列化学作用转化成硫酸和硝酸，随雨水降落到地面，形成酸雨。天然降水中由于溶解了 $CO_2$而会呈现弱酸性，但一般 pH 不低于 5.6。故一般认为是大气中的污染物使降水 pH 达到 5.6 以下的，所以酸雨是大气污染的结果。

## 四、大气污染的危害

### （一）对农业生产的危害

农田大气污染对农作物产生危害主要有两种机制：一是气体状污染物通过作物叶片上的气孔进入作物体内，破坏叶片内的叶绿体，影响作物的光合作用、受精过程等，以致影响生长发育，降低产量和改变品质；二是颗粒状污染及含重金属、氯气体，被作物吸附与吸收后，除影响作物生长外，还能残留在农产品中，造成农产品污染，影响食用。对农作物造成危害的大气污染物很多，其中以二氧化硫、氟化物、氟气、一氧化碳、氮肥氧化物和烟尘等危害较大。

1. 二氧化硫是对农业危害最广泛的空气污染物

二氧化硫自古以来作为植物“烟斑”的原因物质对植物产生危害。典型的二氧化硫伤害症状是出现在植物叶片的叶脉间的伤斑，伤斑由漂白引起失绿，逐渐呈棕色坏死。二氧化硫会在环境作用下产生“酸雨”，以降水形式危害农业生产，可以使土壤酸化，土壤微生物死亡，农业建筑受损。

2. 大气中的氟污染主要为氟化氢（HF）

HF 的排放量比二氧化硫小，影响范围也小些，一般只在污染源周围地区，但它对植物的毒害很强，比二氧化硫还要大 10～100 倍。空气中含 ppb 级浓度时，接触几个星期就可使敏感植物受害。氟化氢危害植物的症状与二氧化硫不同：伤斑首先在嫩叶、幼芽上发生；叶上伤斑的部位主要是叶的尖端和边缘，而不是在叶脉间；在被害组织与正常组织交界处，呈现稍浓的褐色或近红色条带，有的植物表现大量落叶。

3. 光化学烟雾

氧化烟雾是包括臭氧（$O_3$）、氮氧化物（$NO_x$）、醛类（RCHO）和过氧乙烯基硝酸酯（RAN）等具有强氧化力的大气污染物的总称，又称为光化学烟雾。氧化烟雾中含有90%的臭氧，是主要的危害因素，还有10%左右的氮氧化物和约0.6%的过氧乙酰基硝酸酯类。植物受臭氧危害时，症状一般仅在成叶上发生，嫩叶不易发现可见症状。氮氧化物中，作为大气污染物主要是二氧化氮、一氧化氮和硝酸雾，而以二氧化氮为主，主要来源是汽车排气。二氧化氮危害植物的症状，与二氧化硫、臭氧相似，在叶脉间、叶缘出现不规则水渍状伤害，逐渐坏死，变成白色、黄色或褐色斑点。

4. 煤烟粉尘是空气中粉尘的主要成分

工矿企业密集的烟囱和分散在千家万户的炉灶是煤烟粉尘的主要来源。烟尘中大于10μm的煤粒称为降尘，它常在污染源附近降落，在各种作物的嫩叶、新梢、果实等柔嫩组织上形成污斑。叶片上的降尘能影响光合作用和呼吸作用正常进行，引起褪色，生长不良，甚至死亡。重金属污染物也主要通过飘尘危害大气，还可通过沉降作用进入土壤，危害土壤生态环境。

其它的大气污染物，例如氯气、一氧化碳、氨、氯化氢等都会对作物产生危害。但由于不是主要的大气污染物，浓度相对较低，故对农业生产影响较小。

**（二）对人体健康的危害**

大气污染后，由于污染物质的来源、性质、浓度和持续时间的不同，污染地区的气象条件、地理环境等因素的差别，甚至人的年龄、健康状况的不同，对人均会产生不同的危害。大气污染对人体的影响，首先是感觉上不舒服，随后生理上出现可逆性反应，再进一步出现急性危害症状。大气污染对人的危害大致可分为急性中毒、慢性中毒、致癌三种。

1. 急性中毒

大气中的污染物浓度较低时，通常不会造成人体急性中毒，但在某些特殊条件下，如工厂在生产过程中出现特殊事故，大量有害气体泄漏外排，外界气象条件突变等，便会引起人群的急性中毒。如印度帕博尔农药厂甲基异氰酸酯泄漏，直接危害人体，发生了2500人丧生，十多万人受害。

2. 慢性中毒

大气污染对人体健康慢性毒害作用，主要表现为污染物质在低浓度、长时间连续作用于人体后，出现的患病率升高等现象。近年来我国城市居民肺癌发病率很高，其中最高的是上海市，城市居民呼吸系统疾病明显高于郊区。

3. 致癌作用

这是长期影响的结果，是由于污染物长时间作用于肌体，损害体内遗传物质，引起突变，如果生殖细胞发生突变，使后代机体出现各种异常，称致畸作用；如果引起生物体细胞遗传物质和遗传信息发生突然改变作用，又称致突变作用；如果诱发成肿瘤的作用称致癌作用。这里所指的“癌”包括良性肿瘤和恶性肿瘤。环境中致癌物可分为化学性致癌物，物理性致癌物，生物性致癌物等。致癌作用过程相当复杂，一般有引发阶段，促长阶段。能诱发肿瘤的因素，统称致癌因素。由于长期接触环境中致癌因素而引起的肿瘤，称环境瘤。

**（三）对大气和气候的影响**

大气污染物质还会影响天气和气候。颗粒物使大气能见度降低，减少到达地面的太阳光辐射量。尤其是在大工业城市中，在烟雾不散的情况下，日光比正常情况减少40%。高层大气中的氮氧化物、碳氢化合物和氟氯烃类等污染物使臭氧大量分解，引发的“臭氧洞”问题，成为了全球关注的焦点。

从工厂、发电站、汽车、家庭小煤炉中排放到大气中的颗粒物，大多具有水汽凝结核或冻结核的作用。这些微粒能吸附大气中的水汽使之凝成水滴或冰晶，从而改变了该地区原有降水（雨、雪）的情况。人们发现在离大工业城市不远的下风向地区，降水量比四周其它地区要多，这就是所谓“拉波特效应”。如果，微粒中央夹带着酸性污染物，那么，在下风地区就可能受到酸雨的侵袭。大气污染除对天气产生不良影响外，对全球气候的影响也逐渐引起人们关注。由大气中二氧化碳浓度升高引发的温室效应，是对全球气候的最主要影响。地球气候变暖会给人类的生态环境带来许多不利影响，人类必须充分认识到这一点。

## 五、 大气污染的防治

从大气污染的发生过程分析，防治大气污染的根本方法，是从污染源着手，通过削减污染物的排放量，促进污染物扩散稀释等措施来保证大气环境质量。但目前现有的经济技术条件还不能彻底根治污染源，因此，大气环境的保护就需要通过运用各种措施，进行综合防治。目前主要从以下几个方面入手寻求大气污染的控制途径。

### （一）采取各种措施，减少污染物的产生

1. 区域采暖和集中供热

家庭炉灶和取暖小锅炉排放大量 $SO_2$ 和烟尘是造成城市大气环境恶化的一个重要原因。城市采取区域采暖，集中供热措施，能够很好地解决这一问题。区域采暖，集中供热的好处表现在：①可以提高锅炉设备效率，降低燃料消耗量，一般可以将锅炉效率从50%～60%提高到80%～90%；②可以充分利用热能，提高热利用率；③有条件采用高效率除尘设备，大大降低粉尘排放量。

2. 改善燃料构成

改善城市燃料构成是大气污染综合防治的一项有效措施。用无烟煤替代烟煤，推广使用清洁的气体、液体燃料，可以使大气中的 $SO_2$ 和烟尘（降尘、飘尘）显著降低。

3. 进行技术更新，改善燃烧过程

解决污染问题的重要途径之一是减少燃烧时的污染物排放量。通过改善燃烧过程，以使燃烧效率尽可能提高，污染物排放尽可能减少。这就需要对旧锅炉、汽车发动机和其它燃烧设备进行技术更新，对旧的燃料加以改革，以便提高热机效率和减少废气排放。

4. 改革生产工艺，综合利用“废气”

通过改革生产工艺，可以力求把一种生产中排出的废气作为另一生产中的原料加以利用，这样就可以达到减少污染物的排放和变废为宝的双重效益。

5. 开发新能源

开发太阳能、水能、风能、地热能、潮汐能、生物能和核聚变能等清洁能源，以减少煤炭、石油的用量。以上新能源多为可再生性能源，在利用过程中不会产生化石能源开采使用的环境问题，是比较清洁的燃料。

### （二）合理利用环境自净能力，保护大气环境

1. 搞好总体规划，合理工业布局

大气环境污染在很大程度上是工业排放的污染物造成的，合理工业布局是防治大气污染的一项基本措施，合理工业布局，就是按照不同的环境要求，如

人口密度、能源消费密度、气象、地形等条件，安排布置工业发展。如对于风速比较小、静风频率较高、扩散条件较差的地区，不宜发展有害气体和烟尘排放量大的重污染型工业。工业建设项目的布局选址也很重要，在城市、风景区、自然保护区等敏感地区的主导风向上不应建设重污染型工业。这样做可能会制约某些项目投资，但从防治大气污染和整个社会经济的长远发展看，是完全必要的。

2. 做好大气环境规划，科学利用大气环境容量

在环境区划的基础上，结合城市建设、总体规划进行城市大气环境功能分区。根据国家对不同功能区的大气环境质量标唯，确定环境目标，并计算主要污染物的最大允许排放量。科学利用大气环境容量，就是根据大气自净条件（如稀释扩散、降水洗涤等），定量、定点、定时地向大气中排放污染物，保证大气污染物浓度不超过环境目标的前提下，合理地利用大气环境资源。

3. 选择有利污染物扩散的排放方式

根据污染物落地浓度随烟囱的高度增加而减少的原理，我们可以通过广泛采用高烟囱和集合烟囱排放来促进污染物扩散，降低污染源附近的污染强度。集合烟囱排放就是将数个排烟设备集中到一个烟囱排放，这样可以提高烟气的温度和出口速度，达到增加烟囱有效高度的目的。这种方法虽可以降低污染物的落地浓度，减轻当池的地面污染，但却扩大了排烟范围，不能从根本上解决污染问题，尤其是在酸雨问题日益严重的今天，这种方法只能作为一种权宜之计。

4. 发展绿色植物，增强自净能力

首先，绿色植物能吸收 $CO_2$ 放出 $O_2$。发展绿色植物，恢复和扩大森林面积，可以起到固碳作用，从而降低大气 $CO_2$ 含量，减弱温室效应。除此之处，绿色植物还可以过滤吸附大气颗粒物、吸收有毒有害气体，起到净化大气的作用。研究表明，$1hm^2$ 的林木可以有相当于 $75hm^2$ 的叶面积，其吸附烟灰尘埃的能力相当大。就吸收有毒气体而言，阔叶林强于针叶林，而落叶阔叶林一般又比常绿阔叶林强，垂铆、悬铃木、夹竹桃等对二氧化硫有较强的吸收能力，而泡桐、梧桐、女贞等树木具有较强的抗氟能力，禾本科草类可吸收大量的氟化物。

城市绿化不仅可以净化大气，还可以调节温度、湿度，调节城市的小气候。在大片绿化带与非绿地之间，因温度差异，在天气晴放时可以形成局地环流，有利于大气污染物的扩散。国内外都在大力研究筛选各种对大气污染物有较强抵抗和吸收能力的绿色植物，以及绿化布局对空气净化作用的影响。同时努力扩大绿化面积，改善居住环境。

### （三）加强大气管理

大气污染物总量控制也是一种行政手段，它是从大气环境功能区划分和功能区环境质量目标出发，然后考虑排污源与功能区大气质量间关系，通过区域协调，统筹分配允许排放量，把排入特定区域的污染物总量控制在一定的范围内，以实现预定的环境目标。运用经济方法管理环境，是按照经济规律办事的客观要求，充分利用价格、利润、信贷、税收等经济杠杆的作用，来调整各方面的环境关系，凡是造成污染危害的单位，都要承担治理污染的责任，对向大气环境排放污染物或超过国家标准排放的企业，根据超标排放的数量和浓度，按规定征收排污费。

大气环境技术管理是通过制定技术标准、技术政策、技术发展方向和生产工艺等进行环境管理，限制损坏大气环境质量的生产技术活动，鼓励开发无公害生产工艺技术。开展农田大气污染监测，制订实施农田大气环境质量标准，通过监测及时掌握污染动态和采取相应措施，从而减少污染危害；加强田间管理，合理施肥，提高作物抗污染能力。在作物上喷撒某些化学物质可以减轻污染危害的作用。如喷石灰乳液可减轻二氧化硫和氟化氢的危害。

总之，大气污染是一个复杂的并涉及到多方面的环境问题，这些因素除了植物本身外，还有气候的、土壤的、污染物本身性质的，以及公众的环境意识等。大气污染与农业生产息息相关，关系到一个国家的稳定与健康发展。目前，虽然有很多治理农田大气污染的方法、措施，但都不够系统，效果差强人意。从根本上说，防治大气污染，还得从人们的环保意识和对新能源的开发着手，同时秉承可持续发展理论，才能从本质上解决问题。

## 第二节　水污染及防治

### 一、水资源概况

#### （一）世界水资源状况

世界上水的总储量约有14亿$km^3$，平铺在地球表面上约有3000m高。地球表面70%被水覆盖，因此有人把地球说成是蓝色星球，又叫水球。地球上的水97.2%的水都分布在大洋和浅海中，这些咸水是人类无法直接利用的（要利用就要海水淡化，成本高）。陆地上两极冰盖和高山冰川中的储水占总水量的

2.15%，目前也无法直接利用。余下的0.65%才是人类可直接利用的。从数字上可看出，水是丰富的，但可利用的淡水资源是极其有限的。

人类用水量中，25%的消费被用于工业，70%以上则用于农场和牧场。农业是用水矛盾最突出的领域。当今世界的水资源分布十分不均。除了欧洲因地理环境优越、水资源较为丰富以外，其它各洲都不同程度地存在一些严重缺水地区，最为明显的是非洲撒哈拉以南的内陆国家，那里几乎没有一个国家不存在严重缺水的问题；阿拉伯联合酋长国被迫从1984年起每年从日本进口雨水2000万$m^3$。土耳其给幼发拉底河以及底格里斯河畔的大型水利工程配备了地对空导弹，抵御军事袭击，约旦盆地也潜伏着水的争端，那里许多蕴藏地被掠夺破坏，以致海水涌入，使地下水不能再为人所用。

### （二）中国的水资源状况

我国水资源总储量约2.81万$m^3$，居世界第六位，但人均水资源量不足2400$m^3$，仅为世界人均占水量的1/4，相当于美国的1/5，前苏联的1/7，加拿大的1/48，世界排名110位，被列为全球13个人均水资源贫乏国家之一。全世界有60多个国家和地区严重缺水，1/3的人口得不到安全用水。

## 二、水污染的概念及分类

水污染通常是指排入水体的污染物超过了该物质在水体中的本底含量和水体的环境容量即水体对污染物的净化能力，因而引起水质恶化，水体生态系统遭到破坏，造成对水生生物及人类生活与生产用水的不良影响。水的污染有两类：一类是自然因素造成的，如地下水流动把地层中某些矿物溶解，使某些地区水体盐分、微量元素浓度偏高或因植物腐烂中产生的毒物而影响了当地的水质。另一类是人为因素造成的，主要是工业排放的废水。此外，还包括生活污水、农田排水、降雨淋洗大气中的污染物以及堆积在地上的垃圾经降雨淋洗流入水体的污染物。随着工农业生产的发展，城镇的增加和扩大，城市生活污水、工农业生产废水大量排入水体而造成污染，人类对大气和土壤的污染，经过降水和径流过程，污染物最终也进入水体，此外还包括石油和其它工业废水进入海洋而造成的水污染。

自然环境包括水环境对污染物质都有一定的承受能力，称为环境容量。水体能够在环境容量的范围之内，在污染物进入水体后，依靠环境自身的作用而使污染物浓度自然降低或消除的过程即称为水体的自净作用。水体的自净往往需要一定的时间和条件，还与污染物的性质、浓度（或数量）以及排放方式等有关。按照作用机理，这种自净作用又可分为物理自净、物理化学自净和生物自净三种。

（1）物理自净　污染物进入水体后，通过水的流动、使污染物得到扩散、混合、稀释、挥发，改变污染物的物理性状和空间位置，使其在水体中降低浓度以至消除。

（2）物理化学自净　污染物在水体中通过中和、沉淀、氧化还原、化合分解等物理化学变化，使污染物发生化学性质、形态、价态上的变化，从而改变污染物在水体的迁移能力和毒性大小。

（3）生物自净　指悬浮和溶解于水体中的有机污染物在微生物的作用下，发生氧化分解，使其降低浓度、转化为简单、无害的无机物以至从水体中消除的过程。它还可以包括生物转化和生物富集等过程。在水体自净中，生物自净占有主要的地位。

水体污染物按污染物的危害性可分为：无毒污染物、有毒污染物两大类。

水体中的无毒污染物包括酸碱盐等无机物及蛋白质、油类、脂肪等有机物，它们一般虽无生物毒性，但含量过高会对人类或生态系统产生不良影响。酸、碱物质使水体不能维持正常 pH 范围（6.5~8.5）。含氮、磷的化合物，如合成洗涤剂及化肥等是营养物质，因过量会引起藻类疯长而使水体缺氧。其它有机物因化学和微生物分解过程而消耗水体中的氧气，致使水体中溶解氧耗尽，水质恶化。各种溶于水的无机盐类会造成水体含盐量增加，硬度增加，同样会影响某些生物的生长和造成农田盐渍化。此外还影响工业用水和饮水水质，从而增加处理费用。

有毒污染物包括无机有毒物和有机污染物。其中无机有毒物质又分为以下两种。

（1）重金属污染物　Hg、Ph、Cr、As、Be、Co、Ni、Cu、Zn、Se 等。As、Be、Se 虽非重金属，但在环境科学中考虑到 As、Se 的毒性和某些性质类似于重金属，Be 与人体健康关系密切因此常把它们列入重金属讨论范畴。

（2）无机阴离子污染物　$NO^{2-}$ 具有毒性，进入生物体内后易转化为强致癌物质亚硝胺，在饮用水中不得检测出 $NO^{2-}$，在腌制食品时的无氧环境中，盐中的 $NO^{3-}$ 有可能转变成 $NO^{2-}$，$NO^{3-}$ 含量在水中以 N 计不容许超过 10mg/L；$CN^-$ 具强烈配合作用，能破坏细胞中氧化酶，造成人体缺氧呼吸困难，从而窒息死亡，人为排放的因素主要来自化学、电镀、煤气、炼焦等工业排放的含氰废水，

每升饮用水中 $CN^-$ 含量不能超过 0.01mg/L。有毒的有机物主要包括有机农药、多氯联苯、多环芳烃等类有机物。有毒有机污染物的共同特点是：极大多数为难降解有机物，或称持久性有机物。它们在水中的含量虽不高，但因在水体中残留时间长、有蓄积性、可促进慢性中毒，造成致癌、致畸、致突变等生理毒害。

## 三、水污染的危害

水污染主要来自工业废水、生活污水、农业废水等。水污染可分为病原体污染、需氧物质污染、植物营养物质污染、石油污染、热污染、放射性污染、盐类污染、有毒化学物质污染等。有些污染物是可以用肉眼看出来的，例如水污染后，有飘浮物、水变颜色、有异味等，而有些污染物则需要测定。在湖泊、水库、海湾、水口，由于氮、磷等植物营养成分大量积聚，使水生生物，特别是水藻类过分繁殖引起污染的现象，称为水体的富营养化。富营养化还可能使有些湖泊由贫营养湖变为富营养湖，进一步发展为沼泽和干地。根据污染的程度可把水体划分为以下五类：一类指未受任何污染的源头水；二类指重要的集中式生活饮用水源一级保护区及珍贵的鱼类保护区、鱼虾产卵场；三类指集中式生活饮用水源二级保护区及一般鱼类保护区、游泳区；四类指一般工业用水区及人体非直接接触的娱乐用水区；五类指一般农业用水区及一般景观要求的水域。

### （一）水污染对人体健康的危害

水污染对人体健康造成的危害是严重的，水体受化学毒物污染后，通过饮用水或食物链便会造成中毒，如甲基汞中毒（水俣病）、镉中毒（痛痛病）、砷中毒、氰化物中毒、农药中毒等。

1. 水俣病（重金属污染）

1950 年，在日本水俣湾附近的小渔村中，发现一些猫的步态不稳，抽筋麻痹，最后自己跳水溺死，当地人称它们为“自杀猫”。此后，水俣镇发现了一个怪病人，开始时步态不稳，面部呆痴，进而是耳聋眼瞎，全身麻木，最后精神失常，一会儿酣睡，一会儿兴奋异常，身体弯弓，高叫而死。1956 年又有同样病症女孩住院，引起当地熊本大学医院专家注意，开始调查研究。最后发现原来是当地一个化肥厂（日本氮肥公司）在生产氯乙烯和醋酸乙烯时，采用成本低的汞催化剂工艺，把大量的含有有机汞的废水排入水俣湾，使鱼有毒、人和猫、狗吃了毒鱼生病而死。因为此病发生在水俣湾，故叫水俣病。1991 年 3 月底已有 2248 人被确认的病患者，其中 1004 人死亡，制造氮肥的公司（TISSO 株式会社的前身）累计支付的补偿金额到 93 年底为 908 亿日元，现在仍每年支付 30 多亿日元。因底泥污染严重，直到现在仍能从一部分鱼类贝类的体内检测出高于厚生省规定的“汞的暂行控制值”。

2. 赤潮

赤潮是由于浮游生物异常繁殖使海水变色的现象。种类繁多的浮游生物，其中多数具有一定颜色，少部分还有发光本领。当港区海面养分过分时，带有各种颜色的浮游生物大量浮于水面，在阳光的照射下五光十色。赤潮并非都是红色，它是随着引起红潮的浮游生物的颜色不同，而呈现发光的和不发光的红色的、红褐色的、绿色的。发生赤潮时，大量浮游生物浮在水面，减少或隔绝水中溶解氧的来源，使大量鱼类等水生生物缺氧而死。同时，浮游生物在代谢过程中或尸体分解时，往往产生多种有毒物质。这些有毒物质通过食物链而富集在鱼类、贝类体内，产生毒害作用，被人食用就有中毒的危险。

3. 多瑙河污染

2000 年 2 月 12 日，从罗马尼亚边境城镇奥拉迪亚一座金矿泄漏出的氰化物废水不可阻挡地流到了南联盟境内。毒水流经之处，所有生物全都在极短时间内暴死，迄今为止流经罗马尼亚、匈牙利和南联盟的欧洲大河之一蒂萨河及其支流内 80% 的鱼类已经完全灭绝，沿河地区进入紧急状态。这是自前苏联切尔诺贝利核电站事故以来欧洲最大环境灾难。

### （二）水污染对农业的危害

农业污染日趋严重，农药、化肥、农膜等农用化学物质的大量使用，对促进农业增产、农民增收和解决粮食自给做出了突出贡献。但与此同时，也造成了极其严重的农业面源污染。最突出的是农药使用，20 世纪 70 年代以有机氯为主的高毒高残留农药的使用，给农业生态环境造成了严重污染。一是中高毒农药的使用屡禁不止，在个别蔬菜、药材上仍有使用。二是化肥施用量呈逐年上升趋势。较普遍的是蔬菜、瓜果等农作物化肥用量很高，导致个别蔬菜中硝酸盐和亚硝酸盐严重超标。而化肥的利用率仅有 30% 左右，大部分流失也造成了地表水富营养化和地下水硝酸盐污染。三是农民居住环境和生产环境污染加剧。随着畜禽养殖业的发展，大量畜禽粪便和养殖废水未经有效处理和利用，随意堆放，跑、冒、滴、漏现象较为普遍，严重污染农村水体和空气。四是农副产品初加工业的兴起，带来的一系列农业生态环境问题。

受污染的水从各种途径对农业生产发生影响，主要表现是：对农作物生育产生直接影响，使产量降低；污染物对土壤产生影响，间接影响农作物生育。对农产品品质产生影响，降低其食用价值，间接影响人畜健康。

1. 氮过量危害

作物生育必须吸收大量氮素，缺氮不能高产，但灌溉水中若含氮过多，造成氮过量的危害，对作物来讲，氮就是污染了。灌溉水中如果含氮过多，可造成作物的营养失调，导致徒长、倒伏，抗逆性差，易发生病害，成熟不良等问题，从而使作物减产，品质恶化。

2. 有机物的危害

水中的有机污染物种类很多，它们的共同点是容易分解。污水中的有机物进入农田后，在旱地氧化条件下，有机物分解迅速，变成二氧化碳和其它无机形态；在水田，分解过程消耗大量氧气，且氧化物（如三价铁）、硫酸根、锰等被还原，嫌气分解过程中生成的氢、甲烷等气体及醋酸、丁酸等有机酸和醇类等中间产物中相当部分对水稻有毒害，使水稻的养分吸收和体内代谢过程受抑制，导致减产。

3. 油分的危害

各种矿物油和动植物油进入农田后，能引起土壤障碍和对植物的直接危害。油分渗入组织，使其呈半透明状态，因而体内水分代谢发生障碍，叶尖卷曲，心叶黄白色，使植株枯萎。油分在土壤中残留，引起慢性障碍。石油不仅影响农作物的生长发育，还会被作物吸收残留在植物体内，使粮食、蔬菜变味，所谓“油味饭”就是引用炼油厂含石油浓度高，而未经处理的废水灌溉的结果。

4. 盐分的危害

含盐量高的各种废水对作物的危害主要由高浓度的盐分所造成，其中氯化钠最为常见。高浓度的含盐污水能在短时间内全部叶子失水干枯致死；低浓度的含盐污水危害首先表现叶色变浓，接着下部叶片枯萎，分蘖受到抑制。

5. 酸碱危害

各种工业企业的排水，常含较强的酸性或碱性，如造纸厂的废水碱性很强，硫化物矿排水，水泥、水坝施工现场排水等均含大量的酸、碱。农田受碱性危害时，作物叶色浓绿，地上部分生长受抑制，引起缺锌症状，生育停滞，叶片出现赤枯状斑点。在酸过强情况下，土壤表面呈赤褐色，为铁、铝溶出的结果，在这种情况下，作物吸收铁过多，会产生营养障碍，并对植物根的生育有抑制作用。

6. 重金属的危害

各种金属矿山、冶炼厂、电镀厂等的废水中，含有铜、锌、镉、镍等重金属或砷及其它元素，这些废水使农作物受害的事故较多，引起相当严重的公害问题，对人体健康有不良影响。

7. 酚、氰的危害

酚的来源比较广，焦化厂、城市煤气厂、炼油厂和石油化工厂等的排放废水含有大量的酚。酚在植物体内积累，产品食味恶化，带酚味，品质下降，特别是蔬菜作物影响更大。氰化物对动物有很强毒性，而高等植物对氰化物有一定同化能力，毒性相对弱。对植物的毒性主要由于氢氰酸是一种呼吸抑制剂。

## 四、 水污染的防治

### （一）污水处理基本方法

污水处理是用物理、化学或生物方法，或几种方法配合使用以去除废水中的有害物质，按照水质状况及处理后出水的去向确定其处理程度，废水处理一般可分为一级、二级和三级处理。污水处理常用技术见表7－1。

**表7－1　污水处理常用技术**

| 方法 | 基本原理 | 常用技术 |
|---|---|---|
| 物理法 | 通过物理或机械作用去除废水中不溶解的悬浮固体及油品 | 过滤、沉淀、离心分离、上浮等 |
| 化学法 | 加入化学物质，通过化学反应，改变废水中污染物的化学性质或物理性质，使之发生化学或物理状态的变化，进而从水中除去 | 中和、氧化、还原、分解、絮凝、化学沉淀等 |
| 物理化学法 | 运用物理和化学的综合作用使废水得到净化 | 汽提、吹脱、吸附、萃取、离子交换、电解、电渗析、反渗析等 |
| 生物法 | 利用微生物的代谢作用，使废水中的有机污染物氧化降解成无害物质的方法，又叫生物化学处理法，是处理有机废水最重要的方法 | 活性污泥、生物滤池、生活转盘、氧化塘、厌气消化等 |

资料来源：肖时祥，《2014—2018年中国污水处理行业市场前瞻与投资规划分析报告》，2014。

一级处理采用物理处理方法，即用格栅、筛网、沉沙池、沉淀池、隔油池等构筑物，去除废水中的固体悬浮物、浮油，初步调整pH，减轻废水的腐化程度。废水经一级处理后，一般达不到排放标准（BOD去除率仅25%～40%）。

故通常为预处理阶段，以减轻后续处理工序的负荷和提高处理效果。

二级处理是采用生物处理方法及某些化学方法来去除废水中的可降解有机物和部分胶体污染物。经过二级处理后，废水中 BOD 的去除率可达 80% ~ 90%，即 BOD 含量可低于 30mg/L。经过二级处理后的水，一般可达到农灌标准和废水排放标准，故二级处理是废水处理的主体。但经过二级处理的水中还存留一定量的悬浮物、生物不能分解的溶解性有机物、溶解性无机物和氮磷等藻类增值营养物，并含有病毒和细菌。因而不能满足要求较高的排放标准，如处理后排入流量较小、稀释能力较差的河流就可能引起污染，也不能直接用作自来水、工业用水和地下水的补给水源。

三级处理是进一步去除二级处理未能去除的污染物，如磷、氮及生物难以降解的有机污染物、无机污染物、病原体等。废水的三级处理是在二级处理的基础上，进一步采用化学法（化学氧化、化学沉淀等）、物理化学法（吸附、离子交换、膜分离技术等）以除去某些特定污染物的一种“深度处理”方法。显然，废水的三级处理耗资巨大，但能充分利用水资源。

**（二）污水的生物处理技术**

排放到污水处理厂的污水及工业废水可利用各种分离和转化技术进行无害化处理。其中废水的生物处理法是基于微生物通过酶的作用将复杂的有机物转化为简单的物质，把有毒的物质转化为无毒的物质的方法。根据在处理过程中起作用的微生物对氧气的不同要求，生物处理可分为好气（氧）生物处理和厌气（氧）生物处理两种。

（1）好气生物处理是在有氧气的情况下，借好气细菌的作用来进行的。细菌通过自身的生命活动——氧化、还原、合成等过程，把一部分被吸收的有机物氧化成简单的无机物（$CO_2$、$H_2O$、$NO_3^-$、$PO_4^{3-}$等）获得生长和活动所需能量，而把另一部分有机物转化为生物所需的营养物质，使自身生长繁殖。

（2）厌气生物处理是在无氧气的情况下，借厌氧微生物的作用来进行。厌氧细菌在把有机物降解的同时，需从 $CO_2$、$H_2O$、$NO_3^-$、$PO_4^{3-}$等中取得氧元素以维持自身对氧元素的物质需要，因而其降解产物为 $CH_4$、$H_2S$、$NH_3$等。

用生物法处理废水，需首先对废水中的污染物质的可生物分解性能进行分析。主要有可生物分解性、可生物处理的条件、废水中对微生物活性有抑制作用的污染物的极限容许浓度三个方面。可生物分解性是指通过生物的生命活动，改变污染物的化学结构，从而改变污染物的化学和物理性能所能达到的程度。对于好气生物处理是指在好气条件下污染物被微生物通过中间代谢产物转化为

$CO_2$、$H_2O$ 和生物物质的可能性以及这种污染物的转化速率。微生物只有在某种条件下（营养条件、环境条件等）才能有效分解有机污染物。营养条件、环境条件的正确选择，可使生物分解作用顺利进行。通过对生物处理性的研究，可以确定这些条件的范围，诸如 pH，温度以及碳、氮、磷的比例等。

近年来，在水资源再生利用研究中，人们十分关注各种纳微米级颗粒污染物去除的问题。水中的纳微米级颗粒污染物是指尺寸小于 1μm 的细微颗粒，其组成极其复杂，如各种微细的黏土矿物质、合成有机物、腐殖质、油类和藻类物质等，微细黏土矿物作为一种吸附力较强的载体，表面常吸附着有毒重金属离子、有机污染物、病原细菌等污染物，而天然水体中的腐殖质、藻类物质等，在水净化处理的氯消毒过程中，可与氯形成氯代烃类致癌物，这些纳微米级颗粒污染物的存在不仅对人体健康具有直接或潜在的危害作用，而且严重恶化水质条件，增加水处理难度，如在城市废水的常规处理过程中，造成沉淀池絮体上浮、滤池易穿透，导致出水水质下降、运行费用增加等困难。而目前采用的传统常规处理工艺无法有效去除水中这些纳微米级污染物，一些深度处理技术如超滤膜、反渗透等又由于投资及费用昂贵，难以得到广泛应用，因此迫切需要研究和发展新型、高效、经济的水处理技术。

## 第三节　固体废物的处理与处置

目前，越来越多的垃圾严重破坏了环境，如何有效地回收利用垃圾，是待解决的一个重大的问题。世界各国都在同垃圾进行斗争，垃圾处理技术已由过去的收运、堆存和消纳转为向垃圾减量化、无害化、资源化和综合利用的方向发展。在一些发达国家，垃圾的综合利用已成为新兴的盈利产业。固体废物问题较之其它形式的环境问题有其独特之处，简单概括之，“四最”——最难得到处置、最具综合性的环境问题、最晚得到重视、最贴近的环境问题。

最难得到处置：固体废物为“三废”中最难处置的一种，因为它含有的成分相当复杂，其物理性状（体积、流动性、均匀性、粉碎程度、水分、热值等）也千变万化。

最具综合性的环境问题：固体废物的污染，从来就不是单一的，它同时也伴随着水污染及大气污染问题。我们无法回避其给我们生存空间、给人类可持续发展带来的影响。

最晚得到重视：在固、液、气三种形态的污染（固体污染、水污染、大气污染）中，固体废物的污染问题较之大气、水污染是最后引起人们的注意，也是最少得到人们重视的污染问题。

最贴近的环境问题：固体废物问题，尤其是城市生活垃圾，最贴近人们的日常生活，因而是与人类生活最息息相关的环境问题。关注固体废物问题，也就是关注我们最贴近的环境问题，通过对我们日常生活中垃圾问题的关注，也将最有效的提高全民的环境意识、资源意识，关注我们的生活、关注我们的环境。

## 一、固体废物及其分类

固体废物指人类在生产、生活过程中产生的对所有者不再具有使用价值而被废弃的固态和半固态物质。它是人类物质文明的产物。大量的固体废物排入环境，不仅占用大量土地，而且严重污染周围环境，破坏生态平衡。固体废物的产生有其必然性。一方面由于人们在索取和利用自然资源从事生产和生活活动时，限于实际需要和技术条件，总会将其中一部分作为废物丢弃；另一方面由于各种产品本身有其使用寿命，超过了一定期限，就会变成废物。固体废物的产生又有其相对性。固体废物只是相对于某一过程或某方面没有使用价值，而非在一切过程或一切方面都没有使用价值。随着时间的推移和技术的进步，废弃物将越来越多地被转化为新的原材料。所以有人说固体废物是被放错了位置的原料。

固体废物的种类很多，通常将固体废物按其组成、形态、来源划分其种类。如按其化学组成可分为有机物和无机物；按其形态可分为固体的（块状、粒状、粉状）和泥状的；按其来源可分为矿业的、工业的、城市生活的、农业的和放射性的。此外，固体废物还可分为有毒和无毒的两大类。有毒有害固体废物是指具有毒性、易燃性、腐蚀性、反应性、放射性和传染性的固体、半固体废物，占一般固体废物量的1.5%～2.0%。

## 二、固体废物的危害

在自然条件影响下，固体废物中的部分有害成分可以进入大气、水体和土壤环境，参与生态系统的物质循环进而污染环境，故固体废物具有潜在的、长期的危害性。固体废物的性质多种多样，成分也十分复杂，尤其是在废气治理过程中排出的固体废物，更是浓集了许多有害成分，对环境的危害面广。

### （一）侵占土地，损伤地表

污染土壤固体废物露天堆存，不但占用大量土地，而且其含有的有毒有害成分也会渗入到土壤之中，使土壤碱化、酸化、毒化，破坏土壤中微生物的生存条件，影响动植物生长发育。许多有毒有害成分还会经过动植物进入人的食物链，危害人体健康。据估计，每堆积 $1\times10^4$t 固体废物约占地 670m²，而受污染的土壤面积往往比堆存面积大 1 ~2 倍。大量固体废物的堆积侵占了大量土地甚至农田，造成了极大的经济损失，并严重破坏了地貌植被和自然景观，许多城市都被垃圾所困扰。土地是宝贵的自然资源，随着生产的发展和消费的增长，固体废物的受纳场地日显不足，固体废物侵占土地与争地的矛盾将日益尖锐。

### （二）污染土壤

长期露天堆存的固体废物和未经适当防渗填埋的垃圾中的有害成分经过风化、雨淋、地表径流的侵蚀很容易涌入土壤中，使土地毒化、酸化和碱化，从而改变了土壤的性质和结构，影响土壤微生物的活动，妨碍植物根系的生长。有些污染物在植物机体内积蓄和富集，通过食物链影响人体健康，甚至杀灭土壤微生物，使土壤丧失腐解能力，导致草木不生。20 世纪 80 年代，我国内蒙古包头市的一个堆积如山的尾矿就曾造成坝下游大片土地被污染，使一个村的村民被迫搬迁。

### （三）污染水体

固体废物对水体的污染表现在以下两个方面：①大量固体废物排放到江河湖海会造成淤积，从而阻塞河道、侵蚀农田、危害水利工程；②与水（雨水、地表水）接触，废物中的有毒有害成分必然被浸滤出来。从而使水体发生酸性、碱性、富营养化、矿化、悬浮物增加，甚至毒化等变化，危害生物和人体健康。在我国，固体废物污染水的事件已屡见不鲜。如 20 世纪 50 年代我国锦州市发生过一起固体废物污染水体事件，该市某铁合金厂露天堆存的铬渣，雨水淋溶，铬渗入地下。数年后，使近 20km² 范围内的水质遭受六价铬污染，地下水中铬超过饮用水允许容量的 1000 倍，致使七个自然村屯 1800 眼水井的水不能饮用。

### （四）污染大气

固体废物还可以通过多种途径污染大气。固体废物对大气的污染表现为三个方面：①废物的细粒被风吹起，增加了大气中的粉尘含量，加重了大气的尘污染；②生产过程中由于除尘效率低，使大量粉尘直接从排气筒排放到大气环境中，污染大气；③堆放的固体废物中的有害成分由于挥发及化学反应等，产生有毒气体，导致大气的污染。有机固体废物在适宜的温度和湿度下会滋生微生物并通过微生物释放出有毒气体；煤矸石自燃会散发出大量的二氧化硫、二氧化碳、氨气等气体而严重地污染大气。焚烧法处理固体废物也会污染大气。

### （五）影响环境卫生

垃圾粪便固体废物如不加以利用，则需占地堆放。固体废物，特别是城市垃圾和致病废弃物如果长期弃往郊外，不作无害化处理，会使蚊蝇孳生、致病细菌蔓延、鼠类肆虐的场所，成为流行病的重要发生地。简单地被植物吸收进入食物链，还能传播大量的病源体，引起疾病。另外，固体废物的堆放还影响破坏了周围的自然景观。

## 三、固体废物的处理原则

中国的垃圾治理政策是："减量化"、"无害化"和"资源化"。对已经产生的垃圾，则"无害化"是垃圾处理的基础，在实现"无害化"的同时，实现垃圾的"减量化"和"资源化"是追求的目标。

### （一）"无害化"原则

固体废物的"无害化"处理指对已产生又无法或暂时尚不能资源化利用的固体废物，经过物理、化学或生物方法，进行对环境无害或低危害的安全处理、处置，达到废物的消毒、解毒或稳定化，以防止并减少固体废物的污染危害。垃圾的焚烧、卫生填埋、堆肥的厌氧发酵、有害废物的热处理和解毒处理等都属"无害化"原则。

对不同的固体废弃物，可根据不同的条件，采用各种不同的无害化处理方法，如土地处置和海洋处置、焚烧等。土地处置包括卫生土地填筑、安全土地填筑以及土地深埋技术等现代化土地处置技术；海洋处置包括远洋焚烧和深海投弃。

### （二）"减量化"原则

通过适宜的手段减少固体废物数量、体积，并尽可能地减少固体废物的种类、降低危险废物的有害成分浓度、减轻或清除其危险特性等，从"源头"上直接减少或减轻固体废物对环境和人体健康的危害，最大限度地合理开发和利用资源和能源。对固体废物的综合利用是实施减量化的一个重要途径。

### （三）“资源化”原则

固体废物资源化指采取管理和工艺措施从固体废弃物中回收有用的物质和能源。故固体废物又被称为“再生资源”或“二次资源”。固体废物的资源化是固体废物的主要归宿，包括物质回收、物质转换和能量转换等途径。

目前，工业发达国家出于资源危机和治理环境的考虑，已把固体废物资源化纳入资源和能源开发利用之中，逐步形成了一个新兴的工业体系：资源再生工程。如欧洲各国把固体废弃物资源化作为解决固体废弃物污染和能源紧张的方式之一，将其列入国民经济政策的一部分，投入巨资进行开发；日本由于资源贫乏，将固体废弃物资源化列为国家的重要政策，当作紧迫课题进行研究；美国把固体废弃物列入资源范畴，将固体废弃物资源化作为固废处理的替代方案。我国固体废弃物资源化虽然起步较晚，但20世纪90年代已把八大固体废弃物资源化列为国家的重大技术经济政策之中。

## 四、固体废物的处理方法

固体废物处理方法可分为物理处理、化学处理、生物处理、固化处理和热处理。

### （一）物理处理

不改变固体废物成分，仅改变固体废物结构的方法，如破碎、压实、分选等。

1. 固体废物的压实

当对固体废物实施压实操作时，随压力强度的增加，空隙率减少，表观体积随之而减小，容重增加。因此，固体废物压实的实质，可以看作是消耗一定的压力能，提高废物容重的过程。通过压实，可以降低运输成本、延长填埋厂寿命的预处理技术。

2. 固体废物的破碎

固体废物破碎过程是减少其颗粒尺寸、使之质地均匀，从而可降低空隙率、增大容重的过程。据有关研究表明，经破碎后的城市垃圾比未经破碎时其容重增加25%～50%，且易于压实。这一处理技术对大规模城市垃圾的运输、物料回收、最终处置以及对提高城市垃圾管理水平，无疑具有特殊意义。

3. 固体废物的分选技术

用人工或机械的方法把固体废物分门别类地分开来，回收利用有用物质、分离出不利于后续处理工艺的物料的处理方法。根据物质的粒度、密度、磁性、电性、光电性、摩擦性、弹性以及表面润湿性的不同进行分选，可分为：风力分选、筛选、重力分选、磁力分选、电力分选、光电分选、摩擦及弹性分选、浮选。

### （二）固体废物的化学处理

固体废物的化学处理是针对固体废物中易于对环境造成严重后果的有毒有害化学成分，采用化学转化的方法，使之达到无害化。由于这类化学转化反应的条件较为复杂，受多种因素影响，因此，化学处理仅限于对单一成分或几种化学性质相近的混合成分进行处理。对于不同成分的混合物，采用化学处理方法，往往达不到预期的效果。化学处理方法主要包括中和法与氧化还原法。

1. 中和法

中和法是处理酸性或碱性废水常用的方法。对固体废物主要用于化工、冶金、电镀与金属表面处理等工业中产生的酸、碱性泥渣。这类泥渣对土壤与水体均会造成危害。中和反应设备可以采用罐式机械搅拌或池式人工搅拌，前者多用于大规模中和处理，而后者多用于间断的小规模处理。

2. 氧化还原法

通过氧化或还原化学处理，将固体废物中可以发生价态变化的某些有毒成分转化为无毒或低毒，且具有化学稳定性的成分，以便无害化处置或进行资源回收。

### （三）固体废弃物的生物处理

利用微生物将固体废物中的有机物转变成无害物质的处理方法，其基本原理是利用微生物的生物化学作用，将复杂有机物分解为简单物质，将有毒物质转化成为无毒物质。许多危险废物通过生物孤犊触乳可解除毒性，解除毒性后的废物可被土壤和水体所接纳。生物法主要有活性污泥法、好氧堆肥法和厌氧发酵制沼气。

1. 好氧堆肥法

堆肥就是利用微生物对有机废物进行分解腐烂而形成肥料。木质废弃物、植物秸秆、落叶、厩肥、禽类粪、人粪尿，城市及工业废弃物中的有机质、动物尸体、食物下脚料、污水处理厂的污泥等均属于有机固体废弃物，如不处理它们，则会在自然条件下变质腐烂，放出有害气体，污染环境。但是这些废弃物中含有相当量可利用的肥效元素，如 N、P、K、Na、Mg、Mn 及 Fe 等，可以通过微生物将这些元素变成优质复合肥料。

为了加快堆肥熟化，提高肥料的复合性，还要加入①作为水解酶的主要原料，如人畜粪尿及污水等；②作为控制 C∶N 的无机肥料，碳氮比一般应为50上下，但是秸秆、树枝、玉米芯、纸、落叶、生活垃圾及食品工业废弃物的 C∶N 为100左右。一般要加入的无机肥料有［ $(NH_4)_2SO_4$、$(NH_4)_2CO_3$、$(NH_4)_2HPO_4$］等；③作为刺激微生物生长和增加其活性的微量元素，以及其它物质，如 Fe、Mn、Mg、Zn、维生素 H、辅酶 M 等。

好氧-厌氧兼性堆肥法是一种适合于处理有机性固体废弃物的方法，堆肥场宜建在城市垃圾堆放场周围，这里有足够的有机添加剂，产品就近施用，既可减少环境污染负荷，又可实现高效生态农业。肥质优良，营养元素丰富，特别是对砂土地和变质板结土地有明显地改良作用。

2. 厌氧发酵制沼气

利用厌氧微生物将废物中可降解的有机物分解为稳定的无害物质，同时获得以甲烷为主的沼气。生物质厌氧发酵制沼气主要原料是农作物秸秆，从环保、资源及能源利用角度看，秸秆厌氧制沼气工艺是将来秸秆综合利用的主要途径。其次，养殖场粪便也可大量应用厌氧发酵处理。据统计，我国现有规模化养殖场5万多个。经初步测算全国每年鲜猪粪排放量为9.22亿t，如加上牛、鸡等的污水排放量更是高达60多亿吨。只有少部分畜禽养殖场采用厌氧发酵制沼气和微生菌耗氧发酵技术制有机肥。大多数未经任何处理就直接排放，对周边水源、空气、环境造成严重污染。如果将这其中1千万t猪、牛、鸡的粪便污水进行厌氧发酵处理，可产沼气4亿 $m^3$、有机肥5百万t；沼气发电装机容量可达1千万kW，发电量上百亿千瓦时。经济价值，环保价值不可估量。

**（四）热处理**

通过高温破坏和改变固体废物组成和结构，同时达到减容、无害化或综合利用的目的。热处理方法包括焚烧、热解、湿式氧化以及焙烧、烧结等。

1. 焚烧

焚烧一般是指将垃圾作为固体燃料送入焚烧炉中，在高温条件下（一般为900℃左右，炉心最高温度可达1100℃），垃圾中的可燃成分与空气中的氧进行剧烈化学反应，放出热量，转化成高温烟气和性质稳定的固体残渣。从焚烧角度分析，城市生活垃圾可分为可燃和不可燃两部分。

（1）可燃垃圾　橡塑、纸张、破布、竹木、皮革、果皮、动植物及厨房垃圾等。其组分、物性和燃烧特性等非常复杂，不宜直接填埋。

（2）不可燃垃圾　金属、建筑垃圾、玻璃、灰渣等，除可回收利用部分外，大多可直接安全填埋。

2. 热解

固体废物热解是利用有机物的热不稳定性，在无氧或缺氧条件下受热分解的过程。

## 五、固体废物的处置

对于因技术原因或其它原因还无法利用或处理的固态废弃物，是终态固体废弃物。终态固体废弃物的处置，是控制固体废弃物污染的末端环节，是解决固体废弃物的归宿问题。处置的目的和技术要求是：使固体废弃物在环境中最大限度地与生物圈隔离，避免或减少其中的污染组成对环境的污染与危害。终态固体废弃物可分为海洋处置和陆地处置两大类。

### （一）海洋处置

海洋处置主要分为海洋倾倒与远洋焚烧两种方法。

1. 海洋倾倒

海洋倾倒是将固体废弃物直接投入海洋的一种处置方法。它的根据是海洋是一个庞大的废弃物接受体，对污染物质能有极大地稀释能力。进行海洋倾倒时，首先要根据有关法律规定，选择处置场地，然后再根据处置区的海洋学特性、海洋保护水质标准、处置废弃物的种类及倾倒方式进行技术可行性研究和经济分析，最后按照设计的倾倒方案进行投弃。

2. 远洋焚烧

远洋焚烧是利用焚烧船将固体废弃物进行船上焚烧的处置方法。废物焚烧后产生的废气通过净化装置与冷凝器，冷凝液排入海中，气体排入大气，残渣倾入海洋。这种技术适于处置易燃性废物，如含氯的有机废弃物。

### （二）陆地处置

陆地处置的方法有多种，包括土地填埋、土地耕作、深井灌注等。土地填埋是从传统的堆放和填地处置发展起来的一项处置技术，它是目前处置固体废弃物的主要方法。可分为卫生土地填埋和安全土地填埋。

1. 卫生土地填埋

卫生土地填埋是处置一般固体废弃物使之不会对公众健康及安全造成危害的一种处置方法，主要用来处置城市垃圾。通常把运到土地填埋场的废弃物在限定的区域内铺撒成一定厚度的薄层，然后压实以减少废弃物的体积，每层操作之后用土壤覆盖，并压实。压实的废弃物和土壤覆盖层共同构成一个单元。具有同样高度的一系列相互衔接的单元构成一个升层。完整的卫生土地填埋场是由一个或多个升层组成的。在进行卫生填埋场地选择、设计、建造、操作和封场过程中，应该考虑防止浸出液的渗漏、降解气体的释出控制、臭味和病原菌的消除、场地的开发利用等问题。

2. 安全土地填埋

安全土地填埋法是卫生土地填埋方法的进一步改进，对场地的建造技术要求更为严格。对土地填埋场必须设置人造成或天然衬里；最下层的土地填埋物要位于地下水位之上；要采取适当的措施控制和引出地表水；要配备浸出液收集、处理及监测系统，采用覆盖材料或衬里控制可能产生的气体，以防止气体释出；要记录所处置的废弃物的来源、性质和数量，把不相容的废弃物分开处置。

# 实验实训　校园的空气污染源分析

## 一、实习目的

（1）通过实训进一步巩固课本知识的学习和掌握，深入了解空气环境中污染因子的类型、采样、分析及数据处理等；

（2）根据污染物或其他影响环境质量因素的分布，追踪污染途径，寻找污染源，为校园环境污染的治理提供依据；

（3）培养团结协作精神及综合分析与处理问题的能力。

## 二、校园大气环境影响因素识别

大气污染受气象、季节、地形、地貌等因素的强烈影响而随时间变化，因此应对校园内各种空气污染源、空气污染物排放状况及自然与社会环境特征进行调查，并对大气污染物排放作初步估算。

1. 校园空气污染源调查

主要调查校园空气污染物的排放源、数量、燃料种类和污染物名称及排放方式等，为空气环境监测项目的选择提供依据，可按表 7－2 的方式进行调查。

**表 7-2　校园内空气污染源调查**

| 序号 | 污染源名称 | 数量 | 燃料种类 | 污染物名称 | 污染物治理措施 | 污染物排放方式 |
|---|---|---|---|---|---|---|
| 1 | 食堂 | | | | | |
| 2 | 印刷厂 | | | | | |
| 3 | 锅炉房 | | | | | |
| 4 | 建筑工地 | | | | | |
| 5 | 家庭炉灶 | | | | | |

2. 校园周边大气污染源调查

大学校园多位于交通干线旁，因此校园周边大气污染源主要调查汽车尾气排放情况，汽车尾气中主要含有 CO、$NO_x$、烟尘等污染物。调查形式如表 7-3 所示。

**表 7-3　校园周边各路段汽车流量调查**

| 路段 | | ××路 | ××路 | ××路 | ××路 | … |
|---|---|---|---|---|---|---|
| 车流量/（辆/h） | 大型车 | | | | | |
| | 中型车 | | | | | |
| | 小型车 | | | | | |

3. 气象资料收集

主要收集校园所在地气象站（台）近年的气象数据，包括风向、风速、气温、气压、降水量、相对湿度等，具体调查内容如表 7-4 所示。

**表 7-4　气象资料调查**

| 项目 | 调查内容 |
|---|---|
| 风向 | 主导风向、次主导风向及频率等 |
| 风速 | 年平均风速、最大风速、最小风速、年静风频率等 |
| 气温 | 年平均气温、最高气温、最低气温等 |
| 降水量 | 年平均降水量 |
| 相对湿度 | 年平均相对湿度 |

## 三、对校园的环境空气质量进行简单评价

全班同学在一起对大气监测结果进行讨论，并对校园的空气环境质量进行简单评价，要求学生积极发言，充分发表自己的观点及意见。期望学生对环境分析与监测课程实训的组织形式提出好的改进意见。

## 本章小结

本章主要介绍了农业环境污染及防治，主要包括大气污染和水污染的概况以及固体废物的处理。介绍了大气污染的现状、对农业生产的危害、相应的防治措施，并对现阶段大气环境污染的处理技术进行了简单的介绍；介绍了水污染的现状和类型，并对水污染的危害和污水防治措施作了初步介绍；介绍了固体废弃物的概念及危害性，以及固体废物的主要处理与处置方法。

**复习思考题**

1. 解释概念：大气污染、一次污染物、二次污染物、光化学烟雾、酸雨、水污染、水体的自净作用、固体废物、减量化、无害化。
2. 大气污染的特征是什么？
3. 大气污染对农业生产的危害有哪些？
4. 大气污染的控制途径有哪些？
5. 水污染的分类有哪些？
6. 水污染的防治措施有哪些？
7. 固体废物的危害性有哪些？
8. 固体废物处理的原则有哪些？

### >>> 资料收集

以当地农村养殖户或大型养殖企业为主要调查对象，调查家畜家禽养殖产生的气体污染、废水污染和固体废物情况，根据所学课程提出解决的意见和建议。

### >>> 查阅文献

利用课外时间从网上收集有关雾霾天气和水质污染的阅读材料，了解污染的产生原因和对人类和生态环境的危害。

### >>> 习作卡片

以当地农村为主要调查对象，调查当地有哪些固体废弃物，做成卡片并做分类，并分析如何把日常生活中的一些废物变废为宝？

## 课外阅读

### 科学家查明北京雾霾6大主要贡献源

记者30日从中科院获悉，中科院大气物理研究所研究员张仁健课题组与同行合作，对北京地区PM2.5化学组成及源解析季节变化研究发现，北京PM2.5有6个重要来源，分别是土壤尘、燃煤、生物质燃烧、汽车尾气与垃圾焚烧、工业污染和二次无机气溶胶，这些源的平均贡献分别为15%、18%、12%、4%、25%和26%。

据介绍，科研人员对2009—2010年不同季节在北京城区采集的121对特氟龙和石英膜PM2.5样品进行分析，获取了北京四个季节PM2.5的质量浓度、29种元素、9种离子和8个组分有机碳无机碳等资料，探讨了不同季节影响北京PM2.5的主要贡献源。

研究显示，沙尘天气常对春季气溶胶有重要影响，而在秋冬季节，来自建设工地的浮尘和街道的再悬浮尘是土壤尘的主要来源。燃煤源在冬季贡献最大，生物质燃烧源贡献春、秋季较高，冬、夏季较低。工业污染源贡献在夏秋季节较高。硫酸盐、硝酸盐等组成的二次无机气溶胶在夏季和春季的贡献最高。

研究表明，对于硫酸盐、硝酸盐、铵盐等六类主要组分来说，北京的南部地区是来源可能性最高的区域。来自北京南部的气流常携带较高浓度的二次无机气溶胶和含碳气溶胶，西北向的气团则含有较多的土壤尘和含碳气溶胶。北京发生雾霾时，来自南向的气流会使二次无机气溶胶的浓度变得很大，这可能与高湿度的云雾中较强的非均相反应以及较强的光化学反应有关。

研究人员表示，如果将燃煤、工业污染和二次无机气溶胶三个来源合并起来，化石燃料燃烧排放成为北京PM2.5污染的主要来源。北京周边省份快速发展的工业生产会带来跨境传输的污染。治理北京本地空气污染，不仅需要改善能源结构，还需要区域联合防治。

这一成果已发表在国际期刊《大气化学与物理学》上。参加研究的还包括环保部华南环境科学研究所、中科院地球环境研究所、北京大学、西安交通大学等。

——摘自 http://news.xinhuanet.com

# 第八章　农业环境的修复

学习目标

理解污染物的土壤修复概念；理解污染物的植物修复概念，理解利用植物对污染物的吸附作用机理；了解污染物的微生物修复的原理，掌握微生物在治理环境污染中的重要性及简单工艺；了解农村地下水污染与自净，掌握当前国内外农业水环境污染问题的解决方案。

## 第一节　污染物的土壤修复

土壤修复是指利用物理、化学和生物的方法转移、吸收、降解和转化土壤中的污染物，使其浓度降低到可接受水平，或将有毒有害的污染物转化为无害的物质。从根本上说，污染土壤修复的技术原理可包括为：①改变污染物在土壤中的存在形态或同土壤的结合方式，降低其在环境中的可迁移性与生物可利用性；②降低土壤中有害物质的浓度。对于目前国内土壤污染的具体情况，并没有明确的官方数据。分析认为，目前我国的土壤污染尤其是土壤重金属污染有进一步加重的趋势，不管是从污染程度还是从污染范围来看均是如此。据此估计，目前我国已有六分之一的农地受到重金属污染，而我国作为人口密度非常高的国家，土壤中的污染对人的健康影响非常大，土壤污染问题也已逐步受到重视。

### 一、　污水土地处理系统

污水土地处理系统是利用土地以及其中的微生物和植物根系对污染物的净

化能力来处理污水或废水，同时利用其中的水分和肥分促进农作物、牧草或树木生长的工程设施。处理方式分为以下三种。

**（一）地表漫流**

用喷洒或其它方式将废水有控制地排放到土地上。土地的水力负荷每年为1.5~7.5m。适于地表漫流的土壤为透水性差的黏土和黏质土壤。地表漫流处理场的土地应平坦并有均匀而适宜的坡度（2%~6%），使污水能顺坡度成片地流动。地面上通常播种青草以供微生物栖息和防止土壤被冲刷流失。污水顺坡流下，一部分渗入土壤中，有少量蒸发掉，其余流入汇集沟。污水在流动过程中，悬浮固体被滤掉，有机物被草上和土壤表层中的微生物氧化降解。这种方法主要用于处理高浓度的有机废水，如罐头厂的废水和城市污水。

**（二）灌溉**

通过喷洒或自流将污水有控制地排放到土地上以促进植物的生长。污水被植物摄取，并被蒸发和渗滤。灌溉负荷量每年为0.3~1.5m。灌溉方法取决于土壤的类型、作物的种类、气候和地理条件。通用的方法有喷灌、漫灌和垄沟灌溉（图8-1）。

（1）喷灌　采用由泵、干渠、支渠、升降器、喷水器等组成的喷洒系统将污水喷洒在土地上。这种灌溉方法适用于各种地形的土地，布水均匀，水损耗

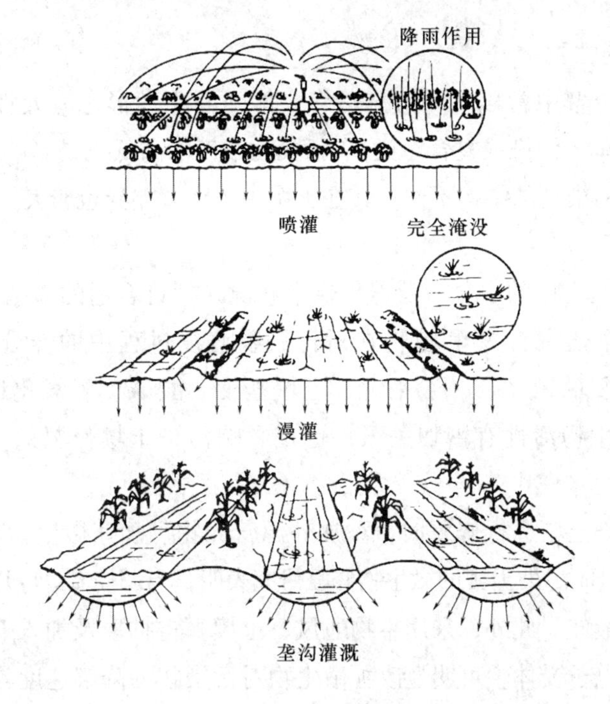


图8-1　污水的三种基本灌溉方法

少，但是费用昂贵，而且对水质要求较严，必须是经过二级处理的。

（2）漫灌　土地间歇地被一定深度的污水淹没，水深取决于作物和土壤的类型。漫灌的土地要求平坦或比较平坦，以使地面的水深保持均匀，地上的作物必须能够经受得住周期性的淹没。

（3）垄沟灌溉　靠重力流来完成。采用这种灌溉方式的土地必须相当平坦。将土地犁成交替排列的垄和沟。污水流入沟中并渗入土壤，垄上种植作物。垄和沟的宽度和深度取决于排放的污水量、土壤的类型和作物的种类。

上述三种灌溉方式都是间歇性的，可使土壤中充满空气，以便对污水中的污染物进行需氧生物降解。

### （三）渗滤

这种方法类似间歇性的砂滤，水力负荷每年为3.3～150m。废水大部分进入地下水，小部分被蒸发掉。渗水池一般是间歇地接受废水，以保持高渗透率。适于渗滤的土壤通常为粗砂、壤土砂或砂壤土。渗滤法是补充地下水的处理方法，并不利用废水中的肥料，这是与灌溉法不同的。

## 二、影响污染土壤修复的主要因子

### （一）污染物的性质

污染物在土壤中常以多种形态贮存，不同的化学形态有效性不同。此外，污染的方式（单一污染或复合污染）、污染物浓度的高低也是影响修复效果的重要因素。有机污染物的结构不同，其在土壤中的降解差异也较大。

### （二）环境因子

了解和掌握土壤的水分、营养等供给状况，拟订合适的施肥、灌水、通气等管理方案，补充微生物和植物在对污染物修复过程中的养分和水分消耗，可提高生物修复的效率。一般来说，土壤盐度、酸碱度和氧化还原条件与生物可利用性及生物活性有密切关系，也是影响污染土壤修复效率的重要环境条件。

对有机污染土壤进行修复时，添加外源营养物可加速微生物对有机污染物的降解。对PAHs污染土壤的微生物修复研究表明，当调控C∶N∶P为120∶10∶1时，降解效果最佳。此外，采用生物通风、土壤真空抽取及加入$H_2O_2$等方法对修复土壤添加电子受体，可明显改善微生物对污染物的降解速度与程度。此外，即使是同一种生物通风系统，也应根据被修复场地的具体情况而进行设计。

### （三）生物体本身

微生物的种类和活性直接影响修复的效果。由于微生物的生物体很小，吸收的金属量较少，难以后续处理，限制了利用微生物进行大面积现场修复的应用。因此，在选择修复技术时，应根据污染物的性质、土壤条件、污染的程度、预期的修复目标、时间限制、成本、修复技术的适用范围等因素加以综合考虑。微生物虽具有可适应特殊污染场地环境的特点，但土著微生物一般存在生长速度慢、代谢活性不高。在污染区域中接种特异性微生物并形成生长优势，可促进微生物对污染物的降解。

## 三、土地处理系统的减污机制

土地处理系统大多数污染物的去除主要发生在地表下 30～50cm 处具有良好结构的土层中，该层土壤、植物、微生物等相互作用，从土表层到土壤内部形成了好氧、缺氧和厌氧的多项系统，有助于各种污染物质在不同的环境中发生作用，最终达到去除或削减污染物的目的。

### （一）病原微生物的去除

废水中的病原微生物进入土壤，便面临竞争环境，例如遇到由其它微生物产生的抗生物质和较大微生物的捕食等。在表层土壤中竞争尤其剧烈，这里氧气充足，需氧微生物活跃，在其氧化降解过程中要捕食病原菌、病毒。一般地说，病原菌和病毒在肥沃土壤中以及在干燥和富氧的条件下，比在贫瘠土壤中以及在潮湿和缺氧的条件下，生存期短，残留率小。废水经过 1m 至几米厚的土壤过滤，其中的细菌和病毒几乎可以全部去除掉，仅在地表上层 1cm 的土壤中微生物的去除率就高达 92%～97%。

### （二）BOD 的去除

废水中的 BOD（生化需氧量）大部分是在 10～15cm 厚的表层土中去除的。BOD、COD（化学需氧量）和 TOC（总有机碳）的物理（过滤）去除率为 30%～40%。废水中的大多数有机物都能被土壤中的需氧微生物氧化降解，但所需的时间相差很大，从几分钟（如葡萄糖）到数百年（如称为腐殖土的络合聚结体）。废水中的单糖、淀粉、半纤维、纤维、蛋白质等有机物在土壤中分解较快，而木质素、蜡、单宁、角质和脂肪等有机物则分解缓慢。如果水力负荷或 BOD 负荷超过了土壤的处理能力，这些难分解的有机化合物便会积累下来，使土壤孔隙堵塞，发生厌氧过程。如发生这种情况，应减少灌溉负荷，使土壤表层恢复富氧的状况，逐渐将积累的污泥和多糖氧化降解掉。在厌氧过程中形成的硫化亚铁沉淀，也会被氧化成溶解性的硫酸铁，从而使堵塞得到消除。

### (三) 磷和氮的去除

在废水中以正磷酸盐形式存在的磷，通过同土壤中的钙、铝、铁等离子发生沉淀反应，被铁、铝氧化物吸附和农作物吸收而有效地除去。因此废水土地处理系统的地下水或地下排水系统的水中含磷浓度一般为0.01～0.1mg/L。磷在酸性条件下生成磷酸铝和磷酸铁沉淀，而在碱性条件下则主要生成磷酸钙或羟基磷灰石沉淀。除了纯砂土以外，大多数土壤中的磷在0.3～0.6m厚的上层便几乎被全部除去。

废水中的氮在土地上有四种形式：有机氮、氨氮、亚硝酸盐氮和硝酸盐氮。亚硝酸盐氮在氧气存在的条件下易被氧化为硝酸盐氮。土地上的氮不管呈何种形态，如不挥发，最后都会矿化为硝酸盐氮。硝酸盐氮可通过作物的根部吸收和反硝化（脱硝）作用去除，在深入到根区以下的土层中，由于缺氧条件，部分硝态氮（10%～80%）发生脱硝反应；最后总有一部分硝态氮进入地下水中。

### (四) 有机毒物的去除

二级处理出水中含的微量有机毒物，如卤代烃类、多氯联苯、酚化物以及有机氯、有机磷和有机汞农药等。它们的浓度一般远低于1μg/L，在土壤中通过土壤胶体吸附，植物摄取，微生物降解，化学破坏挥发等途径而被有效地去除。

### (五) 微量金属的去除

一般认为黏土矿、铁、铝和锰的水合氧化物这四种土壤组分以及有机物和生物是控制土壤溶液中微量金属的重要因素。它们去除微量金属的方式有：①层状硅酸盐以表面吸附或以形成表面络合离子穿入晶格和离子交换等方式吸附；②不溶性铁、铝和锰的水合氧化物对金属离子的吸附；③有机物如腐植酸对镉、汞等重金属的吸附；④形成金属氧化物或氢氧化物沉淀；⑤植物的摄取和固定。微量重金属的去除以吸附作用为主；常量重金属的去除往往以沉淀作用为主。

在废水所含的金属中，镉、锌、镍和铜在作物中的浓缩系数最高，因而对作物以及通过食物链对动物和人的危害也最大。

## 四、应用前景

污水土地处理系统作为一项技术可靠、经济合理、管理运行方便且具有显著的生态、社会效益的新兴的生态处理技术之一，具有无限的发展潜力。

土地处理系统在应用中主要是土地的占用，这在我国广大地区都具有很强的适用性。我国虽然土地资源十分紧缺，但在一些不发达地区，如西北等地区地广人稀，闲置了一些土地、荒山，在较发达地区也有废弃河道和部分闲置的开发区，这为土地处理系统提供了廉价土地资源。在农村和中小城镇，可以利用其拥有低廉土地的优势，建造土地处理系统，不仅可以净化污水，还可以与农业利用相结合，利用水肥资源，将水浇灌绿地、农田，使土壤肥力增加，提高农作物产量，从而带来更多经济效益，同时保护了农村生态系统；在城市，根据其污水水量大，成分复杂，但其市政经济承受能力强的特点，土地处理系统可因地制宜地选用各类型系统，强化人工调控措施，不仅能取得满意的污水处理效果，还可以美化城市自然景观，改善城市生态环境质量。土地处理系统的经济性使其比在其它发达国家更适合我国目前的经济发展水平，与其它处理工艺相比，土地处理系统技术含量较低，这在我国污水处理技术正处于研发和逐渐成熟的现阶段具有广泛的应用前景。以其作为污水处理技术，不仅效果好，而且可以解决我国目前净水工艺存在的主要问题，减少氮、磷的排放量，减缓我国水体富营养化的趋势。加强土地处理系统的理论研究和技术工艺开发，加大力度推行并实施污水土地处理技术，将是解决我国水污染严重和水资源短缺的有效途径。

## 第二节 污染物的植物修复

土壤作为环境的重要组成部分，不仅为人类生存提供所需的各种营养物质，而且还承担着环境中大约90%来自各方面的污染物。随着人类进步、科学发展，人类改造自然的规模空前扩大，一些含重金属污水灌溉农田、污泥的农业利用、肥料的施用以及矿区飘尘的沉降，都是可以使重金属在土壤中积累明显高于土壤环境背景值，致使土壤环境质量下降和生态恶化。由于土壤是人类赖以生存发展所必需的生产资料，也是人类社会最基本、最重要、最不可替代的自然资源。因此，土壤中金属（尤其是重金属）污染与治理成为世界各国环境科学工作者竞相研究的难点和热点。

### 一、重金属进入土壤系统的原因

具体的说重金属污染物可以通过大气、污水、固体废弃物、农用物资等途径进入土壤。

### （一）从大气中进入

大气中的重金属主要来源于能源、运输、冶金和建筑材料生产产生的气体和粉尘。例如煤含 Ce、Cr、Pb、Hg、Ti、As 等金属；石油中含有大量的 Hg。它们都可随物质燃烧大量的排放到空气中；而随着含 Pb 汽油大量地被使用，汽车排放的尾气中含 Pb 量多达 20～50μg/L。这些重金属除 Hg 以外，基本上是以气溶胶的形态进入大气，经过自然沉降和降水进入土壤。

### （二）从污水进入

污水按来源可分为生活污水、工业废水、被污染的雨水等。生活污水中重金属含量较少，但是随着工业废水的灌溉进入土壤的 Hg、Cd、Pb、Cr 等重金属却是逐年增加的。

### （三）从固体废弃物中进入

从固体废弃物中进入土壤的重金属也很多。固体废弃物种类繁多，成分复杂，不同种类其危害方式和污染程度不同。其中矿业和工业固体废弃物污染最为严重。化肥和地膜是重要的农用物资，但长期不合理施用，也可以导致土壤重金属污染。个别农药在其组成中含有 Hg、As、Cu、Zn 等金属。磷肥中含较多的重金属，其中 Cd、As 元素含量尤为高，长期使用造成土壤的严重污染。

随着工业、农业、矿产业等迅速发展，土壤重金属污染也日益加重，已远远超过土壤的自净能力。防治土壤重金属污染，保护有限的土壤资源，已成为突出的环境问题，引起了众多环境工作者的关注。

## 二、土壤重金属污染的植物修复技术

植物修复技术是以植物忍耐和超量积累某种或某些化学元素的理论为基础，利用植物及其共存微生物体系清除环境中的污染物的一门环境污染治理技术。目前国内外对植物修复技术的基础理论研究和推广应用大多限于重金属元素。狭义的植物修复技术也主要指利用植物清洁污染土壤中的重金属。植物对重金属污染位点的修复有三种方式：植物固定、植物挥发和植物吸收。植物通过这三种方式去除环境中金属离子。

### （一）植物固定

植物固定是利用植物及一些添加物质使环境中的金属流动性降低，生物可利用性下降，使金属对生物的毒性降低。通过研究植物对环境中土壤铅的固定，发现一些植物可降低铅的生物可利用性，缓解铅对环境中生物的毒害作用。然而植物固定并没有将环境中的重金属离子去除，只是暂时将其固定，使其对环境中的生物不产生毒害作用，没有彻底解决环境中的重金属污染问题。如果环境条件发生变化，金属的生物可利用性可能又会发生改变。因此植物固定不是一个很理想的去除环境中重金属的方法。

**（二）植物挥发**

植物挥发是利用植物去除环境中的一些挥发性污染物，即植物将污染物吸收到体内后又将其转化为气态物质，释放到大气中。有人研究了利用植物挥发去除环境中汞，即将细菌体内的汞还原酶基因转入芥子科植物中，使这一基因在该植物体内表达，将植物从环境中吸收的汞还原为单质，使其成为气体而挥发。另有研究表明，利用植物也可将环境中的硒转化为气态形式（二甲基硒和二甲基二硒）。由于这一方法只适用于挥发性污染物，应用范围很小，并且将污染物转移到大气中对人类和生物有一定的风险，因此它的应用将受到限制。

**（三）植物吸收**

植物吸收是目前研究最多并且最有发展前景的一种利用植物去除环境中重金属的方法，它是利用能耐受并能积累金属的植物吸收环境中的金属离子，将它们输送并储存在植物体的地上部分。植物吸收需要能耐受且能积累重金属的植物，因此研究不同植物对金属离子的吸收特性，筛选出超量积累植物是研究的关键。能用于植物修复的植物应具有以下几个特性：①即使在污染物浓度较低时也有较高的积累速率；②生长快，生物量大；③能同时积累几种金属；④能在体内积累高浓度的污染物；⑤具有抗虫抗病能力。经过不断的实验室研究及野外试验，人们已经找到了一些能吸收不同金属的植物种类及改进植物吸收性能的方法，并逐步向商业化发展。

例如羊齿类铁角蕨属对土壤镉的吸收能力很强，吸收率可达10%。香蒲植物、绿肥植物如无叶紫花苔子对铅、锌具有强的忍耐和吸收能力，可以用于净化铅锌矿废水污染的土壤。田间试验也证明印度芥菜有很强的吸收和积累污染土壤中Pb、Cr、Cd、Ni的能力。一些禾本科植物如燕麦和大麦耐Cu、Cd、Zn的能力强，且大麦与印度芥菜具有同等清除污染土壤中Zn的能力。Meagher等人发现经基因工程改良过的烟草和拟南芥菜能把$Hg^{2+}$变为低毒的单质Hg挥发掉。另外，柳树和白杨也可作为一种非常好的重金属污染土壤的植物修复材料。

利用丛枝菌根（AM）真菌辅助植物修复土壤重金属污染的研究也有很多。菌根能促进植物对矿质营养的吸收、提高植物的抗逆性、增强植物抗重金属毒害的能力。一般认为，在重金属污染条件下，AM 真菌侵染降低植物体内（尤其是地上部）重金属浓度，有利于植物生长。在中等 Zn 污染条件下，AM 真菌能降低植物地上部 Zn 浓度，增加植物产量，从而对植物起到保护作用。也有报道 AM 真菌可同时提高植物的生物量和体内重金属浓度。在含盐的湿地中植被对重金属的吸收和积累也起着重要的作用，丛枝菌根真菌能够增加含盐的湿地中植被根部的 Cd、Cu 吸收和累积。并且丛枝菌根真菌具有较高的抵抗和减轻金属对植被胁迫能力，对在含盐湿地上宿主植物中的金属离子沉积起了很大作用。在 As 污染条件下，AM 真菌同时提高蜈蚣草地上部的生物量和 As 浓度，从而显著增加了蜈蚣草对 As 的提取量，说明 AM 真菌可以促进 As 从蜈蚣草的根部向地上部转运。AM 真菌对重金属复合污染的土壤也有明显的作用。通过研究 AM 真菌对玉米吸收 Cd、Zn、Cu、Mn、Pb 的影响，发现其降低了根中的 Cu 浓度，而增加了地上部 Cu 浓度；增加了玉米地上部 Zn 浓度和根中 Pb 的浓度，而对 Cd 没有显著影响，说明 AM 真菌促进 Cu、Zn 向地上部的转运。

## 三、植物吸附重金属的机制

根对污染物的吸收可以分为离子的被动吸收和主动吸收，离子的被动吸收包括扩散、离子交换和蒸腾作用等，无需耗费代谢能。离子的主动吸收可以逆梯度进行，这时必须由呼吸作用供给能量。一般对非超积累植物来说，非复合态的自由离子是吸收的主要形态，在细胞原生质体中，金属离子由于通过与有机酸、植物螯合肽的结合，其自由离子的浓度很低，所以无需主动运输系统参与离子的吸收。但是有些离子如锌可能有载体调节运输。特别是超富集植物，即使在外界重金属浓度很低时，其体内重金属的含量仍比普通植物高 10 倍甚至上百倍。进入植物体内的重金属元素对植物是一种胁迫因素，即使是超富集植物，对重金属毒害也有耐受阈值。

耐性指植物体内具有某些特定的生理机制，使植物能生存于高含量的重金属环境中而不受到损害，此时植物体内具有较高浓度的重金属。一般耐性特性的获得有两个基本途径：一是金属的排斥性，即重金属被植物吸收后又被排出体外，或者重金属在植物体内的运输受到阻碍；二是金属富集，但可自身解毒，即重金属在植物体内以不具有生物活性的解毒形式存在，如结合到细胞壁上、离子主动运输进入液泡、与有机酸或某些蛋白质的络合等。针对植物萃取修复污染土壤，要求的植物显然应该具有富集解毒能力。据目前人们对耐性植株和超富集植株的研究，植物富集解毒机制可能有以下几方面。

### （一）细胞壁作用机制

研究人员发现耐重金属植物要比非耐重金属植物的细胞壁具有更优先键合金属的能力，这种能力对抑制金属离子进入植物根部敏感部位起保护作用。如蹄盖蕨属所吸收的 Cu、Zn、Cd 总量中大约有 70% ~90% 位于细胞壁，大部分以离子形式存在或结合到细胞壁结构物质，如纤维素、木质素上。因此根部细胞壁可视为重要的金属离子贮存场所。金属离子被局限于细胞壁，从而不能进入细胞质影响细胞内的代谢活动。但当重金属与细胞壁结合达饱和时，多余的金属离子才会进入细胞质。

### （二）重金属进入细胞质机制

许多观察表明，重金属确实能进入忍耐型植物的共质体。用离心的方法研究 Ni 超量积累植物组织中 Ni 的分布，结果显示有 72% 的 Ni 分布在液泡中。利用电子探针也观察到锌超量积累植物根中的 Zn 大部分分布在液泡中。因此液泡可能是超富集植物重金属离子贮存的主要场所。

### （三）向地上部运输

有些植物吸收的重金属离子很容易装载进木质部，在木质部中，金属元素与有机酸复合将有利于元素向地上部运输。有人观察到 Ni 超富集植物中的组氨酸在 Ni 的吸收和积累中具有重要作用，非积累植物如果在外界供应组氨酸时也可以促进其根系 Ni 向地上部运输。柠檬酸盐可能是 Ni 运输的主要形态，利用 X 射线吸收光谱（XAS）研究也表明，在 Zn 超富集植物中的根中 Zn 70% 分布在原生质中，主要与组氨酸络合，在木质部汁液中 Zn 主要以水合阳离子形态运输，其余是柠檬酸络合态。

### （四）重金属与各种有机化合物络合机制

重金属与各种有机化合物络合后，能降低自由离子的活度系数，减少其毒害。有机化合物在植物耐重金属毒害中的作用已有许多报道，Ni 超富集植物比非超富集植物具有更高浓度的有机酸，硫代葡萄糖苷与 Zn 超富集植物的耐锌毒能力有关。

### （五）酶适应机制

耐性种具有酶活性保护的机制，使耐性品种或植株当遭受重金属干扰时能维持正常的代谢过程。研究表明，在受重金属毒害时，耐性品种的硝酸还原酶、异柠檬酸酶被激活，特别是硝酸还原酶的变化更为显著，而耐性差的品种这些酶类完全被抑制。

### （六）植物螯合肽的解毒作用

植物螯合肽（PC）是一种富含—SH 的多肽，在重金属或热激等措施诱导下植物体内能大量形成植物螯合肽，通过—SH 与重金属的络合从而避免重金属以自由离子的形式在细胞内循环，减少了重金属对细胞的伤害。研究表明，GSH 或 PCs 的水平决定了植物对 Cd 的累积和对 Cd 的抗性。PCs 对植物抗 Cd 的能力随着 PC 生成量的增加、PC 链的延长而增加。

## 四、影响植物富集重金属的因素

### （一）根际环境对氧化还原电位的影响

旱作植物由于根系呼吸、根系分泌物的微生物耗氧分解，根系分泌物中含有酚类等还原性物质，根际氧化还原电位（$E_h$）一般低于土体。该性质对重金属特别是变价金属元素的形态转化和毒性具有重要影响。如 Cr（Ⅵ），化学活性大，毒性强，被土壤直接吸附的作用很弱，是造成地下水污染的主要物质，Cr（III）一般毒性较弱，因而在一般的土壤－水系统中，六价铬还原为三价铬后被吸附或生成氢氧化铬沉淀被认为是六价铬从水溶液中去除的重要途径。在铬污染的现场治理中往往以此原理添加厩肥或硫化亚铁等还原物质以提高土壤的有效还原容量，但农田栽种作物后，该措施是否还能达到预期效果还需要分别对待，由于根系和根际微生物呼吸耗氧，根系分泌物中含有还原性物质，因而旱作下根际 $E_h$ 一般低于土体 50～100mV，土壤的还原条件将会增加 Cr（Ⅵ）的还原去除，然而，如果在生长于还原性基质上的植株根际产生氧化态微环境，那么当土体土壤中还原态的离子穿越这一氧化区到达根表时就会转化为氧化态，从而降低其还原能力，很明显的一个例子就是水稻，由于其根系特殊的溢氧特征，根际 $E_h$ 高于根外，可以推断，根际 $Fe^{2+}$ 等还原物质的降低必然会使 Cr（Ⅵ）的还原过程减弱。同时有许多研究也表明，一些湿地或水生植物品种的根表可观察到氧化锰在根－土界面的积累，Cr（III）能被土壤中氧化锰等氧化成 Cr（Ⅵ），其中氧化锰可能是 Cr（III）氧化过程中的最主要的电子接受体，因此在铬污染防治中根际 $E_h$ 效应的作用不能忽视。

关于排灌引起的镉污染问题实际上也涉及 $E_h$ 变化的问题。大量研究表明，水稻含镉量与其生育后期的水分状况关系密切，此时期排水烤田则可使水稻含镉量增加好几倍，其原因曾被认为是土壤中原来形成的 CdS 重新溶解的缘故，但从根际观点看，水稻根际 $E_h$ 可使 FeS 发生氧化，因此根际也能氧化 CdS，假如这样，水稻根系照样会吸收大量的镉，但从根际 $E_h$ 动态变化来看，水稻根际的氧化还原电位从分蘖盛期至幼穗期经常从氧化值向还原值急剧变化，在扬花期也很低。生育后期处于淹水状态下的水稻含镉量较低的原因可能就在于根际 $E_h$ 下降，此时若排水烤田，根际 $E_h$ 不下降，再加上根外土体 CdS 氧化，$Cd^{2+}$ 活度增加，也就使 Cd 有效性大大增加。

### （二）根际环境 pH 的影响

植物通过根部分泌质子酸化土壤来溶解金属，低 pH 可以使与土壤结合的金属离子进入土壤溶液。如种植超积累植物和非超积累植物后，根际土壤 pH 较非根际土壤低 0.2 ~0.4，根际土壤中可移动态 Zn 含量均较非根际土壤高。重金属胁迫条件植物也可能形成根际 pH 屏障限制重金属离子进入原生质，如镉的胁迫可减轻根际酸化过程。

### （三）根际分泌物的影响

植物在根际分泌金属螯合分子，通过这些分子螯合和溶解与土壤相结合的金属，如根际土壤中的有机酸，通过络合作用影响土壤中金属的形态及在植物体内的运输，根系分泌物与重金属的生物有效性之间的研究也表明，根系分泌物在重金属的生物富集中可能起着极其重要的作用。小麦、水稻、玉米、烟草根系分泌物对镉虽然都具有络合能力。但前三者对镉溶解度无明显影响，植株主要在根部积累镉。而烟草不同，其根系分泌物能提高镉的溶解度，植株则主要在叶部积累镉。一些学者甚至提出超积累植物从根系分泌特殊有机物，从而促进了土壤重金属的溶解和根系的吸收，但目前还没有研究证实这些假说。相反，根际高分子不溶性根系分泌物通过络合或螯合作用可以减轻重金属的毒害，有关玉米的实验结果表明，玉米根系分泌的黏胶物质包裹在根尖表面，成为重金属向根系迁移的“过滤器”。

### （四）根际微生物的影响

微生物与重金属相互作用的研究已成为微生物学中重要的研究领域。目前，在利用细菌降低土壤中重金属毒性方面也有了许多尝试。据研究，细菌产生的特殊酶能还原重金属，且对 Cd、Co、Ni、Mn、Zn、Pb 和 Cu 等有亲和力，利用 Cr（Ⅵ）、Zn、Pb 污染土壤分离出来的菌种去除废弃物中 Se，Pb 毒性的可能性进行研究，结果表明，上述菌种均能将硒酸盐和亚硒酸盐，二价铅转化为不具毒性，且结构稳定的胶态硒与胶态铅。

根际，由于有较高浓度的碳水化合物、氨基酸、维生素和促进生长的其它物质存在，微生物活动非常旺盛。研究表明在离根表面 1 ~2mm 土壤中细菌数量

可达 $1\times10^9$ 个/$m^3$，几乎是非根际土的 10 ~ 100 倍，典型的微生物群体中每克根际土约含 $10^9$ 个细菌，$10^7$ 个放线菌，$10^6$ 个真菌，$10^3$ 个原生动物以及 $10^3$ 个藻类。这些生物体与根系组成一个特殊的生态系统，对土壤重金属元素的生物可利用性无疑产生显著的影响。微生物能通过主动运输在细胞内富集重金属，一方面它可以通过与细胞外多聚体螯合而进入体内，另一方面它可以与细菌细胞壁的多元阴离子交换进入体内。同时微生物通过对重金属元素的价态转化或通过刺激植物根系的生长发育影响植物对重金属的吸收，微生物也能产生有机酸、提供质子及与重金属络合的有机阴离子。有机物分解的腐败物质及微生物的代谢产物也可以作为螯合剂而形成水溶性有机金属络合物。

因此，当污染土壤的植物修复技术蓬勃兴起时，微生物学家也将研究的重点投向根际微生物，他们认为菌根和非菌根根际微生物可以通过溶解、固定作用使重金属溶解到土壤溶液，进入植物体，最后参与食物链传递，特别是内生菌根可能会大大促进植株对重金属的吸收能力，加速植物修复土壤的效率。

**（五）根际矿物质的影响**

矿物质是土壤的主要成分，也是重金属吸附的重要载体，不同的矿物对重金属的吸附有着显著的差异。在重金属污染防治中，也有利用添加膨润土、合成沸石等硅铝酸盐钝化土壤中锡等重金属的报道。据报道，根际矿物丰度明显不同于非根际，特别是无定形矿物及膨胀性页硅酸盐在根际土壤发生了显著变化。从目前对土壤根际吸附重金属的行为研究来看，根际环境的矿物成分在重金属的可利用性中可能作用较大。

总之，植物富集重金属的机制及影响植物富集过程的根际行为在污染土壤植物修复中具有十分重要的地位，但由于其复杂性，人们对植物富集的各种调控机制及重金属在根际中的各种物理、化学和生物学过程如迁移、吸附—解吸、沉淀—溶解、氧化—还原、络合—解络等过程的认识还很不够，因此在今后的研究中深入开展植物富集重金属及重金属胁迫根际环境的研究很有必要，在基础理论研究的同时，再进一步开展植物富集能力体内诱导及根际土壤重金属活性诱导及环境影响研究。相信随着植物富集机制和根际强化措施的复合运用，重金属污染环境的植物修复潜力必将被进一步挖掘和发挥。

## 第三节　污染物的生物修复

生物修复作为一种新型的污染环境修复技术，与传统的环境污染控制技术相比较，具有降解速度快、处理成本低、无二次污染、环境安全性好等诸多优点。因此，利用生物修复来治理被有机物和重金属等污染物所污染的土壤和水体工程技术得到越来越广泛的应用。

## 一、生物修复的概念

不同的研究者对“生物修复”的定义有不同的表述。例如，“生物修复指微生物催化降解有机物、转化其它污染物从而消除污染的受控或自发进行的过程”，“生物修复指利用天然存在的或特别培养的微生物在可调控环境条件下将污染物降解和转化的处理技术”，“生物修复是指生物（特别是微生物）降解有机污染物，从而消除污染和净化环境的一个受控或自发进行的过程”。从中可知，生物修复的机理是“利用特定的生物（植物、微生物或原生动物）降解、吸收、转化或转移环境中的污染物”，生物修复的目标是“减少或最终消除环境污染，实现环境净化、生态效应恢复”。

广义的生物修复，指一切以利用生物为主体的环境污染的治理技术。它包括利用植物、动物和微生物吸收、降解、转化土壤和水体中的污染物，使污染物的浓度降低到可接受的水平，或将有毒有害的污染物转化为无害的物质，也包括将污染物稳定化，以减少其向周边环境的扩散。一般分为植物修复、动物修复和微生物修复三种类型。根据生物修复的污染物种类，它可分为有机污染生物修复和重金属污染的生物修复和放射性物质的生物修复等。

狭义的生物修复，是指通过微生物的作用清除土壤和水体中的污染物，或是使污染物无害化的过程。它包括自然的和人为控制条件下的污染物降解或无害化过程。

## 二、生物修复的分类

按生物类群可把生物修复分为微生物修复、植物修复、动物修复和生态修复，而微生物修复是通常所称的狭义上的生物修复。

根据污染物所处的治理位置不同，生物修复可分为原位生物修复和异位生物修复两类：

原位生物修复（In situ bioremediation）指在污染的原地点采用一定的工程措施进行。原位生物修复的主要技术手段是：添加营养物质，添加溶解氧，添加微生物或酶，添加表面活性剂，补充碳源及能源。

异位生物修复（Ex situ bioremediation）指移动污染物到反应器内或邻近地点采用工程措施进行。异位生物修复中的反应器类型大都采用传统意义上“生物处理”的反应器形式。

## 三、 生物修复的特点

### （一）生物修复的优点

与化学、物理处理方法相比，生物修复技术具有下列的优点：

（1）经济花费少，仅为传统化学、物理修复经费的30%～50%；

（2）对环境影响小，不产生二次污染，遗留问题少；

（3）尽可能地降低污染物的浓度；

（4）对原位生物修复而言，污染物在原地被降解清除；

（5）修复时间较短；

（6）操作简便，对周围环境干扰少；

（7）人类直接暴露在这些污染物下的机会减少。

### （二）生物修复的局限性

（1）微生物不能降解所有进入环境的污染物，污染物的难降解性、不溶性以及与土壤腐殖质或泥土结合在一起常常使生物修复不能进行。特别是对重金属及其化合物，微生物也常常无能为力。

（2）在应用时要对污染地点和存在的污染物进行详细的具体考察，如在一些低渗透的土壤中可能不宜使用生物修复，因为这类土壤或在这类土壤中的注水井会由于细菌生长过多而阻塞。

（3）特定的微生物只降解特定类型的化学物质，状态稍有变化的化合物就可能不会被同一微生物酶所破坏。

（4）这一技术受各种环境因素的影响较大，因为微生物活性受温度、氧气、水分、pH 等环境条件的变化影响。

（5）有些情况下，生物修复不能将污染物全部去除，当污染物浓度太低，不足以维持降解细菌的群落时，残余的污染物就会留在环境中。

## 四、 生物修复的前提条件

在生物修复的实际应用中，必须具备以下各项条件。

（1）必须存在具有代谢活性的微生物；

（2）这些微生物在降解化合物时必须达到相当大的速率，并且能够将化合物浓度降至环境要求范围内；

（3）降解过程不产生有毒副产物；

（4）污染环境中的污染物对微生物无害或其浓度不影响微生物的生长，否则需要先行稀释或将该抑制剂无害化；

（5）目标化合物必须能被生物利用；

（6）处理场地或生物处理反应器的环境必须利于微生物的生长或微生物活性保持，例如，提供适当的无机营养、充足的溶解氧或其它电子受体，适当的温度、湿度，如果污染物能够被共代谢的话，还要提供生长所需的合适碳源与能源；

（7）处理费用较低，至少要低于其它处理技术。

以上各项前提条件都十分重要，达不到其中任何一项都会使生物降解无法进行从而达不到生物修复的目的。

## 五、生物修复的可行性评估程序

### （一）数据调查

（1）污染物的种类、化学性质及其分布、浓度，污染的时间长短；

（2）污染前后微生物的种类、数量、活性及在土壤中的分布情况；

（3）土壤特性，如温度、孔隙度和渗透率等；

（4）污染区域的地质、地理和气候条件。

### （二）技术咨询

在掌握当地情况之后，应向相关信息中心查询是否在相似的情况下进行过就地生物处理，以便采用和借鉴他人经验。

### （三）技术路线选择

对包括就地生物处理在内的各种土壤治理技术以及它们可能的组合进行全面客观的评价，列出可行的方案，并确定最佳技术路线。

### （四）可行性试验

假如就地生物处理技术可行，就要进行小试和中试试验。在试验中收集有关污染毒性、温度、营养和溶解氧等限制性因素和有关参数资料，为工程的具体实施提供基础性技术参数。

### （五）实际工程化处理

如果小试和中试都表明就地生物处理在技术和经济上可行，就可以开始就地生物处理计划的具体设计，包括处理设备、井位和井深、营养物和氧源等。

## 六、 土壤污染的生物修复工程设计

一个完整的土壤污染生物修复工程应如图 8－2 所示程序进行。

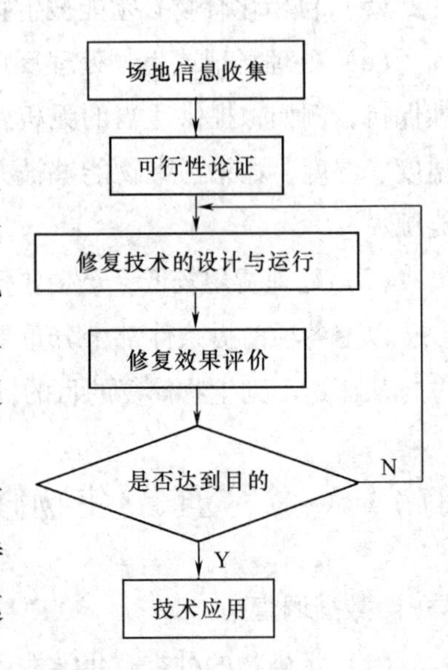


图 8－2 生物修复工程设计流程图

### （一）场地信息的收集

首先要收集场地具有的物理、化学和微生物特点，如土壤结构、pH、可利用的营养、竞争性碳源、土壤孔隙度、渗透性、容重、有机物、溶解氧、氧化还原电位、重金属、地下水位、微生物种群总量、降解菌数量、耐性和超积累性植物资源等。

其次要收集土壤污染物的理化性质如所有组分的深度、溶解度、化学形态、剖面分布特征，及其生物或非生物的降解速率、迁移速率等。

### （二）可行性论证

可行性论证包括生物可行性和技术可行性分析。生物可行性分析是获得包括污染物降解菌在内的全部微生物群体数据、了解污染地发生的微生物降解植物吸收作用及其促进条件等方面的数据的必要手段，这些数据与场地信息一起构成生物修复工程的决策依据。

技术可行性研究旨在通过实验室所进行的试验研究提供生物修复设计的重要参数，并用取得的数据预测污染物去除率，达到清除标准所需的生物修复时间及经费。

### （三）修复技术的设计与运行

根据可行性论证报告，选择具体的生物修复技术方法，设计具体的修复方案（包括工艺流程与工艺参数），然后在人为控制条件下运行。

### （四）修复效果的评价

在修复方案运行终止时，要测定土壤中的残存污染物，计算原生污染物的去除率、次生污染物的增加率以及污染物毒性下降等以便综合评定生物修复的效果。

原生污染物的去除率 =（原有浓度 - 现存浓度）/原有浓度 ×100%

次生污染物的增加率 =（现存浓度 - 原有浓度）/原有浓度 ×100%

污染物毒性下降率 =（原有毒性水平 - 现有毒性水平）/原有毒性水平 ×100%

## 七、生物修复的应用及进展

20 世纪 70 年代以来，环境生物技术和环境生物学的发展突飞猛进，这种势头一直延续到今天。虽然“生物修复”的出现只有十几年的历史，但是“生物修复”已经成为环境工程领域技术发展的重要方向，生物修复技术将成为生态环境保护最有价值和最有生命力的生物治理方法。

1989 年美国在埃克森·瓦尔迪兹油轮石油泄漏的生物修复项目中，短时间内清除了污染，治理了环境，是生物修复成功应用的开端，同时也开创了生物修复在治理海洋污染中的应用，是公认的里程碑事件，从此“生物修复”得到了政府环保部门的认可，并被多个国家用于土壤、地下水、地表水、海滩、海洋环境污染的治理。最初的“生物修复”主要是利用细菌治理石油、有机溶剂、多环芳烃、农药之类的有机污染。现在，“生物修复”已不仅仅局限在微生物的强化作用上，还拓展出植物修复、真菌修复等新的修复理论和技术。

自 1991 年 3 月，在美国的圣地亚哥举行了第一届原位生物修复国际研讨会，学者们交流和总结了生物修复工作的实践和经验，使生物修复技术的推广和应用走上了迅猛发展的道路。美国推出所谓的超基金项目，投入项目费用由 1994 年的 2 亿美元增加到 2000 年的 28 亿美元，增幅 14 倍之多。中国的生物修复研究在过去的十年中水平也有很大的提高。

# 第四节　农村地下水污染与自净

地下水是最重要的水资源之一，陆地的淡水，除冰川外，地下水所占的份额最大，为 1/4。我国地下水资源总量约 8000 亿 $m^3/a$，但近年来，地表环境遭到严重破坏和污染，致使地下水的水质日益恶化。对于中国农村地下水污染情况，随着城市环保门槛的提高，不少被淘汰的高污染、高排放的企业开始向农村转移，偷偷排放工业废水的化工厂、酒精厂、造纸厂在农村大量存在。而农业施用的化肥和粪肥，会造成大范围的地下水硝酸盐含量增高，农业耕作活动可促进土壤有机物的氧化，如有机氮氧化为无机氮（主要是硝态氮），随渗水进入地下水。这些都会造成农村地下水污染情况的加剧。

地下水的生物修复是一项较为复杂的工作，根据污染种类的不同具体手段也有所区别。对有机物污染的地下水多采用原位修复技术，对无机物污染的地下水一般需要采用异位修复技术，即将被污染的地下水抽至地面再进行处理。通常地下水的生物修复主要依赖其土著微生物群落来降解污染物分子，在此过程中需要在地下蓄水层中通入 $O_2$ 和加入营养盐。

## 一、地下水污染生物修复的方法

地下水污染的生物修复是一项较为复杂的工作，根据污染种类的不同具体实施的手段也有所区别，下面先对地下水污染的生物修复技术要点加以说明。

### （一）收集污染区域的水文地质等资料

地下水生物修复的成功很大程度上取决于该区域的水文地质状况，如果该地区的水文地质状况比较复杂，则难度也会相应较大，而且生物修复的数据结果的可靠性也较小。许多区域的水文地质在生物修复时可能与以前调查时已经有所改变，所以以前的资料并不可靠，这样也增加了生物修复难度。此外，地下的土壤环境必须具有良好的渗透性，以使得加入的 N、P 等营养盐和电子受体能顺利地传达到各个被污染区域的微生物群落，这种水的传导性往往是生物修复的关键。

### （二）添加适量营养盐

在地下水生物修复的工作展开之前，首先要通过实验室确定加入到地下水中的最适合营养盐量，以避免添加营养盐时过多或过少。营养盐假如过少会使得生物转化迟缓，而过多则会由于生成生物量太多而堵塞蓄水层，从而使得生物修复中止。营养盐一般通过溶解在地下水循环通过污染区域，普遍采用的方法是将营养盐溶液通过深井注入到地下水饱和区域和区域表层土壤中。地下水由生产井抽出，并在该水中补加营养盐继续循环或是进入处理系统进行地面处理。水中的营养盐和污染物的浓度应该经常取样测定，取样点设定在注入井和生产井之间（图 8-3）。

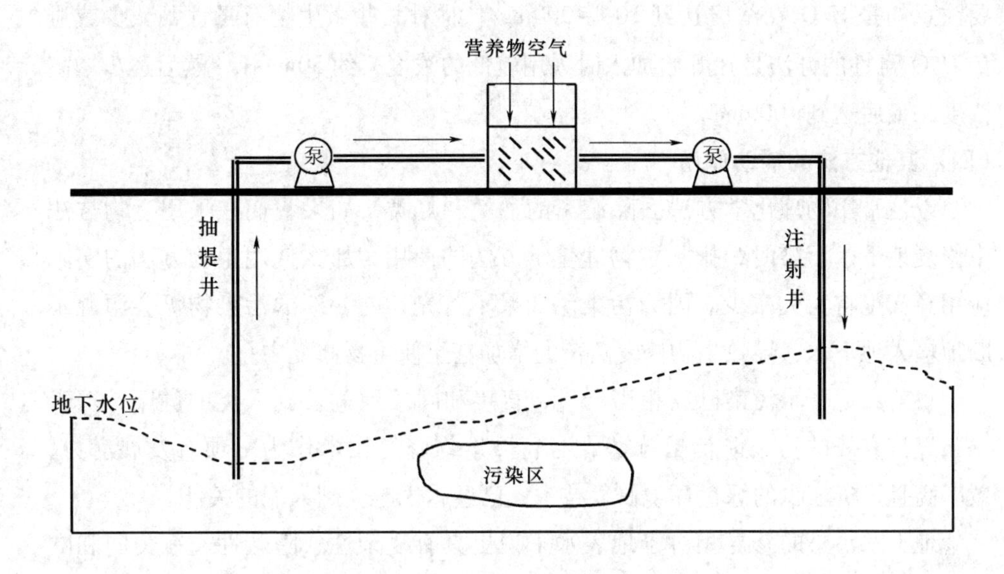


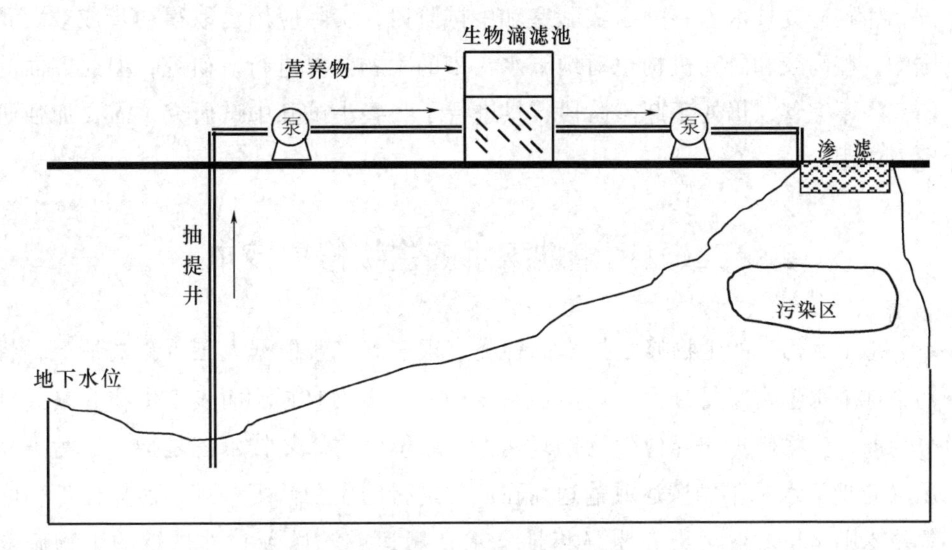


图 8－3　将营养盐溶液通过深井注入

### （三）维持好氧微生物的活性

典型的快速生物降解是由好氧微生物进行，因此必须维持这类微生物的活性。在地下水生物修复中的主要问题是即使在最佳条件下，地下水中的 $O_2$ 含量也极少且自然复氧速度极慢，虽然在生物修复中可以通过外加 $O_2$，但是 $O_2$ 在水中的溶解度不是很高，难以保证水中好氧微生物的良好生长。这就必须通过一定的手段来保证地下水中的氧含量，通常采用的方法是通过空气压缩机将空气压缩注入到地下水中，也有方法是在营养盐溶液中加入 $H_2O_2$ 作为 $O_2$ 的来源，但

要注意的是 $H_2O_2$ 在浓度达到 100～200mg/L 时对某些微生物有毒性，减少或避免 $H_2O_2$ 毒性的办法是在开始加入时采用较低的浓度，约 50mg/L，然后逐步增高浓度，最后达到 1000mg/L。

### （四）其他方法的辅助作用

以往常用物理化学方法去除游离的油类和烃类，如果我们在采用生物方法来修复地下水污染时，排除了物理化学方法的使用，那么使用生物方法的实际应用意义也将大大减少。因为污染源如果不首先切除，新的污染物仍会源源不断地输入地下水，导致生物修复负荷的增加甚至使生物修复中止。

目前，地下水污染已经相当严重，直接和间接地危及到人类的健康，探索一条经济有效的污染防治措施势在必行。生物修复技术作为一项有发展潜力、效率高且投资较少的绿色环境修复技术，已经越来越受到人们的关注。

地下水污染的修复相对于地表水来说更具有复杂性、隐蔽性。在美国和欧洲，生物修复技术主要处于实验室和中试阶段，实际应用已取得初步成效。我国的一些高校和研究机构也对地下水污染的生物修复进行了研究，但此方面的研究还不完善，仍处于起步阶段，只进行了一些小试和中试研究，需要加强研究及应用。

## 二、污染地下水的生物修复技术

地下水污染的生物修复技术的种类有很多。一般根据人工干预的情况，将污染地下水生物修复分为天然生物修复和人工生物修复。而人工生物修复又可分为原位生物修复和异位生物修复两类。原位生物修复技术就是指对被污染介质（指地下水）不做搬运或输送而在原位进行的生物修复处理；而异位生物修复技术则是指对被污染介质（指地下水）搬运或输送到它处进行的生物修复处理。

### （一）天然生物修复技术

天然修复是指在不进行任何工程辅助措施或不调控生态系统，完全依靠天然衰减机理去除地下水中溶解的污染物，同时降低对公众健康和环境的危害的修复过程。其在石油产品污染的场地正得到广泛的应用。天然衰减指促进天然修复的物理、化学和生物作用，包括对流、弥散、稀释、吸附、挥发、化学转化和生物降解等作用。在这些作用中，生物降解是唯一将污染物转化为无害产物的作用；化学转化不能彻底分解有机化合物，其产物的毒性有可能更大；其它各种作用虽然可以改变污染物在地下水中的浓度，但对污染物在环境中的总量没有影响。在不添加营养物的条件下，土著微生物使地下的污染物总量减少的作用，称为天然生物修复。

美国加利福尼亚州的一项调查表明，在已注册的170000个地下贮存罐中有11000个发生了泄漏。大多数泄漏的罐是贮存汽油的，而1000L汽油中就含有26.4kg的苯。从加州的汽油泄漏范围及泄漏量来看，如果苯与其它在环境中易迁移的污染物一样随地下水运动，苯在加州的供水井中也应广泛出现；但地下水水质调查结果却出乎预料。在大型供水系统的2947眼取样井中，仅9眼井中含有苯，最高含量为1.1μg/L；苯在33种污染物中的检出频率居第18位。它在小型供水系统的4220眼取样井中，只有1眼井中含有苯，含量为4.1～4.3μg/L；苯在36种污染物中检出频率居第26位，另外10种化合物也仅检出一次。氯代溶剂及与农业活动有关的化合物是检出频率最高的有机污染物。那么，苯哪里去了？这可能是许多因素同时作用的结果，但最可能的原因是苯被天然生物降解作用去除了。

### （二）原位生物修复技术

地下水的原位生物修复方法是向含水层内通入氧气及营养物质，依靠土著微生物的作用分解污染物质。目前对有机污染的地下水多采用原位生物修复的方法，主要包括生物注射法、有机黏土法、抽提地下水系统和回注系统相结合法等。

### （三）异位生物修复技术

目前，地下水的异位生物修复主要应用生物反应器法。生物反应器的处理方法是将地下水抽提到地上部分用生物反应器加以处理的过程，其自然形成一个闭路循环。同常规废水处理一样，反应器的类型有多种形式。如细菌悬浮生长的活性反应器、串联间歇反应器，生物固定生长的生物滴滤池、生物转盘和接触氧化反应器，厌氧菌处理的厌氧消化和厌氧接触反应器，以及高级处理的流化床反应器、活性炭生物反应器等。

# 实验实训　农业环境污染调查

## 一、实训目的

（1）通过实训让同学了解人、畜、禽粪便污染，化学肥料、农药污染、垃圾污染、焚烧污染、植物污染一起的危害。

（2）通过该调查、分析农村环境污染状况及不同地区的污染程度对农业的影响。具体调查农村哪些污染物会造成环境的污染，以及污染的程度，找出整治方法，为合理的整治环境提供依据。

（3）通过本实训提出解决农村环境污染的措施。

## 二、实训原理

（1）人、畜、禽粪便污染　在一些村庄畜禽粪便随处可见。

（2）化学肥料、农药污染　平均每亩地每年至少要使用150kg化肥，每年至少使用农药5次。使用农药包括给庄稼治虫、治病、除草，还不包括蔬菜方面。

（3）垃圾污染　垃圾无人管，其中包括废旧塑料、废旧电池和生活垃圾。

（4）焚烧污染　这里主要指每年夏秋两季焚烧秸秆（即焚烧麦秆和稻秆），每年持续时间分别约一个星期，规模大，范围广。

（5）植物污染　主要是河塘里的水生植物，水生植物夏秋生长，入冬后腐烂，年复一年，引起河塘里的水发绿、发臭。

以上污染对农村及农业造成了严重的影响。

## 三、实训内容

（1）分组对以下污染进行调查

①人、畜、禽粪便污染。

②垃圾污染。

③焚烧污染。

④植物污染。

（2）讨论。

## 四、调查方法

（1）采用随机法分别调查，并做好记录。

（2）在田间进行观察。

（3）进行整理，统计，备案。

（4）撰写报告。

## 五、调查问题

（1）本村有工业污染吗？主要有什么工业？

（2）畜禽养殖污染严重吗？

（3）有没有白色垃圾？严重吗？

（4）村里有没有化肥污染？

（5）村里的水源有没有发生水华现象？

（6）村里有没有垃圾回收装置？

（7）村里的垃圾主要放到什么地方？

（8）在大田作物上的化肥使用量为多少？

（9）固体、液体、气体污染物有哪些？

## 六、教学要求

分组进行调查，每人完成一份实验报告，明确下列问题。

（1）本村的主要污染源是什么？

（2）要整治本村环境最主要的是什么环节？

（3）整治农村环境应该从何做起？

（4）我们怎么处理现有的农村环境问题？

## 本章小结

本章主要介绍了农业环境修复的各项技术。介绍了污染物的土壤修复；介绍了污染物的植物修复，并介绍了现阶段利用植物对污染物的吸附作用机理处理环境问题的发展；介绍了污染物的微生物修复，并对微生物在治理环境污染中的重要性及简单工艺做了初步介绍；介绍了农村地下水污染与自净，介绍了当前国内外农业水环境污染问题的解决方案。

## 复习思考题

1. 解释概念：植物修复技术、污水土地处理系统、生物修复。
2. 影响污染土壤修复的主要因子有哪些？
3. 植物吸附重金属的机制是什么？
4. 简述生物修复的分类。
5. 生物修复有什么特点？
6. 简述生物修复的应用及进展。
7. 污染地下水的生物修复技术有哪些？
8. 简述地下水污染生物修复的技术要点。

## 资料收集

以家乡所在地为主，调查农村环境的水污染主要有哪些，做成 ppt 在班级交流。

## 查阅文献

利用课外时间阅读《没有我们的世界》《水污染控制技术》《环境微生物》等书籍，也可以通过上网浏览与本章内容相关的文献。

## 习作卡片

调查当地环境的污染状况，根据所学课程提出适合当地的污染修复技术，做成卡片，与同学们分组讨论其可行性并试着提出相应的具体方案。

# 课外阅读

### “埃克森·瓦尔迪兹”号油轮漏油事故

1989 年 3 月 24 日，美国埃克森公司的一艘巨型油轮在阿拉斯加州美、加交界的威廉王子湾附近触礁，原油泄出达 800 多万加仑，在海面上形成一条宽约 1km、长达 800km 的漂油带。事故发生地点是一个原来风景如画的地方，盛产鱼类，海豚海豹成群。事故发生后，礁石上沾满一层黑乎乎的油污，不少鱼类死亡，附近海域的水产业受到很大损失，纯净的生态环境遭受巨大的破坏。这是一起人为事故，船长痛饮伏特加之后昏昏大睡，掌舵的三副未能及时转弯，致使油轮一头撞上暗礁——一处众所周知的暗礁。

这是世界上代价最昂贵的海事事故。志愿者们涌向瓦尔迪兹，用温和的肥皂泡擦拭海獭和野鸭，却只能眼睁睁看着它们死去。埃克森公司动用了大量金钱来安抚小镇居民，雇佣渔民清洗沙滩的油污。很快，公司便宣称这一曾经纯净原始的地区的大部分已经恢复；而事实上，这里的生物还在不断死去。科学家们估计，溢油事故发生后，短短数天，便有多达 25 万只的海鸟死亡。

事发后，埃克森公司却无动于衷，既不彻底调查事故原因，也不及时采取有效措施清理泄漏的原油，更不向美、加当地政府道歉，致使事态进一步恶化，污染区愈来愈大。到了 3 月 28 日，原油泄漏量已达 1000 多万加仑，造成美国历史上最大的一起原油泄漏事故。

美、加当地政府、环保组织、新闻界对埃克森公司这种置公众利益于不顾的恶劣态度十分气愤，群起而攻之，发起了一场“反埃克森运动”。事件惊动了总统，总统于当日派出运输部长、环保局局长等高级官员组织特别工作组，前往阿拉斯加进行调查。

调查表明：造成这起恶性事故的原因是船长玩忽职守，擅离岗位。这一事件引起美国公关界的重视，他们一面分析“埃克森”的原油泄漏事件中公关失败的原因，一面提醒企业经理们要从中吸取教训。

英国公关协会会员、公关学者卢卡斯泽威斯教授对这一公关危机进行了系统分析，指出埃克森公司犯了以下错误：反应迟钝；企图逃脱自己的责任；事先毫无准备，既无计划，也无行动；对地方当局傲慢无理；自以为控制了事态发展；不接受任何解决意见；存在侥幸心理；信息系统失控；忽视了能够赢得公众同情和支持的机会；错误地估计了事故规模；丝毫没有自责感。

事发后，美国政府耗费大量人力、物力用于清理泄漏原油，当年负责清理油污的团队，在高峰期人数到 1 万人，拥有一百余架飞机。

2001 年由美国国家海洋和大气管理局（NOAA）资助的科学研究表明，即使过去十余年，事发地“威廉王子港”的海岸上仍残存 8000L 的原油，在基奈半岛和卡特迈国家公园，原油污染已经扩散到 450 英里远的地方。原油降解的速率不过每年 4% 左右，因此原油污染的彻底清除需要花费几十年甚至一个世纪的时间。而这期间，虽然像苯、甲苯这样的单环烃类可能挥发掉，但是更具毒性的多环芳烃类物质，却基本保持着和泄漏事故发生之初相同的水平。

《科学》杂志 2003 年刊发的综述认为，该事件对生态环境的长期破坏超出人们的预想。生态毒理学的研究表明，原油泄漏不仅直接导致藻类、无脊椎动物、海鸟、哺乳动物的急性死亡，而且，污染海域动物体内细胞色素 P450 酶水平严重超标，这表明原油泄漏后残存的有毒物质将长期处于亚致死量水平，依旧危害生态环境。

——摘自《FOCUS 新知客》

# 第九章　可持续发展与生态农业

### 学习目标

了解农业的历史发展特点，理解现代农业的发展思潮和趋势；掌握可持续发展的一般概念，理解农业可持续发展的重要意义；掌握生态农业的基本原理和主要技术；能够应用生态学原理发现、解决生产中存在的问题。掌握农业的可持续发展及其内容、持续农业技术体系；掌握立体种植与养殖技术、生物综合防治技术、再生能源开发技术；掌握四位一体的“庭院生态系统”模式。

## 第一节　可持续发展

### 一、可持续发展的概念

可持续发展已经成为生态学、环境科学、地理科学及社会科学等学科领域的人们最熟悉可最常采用的术语之一，国内外学者发表了大量有关可持续发展的论文论著和研究报告，可持续发展日益成为资源环境管理和社会经济发展的目标。

#### （一）可持续发展的由来

生存和发展始终是人类社会的两大主题。在解决了基本生存问题之后，人们所考虑的基本问题就是自身的延续和发展问题。可持续发展的思想对人类来说由来已久。在资源利用方面，我国早在2200多年前的春秋战国时代，先辈就有了保护正在怀孕或产卵期的鸟兽鱼鳖的“永续利用”思想和定期封山育林的法令等明确的对可再生资源持续利用的思想。西方的一些经济学家在19世纪对林业的研究和20世纪对渔业的研究，也提出并分析了可再生资源“可持续产量”问题。东西方所强调的可再生资源的永续利用已包含了可持续发展的思想萌芽。

直到近代以来，由于工业化、城市化和科学技术的高度发展，使人类在创造前所未有的财富的同时，也带来了一系列前所未有的生存与发展问题，如环境污染、资源耗竭、人口爆炸等。人类在解决生存问题方面已经取得了前所未有的成绩，但人类的整体行为却潜伏着从根本上破坏自身在地球上生存环境的可能性。正是在这样一种逆境中，人类就不得不从发展战略的角度重新考虑文明的延续和发展问题。

1962年，美国生物学家蕾切尔·卡逊的科普著作《寂静的春天》一书的出版，标志人类关注环境问题的开始。该书认为有机农药的无节制使用会带来威胁人类生存的大破坏，引起了西方社会的强烈反响。书中指出：人类一方面在创造高度文明，另一方面又在毁灭自己的文明，环境问题如不解决，人类将生活在“福的坟墓之中”。

1980年，国际自然保护联盟、联合国环境规划署与世界野生动物基金会联合发表了《世界保护战略：为了可持续发展的生存资源保护》这份重要报告。该报告的主要目的有3个：①解释生命资源保护对人类生存与可持续发展的作用；②确定优先保护的对象及保护这些对象的要求；③提出达到目的的有效方式。该报告分析了保护和发展之间的关系，并指出，如果发展的目的是为人类提供社会和经济福利的话，那么保护的目的就是要保证地球具有使发展得以持续的能力和支撑所有生命的能力，保护与发展是相互依存的，二者应当结合起来加以综合分析。虽然《世界保护策略》以可持续发展为目标，围绕保护与发展作了大量的研究和讨论，且反复使用可持续发展这个概念，但它没有明确给出可持续发展的定义。

1987年由世界环境与发展委员会向联合国提交的《我们共同的未来》报告，对可持续发展的概念形成与发展，并使可持续发展成为当今社会关注的焦点起了十分重要的推动作用。《我们共同的未来》这一报告以可持续发展为主线，对当前人类在发展与环境保护的问题进行了全面和系统的剖析，并指出在过去我们关心的是经济发展对环境带来的影响，而现在我们面临的是日益恶化的生态与环境危机的压力，以及森林破坏、土地退化、大气水体的污染对经济发展所带来的影响。还指出：“在不久以前，我们关心的是国家之间在经济方面相互联系的重要性，而现在我们则不能不关注国家之间生态学方面相互依赖的问题，生态与经济从来没有像今天这样互相紧密的联结为一个互为因果的网络之中”。

世界环境与发展委员会在《我们共同的未来》中，将可持续发展定义为："在满足当代人需要的同时，不损害人类后代满足其自身需要和发展的能力"。

1992 年 6 月，联合国在巴西里约热内卢召开的环境与发展大会，通过了以可持续发展思想为核心的《关于环境与发展的里约热内卢宣言》《21 世纪议程》等一系列纲领性文件与公约，表明：日益加剧的全球性环境问题极其生态后果，已经迫使人们达成共识，为维护与改善人类赖以生存的自然环境采取协调的行动，可持续发展已成为共同的行动准则。于是可持续发展成了全球广泛关注的热点。

**（二）可持续发展的基本内涵**

可持续发展的概念来源于生态学，最初应用于林业和渔业，指的是对于资源的一种管理战略，即如何将全部资源中的一部分合理加以收获，使得资源不受破坏，而新成长的资源数量足以弥补所收获的数量。经济学家由此提出了可持续产量的概念，这是对可持续性进行正式分析的开始。

可持续发展是当今人类关于自身前途和命运的正确抉择，它的提出改变了长期存在于人们头脑中的"环境与资源无限"和"人定胜天"的片面思想与观点。目前，"可持续发展"几乎成为了一个家喻户晓的名词，现已广泛地应用于各行各业，如农业可持续发展、林业可持续发展、工业可持续发展、城市可持续发展，如此等等。近些年来，全球范围对可持续发展问题展开了热烈讨论，不同的学者从不同角度对可持续发展概念进行了研究和理性思考。其中，最有代表性，也是影响较大的可持续发展定义，可概括为以下几个方面。

1. 从自然属性定义可持续发展，即所谓"生态持续性"

它旨在说明自然资源及其开发利用程度的平衡。1991 年，国际生态学联合会和国际生物科学联合会联合举行关于可持续发展问题的专题研讨会。该研讨会的成果发展并深化了可持续发展概念的自然属性，将可持续发展定义为"保护和加强环境系统的生产和更新能力"。即可持续发展是不超越环境系统再生能力的发展。从生物圈概念出发定义可持续发展是从自然属性方面表述可持续发展的另一种代表，即认为可持续发展是寻求一种最佳的生态系统以支持生态的完整性和人类愿望的实现，使人类的生存环境得以持续。

2. 从社会属性定义可持续发展

1991 年由世界自然保护同盟、联合国环境规划署和世界野生生物基金会共同发表《保护地球：可持续生存战略》，将可持续发展定义为："在生存于不超出维持生态系统承载能力的情况下，改善人类的生活品质"，并且提出人类可持续生存的9条基本原则：①各种生命群体都应受到尊重和保护，既必须尊重其他人和其他的生命形式；②不断改善人类的生活质量；③保持地球的活力和多样性，既保持生命支持系统、保护生物多样性和保证可再生资源的持续利用；④尽可能少地消耗不可再生资源；⑤人类的活动应在地球生态系统的承载力内进行；⑥必须改变人类的传统意识和行为方式，使其不断适应可持续生存的伦理观；⑦使每个社区都能够爱护他们的环境；⑧在国家水平上应具有保护与发展的总体框架，包括信息和知识基础、法律和机构框架、社会经济政策等；⑨建立全球合作的伙伴关系。在这9条原则中，既强调了人类的生产方式要与地球承载能力保持平衡，保护地球的生命力和生物多样性，同时，提出了人类可持续发展的价值观和130个行动方案，着重论述了可持续发展的最终落脚点是人类社会，即改善人类的生活质量，创造美好的生活环境。这份颇为世人所关注的报告认为各国可以根据自己的国情制定各不相同的发展目标。

3. 从经济属性定义可持续发展，认为可持续发展的核心是经济发展

巴伯在其著作中，把可持续发展定义为"在保护自然资源的质量和其所提供服务的前提下，使经济发展的净利益增加到最大限度"。经济学家皮尔斯提出，可持续发展是"今天的资源使用不应减少未来的实际收入"。当然，定义中的经济发展已不是传统的以牺牲资源与环境为代价的经济发展，而是"不降低环境质量和不破坏世界自然资源基础的经济发展"。D. 皮尔斯还提出了以经济学语言表达的可持续发展定义："当发展能够保证当代人的福利增加时，也不会使后代人的福利减少"。而经济学家科斯坦萨等人则认为，可持续发展能够无限期地持续下去——而不会降低包括各种"自然资本"存量（量和质）在内的整个资本存量的消费数量。

4. 从科技属性定义可持续发展

实施可持续发展，除了政策和管理因素之外，科技进步起着重大作用。没有科学技术的支撑，就无从谈起人类的可持续发展。因此，有的学者从技术选择的角度扩展了可持续发展的定义，即尽量能接近"零排放"或"密闭式"循环工艺方法，以此减少能源和其它自然资源的消耗。还有的学者提出"可持续发展就是建立极少产生废料和污染物的工艺或技术系统"。他们认为污染并不是工业活动不可避免的结果，而是技术水平差、效率低的表现。他们主张发达国家与发展中国家之间进行技术合作，缩小技术差距，提高发展中国家的经济生

产力。同时，建议在全球范围内开发更有效地使用矿物能源的技术，提供安全而又经济的可再生能源技术来限制导致全球气候变暖的二氧化碳的排放，并通过适当的技术选择，停止某些化学品的生产与使用，以保护臭氧层，逐步解决全球环境问题。

总之，可持续发展是一个综合的概念。首先，可持续发展在代际公平和代内公平方面是一个综合的概念，它不仅涉及当代的或一国的人口、资源、环境与发展的协调，还涉及同后代的和国家或地区之间的人口、资源、环境与发展之间矛盾的冲突。同时，可持续发展也是一个涉及经济、社会、文化、技术及自然环境的综合概念。可持续发展主要包括自然资源与生态环境的可持续发展、经济的可持续发展和社会的可持续发展这三个方面。可持续发展一是以自然资源的可持续利用和良好的生态环境为基础；二是以经济可持续发展为前提；三是以谋求社会的全面进步为目标。只要社会在每一个时间段内都能保持资源、经济、社会同环境的协调，那么，这个社会的发展就符合可持续发展的要求。人类的最终目标是在供求平衡条件下的可持续发展。可持续发展不仅是经济问题，也不仅是社会问题和生态问题，而是三者互相影响的综合体。

可持续发展也是一个动态的概念。可持续发展并不是要求某一种经济活动永远运行下去，而是要求不断地进行内部的与外部的变革，即利用现行经济活动剩余利润中的适当部分再投资于其它生产活动，而不是盲目地消耗掉。

### （三）可持续发展的基本原则

从可持续发展的基本内涵出发，它包括以下基本原则。

第一，公平性原则。可持续发展强调两种公平：代际公平和当代人之间的公平，前者是指现代人的发展不能影响后代人的发展，后者是指当代人之间对自然资源开发利用和社会经济产品有同等的分享权利。也就是说，在空间上，区域和区域之间有公平的发展机会；在时间上，当代人和后代人有公平的发展机会。由于同后代人相比，当代人在资源开发利用方面处于主宰地位，因此，可持续发展要求当代人在考虑自己的需求和消费的同时，也要对未来各代人的需求和消费负起历史责任。必须近期效益与长期效益兼顾，绝不能“吃祖宗饭，断子孙路”。

第二，可持续性原则。可持续性原则要求人类根据生态系统持续性条件和限制因子，调整自己的生活方式和对资源的需求，包括在生态文明的框架中考虑和进行自身的生产；注重后代生活质量的提高而不是追求人口的数量；在生态系统可以保持相对稳定的范围内确定自己的消耗标准，把资源视为财富，而不是获得财富的手段。

第三，共同性原则。可持续发展思想的前提是只有一个地球，可持续发展是为了我们共同的未来。共同性原则要求人们对可持续发展的价值观念和道德准则的普遍认同；要求打破民族和国家、种族和行业的界限，根据合理的要求对资源的利用进行全面的衡量和协调；要求在国际间和行业间的广泛合作与统一行动。

第四，发展性原则。可持续发展以经济发展为中心，如果经济搞不上去，社会发展、环境保护和资源持续利用也不可能。可持续发展并不意味着要求降低经济增长的速度，而是意味着更有效地、更适度地消耗资源，意味着节约以后治理环境和改善生态的费用。可持续发展的目的是发展，关键是可持续。

第五，和谐性原则。可持续发展的思想要达到的理想境界是人和人之间以及人和自然之间的和谐，这就要求每个人在考虑和安排自己的行动时也要考虑到自己的行动对他人、后代及生态环境的影响，从而在人类内部及人类和自然之间建立起一种互惠共生的和谐关系。

第六，协调性原则。根据可持续发展的思想，良好的生态环境是可持续发展的基础，经济的发展是可持续发展的条件，稳定的人口是可持续发展的要求，科技进步是可持续发展的动力，社会发展是可持续的目的，因而，经济、环境、人口、社会、科技应协调发展。

第七，需求性原则。传统发展模式以传统经济学为支柱，所追求的目标是经济的增长（主要是通过国民生产总值 GNP 来反映）。它忽视了资源的代际配置，根据市场信息来刺激当代人的生产活动。这种发展模式不仅使世界资源环境承受着前所未有的压力而不断恶化，而且人类的一些基本物质需要仍然不能得到满足。而可持续发展坚持公平性和长期的可持续性，要满足所有人的基本要求，向所有的人提供实现美好生活愿望的机会。

第八，安全性原则。安全是人类社会最基本、最起码的目标之一，是可持续发展的根本前提。小至个人，大至国家与世界，都离不开安全。从某种意义上讲，安全是一个民族与国家的命运。可持续发展的社会，必须有可靠的安全保障。安全的内容包括国家的独立、领土的完整、民族的统一、社会的安定、人民的团结、生态安全与食物安全等。

第九，高效性原则。可持续发展的公平性原则、可持续性原则、和谐性原则和需求性原则实际上已经隐含了高效性原则。事实上，上述四项原则已经构成了可持续发展高效性原则的基础。不同于传统经济学，这里的高效性不仅是根据其经济生产率来衡量，更重要的是根据人们的基本需求得到满足的程度来衡量，是人类整体发展的综合和整体的高效。

第十，参与性原则。实施可持续发展是一场变革，是世界观、价值观和道德观的变革，是人类行为方式的变革，是人类对于环境、经济和社会三者关系处理方法的变革。公众是否认识、愿意接受并积极参与，这是实施这些变革的必要条件。如果没有公众的参与，尽管可持续发展是一种先进的思想，尽管《21 世纪议程》是各国的一个很好的实施可持续发展的行动纲领，但也只能作为一种书面上的东西存在，难以通过人民的实践而得以实施。从这个意义上讲，公众参与是可持续发展从概念到行动的关键，是人类不断地从认识到实践，再认识，再实践的过程。

## 二、农业可持续发展及其内容

### （一）可持续农业的基本概念

可持续农业是从"可持续发展"概念延伸至农业及农村经济发展领域时派生而来的词汇，代表着一种全新的农业发展观，是实施可持续发展的重要组成部分。美国是最早倡导可持续农业的国家，1985 年加利福尼亚州议会通过了"可持续农业教育法"，1986 年明尼苏达州议会通过了"可持续农业"法案；1988 年 10 月和 11 月二次在美国召开了国际"可持续农业"研讨会。1991 年 4 月在荷兰召开了一次由 124 个国家专家出席的国际农业与环境会议，提出了"可持续农业和农村发展"的新概念。

可持续农业迄今在国际农业学术界对其定义尚无统一的说法。但多数人认为：可持续农业是一种综合兼顾了产量、质量、效益和环境等因素的农业生产模式，是在不破坏环境和资源，不损害后代利益的前提下，实现当代人对农产品供需平衡的农业发展模式。可持续农业与农村发展的范畴更广，它需要把农业与农村发展结合起来考虑，包括了农村经济、文化、教育、卫生、就业等各种社会经济因素。

"可持续农业"是"可持续发展"概念延伸至农业及农村经济发展领域时而生成的。在此之前，若干国家的一些有远见的学者早已开始了对常规农业现代化，即大量和集约采用现代农业投入，如商品能源、农机、化肥、农药、通过大型规模经营，获得高产出模式的反思，提出了侧重面有所不同的替代模式。

1991 年联合国粮农组织提出了可持续农业的概念，即“管理和保护自然资源基础，调整技术和机制变化的方向，以便确保获得并持续地满足目前和今后世世代代人们的需要。因此是一种能够保护和维护土地、水和动植物资源、不会造成环境退化；同时在技术上适当可行、经济上有活力、能够被社会广泛接受的农业”。它包括几层基本的意思：①可持续农业强调不能以牺牲子孙后代的生存发展权益作为换取当今发展的代价；②可持续农业要求兼顾经济的、社会的和生态的效益。“生态上健康的”是指在正确的生态道德观和发展观指导下，正确处理人类与自然的关系，为农业和农村发展维护一个健全的资源和环境基础；“经济上有活力的”指绝不因为要保护环境和维护资源而牺牲较高的生产力目标和农业竞争力（包括比较效益）；“社会能够接受的”主要指不会引起诸如环境污染和生态条件恶化等社会问题，以及能够实现社会的公正性，不引起区域间、个人间收入的过大差距。

**（二）农业的可持续发展及其内容**

面对现代农业发展中出现的问题，许多国家开始探索新的农业发展方向和道路。经过长期的农业实践和反思，农业可持续发展思想逐渐受到世人关注。20 世纪 80 年代末，农业可持续发展思想反映在一些主要国际组织的文件和报告中。1987 年世界环境与发展委员会提出了“2000 年可持续农业的全球政策”；1988 年 FAO 制定了“可持续农业生产：对国际农业研究的要求”的政策性文件；1991 年 FAO 与荷兰政府共同组织了“农业与环境”国际会议，该次会议制定了“关于可持续农业与农村发展（SARL）”的丹波行动宣言，并提出了对各国 SARD 行动的主要要求。

农业可持续发展的目标首先是保持农业生产率稳定增长，提高食物生产的产量，保障食物安全；同时要保护和改善生态环境，合理、永续地利用自然资源，以满足人们生活和国民经济发展的需要。因此，农业可持续发展目标包含了经济持续性、生态持续性和社会持续性 3 个方面的内容。

农业与农村的可持续发展是一个十分广泛的领域。在《中国 21 世纪议程》中，农业与农村的可持续发展设立了 7 个方案领域：①推进农业可持续发展的综合管理；②加强食物安全和预警系统；③调整农业结构，优化资源和生产要素组合；④提高农业投入和农业综合生产力；⑤农业自然资源的可持续利用和生态环境保护；⑥发展可持续农业科学技术；⑦发展乡镇企业和建设农村乡镇中心。

## 三、农业与农村的可持续发展

### （一）农业与农村的可持续发展目标

“可持续农业”在20世纪80年代中期提出后，考虑到它与农村的发展紧密相关。90年代初联合国粮农组织又比较完整地提出了“SARD”（Sustainable Agriculture and Rural Development）的新概念。关于可持续农业与农村发展（SARD）这个概念的确切内涵是：在合理利用和维护资源与环境的同时，实行农村体制改革和技术革新，以生产足够的粮食与纤维，来满足当代人类及其后代对农产品的需求，促使农业和农村的全面发展。这个概念与70年代提出的“有机农业”、“生态农业”、“生物农业”、“再生农业”、“超石油农业”和“自然农业”等不同，它把实现农业与农村以及农民发展紧密结合在一起，以及把两者共同发展的各种要素系统地结合起来，以充分而有效地发挥各种要素的综合作用。

“SARD”有三个明确的战略目标：①吃饱和穿暖的温饱目标。为了达到这一目标，要积极主动地发展谷物生产，增加谷物产出，确保谷物的供应与消费，使谷物安全系数（谷物储备占谷物消费的比例）达17%~18%以上。与此同时，在确保谷物生产的基础上，协调与综合安排其它农产品的生产。②促进农村综合发展的致富目标。从地域观念看，农村是个广阔的天地，必须促进其综合发展。为了达到这一目标，在农业生产发展的同时，必须设法发展农村其它产业，促进农业与农村各种产业综合发展，以便增加农民收入，扩大农村就业机会与摆脱贫困和脱贫致富（尤其是贫困地区能够脱贫致富）。③保护资源和环境的永续良性循环目标。为了达到这一目标，要采取各种实际有效措施，合理利用、保护和改善资源与环境条件，促使这些客观条件能够与人类社会的发展，永续地处于良性循环之中。

1991年荷兰国际会议后，我国也陆续开展了有关可持续农业方面的理论探讨与实践活动。于1992年正式启动了“中国可持续农业和农村发展研究”国家科技攻关项目，在全国不同类型地区设立了24个县级“SARD”试验区，同时，开展了系列的理论专题研究，主要包括：中外可持续农业比较研究与经验借鉴，中国的可持续农业和农村发展模式研究，中国可持续农业和农村发展潜力研究，中国可持续农业和农村发展的技术体系研究以及有关的战略措施和政策调整研究。同时，国内众多科研院所也积极开展了可持续农业相关的研究工作，有关的研究论著正在陆续问世。同期，关于可持续高效农业的试验活动也逐步展开，所有这些研究和试验活动都积极地推动了我国可持续农业的迅速发展。

**（二）持续农业技术体系**

1. 动植物高产、优质生产技术体系

包括动植物优质、专用品种的选育，及其高产配套技术，质量栽培控制技术，现代集约化、规模化、工厂化的种养技术等，在不同区域形成良种良法配套的规范化、模式化、标准化技术体系。

2. 农产品储藏、保鲜、加工及综合利用体系

包括粮、棉、油作物的初加工和深加工技术，提高大宗农产品的转化增值；果蔬产品与肉、乳、蛋等高价值农产品的储藏、保鲜的新技术、新工艺、新设备；鱼、虾等水产品的运输、保活、保鲜技术等，实现增值增效。通过发展农产品加工业，为农业产业化起到龙头带动作用。

3. 农业资源高效利用技术体系

包括以推进水资源可持续利用为核心的节水农业技术，形成工程节水、农艺节水、管理节水技术及集成配套的综合节水技术体系；动植物营养管理技术，实现养分平衡、高效使用，减少对产品品质和生态环境的影响；生物多样性的保护技术；土壤管理技术等。

4. 有害生物的综合防治技术体系

有害生物的综合防治技术是当前国际持续农业实践中应用最为广泛的一项可持续综合农作技术体系，它包括抗性品种的选育与应用；科学施用农药，开展综合防治，扩大生物防治；作物合理布局与轮作；生物农药与生物肥料应用以及水肥合理使用及环境改良等措施。目标是实现农产品健康生产和减低外部能源投入。

5. 农业废弃物综合利用与污染控制技术体系

包括农作物秸秆综合利用技术、规模化畜禽养殖场的无害化粪便处理技术、残留地膜分解与处理技术等农业废弃物综合治理与利用技术，以及大气、水体、土壤、农作物污染控制技术。

6. 生态环境建设与综合治理技术体系

包括小流域综合治理技术、土壤侵蚀与水土流失控制技术、土壤肥力培育技术、沙化治理与荒漠化防治技术、抗灾与减灾综合配套技术，以及生态恢复与重建技术、农村生态环境综合治理技术等。

7. 食品安全生产及监测技术体系

包括以动植物农产品的无害化和优质生产为目的，推广应用农产品安全化、标准化生产的技术与管理体系，无公害（绿色）食品规范化生产管理技术、控制农药、化肥、饲料添加剂的超标使用技术等。

8. 农业高新技术

包括农业生物技术、农业信息技术、设施农业技术等农业高新技术，如组织培养及工厂化育苗技术，动物胚胎工程及转基因技术，新型生物肥料、生物农药与微生物添加剂技术，智能化农业信息技术及精准农业技术等。农业高新技术决定着人类未来的社会经济生活，主要体现在以下 6 个方面。

（1）新物种塑造技术　主要通过生物技术、核技术、航天技术、光电技术和农业常规育种技术的结合，综合不同的优良性状，按人类需要有选择地定向塑造新的物种和类型，不断丰富生物多样性，提高生物抗逆性、作物品质和产量，并充分利用固氮微生物和藻类，丰富和充实作物营养综合体系的内涵。

（2）新快速繁育技术　利用植物细胞的全能性，通过无性繁殖途径，发展人工种子制造产业；利用胚胎移植和胚胎分割技术，发展动物胚胎生产、贮存、运输与利用的新兴产业；利用动物的生长激素基因转移技术、畜禽性别鉴定技术，进行畜禽的定向繁育和饲养。

（3）新农业工厂构建技术　21 世纪农业工厂化生产随着现代农业科学技术、计算机技术和材料科学等的发展和综合运用，将有长足发展，将实现人工创造环境、全过程自动化的种植和养殖，建立起技术高度密集的工厂化、自动化生产体系。

（4）新人造食品和饲料生产技术　主要包括开发单细胞蛋白资源，生产高蛋白饲料与食品；利用微生物发酵处理秸秆生产饲料，开发植物叶片资源，生产可用作饮料和食品添加剂的营养价值高、可消化率高的叶蛋白，利用生物技术培育新菌种，加快氨基酸发酵的利用，大规模生产不同用途的氨基酸等，将成为 21 世纪的农业新产业。

（5）新兴替代能源开发技术　面对能源短缺与危机，21 世纪利用生物发展新能源产业将成为可能。种植开发“绿色能源”，除薪炭林外，重点利用多年生和一年生植物及藻类，生产酒精和石油代用品。如用糖蜜发酵生产酒精；利用谷类生产乙醇和利用大量的作物秸秆来生产沼气、乙醇，部分代替石油等。

（6）新的空间领域拓展技术　像对待地力一样提高“海力”，促进水产养殖增殖，向集约化、农牧化方向发展，营造“海洋农场”、“海洋牧场”、“海洋林场”，实现蓝色革命。同时，还可将航天科学与农业科技相结合，发展太空育种。近年来，我国把水稻、番茄的种子送入太空，发生了显著变异，如稻穗变长、籽粒变大、抗逆性增强等，这有助于加速品种选育进程，丰富种质资源。

## 第二节　替代农业

### 一、农业的发展阶段

#### （一）原始农业

原始农业是农业发展史上的最早阶段，也可分为刀耕和助耕两个阶段。当人类能够大量使用铁制农具助耕的时候，原始农业也就过渡到了传统农业。

原始农业的动力是人力，所用的工具是木器或石器，使用简陋的农具和工具，采用轮垦种植或刀耕火种的耕作制度，广种薄收，靠长期休闲来恢复地力，而不是靠人工的栽培耕作技术来提高土壤肥力，这些是原始农业的基本特征。由于原始农业只从土地上获取物质和能量，而没有物质和能量的偿还，因此对自然界的破坏性很大，很多古代文明的发祥地，有的沦为沙漠，有的变为不毛之地，这与原始农业的掠夺性经营有关。

原始农业最大的成就是对野生植物和动物的驯化，现代人类种植的农作物如小麦、水稻、玉米等，饲养的家畜如猪、牛、羊、狗、鸡等，都是原始农业阶段驯化的产物。此外，在原始农业阶段还发明了灌溉，说明人类已有改进农作物生产条件的能力。原始农业起源于南纬10°至北纬40°之间，地理气候条件大致相似的几个地方。在原始农业发展的基础上，出现了古代的几个文明中心和文明古国。

#### （二）传统农业

随着铁器工具的大量使用，原始农业逐步发展形成了传统农业。传统农业较原始农业的进步之处，一是生产工具的进步，二是利用自然界的能力的进步。在生产工具方面，发明了铁制和木制的农具、利用风力的风车、利用水力的水磨等，并在冶铁技术和畜力使用的基础上，发明了耕犁。在利用自然界能力方面，改变了原始农业只靠休闲等方式自然恢复地力的状况，创造了利用人工施用有机肥来提高土壤肥力的技术；发明了用选择农作物和牲畜良种的方法，用来提高农作物产量、品质和改善牲畜的性状；创立了间作、套作等耕作技术，以增加农产品数量和供给的稳定性。尽管在生产工具和利用自然界能力方面，传统农业较原始农业有很大的进步，但生产劳动仍以手工劳动为主，生产方式仍以个体小规模为主，农业技术也都是一些直观经验的产物。

中国是东方传统农业的典型代表。公元前700年前后的春秋战国时期，我国已经普遍使用铁犁牛耕，并已把休闲耕作制改为连年耕作制，进而发展形成了作物轮作的无休闲耕作制。我国的犁形在汉代就已定型，是世界传统农业中最先进的；还创造了多种碎土和平整土地的农具，如耙、耱等；汉代发明的播种耧一直沿用至今。两千多年间，修建了许多大规模水利工程，发展了灌溉农业，并发明了圩田、砂田、梯田。在农业起源最早的西亚和北非地区，由于气候干燥炎热，形成了先进的灌溉农业。

西方的传统农业通常是指欧洲中世纪的农业。在欧洲，典型的传统农业是休闲、轮作和兼有放牧地的二圃（也称二田）或三圃（也称三田）耕作制，是典型的种植业和畜牧业相结合的农业体系。欧洲的传统农业几乎都不进行田间管理，一般都采用撒播方式。地广人稀，耕作粗放是欧洲传统农业的显著特点。到19世纪产业革命以后，欧洲从改革二圃制和三圃制的耕作制度开始，逐渐废除了传统农业。

### （三）现代农业

现代农业以机械化集约农业或石油农业为主要形式。

（1）机械化集约农业在实行农业机械化的同时，还开始了化学肥料和化学农药的使用。在耕作技术上，改粗放为集约；在耕作制度上，开始了从轮作制向专业化自由种植的转变。这样，欧美各个发达国家，随着农业机械化的实现，农业技术也发生了重大变化。

（2）第二次世界大战以后，依靠向农业投放大量石油资源换来的化学品和机械动力，维持着较高的生产效益，俗称“石油农业”。

“石油农业”对农业发展过分强调机械的物理、化学过程，一味向农业投入化学品和机械，以此换取更多的产出和利润，忽视了农业最根本的生物与环境相互作用的关系。掠夺式的经营，不合理的开发，使农业资源遭严重破坏，如耗地锐减、土地退化、森林、草原和生物资源濒危；不合理的盲目投入，使物质、能量生产效率下降，不仅成本增高，还污染产品和环境。

（3）严格来说，机械化集约农业是现代社会发展的产物，也将随着时代的发展而发展。因此，对于其描述也各不相同，但通过对当代农业发达国家的农业实际进行总结，机械化集约农业具有以下基本特征：

①操作机械化：传统农业中的大量手工劳动，在现代农业中已为机械所代替，从而显著地提高了劳动生产率。

②技术科学化：农业技术已不再是传统农业的简单生产经验总结，而是先进的科学技术。在农作物品种改良方面，由于遗传学的发展和育种技术的进步，已培育出许多高产、优质、抗逆、适宜于机械化作业的新品种。在化学肥料方面，复合肥料、高效浓缩肥料、长效肥料及生物肥料已成为肥料发展的一种趋势；农药生产也向高效、低毒、广谱、低残留的方向发展；栽培技术正向集约化、模式化、定量化的方向发展；灌溉技术也正在向节水、高效的方向发展。高新技术在农业中的应用也日益广泛，用电子计算机来指导作物生产的决策和科学管理，用人造卫星进行病虫害、水灾、森林火灾的监测和农作物产量预报和资源勘测等。此外，生物固氮技术、遗传工程、微生物利用、作物系统工程等新的研究领域也都展示了广阔的应用前景。

③生产高效化：衡量农业现代化水平的重要标志是农业劳动生产率和土地生产率。世界上农业劳动生产率较高的国家是澳大利亚，平均每个农业劳力可负担耕地 121.7$hm^2$，生产粮食 70000kg 以上。其次为加拿大，劳均耕地 111.5$hm^2$，生产粮食 120000kg 以上。再次为美国，劳均耕地 72.2$hm^2$，生产粮食 90000kg 以上。我国农业的劳动生产力较低，每个农业劳力负担耕地 0.2$hm^2$，生产粮食 878kg。由于农业劳动生产率的提高，使从事农业生产的人口和农业劳动力不断减少，农业人口和农业劳力所占的比例明显下降。

④产销社会化：根据不同地区的自然条件和经济条件，把各种作物的种植相对地集中在一起，形成了专业化、商品化的生产基地，这使作物生产形成了一种社会化趋势，有利于提高生产力。例如，美国北部的艾奥瓦、伊利诺伊等五个州，主要种植玉米，成了举世闻名的玉米生产带。我国山东寿光等地也发展成为了我国的主要蔬菜生产基地。

农业生产社会化的发展，使农业生产成为一个包括产、供、销紧密联系的经济实体。种子、农药、化肥、农机等生产资料都有专业公司经销，农产品的收购、贮存、加工等也有专门机构负责。因此，这种条件下的社会分工，使有关各方都能实现规模经营，提高了生产效率。

⑤从业人员高素质化：随着现代农业的发展，农业生产的科学技术含量越来越高，对农业从业人员的素质要求也越来越高。这要求农业从业人员不仅要掌握了现代栽培、饲养和管理技术，由于现代农业的生产规模大、农产品的商品率高，还要求农业从业人员掌握高效的企业化管理方法，不断提高经营水平。

美国的农场主约有四分之一是大学毕业生，有的农场甚至是由大学教授兼营；西欧许多国家规定，年轻农民必须获得“绿色证书”才有资格从事农业，获得继承权和优惠贷款。我国目前正推行职业资格证书制度，不久的将来，取得初级职业资格证书的人员才具有“从业”资格，取得中级以上职业资格证书的人员才有“执业”（独立经营）资格。

（4）由于现代农业的高度工业化，化肥、农药等大量物质的投入，对环境和资源造成了很大的压力，在现代农业发展过程中还有许多问题没有很好地解决，也直接和间接地在威胁着农业的持续发展和人类的生存。

①能源的过度消耗：现代农业过于依赖石油、化肥、农药等的投入，使食物生产过程变成了一个由石油等化学能换取食物能的过程，而石油、煤、天然气、磷、钾等资源都属于不可再生资源，大量的消耗势必会加速这些资源枯竭的进程。农业生产受到能源紧缺和能源价格上涨的干扰，影响到农业的长远发展，会成为农业长远发展的重要制约因素。

②水资源紧缺：长期的人类开发活动中，一些不合理的开发行为，引起生态系统的系统耦合在结构和功能关系上的错位和失谐，导致结构的破碎和功能的板结。如人类过渡开发占用水面和湿地，导致水面和湿地面积越来越小，随道路及建筑物的扩大，地表硬化覆盖面积越来越大，水文循环的紊乱，土壤调节水分能力削弱和部分生物群落的消失，使得自然系统服务功能减弱。破坏了水生态系统原有的格局，影响了水的连通程度和循环速度，破坏了原有的景观廊道，还改变了水生生物的生境，使生物和景观的多样性不断下降。

水资源贫乏是我国农业发展的另一主要制约因素，尤其是降水量南北分布严重不均和年际间变异过大，使约占粮食播种总面积55%的重要农业区，即淮河以北的三北地区（东北、华北、西北）水资源只占全国总量的14.4%，大面积发展灌溉农业特别是使用地下水灌溉的地区，如华北已形成1.5万~2万$km^2$的地下水位漏斗区，地下水位每年平均下降约1.5m，导致灌溉成本不断上升；由于黄河上游及中游不断引黄灌溉，加上近几十年干旱频繁，黄河已连续十几次断流，1997年长达226d，创历史纪录。全国将在2000年前后整体进入水资源的危机阶段。

③生产成本增加：持续的高投入使农业生产成本不断加大，一方面加剧资源的消耗，另一方面造成农民生产支出及政府财政补贴增加，在一定程度上影响了农民的生产积极性。

由于农业自身的弱质性及风险性，其比较效益较其它行业低，在发达国家，政府要拿出相当的财政经费补贴农业，使农民利益得到保障。生产成本持续上升趋势必将增大政府补贴的强度与压力，而且随着化肥、农药、灌溉、机械等生产要素投入的大幅度增加，投入效益呈下降趋势。世界观察研究所分析了化肥的能耗效益，发现谷物的产量仅以算术级数增长，而化肥的能耗却近乎以几何级数增加。1950—1985 年的 35 年间，世界化肥用量增加了 8. 29 倍，总能耗增加了 5. 9 倍，而在此期间谷物仅增加了 1. 68 倍。

我国各项资源投入的产出效益也基本类似西方国家。化肥、农机、农用电、灌溉及能耗等各种投入增加速度很快，从 1965—1990 年我国化肥施用量增加 12. 3 倍，粮食总产量只增加 1. 3 倍，单产也仅增加 1. 4 倍，而能耗增加更快；1990 年的农机总动力、农用排灌动力和农村耗电分别是 1965 年的 26 倍、10. 7 倍和 22. 8 倍，增长的幅度相当大，而且随着产量水平的进一步提高，各项物质、能量投入的增加仍需要增长，这无疑给农业生产的持续稳定发展带来更大的困难。

④污染加剧：农业生产过程中大量使用矿物能源，导致污染加剧；化肥、农药、农机具的生产及使用过程中也产生出大量污染物，不同程度上造成了大气污染、水体污染和土壤污染，导致环境恶化。大量使用化肥、农药及机械化操作，还造成土壤板结，土壤养分平衡失调，微生物数量减少，土壤肥力下降。此外，大量使用化学农药导致有害生物产生抗药性、破坏天敌与害虫间的平衡关系，严重地妨碍农业的进一步发展。

化肥、农药、除草剂等对人畜都具有一定的毒害作用。如大量使用化学氮肥，造成食物中亚硝酸盐积累过高，而亚硝酸盐有强致癌作用。各种有机氯农药的毒性大，残留时间长，通过食物链的富集作用，最终影响农作物的品质，危害人体健康。

## 二、 替代农业产生过程

在近半个多世纪内，世界各国出现了许多有关改变现有农业，寻求农业发展新方向的思潮，进行了各式各样的尝试。从 20 世纪 60 年代起，世界各国为探索农业的新出路，提出了多种新的农业生产模式，主要有：①回归型农业（Regressive Agriculture），如自然农业（Natural Agriculture）、有机农业（Organic Agriculture）、无为农业（No - doing Agriculture）、生物动力农业（Biodynarmic Agriculture）等；②替代型农业（Alternative Agriculture），如生物农业（Biological

Agriculture)、生态农业（Ecological Agriculture)、集约农业（Intensive Agriculture)、立体农业（Three - dimensional Agriculture）等；③持续性农业（Sustainable Agriculture)，如低投入持续农业（LISA - low Input Sustainable Agriculture)、高效率持续农业（HESA - High Effi - ciency Sustainable Agriculture)、综合农业(Integrated Agriculture)、精久农业（Intensive & Sustainable Agriculture）等。

(1) 自然农业（Natural farming） 日本的福冈正延从20世纪50年代开始了自然农业的实践。福冈正延受中国道教无为思想的影响较深，他认为现今农业的问题在于人类对自然的干预太多。由于施药破坏了病虫的天敌系统，不得不施用更多农药去对付更多的病虫；农作物收获时将大量营养元素和有机物随之带走，不得不大量施用化肥。人类干预自然的过程，迫使自己在农业生产中采用各种人为方法，花费大量资财去完成本来由自然承担的工作。结果还是顾此失彼，问题重重。因此，福冈正延主张农业只能走另外一条与自然合作、而不是“征服”自然的道路，他认为，与其考虑要做什么；不如考虑一下不该做什么。

福冈种植了0.5$hm^2$农田和5$hm^2$山坡地。山地栽种柑橘，农田种植黑麦、大麦和水稻，主要技术是：①不翻耕，让植物根系、土壤动物和微生物对土坡进行自然疏松；②不施化肥，也不施配制的混合肥，靠绿肥、秸秆、糠壳和动物粪肥提高土壤肥力；③不中耕，也不用除草剂，让稻秆、麦秆、白三叶草蔽盖农田，让生长着的作物把杂草控制在允许的水平，必要时用间歇淹水来协助这种控制；④不施化学农药，让自然平衡机制把病虫控制在低密度水平。

福冈要做的只是在秋天水稻收获前几个星期把黑麦和大麦播下，稍晚播下三叶草。水稻收获后把稻秆散铺在田里。黑麦和大麦收获前两个星期把稻种撒下，麦收后把麦秆散铺在田里。稻田养鸭，每10只鸭可供0.10$hm^2$田所需的粪肥而且有助于控制害虫杂草，有助于秸秆腐烂分解。

福冈25年来一直实行这种种植方法，既无污染又不用化石燃料，田间作业简化，用工减少，土壤肥力和保水能力提高。水稻产量达4927 ~ 5824$kg/hm^2$，与当地传统方法或化学方法生产的水稻产量水平不相上下。全年粮食每公顷8100kg，接近日本农场平均产量水平。他还认为，自然农业是人的一种自然生活方式。

(2) 生物动力学农业（Bio - dynamic Agriculture） 奥地利哲学家 Rudolf Steiner 在1924年曾进行过一系列演讲，在他的思想影响下，发展了一种生物动力学农业。实行这种农业的农民把农业看成是一种生活方式。农民通过加强与土地、植物、动物的联系，建立起一种和谐的有节律的农村生产与生活整体。为此，生物动力学农场一般都是属于自己的，生产以自给自足形式为主。生物动力学农业在生产方法上注重于这样几个方面：①根据生境的不同，安排不同的动、植物，使物种多样化；②采用间套种技术，平衡养地用地作物；③饲养两种以上数量适当的牲畜，以供应满足养分平衡的粪肥；④循环利用秸秆和牲畜粪便，并使用特殊的生物动力学制剂，提高堆肥和有机肥质量。

在德国，有200~300生物动力学农场。在瑞士，1976年由各洲资助在一些学院成立生物动力学实验农场。在美国，Ehrenfried Pfeiffen 领导发行了《生物动力学》（biodynamics）杂志，并开展堆肥和非化学病虫防治研究。

（3）有机农业（Organic Agriculture）或生物农业（Bioagriculture） 有机农业是一种完全不用或基本不用人工合成的化肥、农药、生长调节剂和家畜饲料添加剂的生产体系。有机农业在可能范围内尽量依靠作物轮作、作物秸秆、家畜粪便、豆科作物、绿肥、外来有机废物、含有矿物养分的岩石和生物防治病虫害等方法，以保持土壤的肥力和耕性，供应植株养分，并防治病虫杂草。在20世纪80年代末有机农业发展较快，当时，美国和西欧大约有1%的农民在从事有机农业实践。有机农业的主要思想是：①自然是重要的资本，不应与自然对立而使自身陷入困境，应当关心资源有限的问题，注重物质循环利用；②土壤是一种生命体，土壤质量影响到农业的长远效益；③应实行人培土、土培苗，而不是人培苗的原则。只有健康的土壤才能有健康的植物、动物和人；④奉行生态系统多样化原则，这是取得生物和环境稳定的重要因素；⑤增强独立自主能力。无论能量来源还是产品分配都应有相对的独立性；⑥非物质主义。认识到资源和自然的制约，更多地注意身心健康，不对物质和金钱贪得无厌。

有机农业的主要方法有：①轮作制。轮作中豆科作物、绿肥和覆盖作物占有重要位置。在玉米带实行的典型有机农业轮作是：三年首楷、一年玉米（或小麦），一年大豆、一年玉米、一年大豆，再回到三年首蓿；②耕作方法。多用作免耕的凿形犁或用浅耕（6~10cm深）的圆盘耙，一般不犁翻土层；③维持土壤肥力。通过添加和分解有机物。使用的肥源包括生物固氮、秸秆、粪肥、磷矿石、海绿砂（一种钾肥）、海藻和次鱼。在没有磷矿石的一些地方也用酸化的磷肥；④控制病虫草害。主要采用非化学方法。通过轮作、荫蔽、排灌、尼龙覆盖、诱饵作物来控制虫害；通过轮作、翻耕、耙碎、放牧、作物竞争、间作、及时种植移栽、适当密植甚至拔草来控制草害；采用微生物制剂、植物杀虫剂、油、肥皂、硅藻土和寄生蜂、捕食蜡、寄生蝇、瓢虫、粉蚧天敌，介壳虫天敌等生物方法控制害虫。

(4) 生态农业 (Ecologicalture)　1971 年美国 Acres 杂志提出生态农业思想。1981 年英国 M. K. Worthington 经多年实践后，对生态农业提出了新的认识，定义生态农业为“生态上能自我维持，低输入的，经济上有生命力的，目标在于不产生大的和长远的环境方面或伦理方面及审美方面不可接受的变化的小型农业。”为实现这一目标，实行养地与用地作物轮作，增施粪肥，采用生物防治；放牧地混种牧草，混合放牧，同时利用多种资源发展多种小型畜禽养殖；尽量利用各种再生资源和劳畜力；发展小型工业和手工业，自行加工农副产品；保护各种动物、植物资源等。西方的生态农业与中国的生态农业有所不同的。西方的生态农业从一开始就强调低投入，这显然同其已有的物质投入水平过高有直接关系。而且西方生态农业从总体上仍未能摆脱“小农”及“自给自足”的羁绊。但更主要的还是西方生态农业的倡导者宁可牺牲农牧业的生产力，也要追求回归自然的思想在起作用。这与中国生态农业的倡导者从一开始就强调追求高的土地生产力和要大幅度提高投入的效率（有效利用率）是有明显区别的。

## 三、现代农业的发展过程

### 1. 农业现代化思潮

从原始农业转变为传统农业，再从传统农业转变为现代农业，实现农业现代化，这是世界上大多数国家或地区农业发展所经历的道路。

19 世纪工业与科学技术发展为农业现代化准备了条件。其主要内容是以现代工业装备农业，以现代科学技术武装农业，以现代经济管理理论和方法经营农业，用开放式的商品经济替代封闭式的自给自足性传统经济。农业现代化思潮有力地推动了现代农业的发展。20 世纪 20 年代美国率先实现了以机械化为主要特征的农业现代化，到 60 年代，占世界耕地面积 40%、人口 24% 的工业化国家先后实现了传统农业向现代农业的转变。从 20 世纪初到 80 年代中期，世界人口增加了 2 倍，但谷物增长 2.3 倍，农业产值增加 2.4 倍。目前，由于发达国家已经实现了农业现代化，加上粮肉生产过剩而将注意力转向环境，因而作为一种思潮的农业现代化已经不再受到青睐，但实际行动仍在继续，而且进一步向后现代化迈进。

现代农业在产生奇迹般的增加产品与效益的同时，由于曾对资源环境的忽视而带来某些负面效应。例如能源消耗急剧增加，从1950年的0.36亿t增加到1985年2.6亿t石油当量，因而有人泛称之为“石油农业”；农药、除草剂等化学品对环境与食品安全构成威胁；有人还担心大量施用化肥会不会破坏地力，污染地下水；有人还将主要是工业化引起的水、空气污染也归咎于现代农业。这些问题正引起人们的广泛注意而将资源环境良性化作为农业现代化的一个重要内容。

2. 绿色革命思潮

在20世纪60年代，在发达国家基本实现农业现代化的同时，在发展中国家和部分发达国家开展了有声有色的绿色革命。这一思潮与行动的重要内容是通过推广高产新品种（如矮秆小麦、矮秆水稻、杂交稻等）带动了农业的全面发展。但只改变品种而不改变生产条件收效甚微。因此，在实际推行过程中，形成了“种子+化肥+灌溉”三驾马车一起上的局面，故有人有称之为“肥水农业”，其实质是农业现代化的一种衍生与前奏曲。由于多数发展中国家经济弱、劳力多、规模小，因而与发达国家不同，其强调的重点不是机械化，而是投资少见效快的新品种与化肥、农药等，水利对多数地处热带亚热带的发展中国家十分重要。

绿色革命在亚洲、拉丁美洲取得了积极的效果。20世纪60年代以来整个发展中国家农业发展快于发达国家。作为一种思潮，绿色革命在20世纪70年代后遭到了厄运。一些来自发达国家的专家批评绿色革命造成了农村两极分化，随后自然农业、可持续农业思潮又接踵而来，这样，绿色革命思潮就沉寂了下来。但是，这一思潮指导下的行动却在发展中国家继续开花结果，其中，中国与印度被认为是绿色革命的典范。

3. 自然农业思潮

作为一种对农业现代化的逆反，20世纪70年代西方出现了替代农业的第一次尝试，即自然农业思潮。其派别与口号多种多样，如生态农业、有机农业、生物农业、替代农业、再生农业、自然农业、超工业农业等，形成了一股在学术界颇有影响的思潮。这股思潮各种派别的共同主张是：在哲理上提倡返璞归真，与自然和谐一致，尽量减少人类对自然的干预；在技术内容上强调传统农业技术，提倡堆肥、轮作、豆科作物、生物防治等，排斥农户外的投入。这股思潮对农业生产实际行动影响不大，但受生态至上的环境保护主义推动，在学术界曾一度相当热。然而在西方争论甚大，提倡者认为这是一种农业的“理想国”，反对者认为是“复古”，是“神话”。

自然农业思潮有其积极与消极的方面，它强调崇尚自然，对唤起环境保护意识起了积极的作用，纠正了现代农业只强调产品与效益而忽视资源环境的不足；它所强调的某些传统农业技术仍有其积极的作用。另一方面，这股思潮又极端地强调自然而走向否定人的能动作用，反对投入，反对人工合成品，企图返回古代或传统技术而否定现代科学。因此，作为一种农业的整体战略是不足取的。在实际生产上，由于它只强调保护自然资源环境而忽视生产与经济，因而不能广泛地被农民与政府接受。在欧美试行的各种自然农业模式，比重很小。

4. 可持续农业思潮

20 世纪中后期，为抵制工业化所产生的消极影响，环境保护主义风起云涌席卷全球，罗马俱乐部悲观主义的代表作《增长的极限》译成了几十种文字，“生态危机”、“粮食危机”、“资源环境危机”、“经济膨胀”以至于“世界末日”等说法震撼人心。于是，有识之士提出了社会经济可持续发展主张，并很快形成一种世界性思潮。20 世纪 80 年代中期在西方发达国家出现了可持续农业的思潮，希望以此做出替代现代化农业的第二次尝试。

在吸取现代农业、自然农业优缺点及成败教训的基础上，可持续农业思潮既强调粮食安全与发展农村经济，又强调保护资源环境，实现生产、经济、生态 3 个持续性的统一；既强调发展当前的农业，而又不破坏资源环境，兼顾当前与长远，促使农业与农村的可持续发展。

可持续农业思潮一出现，国际社会备受重视。许多国际机构，如联合国粮农组织、开发计划署、环境署、世界银行以及许多国际性农业研究机构都纷纷以此作为发展农业的指导思想，有的国家政府或议会还通过相应决议与法律措施。1992 年巴西里约热内卢的“发展与环境”世界首脑会议上通过“21 世纪议程”，成为一个里程碑。1993 年在北京召开了“国际持续农业与农村发展学术讨论会”，1994 年 4 月中国国务院通过“中国 21 世纪议程——人口、环境、发展”白皮书，其中将农业与农村持续发展作为重要内容之一。

## 第三节　生 态 农 业

我国生态农业是应用生态学原理和系统科学方法，把现代科技成果与传统农业精华相结合而建立起来的具有生态合理性、功能良性循环的一种现代化农业体系。目前在我国广泛开展的农业生态工程建设就是实现生态农业的技术手段。

## 一、生态农业基本原理

人们经常提到，必须要运用生态学原理合理利用资源。生态农业建设依据的原理主要包括以下几个方面。

### （一）整体效应原理

这是根据系统论观点，即整体功能大于个体功能之和的原理，对整个农业生态系统的结构进行优化设计，利用系统各组分之间的相互作用及反馈机制进行调控，从而提高整个农业生态系统的生产力及其稳定性。农业生态系统是由生物及环境组成的复杂网络系统，由许许多多不同层次的子系统构成，系统的层次间也存在密切联系，这种联系是通过物质循环、能量转换、价值转移和信息传递来实现的，合理的结构将能提高系统整体功能和效率。农业生态系统包括农、林、牧、副、渔等若干系统，种植业系统又包括作物布局、种植方式等。从具体条件出发，运用优化技术，合理安排结构，使总体功能得到最大发挥，系统生产力最大，是生态农业整体效应原理的具体体现。

生态系统结构表现在：①空间结构（如分层现象）；②时间结构（如季节变化）；③物种结构（如多样性变化）。这一原理的应用，主要包括利用时空结构的作物套种、间作；利用空间的有鱼塘的鲢鱼、草鱼、鲤鱼混养；以及进行合理的生态规划与设计等。

### （二）生态位原理

各种生物种群在生态系统中都有理想的生态位，在自然生态系统中，随生态演替进行，其生物种群数目增多，生态位变得丰富并逐渐达到饱和，有利于系统的稳定。而在农业生态系统中，由于人为措施，生物种群单一，存在许多空白生态位，容易使杂草病虫及有害生物侵入占据，因此需要人为填补和调整。利用生态位原理，把适宜的、价值较高的物种引入农业生态系统，以填补空白生态位，如稻田养鱼，把鱼引进稻田，鱼占据空白生态位，鱼既除草又除螟虫，又可促进稻谷生产，还可以产出鱼等产品提高农田效益。生态位原理应用的另一方面是尽量在农业生态系统中使不同物种占据不同的生态位，防止生态位重叠造成的竞争互克，使各种生物相安而居，各占自己特有的生态位，如农田的多层次立体种植、种养结合、水体的立体养殖等，能充分提高生产效率。

### （三）食物链原理

生态系统中不同生物之间通过取食关系而形成的链索式单向联系即为食物

链。它包括捕食食物链、腐食食物链和寄生食物链三种类型。食物链与食物链相互连结成网状结构，成为食物网。在生态系统中，生物与生物之间通过营养关系而密切地联结成一个统一的整体，一旦某一个环节发生变化，就可能影响到整个生态系统的营养结构。如进行害虫防治时，农药在杀死害虫的同时，也将杀伤天敌，从而引起害虫的再次猖獗。因此，应从生态系统的水平来开展某一生物的管理。

农业生态系统中，往往食物链短而简单，这不仅不利于能量转化和物质的有效利用，而且降低了生态系统的稳定性。为此生态农业就是要根据食物链原理组建食物链，将各营养级上因食物选择所废弃的物质作为营养源，通过混合食物链的相应生物进一步转化利用，使生物能的有效利用率得到提高。

**（四）物质循环与再生原理**

任何一个生态系统都有自身适应能力与组织能力，可以自我维持和自我调节，而其机制是通过生态系统中物质循环利用和能量流动转化。自然生态系统通过对大气的生物固氮而产生氮素平衡机制，从土壤中吸收一定的养分维持生命，然后又通过根茎、落叶、残体腐解归还土壤。农业生态系统是开放系统，现代农业系统的开放度更大，要通过大量的系统外部投入，如化肥、农药等维持生产。生态农业体系讲究尽可能适量或较少的外部投入，通过立体种植及选择归还率较高的作物，以及合理轮作，增施有机肥等建立良性物质循环体系，尤其要注意物质再生利用，使养分尽可能在系统中反复循环利用，实现无废弃物生产，提高营养物质的转化及利用效率。系统内物质循环往复、充分利用，使系统内每一组分产生的“废物”成为下一组分的“原料”，无所谓“资源”与“废物”之分，构成了生态系统中营养物质的最佳循环。我国珠江三角洲地区的人工“基塘”（如桑基鱼塘）就是一种符合生态系统物质流动规律的传统农业生产方式。

**（五）生物与环境相协调原理**

生态系统是生物群落与其环境之间由于不断地进行物质循环和能量流动而形成的统一整体。在自然生态系统中，系统结构与功能相协调，系统内生物与环境相和谐，生物亚系统内各组分间的共生、竞争、捕食等关系相辅相成，使系统内有机体或子系统大大节约物质和能量，以减小风险，获得最大的整体功能效益。

生物与环境是生态环境的两类组分，也是农业生产的基本要素，只有在适宜的生态环境中生存，生物才可能最大限度地利用资源，获得最佳生产力及效益。生物在适应环境的同时，也作用与环境，对生态环境有一定的改造能力，从而使得环境与生物平衡发展。

此外，还有一些其他的原理或原则，如种群增长原理、限制因子定律、生物种群相生相克原则、最适功能原则、最小风险原则等，但高效和谐是整个应用生态学中的最基本原则。

## 二、生态农业技术

### （一）立体种植与立体养殖技术

这是一种劳动密集型的技术，是浓缩我国传统农业精华的技术模式，早在公元前1世纪的《氾胜之书》中就记载当时利用间混套作获取高产，集约利用土地的例子；唐代就有水田养鱼垦草种稻的记载。它与现代新技术、新材料结合，使这一技术得到更充分发挥。

这种立体种养技术通过协调作物与作物之间，作物与动物之间，以及生物与环境之间的复杂关系，充分利用互补机制并最大限度避免竞争，使各种作物、动物能适得其所，以提高资源利用效率及生产效率。这类模式在我国农区相当普遍，尤其是光、热、水资源条件较好、生产水平较高的地区更是类型多样，成为解决人多地少、增产增收的主要途径。

现列举两例说明。

例一：山东泰安郊区的“小麦/西瓜/夏玉米—菜豆”1年4作模式，秋季播种小麦，麦收前1个月在行间栽种西瓜，麦收前10d左右在西瓜两侧播种两行夏玉米，小麦收获后及时播种菜豆，并在播下季麦前收获。一般可生产小麦5250～6000kg/$hm^2$，西瓜21000kg/$hm^2$，玉米6000kg/$hm^2$以上，菜豆7500kg/$hm^2$。

例二：四川省武胜县的“鱼/中稻—再生稻/萍/笋”模式，于5月中旬移栽中稻，收获时高留稻茬供再生稻生产，在稻田内间作高笋（约在水稻插秧前1个月种植），在稻田开沟灌水养鱼，水面上种植绿萍。这种模式每公顷稻田可产稻谷7500kg，产成鱼3000～7500kg，细绿萍2250t，高笋1275～1800kg，每公顷产值数万元，是普通稻田的十多倍。

### （二）有机物质循环利用技术

通过物质多层次、多途径循环利用，实现生产与生态的良性循环，提高资源的利用效率，这是生态农业中最具代表性的技术手段。其技术主要通过种植业、养殖业的动植物种群、食物链及生产加工链的组装优化加以实现。

生物物质的多层次利用技术可大幅度提高物质及能量的转化利用效率，如中国科学院在湖南进行的饲料喂鸡，鸡粪喂猪，猪粪制取沼气，沼渣种蘑菇、养鱼、养蚯蚓及作为肥料还田的综合多级利用试验，饲料经多级利用后能量利用率由一次利用的 64.7% 增加到 90.5%，其中氮素利用率由 45% 提高到 92.4%。归纳农业生态系统中物质多级利用技术主要方式有：

1. 畜禽粪便综合利用

这种生态技术已受到普遍重视，在美国、欧洲等许多国家都利用干燥膨化鸡粪替代粗饲料及粗蛋白饲料，在我国一些地区也已采用。这是由于鸡的消化道短，饲料未被充分吸收利用就排出体外，鸡粪中有约 70% 的营养成分未被消化吸收，经过适当处理后可作为猪、鱼等动物的优质饲料。畜禽粪便另一种利用途径是作为沼气原料，可以作为能源利用，而沼渣沼液不仅可作为优质的有机肥料供作物利用，而且可作为食用菌培养料，猪、鱼饲料等。

2. 秸秆综合利用

农作物的秸秆产量是相当多的，能占到生物量的60%左右，我国每年产出的作物秸秆在5亿t以上，如何可以合理利用是相当关键的问题。目前的秸秆有相当一部分烧掉了，不仅污染大气，而且把所含的粗蛋白、纤维素及大量微量元素等浪费掉。因此，加强对秸秆的综合利用是生态农业一项重要的技术及任务。

秸秆利用途径目前除部分直接用做有机质补充农田外，还有一部分作为饲料供牛、羊等草食动物食用。秸秆还可通过氨化处理、微生物发酵及添加剂处理等，使营养价值和适口性大大提高，并可替代部分粮食。秸秆还可作为食用菌（蘑菇等）的培养料、沼气原料。

### （三）生物综合防治技术

病、虫、草害是造成作物减产的重要原因，利用生物措施及生态技术有效控制病、虫、草危害的潜力很大。其优点在于无毒性残留，不污染环境，又可以保护生物多样性和生态系统自我调节机制。通常生物防治技术有以下几个方面。

1. 利用轮作、间混作等种植方式控制病、虫、草害

轮作是通过不同作物茬口特性的不同减轻土壤传播的病害、寄生性或伴生性虫害、草害等，其效果甚至是农药达不到的。间作及混作等是通过增加生物种群数目，控制病、虫、草害，如玉米与大豆间作造成的小环境，因透

光通风好可减轻大小叶斑病、黏虫、玉米螟的危害，又能减轻大豆蚜虫发生。

2. 通过收获和播种时间的调整可防止或减少病、虫、草害

各种病、虫、草都有其特定的生活周期，通过调整作物种植及收获时间，打乱害虫食性时间或错开季节，可有效地减少危害。此外，利用抗病虫品种也是一种经济有效的途径。

3. 利用动物、微生物治虫、除草

在生态系统中，一般害虫都有天敌，通过放养天敌（或食虫性动物）可有效控制病虫危害，如稻田养草食性鱼类治草、治虫，棉田放鸡食虫，利用七星瓢虫、食蚜虫等捕食蚜虫；及真菌类的白僵菌防治蛴螬，细菌类的蛴螬乳剂防治天蛾、黏虫等。

4. 从生物有机体中提取的生物试剂替代农药防治病、虫、草害

利用自然界生物分泌物之间的相互作用，运用生物化学、生态学技术与方法开发新型农药将会成为未来发展的新趋势。

### （四）再生能源开发技术

以开发利用生物能（薪炭林、沼气）、生态能（太阳能、风能、水能）等新能源、替代部分化工商品能源是生态农业的一项重要技术。

1. 沼气发酵技术

沼气发酵是通过微生物在厌氧条件下，把淀粉、蛋白质、脂肪、纤维等有机大分子降解为可溶性碳、氮小分子化合物，同时产出甲烷等可燃性气体的有机化学反应过程。从生态系统角度看，将秸秆、粪尿、有机废弃物等通过沼气发酵产生可利用能源，还解决了环境污染问题，同时强化了生态系统的自净能力，实现无污染生产。

2. 太阳能利用技术

太阳能是恒定的、可再生的、清洁的能源，是实现农业生产过程的基本能源。目前所采用的常规技术包括地膜覆盖、塑料大棚、太阳能温室、太阳灶等，它们都可有效地增强太阳光能的吸收利用，解决作物生长过程中的热量需求及生活用能。

3. 风能、地热能、电磁能利用技术

在一些海拔较高风力强大的地区，利用风力发电、照明、取暖，有相当的利用潜力。一些地区利用地热能开展的蔬菜、瓜果、高价值植物栽培，效益也非常显著。

## 三、 生态农业的典型模式

### (一)“桑基鱼塘”模式

低洼地基塘农业生态工程也称为基塘系统，初见于珠江三角洲和太湖流域，由于当地地势低洼、常受水淹，农民把一些低洼地挖成鱼塘，挖出的泥土将周围的塘基抬高加宽，形成了一种特有的物质、能量转换系统。目前基塘系统广泛盛行于华南、华东、华中和其他水网地区，是一种典型的水陆结合的效益较高的农业生态工程。

基塘系统一般由基面陆地亚系统和鱼塘水体亚系统两个基本亚系统组成，有的还包括一个联系亚系统（图9－1）。基面亚系统的主要组分是生产者即绿色植物，根据基面所安排的生物种类不同，基塘系统又可以分为桑基鱼塘、蔗基鱼塘、果基鱼塘、花基鱼塘、粮基鱼塘、草基鱼塘、菜基鱼塘等类型。水体亚系统的组分既有生产者（浮游植物及其他水生植物）也有消费者（各种鱼类和其它水生动物等）。联系亚系统的组分多为第一级消费者，如猪、蚕等。

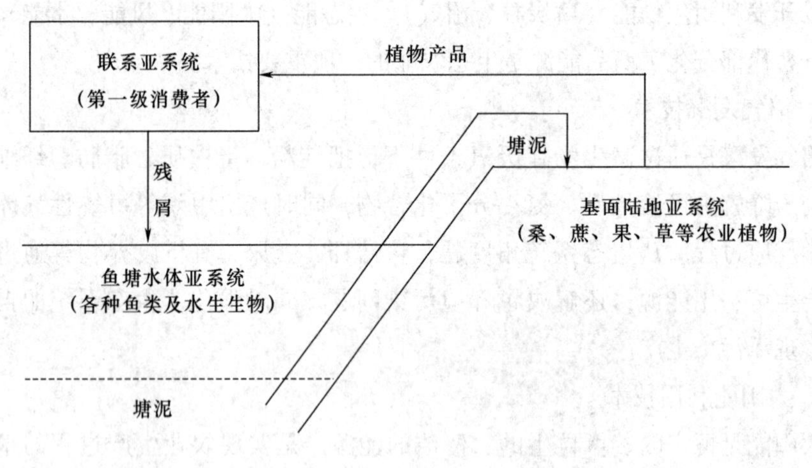


图9－1　基塘系统的构成示意图

（张季中，《农业生态与环境保护》，2007）

桑基鱼塘是基塘系统中结构最复杂也是较典型的一种。它是由基面种桑、桑叶喂蚕、蚕沙（指死蚕、蚕粪、碎桑叶等）养鱼、鱼粪肥塘、塘泥上基为桑施肥等环节构成。在这个系统中，桑、蚕、鱼各组分得到协调发展，基塘、资源得到充分利用，使桑基鱼塘表现有很高的生产力（图9－1）。

据研究，基塘系统的基面以平基为好，基宽6～10m为宜，过宽则挖取塘泥困难，过窄则实际种植面积太小；基面高度以高出鱼塘稳定水面1～1.5m为宜，过矮易使作物受渍，过高则作物吸水困难，易受旱；鱼塘以长方形东西向、长宽比6∶4较好，因东西向接受阳光较多，有利于浮游生物的繁殖，也有利于提高冬季水温；塘水深度以2.5～3m为宜，过浅则水量不足，过深则下层光线不足，溶解氧含量低，对鱼类生长不利；鱼塘面积以0.3～0.4$hm^2$较好，不宜超过0.7$hm^2$。鱼塘太小，养鱼不多，受基面作物遮荫比例大，而且受风面小，不利于水中氧的溶解；鱼塘过大，供应饵料和捕捞不方便，而且风浪大易冲崩塘基。至于基塘系统的基水面积比，需要考虑系统内的物质循环及其效益情况，其中桑基鱼塘以4.5∶5.5、基面略小为宜。若水面过大基面过小，虽然鱼的总产值较高，但桑叶总产量低，必须补充饵料投入，势必提高生产成本，同时还造成塘泥过剩；若基面过大水面过小，则系统内塘泥不足，需补充施肥方能保证桑叶产量水平。

在鱼塘亚系统中，鱼类的结构直接关系到能否合理利用水体和提高鱼类产量。草食性鱼类直接摄食水体中的水草、蚕沙和基面田间除草的杂草，其粪便和剩下的蚕沙腐屑促进水体中浮游生物的繁殖。浮游植物如甲藻、硅藻、黄藻、绿藻、小球藻等进行光合作用能增加水体中的氧气，同时也是鲢鱼的好饲料；浮游动物如水蚤、轮虫等虽然消耗了水体中一定的氧气，但它们是鳙鱼的良好饲料。

鲢鳙鱼等滤食性鱼类通过滤食水体中的浮游生物，使水质变清，又有利于水体中其它鱼类的生长发育。各种鱼类的排泄物和食物残屑沉积于塘泥表层，促进微生物和水体中的原生动物的繁殖，又为杂食性鱼类鲤、鲫等提供了丰富的食物，同时也促进塘泥变肥。在组建基塘系统时，合理设计水体中多种鱼类的混养，可大大提高鱼塘水体的生产力和经济效益。据研究，珠江三角洲的基塘系统在4.5∶5.5的基水比例情况下，各种鱼类的混养较合理的比例应为鲩26.7%、鲢12.0%、鳙17.9%、鲮及其它43.4%。

基塘系统具有显著的生态效益，这表现在：①物质循环具有较强的封闭性。除产品输出外，其余部分营养物质基本都能返回系统参与再循环，很少丢失。②能量转化效率高。鱼塘水体中的浮游植物光合效率较高，且鱼类系冷血动物，呼吸消耗少，使系统能表现出很高的能量转化效率。③营养结构复杂。系统内多种生物彼此之间都可通过食物营养关系链接起来，使基、塘资源得到了充分的利用。④改善了环境条件。通过挖塘抬基，降低了基面的地下水位，为作物种植提供了良好的条件，使基、塘环境相得益彰。

### （二）四位一体的“庭院生态系统”模式

由于农家庭院具有便于管理和集约经营的特点，使庭院农业生态工程具有很强的实用性。据调查，我国农家庭院占地占土地面积的6%～10%，而这部分土地的产值是高产农田的5.92倍。据估算，我国大约有农户1.8亿户，庭院总占地面积360万 $hm^2$，相当于日本全国耕地面积的一半，充分发掘这部分面积的生产潜力具有很重要的实际意义。庭院的生产经营项目最多，生产集约化程度最高，土地利用率最高，资金周转和积累最快，对人的生活环境影响也最直接。此外，庭院又是整个农业生态系统的重要组成部分（图9－2），在系统的物质、能量、资金、信息的流通转换中起着重要的作用。

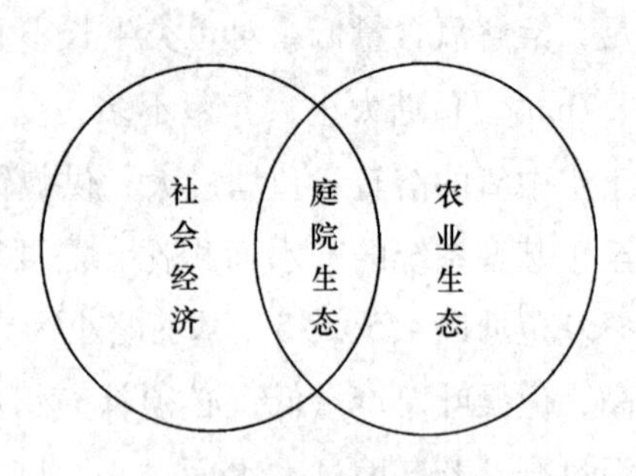


图9－2　庭院生态系统属性示意图
（张季中，2007）

庭院生态系统中生物种类较多，环境也发生了很大的变化（图9－3），同时庭院又是物质、能量、资金、信息的重要聚散地，从而使庭院生态系统表现出便于调控、便于管理、效益较高等特点。

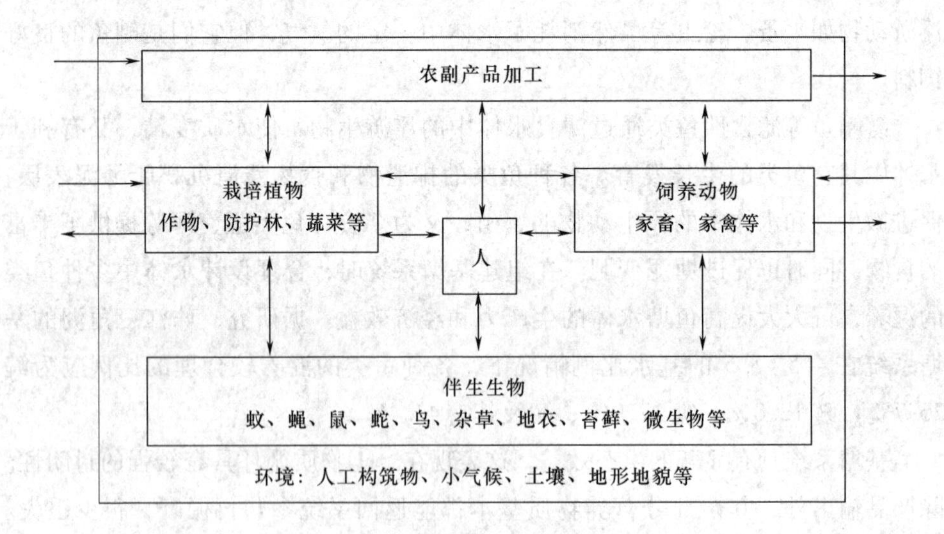


图9－3　庭院生态系统结构示意图
（张季中，2007）

目前，我国庭院农业生态工程建设已涌现出许多典型，根据各地经验，进行庭院农业生态工程建设时，可以从以下三个方面考虑。

1. 高度集约化的庭院生产

无论是劳动集约型项目、资金集约型项目，还是技术集约型项目，采用庭院集约化生产都最便于管理和实施，能更好地发挥这些生产项目的效益。这也正是庭院经济效益远远高于普通农田的重要原因。

集约化的庭院生产，可以是高效益的种、养殖业，也可以是农副产品的加工，还可以是其它行业的工副业或服务业，农户可根据其自然条件、社会经济条件和劳动者的文化技术素养，以及各自的信息来源和销售渠道，来选择合适的生产经营项目。

2. 充分利用空间和资源的立体生产

庭院立体生产不仅包括对房前屋后的空坪隙地的充分利用和合理的间混套作，还包括空中养殖、屋顶农业、地下农业（如养殖土壤动物、地窖栽培等）、阳台农业、墙体利用等内容。使庭院的立体生产系统往往表现出更高的复杂性和更高的效益。

由于庭院的土地被房屋、畜舍等人工构筑物分割成零星的小块，造成光照、温度、水分、土壤肥力等生态环境的差异。因此，庭院立体生产应注意因地制宜，必须根据种植的作物和饲养的农业动物的特征特性来合理配置。在种植上，光照较强的环境中配置果树、蔬菜等阳性植物，光照较弱的环境下配置生姜、蘑芋等阴性植物或耐荫的蔬菜、花卉、药用作物等，屋顶、阳台可种植蔬菜、盆栽花卉、盆栽果树等，沿院墙体可种植丝瓜、扁豆、葡萄等；在养殖上，为了充分利用空间，可改传统的平面单层养殖为多层立体养殖，混养、套养、兼养和高空养殖相结合，如房顶养鸽，地面养鸡、猪，地下养蝎子、蜗牛、土元等；庭院水体可养鱼、鸭或种莲藕等，应注意结合多层混养，提高水体利用率，池边种丝瓜、扁豆、葡萄等不仅可增加产品，还有利于水体环境的改善。总之，庭院总体利用上，应注意水、陆、空并举，立体开发，以提高庭院的整体效益。

3. 庭院废弃物的多级利用

庭院是各种农业废弃物的主要集散地，也是利用转化废弃物的重要场所，通过对废弃物的多层次多途径利用，不仅可提高物质、能量的转化效率，而且对改善庭院生态环境具有很重要的实际意义。

在庭院废弃物的多级利用中，沼气的利用和各种腐生动物的养殖具有非常明显的效果。据中国农业科学院长沙农业现代化研究所研究，一个五口之家，每天需1.5$m^3$的沼气，可建造一个6～8$m^3$池容的沼气池，养10～11头猪，猪粪尿入沼气池可满足五口之家生活用沼气有余，还可用于加温育苗或其它用途，沼渣可用于养蚯蚓或栽培食用菌，沼水则是一种很好的速效肥料。

在庭院中将种植业、养殖业及沼气能源结合起来，获得较佳的生态效益及经济效益，是北方地区的庭院生态模式典型，有相当的普遍性。最基本的模式是“种菜—养猪—沼气池”，即利用猪粪便及其有机废弃物进行沼气发酵，沼气作为能源，沼液沼渣作为有机质供给蔬菜种植及农田施用。在这种模式基础上可以有许多改进，如蔬菜有塑料大棚或温室种植，养猪也在大棚及温室内，并且增加养鸡，鸡粪喂猪等。这种庭院生态系统模式以农户为单位，以沼气为纽带，集种植、养殖、能源为一体，有很强的生命力，是一种良性循环的生产模式，也是一种农村能源开发的模式，实施比较简单易行，投资成本可高可低，规模可大可小，可视农户具体情况而定。在北方的一般模式是沼气池、厕所、猪舍和日光温室“四结合”，也称为四位一体。猪舍在沼气池上面，与温室间以墙间隔，猪舍内一角设厕所。形成以太阳能动力，以沼气为纽带，以日光温室立体种植、养殖为手段，通过种、养、能源的有机结合，形成生态良性循环。

### （三）农田生态恢复与持续利用模式

生态种植模式指依据生态学和生态经济学原理，利用当地现有资源，综合运用现代农业科学技术，在保护和改善生态环境的前提下，进行高效的粮食、蔬菜等农产品的生产。在生态环境保护和资源高效利用的前提下，开发无公害农产品、绿色食品、有机食品和其它生态类食品成为今后种植业的一个发展重点。

1.“间套轮”种植模式

“间套轮”种植模式是指在耕作制度上采用间作套种和轮作倒茬的模式。利用生物共存、互惠原理发展有效的间作套种和轮作倒茬技术是进行生态种植的主要模式之一。间作指两种或两种以上生育季节相近的作物在同一块地上同时或同一季成行的间隔种植。套种是间前作物的生长后期，于其株行间播种或栽植后作物的种植方式，是选用两种生长季节不同的作物，可以充分利用前期和后期的光能和空间。合理安排间作套种可以提高产量，充分利用空间和地力，还可以调剂好用工、用水和用肥等矛盾，增强抗击自然灾害的能力。典型的间作套种种植模式有：北京大兴区西瓜与花生、蔬菜间作套种的新型种植方式；河南省麦、烟、薯间作套种模式；山东省章丘市的马铃薯与粮、棉及蔬菜作物的间作套种；山东省农技推广总站推出的小麦、越冬菜、花生/棉花间作套种等轮作倒茬是土地关于养用结合的重要措施。可以均衡利用土壤养分，改善土壤理化性状，调节土壤肥力，且可以防治病虫害，减轻杂草的危害，从而间接地减少肥料和农药等化学物质的投入，达到生态种植的目的。典型的轮作倒茬种植模式有：禾谷类作物和豆类作物轮换的禾豆轮作；大田作物和绿肥作物的轮作；水稻与棉花、甘薯、大豆、玉米等旱作轮换的水旱轮作；以及西北等旱区的休闲轮作。

2. 保护耕作模式

用秸秆残茬覆盖地表，通过减少耕作防止土壤结构破坏，并配合一定量的除草剂、高效低毒农药控制杂草和病虫害的一种耕作栽培技术。保护性耕作通过保持土壤结构、减少水分流失和提高土壤肥力达到增产目的，是一项把大田生产和生态环境保护相结合的技术，俗称“免耕法”或“免耕覆盖技术”。国内外大量实验证明，保护性耕作有根茬固土、秸秆覆盖和减少耕作等作用，可以有效地减少土壤水蚀，并能防止土壤风蚀，是进行生态种植的主要模式之一。配套技术：中国农业大学“残茬覆盖减耕法”，陕西省农科院旱农所“旱地小麦高留茬少耕全程覆盖技术”，山西省农科院“旱地玉米免耕整秆半覆盖技术”，河北省农科院“一年两熟地区少免耕栽培技术”，山东淄博农机所“深松覆盖沟播技术”，重庆开县农业生态环境保护站“农作物秸秆返田返地覆盖栽培技术”，四川苍溪县的水旱免耕连作，重庆农业环境保护监测站的稻田垄作免耕综合利用技术等。

3. 旱作节水农业生产模式

旱作节水农业是指利用有限的降水资源，通过工程、生物、农艺、化学和管理技术的集成，把生产和生态环境保护相结合的农业生产技术。其主要特征是运用现代农业高新技术手段，提高自然降水利用率，消除或缓解水资源严重匮乏地区的生态环境压力、提高经济效益。配套技术：抗旱节水作物品种的引种和培育；关键期有限灌溉、抑制蒸腾、调节播栽期避旱、适度干旱处理后的反冲机制利用等农艺节水技术：微集水沟垄种植、保护性耕作、耕作保墒、薄膜和秸秆覆盖、经济林果集水种植等；抗旱剂、保水剂、抑制蒸发剂、作物生长调节剂的研制和应用；节水灌溉技术、集雨补灌技术、节水灌溉农机具的生产和利用等。

4. 无公害农产品生产模式

发展生态种植业，注重农业生产方式与生态环境相协调，在玉米、水稻、小麦等粮食作物主产区，推广优质农作物清洁生产和无公害生产的专用技术，集成无公害优质农作物的技术模式与体系，以及在蔬菜主产区，进行无公害蔬菜的清洁生产及规模化、产业化经营模式。配套技术：平衡施肥技术如中国农科院土肥所推出并推广的“施肥通”智能电子秤；新型肥料如包膜肥料及阶段性释放肥料的施用；采用生物防治技术控制病虫草害的发生；农药污染控制技术如对靶施药技术及新型高效农药残留降解菌剂的应用；增加膜控制释放农药等新型农药的应用等。典型案例：广东农科院蔬菜所粤北山区夏季反季节无公害蔬菜生产技术；四川农科院无公害水稻生产；河北大厂县无公害优质小麦生产技术；吉林市农业环保监测站清洁生产型菜篮子生态农业模式；吉林省通化市农科院水稻优质品种混合稀植与有机栽培技术；黑龙江绥化市绿色食品水稻栽培技术、虎林市绿色食品水稻产业化技术等。

**（四）设施生态农业及配套技术**

设施生态农业及配套技术是在设施工程的基础上通过以有机肥料全部或部分替代化学肥料（无机营养液）、以生物防治和物理防治措施为主要手段进行病虫害防治、以动植物的共生互补良性循环等技术构成的新型高效生态农业模式。其典型模式与技术如下。

1. 设施清洁栽培模式及配套技术

主要内容：①设施生态型土壤栽培。通过采用有机肥料（固态肥、腐熟肥、沼液等）全部或部分替代化学肥料，同时采用膜下滴灌技术，使作物整个生长过程中化学肥料和水资源能得到有效控制，实现土壤生态的可恢复性生产；②有机生态型无土栽培。通过采用有机固态肥（有机营养液）全部或部分替代化学肥料，采用作物秸秆、玉心芯、花生壳、废菇渣以及炉渣、粗砂等作为无土栽培基质取代草炭、蛭石、珍珠岩和岩棉等，同时采用滴灌技术，实现农产品的无害化生产和资源的可持续利用；③生态环保型设施病虫害综合防治模式。通过以天敌昆虫为基础的生物防治手段以及一批新型低毒、无毒农药的开发应用，减少农药的残留；通过环境调节、防虫网、银灰膜避虫和黄板诱虫等离子体技术等物理手段的应用，减少农药用量，使蔬菜品种品质明显提高。

技术组成：①设施生态型土壤栽培技术。主要包括有机肥料生产加工技术，设施环境下有机肥料施用技术，膜下滴灌技术；栽培管理技术等；②有机生态型无土栽培技术。主要包括有机固态肥（有机营养液）的生产加工技术，有机无土栽培基质的配制与消毒技术，滴灌技术，有机营养液的配制与综合控制技术，栽培管理技术等；③以昆虫天敌为基础的生物防治技术；④以物理防治为基础的生态防病、土壤及环境物理灭菌，叶面微生态调控防病等生态控病技术体系等。

2. 设施种养抓结合生态模式及配套技术

通过温室工程将蔬菜种植、畜禽（鱼）养殖有机地组合在一起而形成的质能互补、良性循环型生态系统。目前，这类温室已在中国辽宁、黑龙江、山东、河北和宁夏等省市自治区得到较大面积的推广。

该模式目前主要有两种形式：①温室“畜—菜”共生互补生态农业模式。主要利用畜禽呼吸释放出的$CO_2$。供给蔬菜作为气体肥料，畜禽粪便经过处理后作为蔬菜栽培的有机肥料来源，同时蔬菜在同化过程中产生的$O_2$等有益气体供给畜禽来改善养殖生态环境，实现共生互补；②温室“鱼—菜”共生互补生态农业模式。利用鱼的营养水体作为蔬菜的部分肥源，同时利用蔬菜的根系净化功能为鱼池水体进行清洁净化。

技术组成：①温室“畜—菜”共生互补生态农业模式主要包括“畜—菜”共生温室的结构设计与配套技术，畜禽饲养管理技术，蔬菜栽培技术，“畜—菜”共生互补合理搭配的工程配套技术，温室内$NH_3$、$H_2S$等有害气体的调节控制技术；②温室“鱼菜”共生互补生态农业模式主要包括：“鱼—菜”共生温室的结构与配套技术，温室水产养殖管理技术，蔬菜栽培技术，“鱼—菜”共生互补合理搭配的工程配套技术，水体净化技术。

3. 设施立体生态栽培模式及配套技术

该模式目前有三种主要形式：①温室“果—菜”立体生态栽培模式。利用温室果树的休眠期、未挂果期地面空间的空闲阶段，选择适宜的蔬菜品种进行间作套种；②温室“菇—菜”立体生态培养模式，通过在温室过道、行间距空隙地带放置食用菌菌棒，进行“菇—菜”立体生态栽培，食用菌产生的$CO_2$可作为蔬菜的气体肥源，温室高温高湿环境又有利食用菌生长；③温室“菜—菜”立体生态栽培模式。利用藤式蔬菜与叶菜类蔬菜空间上的差异，进行立体栽培，夏天还可利用藤式蔬菜为喜荫蔬菜遮阳，互为利用。

技术组成：①设施工程技术：包括温室的选型，结构设计，配套技术的应用，立体栽培设施的工程配套等；②脱毒抗病设施栽培品种的选用；③“果—菜”、“菇—菜”、“菜—菜”品种的选用与搭配；④立体栽培设施的水肥管理技术；⑤病虫害综防植保技术。

### （五）观光生态农业模式及配套技术

该模式是指以生态农业为基础，强化农业的观光、休闲、教育和自然等多功能特征，形成具有第三产业特征的一种农业生产经营形式。主要包括高科技生态农业园、精品型生态农业公园、生态观光村和生态农庄4种模式。

1. 高科技生态农业观光园

主要以设施农业（连栋温室）、组配车间、工厂化育苗、无土栽培、转基因品种繁育、航天育种、克隆动物育种等农业高新技术产业或技术示范为基础，并通过生态模式加以合理联结，再配以独具观光价值的珍稀农作物、养殖动物、花卉、果品以及农业科普教育（如农业专家系统、多媒体演示）和产品销售等多种形式，形成以高科技为主要特点的生态农业观光园。

技术组成：设施环境控制技术、保护地生产技术、营养液配制与施用技术、转基因技术、组培技术、克隆技术、信息技术。有机肥施用技术、保护地病虫害综合防治技术、节水技术等。典型案例：北京的锦绣大地农业科技园、中以示范农场、朝来农艺园和上海孙桥现代农业科技园。

2. 精品型生态农业公园

通过生态关系将农业的不同产业、不同生产模式、不同生产品种或技术组合在一起，建立具有观光功能的精品型生态农业公园。一般包括粮食、蔬菜、花卉、水果、瓜类和特种经济动物养殖精品生产展示、传统与现代农业工具展示、利用植物塑造多种动物造型、利用草坪和鱼塘以及盆花塑造各种观赏图案与造型，形成综合观光生态农业园区。

技术组成：景观设计、园林设计、生态设计技术，园艺作物和农作物栽培技术，草坪建植与管理技术等。典型案例：广东的绿色大世界农业公园。

3. 生态观光村

专指已经产生明显社会影响的生态村，它不仅具有一般生态村的特点和功能（如村庄经过统一规划建设、绿化美化环境卫生清洁管理，村民普遍采用沼气、太阳能或秸秆气化，农户庭院进行生态经济建设与开发，村外种养加生产按生态农业产业化进行经营管理等），而且由于具有广泛的社会影响，已经具有较高的参观访问价值，具有较为稳定的客流，可以作为观光产业进行统一经营管理。

技术组成：村镇规划技术、景观与园林规划设计技术、污水处理技术、沼气技术、环境卫生监控技术、绿化美化技术、垃圾处理技术、庭院生态经济技术等。典型案例：北京大兴区的留民营村、浙江省藤头村。

4. 生态农庄

一般由企业利用特有的自然和特色农业优势，经过科学规划和建设，形成具有生产、观光、休闲度假、娱乐乃至承办会议等综合功能的经营性生态农庄，这些农庄往往具备赏花、垂钓、采摘、餐饮、健身、狩猎、宠物乐园等设施与活动。技术组成：自然生态保护技术、自然景观保护与持续利用规划设计技术、农业景观设计技术、人工设施生态维护技术、生物防治技术、水土保持技术、生物篱笆建植技术等。典型案例：北京郊区的安利隆生态旅游山区、蟹岛度假村。

## 实验实训　四位一体庭院生态模式设计

### 一、实训目的

在庭院内将种植业、养殖业及沼气能源结合起来，获得较佳的生态效益和经济效益，是北方地区庭院生态模式的典型，有相当的普遍性。本次实训的目的就是要求综合运用生态学原理和经济学原理，针对某一农户进行具体设计，以掌握典型农业生态工程的基本方法。

### 二、方法与步骤

四位一体的“庭院生态系统”工程的基本模式是“种菜—养猪—沼气池”，即利用猪粪便及其他有机废弃物进行沼气发酵，沼气作为能源，沼液沼渣作为有机肥料供给蔬菜种植及农田施肥。这种模式可根据当地的气温条件进行具体设计。在北方为了增加沼气的发酵效果，蔬菜可以用塑料大棚或温室种植，养猪也可以在大棚或温室内，并且可以增加养鸡，鸡粪喂猪等。在南方这种模式可以在露地进行。在北方采用沼气池、厕所、猪舍和日光温室“四结合”，猪舍建在沼气池上，与温室田以墙相隔，猪舍内一角设计厕所。形成以太阳能为动力，以沼气为纽带，以日光温室为载体的立体种养模式，通过种、养、能源的有机结合，形成良性循环。

### 三、实训内容

利用你所掌握的知识理论，通过对生产中已实行的此种模式的了解和调查，针对某一个农户进行具体设计，重点进行种植、养殖规模品种和沼气及沼渣产量测算，确定一个最佳模式。

### 四、作业

对你所设计的四位一体的“庭院生态系统”模式，进行经济效益和生态效益分析，结合社会主义新农村建设阐述在农村推行这种模式的现实意义。

## 本章小结

本章简要介绍了农业的历史发展特点及现代农业的发展思潮和趋势；简单介绍了可持续发展的一般概念及农业可持续发展的重要意义；对生态农业的基本原理和主要技术进行了阐述；重点介绍了农业的可持续发展及其内容、持续农业技术体系；介绍了立体种植与养殖技术、生物综合防治技术、再生能源开发技术；分析了四位一体的“庭院生态系统”模式。

### 复习思考题

1. 简述现代农业发展的几种思潮。

2. 简述农业发展的几个阶段及其特点。可持续发展的基本内涵及原则是什么？

3. 简述生态农业的基本原理。

4. 分析生态农业典型模式的现实指导意义。

5. 农业可持续发展的支持体系有哪些？

6. 以科学发展观谈我国农业与农村可持续发展的重要意义。

### 资料收集

1. 调查家乡所在地的农业资源及其利用现状调查。
2. 调查家乡所在地四位一体庭院生态模式。
3. 调查家乡所在地农村环境现状。

### 查阅文献

[1] 骆世明．农业生态学．北京：中国农业大学出版社，2001.
[2] 高志强．农业生态与环境保护．北京：中国农业出版社，2001.
[3] 戈峰．现代生态学．北京：科学出版社，2002.
[4] 孙儒泳等．基础生态学．北京：高等教育出版社，2002.
[5] 阎传海，张海荣．宏观生态学．北京：科学出版社，2003.
[6] 陈阜．农业生态学．北京：中国农业大学出版社，2002.

### 习作卡片

调查当地的四位一体庭院生态模式、农村环境现状，进行种植、养殖规模品种和沼气及沼渣产量测算；环境特征、典型污染源、环境质量现状等的调查做成卡片，随着学习与调查的深入，通过种、养、能源的有机结合，形成良性循环，保持良好的农业生态环境的可持续发展。

## 课外阅读

### 忍耐的义务

地球上生命的历史一直是生物及其周围环境相互作用的历史。可以说在很大程度上，地球上植物和动物的自然形态和习性都是由环境塑造成的。就地球时间的整个阶段而言，生命改造环境的反作用实际上一直是相对微小的。仅仅在出现了生命新种——人类之后，生命才具有了改造其周围大自然的异常能力。

在过去的四分之一世纪里，这种力量还没有增长到产生骚扰的程度，但它已导致一定的变化。在人对环境的所有袭击中最令人震惊的是空气、土地、河流以及大海受到了危险的、甚至致命物质的污染。这种污染在很大程度上是难以恢复的，它不仅进入了生命赖以生存的世界，而且也进入了生物组织内，这一罪恶的环链在很大程度上是无法改变的。在当前这种环境的普遍污染中，在改变大自然及其生命本性的过程中，化学药品起着有害的作用，它们至少可以与放射性危害相提并论。在核爆炸中所释放出的锶 90，会随着雨水和漂尘争先恐后地降落到地面，居住在土壤里，进入其上生长的草、谷物或小麦里，并不断进入到人类的骨头里，它将一直保留在那儿，直到完全衰亡。同样地，被撒向农田、森林、花园里的化学药品也长期地存在于土壤里，同时进入生物的组织中，并在一个引起中毒和死亡的环链中不断传递迁移。有时它们随着地下水流神秘地转移，等到它们再度显现出来时，它们会在空气和太阳光的作用下结合成为新的形式，这种新物质可以杀伤植物和家畜，使那些曾经长期饮用井水的人们受到不知不觉的伤害。正如阿伯特·斯切维泽所说：“人们恰恰很难辨认自己创造出的魔鬼。”

为了产生现在居住于地球上的生命已用去了千百万年，在这个时间里，不断发展、进化和演变着的生命与其周围环境达到了一个协调和平衡的状态。在有着严格构成和支配生命的环境中，包含着对生命有害和有益的元素。一些岩石放射出危险的射线，甚至在所有生命从中获取能量的太阳光中也包含着具有伤害能力的短波射线。生命要调整它原有的平衡所需要的时间不是以年计而是以千年计。时间是根本的因素；但是现今的世界变化之速已来不及调整。

从19世纪40年代中期以来，两百多种基本的化学物品被创造出来用于杀死昆虫、野草、啮齿动物和其它一些用现代俗语称之为“害虫”的生物。这些化学物品是以几千种不同的商品名称出售的。

这些喷雾器、药粉和喷撒药水现在几乎已普遍地被农场、果园、森林和家庭所采用，这些没有选择性的化学药品具有杀死每一种“好的”和“坏的”昆虫的力量，它们使得鸟儿的歌唱和鱼儿在河水里的欢跃静息下来，使树叶披上一层致命的薄膜，并长期滞留在土壤里，造成这一切的原来的目的可能仅仅是为了少数杂草和昆虫。谁能相信在地球表面上撒放有毒的烟幕弹怎么可能不给所有生命带来危害呢？它们不应该叫作“杀虫剂”，而应称为“杀生剂”。

使用药品的整个过程看来好像是一个没有尽头的螺旋形的上升运动。自从DDT可以被公众应用以来，随着更多的有毒物质的不断发明，一种不断升级的过程就开始了。这是由于根据达尔文适者生存原理这一伟大发现，昆虫可以向高级进化以获得对所使用的特定杀虫剂的抗药性，之后，人们不得不再发明一种致死的药品，昆虫再适座，于是再发明一种新的更毒的药。这种情况的发生同样也是由于后面所描述的这一原因，害虫常常进行“报复”，或者再度复活，经过喷撒药粉后，数目反而比以前更多。这样，化学药品之战永远也不会取胜，而所有的生命在这场强大的交叉火力中都被射中。

与人类被核战争所毁灭的可能性同时存在，还有一个中心问题那就是人类整个环境已由难以置信的潜伏的有害物质所污染，这些有害物质积蓄在植物和动物的组织里，甚至进入到生殖细胞里，以至于破坏或者改变了决定未来形态的遗传物质。

对自然界受威胁的了解至今仍很有限。现在是这样一个专家的时代，这些专家们只眼盯着他自己的问题，而不清楚套看这个小问题的大问题是否偏狭。现在又是一个工业统治的时代，在工业中，不惜代价去赚钱的权利难得受到谴责。当公众由于面临着一些应用杀虫剂造成的有害后果的明显证据而提出抗议时，一半真情的小小镇定丸就会使人满足。我们急需结束这些伪善的保证和包在令人厌恶的事实外面的糖外衣。被要求去承担由昆虫管理人员所预测的危险的是民众。民众应该决定究竟是希望在现在道路上继续干下去呢，还是等拥有足够的事实时再去做。金·路斯坦德说：“忍耐的义务给我们知道的权利。”

————摘自蕾切尔·卡逊《寂静的春天》

# 第十章　食品安全与有机农产品开发

### 学习目标

了解我国粮食安全的现状、问题及应对策略，了解现阶段我国食品安全存在的问题；掌握有机农产品生产的标准、认定程序及必要性，熟悉我国发展有机农业的发展方向及存在的主要问题。

## 第一节　粮 食 安 全

改革开放尤其是入世以来，中国粮食的安全所面临的国内外形势发生了巨大的变化，粮食危机正成为全球性的热点话题，粮食安全与能源安全、金融安全并称为世界三大经济安全。在新的形势下，要制定保障中国粮食安全的政策，从而实现新世纪中国粮食安全目标，首先就必须对现阶段中国粮食安全所面临的国内外形势进行深入的分析，并且对中国粮食安全的状况进行全面、准确的考察和把握。

目前，由于经济的迅速发展以及城镇化的推进，我国农村劳动力呈现老龄化特点，由此带来的粮食增产是“结构性”增长，在主粮产量和播种面积不断增加的同时，辅粮却出现了大幅度下降。若把大豆、棉花、食用植物油等农产品的进口量考虑进来，我国的粮食安全形势实在不容乐观。

“谁来养活中国？”自1994年美国学者布朗提出这个著名命题以来，危机感和紧迫感就时刻萦绕在我国农业从业者的心头。尽管2013年的粮食生产首次实现了建国以来的“十连增”，但我国的粮食自给率仍不足90%。粮食安全问题，或许从来没有像现在这样紧迫。

2013 年 12 月，中央经济工作会议提出了 2014 年经济工作的主要任务，其中“切实保障国家粮食安全”首次跃升为六大任务之首，粮食安全首次获得高度关注，被提升至 2014 年国家一号战略。

习近平总书记强调，保障粮食安全对中国来说是永恒的课题，任何时候都不能放松。历史经验告诉我们，一旦发生大饥荒，有钱也没用。解决 13 亿人吃饭问题，要坚持立足国内，中国人的饭碗要牢牢端在自己手中，而且自己的饭碗主要装自己生产的粮食。

中央提出了“以我为主、立足国内、确保产能、适度进口、科技支撑”的粮食安全新战略。这 20 个字，体现了我国对粮食安全的一个新认识。结合中央经济工作会议对粮食安全的其它论述，我们可以解读出这一新战略的三个新内涵。

一是强调集中国内资源保重点，做到谷物基本自给、口粮绝对安全，在此基础上可以“适度进口”。这实际上是把粮食安全的核心目标更明确地界定为谷物安全，同时有保有放，在谷物之外，增加了通过国际市场弥补粮食缺口的空间。适度进口首次被明确为我国粮食安全战略的一个组成部分。

二是提出数量质量并重，更加注重农产品质量和食品安全的新粮食安全观。以前我们谈粮食安全，指的是数量安全，那是基于我们当时的发展程度和实际需求提出的，而现在城乡居民收入水平逐渐提高，对食品安全的关注度、对自身健康的关注度越来越高，要求我们把粮食质量问题放到一个更加突出的位置。

三是强调粮食安全与生态安全的统筹兼顾。我们以前为了追求粮食增产，往往不惜一切代价，比如毁林开荒、侵占湿地、超采地下水、过量施用化肥农药等，这提高了粮食产量，但也带来生态环境问题。这次则强调，注重可持续发展，转变农业发展方式，发展节水农业、循环农业。

上述调整表明，在我国发展水平进入一个新阶段以后，我们对粮食安全的认识也有了一个明显的进步。我们现在追求科学发展、追求可持续发展，在粮食生产上也要体现这个理念，那么就要转变农业发展方式，这势必影响粮食产量，倒逼着我们在粮食安全战略上做出相应的调整。

## 一、粮食安全的概念

现代意义上的粮食安全问题源自 20 世纪 70 年代初的全球粮食减产，当时全球粮食储备由 18% 下降至 14%，粮价上涨 2 倍，导致了第二次世界大战后最严重的粮食危机。为应对危机，1974 年 11 月，联合国粮农组织在罗马召开了第一次世界粮食首脑会议，通过了《世界粮食安全国际约定》，首次提出了粮食安全概念。

这一概念在当时的定义是：保证任何人在任何时候都能得到为了生存和健康所需要的足够食物。这个概念包括三个具体目标：①确保生产足够数量的粮食；②最大限度地稳定粮食供应；③确保所有需要粮食的人都能获得粮食。要求各国政府采取措施，保证世界谷物年末最低安全系数，即当年末谷物库存量至少相当于次年谷物消费量的 17% ~18%。一个国家谷物库存安全系数低于 17% 则为谷物不安全，低于 14% 则为进入紧急状态。

1996 年 11 月，在罗马召开的第二次世界粮食首脑会议上，粮农组织对这一概念作了新的表述：只有当所有人在任何时候都能够在物质上和经济上获得足够、安全和富有营养的粮食来满足其积极和健康生活的膳食需要及食物喜好时，才可谓实现了粮食安全。这其中包括个人、家庭、国家、区域和世界各级均要实现粮食安全。

时任国务院总理李鹏在是次大会做出了确保中国粮食安全的承诺。同年，国务院发布《中国的粮食安全问题》白皮书，明确表示中国能够依靠自己的力量实现粮食基本自给。它提出的立足国内资源、实现粮食基本自给的方针，成为中国至今未变的粮食战略总纲。在此方针指导下，以粮食为代表的农产品自给一直受到官方高度重视，并形成了占据主流地位的中国粮食安全观：种植业是农业的重要基础，粮棉油糖是关系国计民生的重要商品，保障粮食有效供给是农业发展的首要任务。在农业部制定的农业“十二五”规划中，也就中国的粮食安全概念给出了具体的数字衡量标准：努力实现“一个确保、三个力争”。即确保粮食基本自给，立足国内实现基本自给，确保自给率 95% 以上，其中水稻、小麦、玉米三大粮食作物自给率达到 100%。

## 二、我国粮食安全现状

2013 年 11 月底，国家统计局发布公告称，2013 年中国粮食总产量达到 60193. 5 万 t，比 2012 年增加 1235. 6 万 t，增长 2. 1%，已经超过原先《国家粮食安全中长期规划纲要（2008—2020 年）》提出的目标。

从 2004 年算起，这已是中国粮食产量连续第十个年头增加。但中国粮食实际已连续多年处于产不足需状态。2008 年，中国粮食首次产大于需。但从 2009

年开始，供求关系又开始变得越来越紧张，是年产仅大于需 782 万 t。到 2010 年，又重新进入产不足需状态，当年缺口为 352.3 万吨，粮食缺口逐步扩大。

英国经济学人智库最近发布《全球食物安全指数报告》，指数包括食品价格承受力、食品供应能力和质量安全保障能力 3 方面，27 个定性和定量指标。中国在 107 个国家中位居第 42 位，报告将中国列入“良好表现”一档。相对于人均 GDP 第 52 位的排名，中国是为数不多的食物安全水平大幅超越其社会富裕程度的国家之一。

国务院发展研究中心在近期出版的《中国特色农业现代化道路研究》一书中指出，到 2020 年，按 14.3 亿人口、人均消费 409 ~ 414kg 粮食计算，中国粮食的总需求量将达到 58487 万 ~ 59202 万 t。按照中国的粮食生产能力计算，届时国内粮食（不含大豆）的供给缺口将在 4000 万 ~ 5000 万 t。

鉴于此，前述中央经济工作会议决定实施“以我为主、立足国内、确保产能、适度进口、科技支撑”的国家粮食安全战略。要依靠自己保口粮，集中国内资源保重点，做到谷物基本自给、口粮绝对安全。更加注重农产品质量和食品安全，转变农业发展方式，抓好粮食安全保障能力建设，把“饭碗”牢牢端在自己手上。

从供给角度来看，中国的粮食状况具备以下基本特征：脆弱平衡、强制平衡、紧张平衡。所谓脆弱平衡，是保障的资源条件贫乏；强制平衡，是经济社会要素投入大，政府强力主导；紧张平衡，是总供给保障所有人口的食物及粮食安全的能力不宽裕。

在供给越发紧张的基础之上，中国需要面对的则是一个日益庞大的国内粮食需求市场。按照目前的情况来看，导致粮食需求量增大的三个决定性因素分别为：①人口总量增加。国家计生委预测，到 2030 年，中国人口增加到 15.3 ~ 16.3 亿人；②城乡居民收入水平快速提高，饮食结构改变导致的饲料粮需求继续明显增加；③城镇化水平持续提高。从 2011—2030 年的 20 年间，中国将新增城镇人口 3 亿人左右，直接带动消费增长。

## 三、应对粮食安全问题的措施

近年来，粮食安全问题愈益成为国际社会关注的焦点问题。客观分析我国粮食供求状况，采取有效应对措施，改善粮食供求形势，是保障国家粮食安全，保持社会稳定发展的必然要求。

### （一）我国需要进一步提高粮食有效供给能力

科学有效的农业发展方式是加强粮食供给能力建设的重要保证。目前，我国农业发展方式还存在一系列与粮食增产不相适应的环节。例如，土地利用方式粗放，水利基础设施陈旧，一家一户的生产组织方式落后，粮食流通体系滞后，科技支撑能力不足等。粮食是特殊而敏感的产品，粮食供给即使出现一些细小的问题都可能引发人们不必要的恐慌，导致市场剧烈波动，并进而影响社会稳定。目前，国际粮食形势严峻，我国粮食供给能力需要进一步提高。粮食安全是治国安邦的头等大事，必须采取战略措施，增加粮食供给能力，保障国家粮食安全。

工业化、城镇化建设对粮食生产产生“挤出效应”。国际经验表明，经济增长和结构转型会导致粮食消费增长和粮食生产比较优势下降。我国工业化进程对农业生产造成巨大压力，对本不稳固的粮食安全体系提出新的挑战。同时，城镇化加快推进，建设用地不断蚕食耕地面积。中国国土资源公报显示，2009年全国批准建设用地57.6万$hm^2$，比上年增长44.6%。土地资源的有限性，决定了建设用地会对粮食生产产生一定的“挤出效应”：直接造成耕地面积减少、粮食供给能力减弱。虽然2009年农村土地整治新增耕地26.9万$hm^2$，但是质量和肥力不足，只是数量意义上的占补相对平衡。一方面，工业化、城镇化加快推进形成了土地的相对高收益率；另一方面农资价格上涨、粮食生产成本逐步上升，这导致粮食生产比较效益不断下降，影响了农民的种粮积极性；个别地方政府出现忽视粮食生产的不良倾向和放松粮食安全的麻痹思想，也给粮食安全蒙上阴影。

### （二）依靠国际市场无法保障我国粮食供给和粮食安全

世界粮食市场供给无法有效满足我国的粮食消费。稻谷是我国口粮消费的主体，占口粮的近60%，消费量每年为3700亿~3750亿斤，而国际市场大米贸易总量也就是500亿~600亿斤，仅占我国大米消费量的15%左右，通过国际市场调剂的空间十分有限。此外，世界粮食生产量与消费量并不同步增长。据测算，近10年来全球谷物消费需求增加2200亿kg，年均增长1.1%；产量增加1000亿kg，年均增长0.5%。目前，世界谷物库存消费比已接近30年来最低水平。世界主要粮食库存消费比屡创新低，粮食供给紧张状况难以缓解。

世界主要产粮国进一步强化对粮食出口的政治干预。近年来，由于受到自然灾害影响和国际金融危机冲击，一些粮食主产国颁布了粮食出口禁令。尽管以求自保的出口政策无可厚非，但是必然影响全球粮食供求关系，给我国粮食供给造成一定负面影响。在2008年粮食危机中，一些国家不负责任地将粮价上涨的原因主要归于中国等新兴国家消费的增长。如果我国的粮食消费20%依赖进口，我们面临的不仅是巨大的财政压力，而且还有巨大的政治和道义压力，以及保障有效进口的巨大压力。粮食供给坚持立足国内、实现基本自给的方针，不但是关系国计民生的重大决策，也是争取有利国际环境的重要保障。

"粮食武器"已成为个别西方国家控制我国的重要手段。我国加入WTO以后，农产品市场逐步放开，不可避免地受到"粮食武器"的干扰。中国需要养活13亿人口，然而城市扩张和工业扩张加剧了耕地的流失，复合肥料的大量使用造成农业投资生产率下降，还伴有水资源短缺和环境污染加剧等问题。所有这些结合起来，已经足以迫使中国在世界经济中无奈地受限于粮食。基于"谁来养活中国人"的悲观预期，个别国家欲把"粮食武器"作为控制我国的战略选择。跨国粮商加紧在我国的粮食战略布局，建立上下游完整的粮食产业链，加强从源头到终端的全程控制。丰益国际、阿丹米、邦基、嘉吉、路易达孚等跨国公司在我国粮油市场的贸易份额持续扩大，丰益国际旗下的益海集团在生产领域和流通领域投资并举，对我国粮食安全可能造成的影响不可小视。

**（三）我国粮食需求保持刚性增长**

我国粮食需求结构主要包括口粮需求、饲料粮需求和工业粮需求等。影响因素主要是口粮消费总量增加和消费结构升级，以及饲料粮和工业粮需求增长。

口粮需求数量持续攀升且质量逐步提高。国家人口计生委预测，未来十年我国人口仍将以年均800万~1000万的速度增长。2020年，我国人口总量将达到14.6亿；人口总量高峰将出现在2033年前后，达15亿左右。人口增长导致口粮需求刚性增长。按照人均400kg年口粮消费量计算，2010年口粮消费需求为5.48亿t。2010年全国粮食总产量为54641万t，比上年增加1559万t，增产2.9%。从表面看，我国粮食总产与口粮消费基本持平，实际上，粮食产量不可能全部用于口粮。2020年和2033年前后，我国口粮需求总量将分别达到5.84亿t和6亿t，口粮需求数量持续攀升。

饲料粮和工业粮需求的数量、质量同步增长。质量型消费对食用油、肉蛋乳和精加工食品需求迅速增长，引发饲料粮消费快速增加。据预测，到2020年饲料用粮需求总量将达到2355亿kg，占粮食消费需求总量的41%。由此，导致饲料粮主要来源——大豆和玉米需求增长。有资料显示，2007—2008年度，我国玉米消费需求较上年度增长3.6%，大豆消费需求较上年度增长5.7%。饲料市场需求旺盛，引发优质专用大豆、高质量玉米需求量大幅走高，出现与人争粮、与人争优质粮现象。同时，生物燃料、玉米深加工、生物制药和酿酒工业尤其是生物燃料迅猛发展，不但会增大粮食消费比例，要求提高质量标准，而且会扭曲粮食价格，引发物价总水平上涨预期。

**(四) 加快土地流转保增产**

由于我国18亿亩耕地红线的限制以及城镇化的深入，增加粮食播种面积的空间很小。农业专家指出，按照以往经验来看，中国的粮食增产大约2/3依赖于单产水平提高，播种面积增加的贡献约为1/3。目前看来，单产的提高仍有空间。

我国尽管小麦、水稻和玉米的单产水平已经高出世界平均水平56.66%、56.64%和2.56%，但仍然分别是单产排在前10位国家平均水平的60%、71%和67%左右。未来十年里，美国玉米的单产水平可望翻番。2011年，我国270个早稻万亩示范片亩产比所在县高122.1kg，950个小麦万亩示范片平均亩产比所在县平均亩产高142.5kg。

根据《国家粮食安全中长期规划纲要（2008—2020年）》，到2010年，全国粮食单产水平提高到每亩325kg左右。到2020年，提高到350kg左右。通过改良品种和改善生产条件，黑龙江省水稻单产可以提高20%。通过加快改良品种、提高农田生产力、推广现代生产技术和手段等，使我国粮食单产登上一个新台阶。

我国农村合作社的经营规模较大，能够实现适度规模经营。但总体来看，目前的农户加入农民专业合作社的比重仍不到20%，现有农民专业合作社的带动能力还比较弱，平均每个合作社的成员数量仅为78个。扶持种粮大户和种粮合作社的发展，是走有中国特色农业现代化道路的重要途径。

改变农业经营模式，实现集约化经营、土地流转，是提高农业竞争力、降低农业生产成本、提高产量的普遍共识。据媒体报道，前述中央经济工作会议上还着重讨论了土地流转问题，继续鼓励土地流转、加大土地流转力度将成为农业工作的一个重点。

总体来说，只要战略得当，合作机制比较完善和合理，跨境开发农业资源还是大有潜力可挖的。应将“走出去”作为我国农业发展的一项重大战略，组织相关部门进行专门研究，形成系统的政策框架。

**(五) 提升国家粮食安全的战略选择**

（1）立足国内粮食生产，开展多边粮食贸易。我国是农业大国，确保粮食安全，进口粮食只能是对国内生产的必要补充，而不能危及国内产业发展，并且要与技术创新结合起来，实施进口替代和产品出口战略。鉴于世界粮食供给有限、出口政治干预和“粮食武器”风险，我国有必要开展多边粮食贸易，破除国际资本垄断，避免经济风险和政治摩擦。在这方面，日本给我们提供了很好的借鉴。2003 年，日本进口农产品来源地多达 208 个国家和地区，其中包括一些太平洋、大西洋上的小岛。正是依靠多边粮食贸易战略，日本在保持经济高速发展的同时，保证了本国粮食安全。从长远看，全球现有可耕地面积约 77 亿 $hm^2$，目前用于生产的耕地还不到 30 亿 $hm^2$，仅巴西一国就有耕地 4 亿 $hm^2$，是我国耕地面积的 2.5 倍。帮助发展中国家利用好可耕地，不仅有利于缓解世界粮食危机问题，也有利于保障我国的粮食安全。我国要在立足国内粮食生产的基础上，有效利用国际市场，实现立足国内、自给自足和适当利用进出口调剂余缺的有机结合。在农业资源丰富的国家和地区设立农产品贸易机构，与多个国家签订粮食进口协议，与部分重要产粮国建立长期、稳定的农业合作关系。鼓励粮食企业走出去跨国承包土地，提供直接技术援助，建立稳固的国外粮食供给来源，增加粮食安全系数。

（2）严格保护生产资源，倍增农业投入力度。根据粮食生产要素的现状分析和远景展望，起主要制约作用的是水土资源、粮食政策和资金投入。由于粮食政策和资金投入是一种可控的人为因素，所以真正制约粮食生产的硬件是水资源和耕地资源。水资源和耕地资源是粮食发展最基础的生产资源，是保障粮食可持续发展的关键。农业和粮食具有明显的正外部性，能够提高全社会的福利水平，必须严格保护生产资源，倍增农业投入力度。要严格落实基本农田保护条例，坚持最严格的耕地保护制度；按照粮食生产与水资源承载能力相适应的原则，抓好水土保持和生态建设，坚持走节水增产的道路；鉴于粮食政策和粮食价格直接影响农民种粮的机会成本和生产边际曲线，继续实施有利于粮食增产、农民增收的支农政策。通过资源保护和政策激励，提高粮食综合生产能力和农业综合收益，充分调动农民种粮和地方政府重农抓粮两个积极性。

（3）强化农业科技支撑，加大自主创新力度。国内外的经验都证明，除了体制变迁的特殊阶段外，科技进步对粮食增长的贡献始终居于突出地位，成为粮食生产发展的第一推动力。在我国耕地面积有限的情况下，提高粮食单产成为提高产量的惟一途径；而提高粮食单产主要有增加农业要素投入和推动科技进步两种途径，在物质投入边际效益不断下降的情况下，现代科技必然成为粮食增产最重要的战略举措。因此，要加大自主创新力度，加快农业关键技术成果的集成创新、中试熟化和推广普及，研发具有重要应用价值和自主知识产权、安全可靠的新品种，健全粮食技术推广和服务体系，从而强化农业科技的支撑作用，增强粮食有效供给能力。

（4）完善仓储物流体系，提高粮食周转效率。我国历次物价总水平上涨均与食品价格上涨有关，食品价格上涨均与粮食产销不衔接、粮食调配不顺畅有关，而这又与仓储物流体系建设滞后有关。仓储物流是联结生产与消费的中介环节。要发展有机衔接于粮食流通的仓储类型和有利于提高效率的物流模式，畅通国内粮食跨地域物流通道，打通国际粮食贸易进出海通道；改革主产区仓库多的单一模式，确定适度的仓容规模和最佳的库点位置，重点加强主销区、交通枢纽、港口码头和战略装车点；优化中央和地方储备粮食品种结构和区域布局，健全中央储备粮吞吐轮换机制，发展城镇粮油供应网络和农村粮食集贸市场，提高粮食中转能力，提升储备调控效率，实现更广范围的粮食安全。

（5）促进粮食文明消费，调控饲料工业用粮。要运用社会舆论力量，营造“爱惜粮食光荣，浪费粮食可耻”的氛围，提倡文明、适度、节俭的粮食消费方式，反对铺张浪费，制止非理性消费行为。采取科学有效措施，优化从收获源头到餐桌消费全过程节粮，减少粮食损耗。据专家测算，我国粮食在种、收、运、储、销和加工、消费等环节的损失率至少为10%。我国是粮食消费大国，没有以消耗粮食为代价发展生物燃料和粮食深加工的本钱。要运用经济手段、法律手段和必要的行政手段，优先保证小麦、玉米、大豆、水稻等农产品满足口粮需求，优先满足用于畜牧业发展的饲料用粮需要；在保障口粮和饲料用粮的前提下，制定完善生物燃料和粮食深加工市场调控和规划指导意见，改进粮食生产工艺，完善质量标准体系，提高资源利用效率，实现工业用粮适度发展。

（6）树立食物安全观念，提高食物质量安全。要加强生态环境保护和治理力度，避免工业污染；推进特色农业区域化布局、专业化生产、产业化经营，坚持市场导向、龙头带动和科技支撑，不断提高优质特产农产品的规模和质量；提高农产品市场准入制度，畅通劣质产品退出制度，加强生产安全认证制度、质量安全信息追踪制度和食品卫生保障制度，强化市场监管，加强检测检验，努力构建从农田到餐桌的全过程绿色无公害产业链条。

## 第二节 食品安全

食品安全指食品无毒、无害，符合应当有的营养要求，对人体健康不造成任何急性、亚急性或者慢性危害。根据世界卫生组织的定义，食品安全是“食物中有毒、有害物质对人体健康影响的公共卫生问题”。食品安全也是一门专门探讨在食品加工、存储、销售等过程中确保食品卫生及食用安全，降低疾病隐患，防范食物中毒的一个跨学科领域，所以食品安全很重要。2013 年 12 月 23—24 日中央农村工作会议在北京举行，习近平在会上发表重要讲话。会议强调，能不能在食品安全上给老百姓一个满意的交代，是对执政能力的重大考验。食品安全，是“管”出来的。

食品安全的含义有三个层次：①食品数量安全：即一个国家或地区能够生产民族基本生存所需的膳食需要。要求人们既能买得到又能买得起生存生活所需要的基本食品；②食品质量安全：指提供的食品在营养，卫生方面满足和保障人群的健康需要，食品质量安全涉及食物的污染、是否有毒，添加剂是否违规超标、标签是否规范等问题，需要在食品受到污染界限之前采取措施，预防食品的污染和遭遇主要危害因素侵袭；③食品可持续安全：这是从发展角度要求食品的获取需要注重生态环境的良好保护和资源利用的可持续。

## 一、 我国食品安全现状

食品安全体现的是对食品按其原定用途进行生产或食用时不会对消费者造成损害的一种担保，这种担保是无须说明也不能附加条件的。所谓“民以食为天”，消费者对于食品质量的要求和关注应该高于其它商品。从过往的案例查处和实际了解来看，国内食品安全事件确实是进入一个多发期，这与当前的经济、社会发展阶段水平密不可分。简而言之，居民生活水平提高和收入增长推动了食品生产和加工业快速发展，这与相对滞后的食品安全监管和消费者保护制度之间产生了矛盾，在缺乏有效对冲和缓和机制的情况下，矛盾在媒体和社会大众的镁光灯下被放大，从而引起了民众对食品安全巨大的不满和失望情绪。

我们有必要把当前食品安全事故频发的现象放在中国经济、社会转型期的大背景下进行观察。食品安全事故频发的原因，表面上直接原因是不良生产者的违法行为，但更深层次原因是中国农业生产方式的转变、社会对食品安全重视程度的提高和政府检测监督机制的失灵。面对形形色色的食品安全事件，很难简单地把问题归结于某一个环节。在食品生产、加工、储运、检测和消费的产业链上，每一个环节都可能存在不同程度的问题。

### （一）食品安全问题产生原因

我们按照引致食品污染的不同诱因和解决方式的差异，可以把食品安全问题的原因归结为四类。

第一类是因为自然环境或客观条件的影响，大体上属于不可抗力的外部因素造成食品污染或变质。主要表现在种养殖源头污染、食品加工工艺和卫生条件落后、流通储运手段达不到保鲜要求等。比如工业三废、城市废弃物的大量排放，造成大面积的水土污染，使很多地方的粮食、饲料作物、经济作物、畜产品和水产品等农产品的质量受到影响。另外，我国13亿多人口每天消耗200万吨粮食、蔬菜、肉类等食品，众多的食品供应商具备典型的小生产者特征，在自身条件和外部环境对于食品安全的诉求不高时，加工工艺和卫生条件难以符合安全标准。调查显示蔬菜在流通环节的损耗平均达到20%左右。

第二类是因为食品供应链上的利益相关者出于私利或盈利目的，在知情的状态下人为影响食品质量。中国农业虽然以小农经济为主，但也患上了“大农业病”：反季节果蔬生产，加剧了农产品中的药物残留；动物“速成班”将鸡、鸭、鹅等禽类生长周期缩短至28～45天，猪出栏时间缩短至2.5～4个月，凡此种种严重违背了生物学的种植和养殖规律。更有一些不法生产商逆食品安全法规而行，在食品中加入不利人体健康的非食用物质和食品添加剂。此类案件数量的持续上升，使我们深刻感受到现代科技与商业伦理之间发展的不平衡。

第三类是因为食品检测监督条件不完善、对食源性病原菌缺乏认识或从业人员非主动性过失，造成劣质食品未被发现继而进入消费环节。我们把这一类原因统称为技术问题。随着转基因技术、现代生物技术、益生菌和酶制剂等技术在食品中的应用，关于应用风险和食品安全的争论就一直没有间断。我国当前的主要问题体现在检测设备不完善，检测覆盖面偏低，抽检频率过低，更谈不上对食品进行普检。而国外的食品安全案例主要集中在这一类，新的动植物病菌在造成实际负面影响之前往往很难被检测发现，以美国为例，食源性疾病每年导致7600万人生病，325000人住院治疗，5000人死亡，其中已知的食源性疾病超过250种，绝大多数是各种细菌、病毒与寄生虫引起的感染疾病。

第四类是因为食品安全和追踪惩罚的法令制度不健全或者徇私舞弊，导致食品安全事故的危害继续扩大。从理论以及发达国家食品安全监管的改革实践看，食品安全监管无疑趋向于专业化、公正性和独立性。国外食品安全监管制度和体系的变迁，很大程度上源于外部环境的变化，包括社会、经济和技术的变化，一系列食品安全危机最后进一步形成监管变革的动力机制。近三年来，我国在食品安全立法和组织体系建设方面做出了巨大的努力，但由于监管模式不清晰和法制松弛，尚未对食品安全事故频发的现象产生实质性的遏制作用。

### （二）2013 年食品安全十大事件

1. 恒天然“肉毒杆菌”乌龙上演并引爆“索赔潮”

新西兰拥有得天独厚的自然优势，逐渐成为全球最知名的乳源地之一，尤其备受中国这样的乳粉消费大国时刻关注，而在 2013 年 8 月 3 日新西兰恒天然集团发布消息，旗下 3 批浓缩乳清蛋白肉毒杆菌受污染并波及包括 3 个中国客户在内的共 8 家客户。自此，该事件的舆情弥漫着整个八月。8 月 5 日该公司首席执行官专程赶赴北京向中国消费者道歉，之后开始了相关召回工作。与此同时，中国市场上的乳品企业纷纷避嫌，撇清与恒天然的关系。面对在市场上造成的强烈震动，恒天然为了消除在中国的负面舆情进行了一系列的善后应对举措。在 8 月 22 日恒天然集团宣称：新西兰政府委托进行的后续独立检测确认，恒天然浓缩乳清蛋白原料以及包括婴幼儿乳粉在内的使用该原料的产品均不含肉毒杆菌，至此恒天然肉毒杆菌事件终于以虚惊一场落幕。随着被称为“最严生产许可标准”的新版婴幼儿配方乳粉生产许可审查细则 12 月 25 日发布，据不完全统计，这已是 2013 年以来国家相关部门第十二道针对乳粉质量安全的“紧箍咒”。恒天然以及新西兰官方“宁可信其有”的主动披露机制，以及对该事件所表现出的高度负责态度与过硬的检测技术，可以说让国人开了眼界。整个过程透明发布，其严谨态度由此可见一斑。这正是中国乳品企业要学习的，面对食品安全问题，认真负责坦诚公开，短期有危机，却可能建立起长期的真正信任。

2. 沃尔玛“挂驴头买狐狸肉”，被查三方面失责

沃尔玛百货有限公司由美国零售业的传奇人物山姆·沃尔顿先生于 1962 年在阿肯色州成立，是一家美国的世界性连锁企业。2013 年 12 月，一位山东济南市民王先生从当地沃尔玛超市买了包装好的、产地为山东德州的熟牛肉、驴肉，食用后发现味道和色泽不对，于是将这些肉送到了权威检测机构检测。12 月 20 日，工商所召集相关人员进行调查，举报人提供了购货发票复印件、五香驴肉样品一袋及山东出入境检验检疫局检验检疫技术中心出具的检验报告复印件，报告显示驴成分未检出，狐狸成分检出。历下工商分局已对济南哲昱经贸有限公司立案调查，德州福聚德公司已被当地公安机关立案查处。沃尔玛所售五香驴肉掺有狐狸肉事件，自 2013 年 12 月下旬以来持续发酵。目前，涉案生产企业已被公安机关立案查处，事件的主要责任人已被刑拘，沃尔玛公司已组织退货

并对消费者进行补偿，1月6日上午，省食品药品监管局约请沃尔玛中国公司负责人召开行政约谈会。此次事件生产商、沃尔玛以及政府部门三方面都有责任，但主要责任应由生产商来负，以此事件为戒，各方应积极查找流通环节食品安全监管漏洞，形成有效整改意见。

3. 台湾牛乳被检含避孕药，统一味全均中招

2013年11月，大陆民众所熟知的台湾味全、统一、光泉等鲜乳中检出残留抗生素，而此等残留用药并未在当地“动物用药残留标准”中列为容许的药品。《2013—2017年中国乳制品行业市场需求预测与投资战略规划分析报告》指出，长期喝到有动物用抗生素残留的牛乳，可能会诱发过敏反应，如皮肤长荨麻疹等，以特殊感受族群，如肝肾功能不全的病人、年幼孩童或老人、所受的影响是健康成人的5倍、10倍。日前台湾《商业周刊》报道，台湾铭传大学生物科技学系副教授陈良宇11月12日对市售乳品的脂溶性物质进行了分析，结果显示，味全、统一、光泉三个品牌的鲜乳中，都残留抗生素等来自乳牛的治疗用药，其中包括抗忧郁剂、避孕药、止痛剂、塑化剂等。这是要让国人的健康断送在舌尖上，让消费者喝遍元素周期表吗？三聚氰胺事件后，牛乳检测项目越来越多，把关越来越严，但是，检测不是保障牛乳安全的根本手段，药物种类很多，不可能每一次每一种都测，所以宣传很重要，对奶农的教育更重要。

4. 汇源、安德利“烂果门”事件，暴露果汁行业潜规则

“天天有汇源，健康每一天”，这句话是消费者耳熟能详的，可是真的“健康每一天”吗？2013年9月23日，汇源、安德利和海升三大果汁巨头被报道透过厂房所处的水果购销中心或水果行作为中间人，向果农大量购买“瞎果”，再用来制成果汁或浓缩果汁，自此，该三大上市公司陷入“烂果门”事件。这一消息引起股价连锁反应，9月23日消息，汇源果汁股价盘中大跌逾7%，安德利果汁则停牌。25日，安德利的股票继续停牌，而汇源果汁股价涨4.43%。汇源以如此快的速度回应质疑且其23日发布的声明仅一段表明企业“在收购水果时坚持经过五道关”外，其余部分均在强调汇源的品牌，这自然难看到汇源的诚意，“民族品牌”不是框，也不是盾，更不是“免罪符”。质检报道和详尽的调查结果才易被媒体接受，若空谈口号及自己的生产过程如何精准，舆论并不买账。理想是丰满的，现实却相当骨感。法律、法规和企业的管理仍不能消弭人们对产品的疑虑。说到底，食品安全不能总是指望媒体爆料，监管部门应该多点查处的主动性。政府有关部门应完善监控体系，加大监管力度，确保果汁原辅料符合卫生标准。

5.“黑心油”来势汹汹，台湾大统遭史上重罚

大统公司是台湾老字号食用油厂商，成立36年来，主打中低价位策略，在台湾市场占有率约10%。正当转基因食品议题在大陆发酵之际，2013年10月16日，台湾发生了“大统长基”油品名称与内容不符以及造假事件，大统长基公司生产的食用油品约百种，违规品项已超过半数，截至19日，该公司生产的逾9成被查出是黑心油。台湾黑心油事件被爆之后，引发了一场食用油危机，台湾卫生福利事务主管部门对大统开出2820万台币的罚单，是台湾单一食品厂遭罚的最高纪录。大统黑心油事件在持续发酵中，多家使用大统油作为生产食用原料的食品大厂被卷入其中，而味全就是其中之一。味全在10月31日接受台湾卫生局谈话时，并未主动说明使用了大统原油，蒙混躲避调查。此次受味全的影响，其同系公司康师傅因为与和光堂联姻上涨的股价开始出现下跌趋势，顶新出厂的21款油品已经全部下架，并被台北市政府卫生局罚款300万元台币。台湾食品安全问题让人看不到了结的终点，柴米油盐酱醋茶，开门七件事，台湾有多少项已沦陷在“黑心商品”的乌云下？最令人痛心的是，这些违规的企业都不是山寨版或地下工厂，而是知名度响当当的市场大品牌。面对一再发生的食品安全事件，除重罚之外，台湾当局应完善食品的“生产履历”制度，即食品的生产来源“可追溯”，追踪食品在原料成分、生产、加工处理、流通、贩卖、日期等各阶段的资讯，并且标示在产品上。

6. 肯德基、真功夫被曝冰块菌落超标，脏过马桶水

国外对于食品安全问题是非常注重的，因此，洋品牌非常受中国消费者青睐。可近年来，肯德基等洋快餐企业频频出现食品安全问题，2013年7月，肯德基被曝冰块细菌严重超标，脏过马桶水，此事一出立即引起市民广泛关注。调查人员在崇文门的肯德基、真功夫和麦当劳3家快餐店中，取回可食用冰块进行抽样检测。检测结果发现，肯德基、真功夫的冰块菌落数量高于国家标准，且高于马桶水箱水样品的5~12倍，结果令人震惊。肯德基冰块事件，不仅凉了洋快餐市场，也凉了消费者的心。按照国家《冷冻饮品卫生标准》，在冷冻饮品中，每毫升可食用冰块的菌落总数不得超过100个，每100mL样品不得超过6个大肠菌群，而致病菌，如沙门氏菌及金黄色葡萄球菌不得检出。对此，肯德基21日表示，公司高度重视这一报道，对这样的情况深表歉意，并监督餐厅立即按照标准严格清洁消毒制冰机和相关设备，而相关人员21日上午探访三家门店发现，带冰块饮料仍在出售。肯德基等知名洋企业在中国频频爆出食品安全问题，看来在国内这种“九龙治水”、“违法成本过低”的监管环境下，洋品牌

也未必可信了。

7. 维C银翘片“含毒”，中成药安全引人忧

维C银翘片为中药片剂，是一般家庭常备的治流行性感冒药。广西盈康的维C银翘片更是伴随广西人“家庭药箱”近50年。2013年4月，广药子公司被曝违法使用硫磺熏蒸的山银花及其枝叶生产药品，其出产的维C银翘片可能涉“毒”，一时间消费者的“用药安全”成为关注焦点。砷、汞残留，该事件将严重影响消费者对维C银翘片的信任度。维C银翘片是广药自主研发的药物，有几家下属企业都生产此药。在维C银翘片事件后，有股东表示，作为专业的药企，主业尚且存在如此质量黑洞，凉茶方面质量频发就不难理解。4月9日，广西药监部门通报，经食品药品检验机构对广西盈康药业维C银翘片库存和已上市产品进行检验，重金属砷、汞、铅、镉、铜及二氧化硫的含量，均低于国家药典委员会公示的限量规定。而广西盈康药业在接受采访时，也回避了是否存在以山银花枝叶代替山银花的投料问题。4月9日，广西药监部门通报检验结果后，盈康药业承认，由于其上游企业宝山堂伪造生产记录和有关单据，公司未能及时发现，给消费者带来了用药安全隐患。处置“毒银翘片”不能弃卒保车，唯有如此，整个药品安全链条才能在彻骨的痛感下起到刮骨疗毒的功效。如果把所有的问题都归咎于小小的宝山堂制药，那么，下一次问题药品事件或将不远。

8. 美素丽儿被曝造假，真假“美素”大PK

荷兰美素乳粉号称是最接近母乳的乳粉，是中国国内热销洋品牌乳粉之一。2013年3月央视《每周质量报告》的报道称，号称荷兰原装进口的美素丽儿乳粉竟然就是在玺乐丽儿进出口（苏州）有限公司涉嫌非法生产出来的，用的原料是来路不明的进口乳粉和过期乳粉。更为吃惊的是，去年公司已查封，而半年来乳粉仍热卖。“美素丽儿”在华代理商玺乐丽儿进出口（苏州）有限公司（原苏州美素丽儿母婴用品有限公司）在没有获得食品生产许可的情况下，涉嫌非法生产号称荷兰原装进口的美素丽儿乳粉。对此，苏州市质量技术监督局确认，该企业涉嫌非法生产乳粉，对于报道中的相关细节，表示基本属实。但是即使企业被查封之后，产品并未召回，仍然大量销售。“美素丽儿”公司不仅涉嫌非法生产乳粉，还委托印刷厂印制乳粉盒，更改标签和喷码，对乳粉进行重新包装，改头换面。真假美素揭秘，“丽儿”和“佳儿”确实不是一家，“丽儿”共有三款相关产品，全部是鲜明绿白色包装；而“佳儿”的外包装则分别为粉红、浅蓝、浅绿、浅橙、浅紫的浅色包装。

9.“毒淀粉”来袭，食品添加大本营屡屡“中毒”

2013年3月台湾嘉义县调查站接获检举称，在食物中发现“毒淀粉”顺丁烯二酸，顺丁烯二酸又称“马来酸”，为无色结晶体，没有任何营养价值，其与人直接接触会破坏人体器官的黏膜组织，并会损害人的肾脏。全台各地卫生局随即展开稽查追查毒淀粉，发现疑掺有顺丁烯二酸的淀粉产品即查扣封存。随着全台展开彻查，“毒淀粉”事件雪球越滚越大，奶茶店、鸡排店等台湾小吃都受到较大冲击。台湾人喜欢用“Q”来形容食物爽滑劲道，珍珠奶茶、芋圆、板条、肉圆、鸡排……这些一直被认为是台湾美食的经典，也是台湾民众日常的最爱，因为毒淀粉事件的爆发，让大家不禁谈“Q”色变。台湾民众又陷“毒食”恐慌，甚至超过之前的塑化剂风波，该事件不仅引发民众食不安心的惶恐，也使餐饮业者更面临空前的危机。台湾食品安全频频“触电”敲响警钟，相关部门对食品添加业者管制太松散、罚则太轻，也没有建立严谨的流向管理制度，如果卫生署只会亡羊补牢、没有痛定思痛，毒食恐慌还会层出不穷。

10.“镉大米”让消费者惶恐不安，信息披露成“挤牙膏”

2013年5月，湖南省攸县3家大米厂生产的大米在广东省广州市被查出镉超标事件经媒体披露。广东佛山市顺德区通报了顺德市场大米检测结果，在销售终端发现了6家店里售卖的6批次大米镉含量超标；在生产环节，发现3家公司生产的3批次大米镉含量超标；在流通环节抽检了湖南产地的大米。5月16日，广州市食品药品监督管理局在其网站公布了2013年第一季度抽检结果，不合格的8批次原因都是镉含量超标。从5月19日开始，攸县已经召集农业、环保等多个政府部门组成调查组对此展开调查。就问题大米的披露过程来看，监管部门也像挤牙膏一般，最初只是公布了抽检结果，数天后才公布问题企业的名单。这种犹抱琵琶半遮面的信息披露方式，让消费者手里的饭碗端得愈加沉重。作为我国传统的“鱼米之乡”，湖南出产的大米却为何屡屡笼罩在重金属污染阴云之下？而重金属超标大米又是如何流向餐桌的？现在是大流通时代，大家吃的粮食来自五湖四海，只有全国各地都重视起来，截住了毒粮，消除了毒源，我们碗里的饭才能安全。

## 二、 食品安全的危害

食品中所含有的对健康有潜在不良影响的生物、化学或物理的因素或食品存在的状况。食品安全危害包括过敏原。

食品安全危害的种类是指潜在损坏或危及食品安全和质量的因子或因素，包括生物、化学以及物理性的危害，对人体健康和生命安全造成危险。一旦食品含有这些危害因素或者受到这些危害因素的污染，就会成为具有潜在危害的食品，尤其指可能发生微生物性危害的食品。食品安全危害可以发生在食物链的各个环节，其差异较大，按照HACCP危害分析的通常分类，有四种类型：生物性危害、化学性危害、物理性危害、转基因食品的危害。

1. 生物性危害

常见的生物性危害包括细菌、病毒、寄生虫以及霉菌。

（1）细菌 按其形态，细菌分为球菌、杆菌和螺形菌；按其致病性，细菌又可分为致病菌、条件病菌和非致病菌。食品中细菌对食品安全和质量的危害表现在两个方面：①引起食品腐败变质；②引起食源性疾病，若食品被致病菌污染，将会造成严重的食品安全问题。

（2）病毒 病毒非常微小，不仅肉眼看不见，而且在光学显微镜下也看不见，需用电子显微镜才能察觉到。病毒对食品的污染不像细菌那么普遍，但一旦发生污染，产生的后果将非常严重。

（3）寄生虫 在寄生关系中，寄生虫的中间宿主具有重大的食品安全意义。畜禽、水产是许多寄生虫的中间宿主，消费者食用了含有寄生虫的畜禽和水产品后，就可能感染寄生虫。例如吸虫（Trematoles）中间宿主是淡水鱼、龙虾等节肢动物，生吃或烹调不适，会使人感染吸虫。

（4）霉菌 霉菌可以破坏食品的品质，有的产生毒素，造成严重的食品安全问题。例如黄曲霉素、杂色曲霉素、赭曲霉素可以导致肝损伤，并具有很强的致病作用。

2. 化学性危害

常见的化学性危害有重金属、自然毒素、农用化学药物、洗消剂及其它化学性危害。

（1）重金属 如汞、镉、铅、砷等，均为对食品安全有危害的金属元素。食品中的重金属主要来源于三个途径：①农用化学物质的使用、工业三废的污染；②食品加工过程所使用不符合卫生要求的机械、管道、容器以及食品添加剂中含有毒金属；③作为食品的植物在生长过程中从含重金属的地质中吸取了有毒重金属。

（2）自然毒素 许多食品含有自然毒素，例如发芽的马铃薯含有大量的龙葵毒素，可引起中毒或致人死亡；鱼胆中含的5-α鲤醇，能损害人的肝肾和心脑，造成中毒和死亡；霉变甘蔗中含3－硝基丙醇，可致人死亡。自然毒素有的是食物本身就带有，有的则是细菌或霉菌在食品中繁殖过程中所产生的。

（3）农用化学药物　食品植物在种植生长过程中，使用了农药杀虫剂、除草剂、抗氧化剂、抗生素、促生长素、抗霉剂以及消毒剂等，或畜禽鱼等动物在养殖过程中使用的抗生素，合成抗菌药物等，这些化学药物都可能给食物带来危害。世界各国对农用化学药物的品种、使用范围以及残留量作了严格限制。例如欧盟规定，中国出口到欧洲的蜂蜜中氯霉素的残留不得超过0.1ng/mL。

（4）洗消剂　洗消剂是一个常被忽视的食品安全危害。问题产生的原因有：①使用非食品用的洗消剂，造成对食品及食品用具的污染；②不按科学方法使用洗消剂，造成洗消剂在食品及用具中的残留。例如，有些餐馆使用洗衣粉清洗餐具、蔬菜或水果，造成洗衣粉中的有毒有害物毒，如增白剂等，对食品及餐具的污染。

（5）其它化学危害　化学性危害情况比较复杂，污染途径较多，上面讲的是一些常见的、主要化学性危害，还有滥用、机械润化油等其它化学性危害。

3. 物理性危害

物理性危害与化学性危害和生物性危害相比，由于其特点往往消费者看得见，因而，也是消费者经常表示不满和投诉的事由。物理性危害包括碎骨头、碎石头、铁屑、木屑、头发、蟑螂等昆虫的残体、碎玻璃以及其它可见的异物。物理性危害不仅令食品造成污染，而且时常也损坏消费者的健康。

4. 转基因食品的不确定性

自从1973年，美国斯坦福大学的科恩教授开发成功转基因技术，转基因技术被逐渐应用于农产品的生产，但转基因食品是否安全，目前却没有一个人能做出肯定的回答。1999年3月，《自然》杂志发表了康奈尔大学洛西等人认为转基因作物有毒性的论文，引起了世界的震惊，其报道的转基因Bt玉米毒死黑脉金斑蝶的幼虫可谓转基因作物短期不良反应的一个实例。据推测，长期不良效应的发现正如六六六、DDT、PPA等药物的不良效应一样需要一定时间。欧盟国家在2000年6月决定暂停转基因产品的种植和流通，日本曾对转基因食品的安全性深信不疑，但自洛西等人的论文发表后，也将重新对转基因食品的安全进行进一步研究。转基因技术的应用一方面给食品行业的发展带来前所未有的机遇，另一方面转基因食品安全的不确定性也给食品安全带来了前所未有的挑战。

## 三、食品生产许可证制度

2009年2月28日第十一届全国人民代表大会常务委员会第七次会议通过《中华人民共和国食品安全法》，并于同日发布生效，在《中华人民共和国食品安全法》第二十九条规定：国家对食品生产经营实行许可制度。从事食品生产、食品流通、餐饮服务，应当依法取得食品生产许可、食品流通许可、餐饮服务许可。

《中华人民共和国食品安全法》第三十一条规定了食品生产许可证的申请和办理程序以及法律依据。县级以上质量监督、工商行政管理、食品药品监督管理部门应当依照《中华人民共和国行政许可法》的规定，审核申请人提交的本法第二十七条第一项至第四项规定要求的相关资料，必要时对申请人的生产经营场所进行现场核查；对符合规定条件的，决定准予许可；对不符合规定条件的，决定不予许可并书面说明理由。

具体到食品生产许可证，就是申请人必须是企业性质，个体工商户不允许办理食品生产许可证；必须向质监部门递交许可申请书；质监部门要到企业进行现场审查。

没有取得《食品生产许可证》的企业不得生产食品，任何企业和个人不得销售无证食品。《中华人民共和国食品安全法》第八十四条违反本法规定，未经许可从事食品生产经营活动，或者未经许可生产食品添加剂的，由有关主管部门按照各自职责分工，没收违法所得、违法生产经营的食品、食品添加剂和用于违法生产经营的工具、设备、原料等物品；违法生产经营的食品、食品添加剂货值金额不足一万元的，并处两千元以上五万元以下罚款；货值金额一万元以上的，并处货值金额五倍以上十倍以下罚款。

《中华人民共和国工业产品生产许可证管理条例》适用范围：在中华人民共和国境内从事以销售为目的的食品生产加工经营活动。不包括进口食品。包括3项具体制度：生产许可证制度。对符合条件食品生产企业，发放食品生产许可证，准予生产获证范围内的产品；未取得食品生产许可证的企业不准生产食品。强制检验制度。未经检验或经检验不合格的食品不准出厂销售。市场准入标志制度。对实施食品生产许可证制度的食品，出厂前必须在其包装或者标识上加印（贴）市场准入标志——QS标志（图10－1），没有加印（贴）QS标志的食品不准进入市场销售。

图10－1　QS标志

获得食品质量安全生产许可证的企业，其生产加工的食品经出厂检验合格，在出厂销售之前，必须在最小销售单元的食品包装上标注由国家统一制定的食品质量安全生产许可证编号并加印或者加贴食品质量安全市场准入标志“QS”。食品质量安全市场准入标志的式样和使用办法由国家质检总局统一制定，该标志由“QS”和“质量安全”中文字样组成。标志主色调为蓝色，字母“Q”与“质量安全”四个中文字样为蓝色，字母“S”为白色，使用时可根据需要按比例放大或缩小，但不得变形、变色。加贴（印）有“QS”标志的食品，即意味着该食品符合了质量安全的基本要求。

食品生产许可证编号由英文大写 QS 与 12 位阿拉伯数字组成。其中前 4 位阿拉伯数字为受理机关编号，具体按行政区划代码区分；中间 4 位阿拉伯数字为产品类别编号，由国家质检总局统一规定；后 4 位阿拉伯数字为该产品类别获证企业序号，由发证机关按发证顺序给出。

例如：广州市某一月饼获证企业编号为：QS440124011234，4401 为广州市区划代码；2401 为糕点（月饼）产品类别编号；1234 是糕点类别企业序号。

## 四、 解决我国当前食品安全问题的对策

面对当前严峻的食品安全形势，我国已经颁布了一系列政策法规，并采取了多项措施来保障食品的安全。同时，国家质量监督检验检疫总局、国家工商局和卫生部门也加大了对生产企业、市场商品的监督抽查力度。目前已形成了全国上下重视食品安全，狠抓食品安全的良好氛围，并取得了许多阶段性成果。从整体上看，我国的食品安全状况有很大的改进，但要进一步解决我国的食品安全问题，还应做好以下几个方面的工作。

### （一）加强宣传教育，提高全民素质

一是对全民进行食品安全知识的宣传教育，利用一切媒体宣传食品安全科普知识、科学种植养殖知识等；二是加强对环境保护的宣传，强化人们的环保意识，使国民珍爱我们的环境，使每一个人在办每一件事时，都要从保护我们的环境出发。三是加强社会主义道德、诚信、公德的宣传教育，加强社会信用、企业信用和个人信用的建设，形成诚实、诚信的社会氛围，只有全民素质提高了，食品安全问题才能从根本上得到解决。

### （二）完善与食品安全相关的法规和标准，提高食品安全领域的科技水平

研究并提出既符合 WTO 有关原则，又适应于我国国情的食品安全技术法

规、标准，制订配套性、系统性、先进性、实用性均较强的质量标准和相关技术标准，加快与国际标准接轨的步伐，全面提升国家的食品安全的标准化水平。还要不断提高国家食品安全领域的科技水平和创新能力，为国家食品安全控制提供强有力的科技支撑。

### （三）加大监督力度，坚决打击制假、售假等违法行为

加强食品市场的监管力度，从源头、生产、流通、销售各环节控制食品的污染，加大对涉及食品安全事件责任企业和责任人的惩罚和打击力度，健全市场管理和食品生产许可证制度、食品市场准入制度和不安全食品的强制返回制度，确保消费者吃上放心安全的食品。各级质量监督管理部门，要经常对农产品和食品实行监督抽查，增加抽查的次数和覆盖面。对制假、售假不法行为，从严、从重予以打击，造成一种高压态势，使不法分子不敢铤而走险。

### （四）充分发挥行业协会的作用

建立食品行业协会，对从业者进行职业道德和法制教育，推进诚信建设，培养自律精神。协会要定期组织会员学习，组织会员互相检查、参观、评议，相互监督。行业协会还应通过各种途径（国外使馆、贸易机构、媒体等）广泛收集国外，尤其是贸易对象国和地区的行业标准、产品质量标准、检验检疫标准、环保要求，及时提供给相关企业和政府，研究对策，帮助企业解决因“绿色壁垒”引起的贸易纠纷，维护企业正当的权益。

### （五）提高检测技术和能力，为保障食品安全提供技术支撑

无论是源头管理、市场准入、产品抽检或是进出口把关等都要有相应的检测手段。当前，我国的食品安全问题也对质检机构的检测水平和能力提出了挑战，对质检机构提出了更高的要求。为适应新形势下的检测工作，质检机构一方面要加强硬件建设，不断充实新的仪器设备，配备先进的测试手段。要有一批高素质的专业检测人员，不但精于检测工作，了解检测技术的发展趋势和动态，具有较高的理论造诣和丰富的实际工作经验，而且还要了解当前食品的制假动态，善于从产品的外观捕捉到产品的违禁添加物，为产品质量监督和打击假冒伪劣产品寻找到直接的突破口和切入点。

### （六）加强国际合作，积极吸纳国际先进的食品安全管理经验，积极采用国际标准

我国已加入 WTO，为排除技术壁垒对我国食品出口的阻碍，保障食品的出口安全和人们的身体健康，食品的安全管理与国际接轨势在必行，必须按照国际先进标准组织生产。要系统研究和全面了解国际标准，找出我国现行标准与

国际标准间的差异，为采用国际标准和国外先进标准提供依据。要注重引进与创新并举，结合我国的国情，借鉴 AOAC、CAC、FAO、ISO、WHO 等先进标准，开展标准技术创新研究，为保证食品安全和为政府部门制定符合我国利益的进出口监督检验策略和措施提供技术支撑。要培养一批懂专业、外语好、能在标准化领域进行国际交流的高级人才，积极参与相关国际组织的活动，为建立能与国际水平接轨的质量标准体系打下基础。

**（七）建立食品安全预警系统，加强对食品安全的有效控制**

建立和完善食品与营养监测系统，坚持重点监控与系统监控结合，监测不同地区、不同品种食品生产、消费、贸易状况。加强食品信息建设，建立我国食品安全预警系统，保障全民食品消费安全。利用食品安全预警系统，分析不同地区、不同品种的食品生产、食品供给、食品分配和食品贸易等环节安全动态。密切关注和研究市场变化、重大自然灾害对食品供给带来的影响，提前做好各种应对准备，以便及时采取有效措施，确保我国食品安全。

## 第三节 有机农产品生产

有机农产品是纯天然、无污染、安全营养的食品，也可称为“生态食品”。它是根据有机农业原则和有机农产品生产方式及标准生产、加工出来的，并通过有机食品认证机构认证的农产品。

有机农产品根据有机农业原则和有机农产品生产方式及标准生产、加工出来的，并通过有机食品认证机构认证的农产品。有机农业的原则是，在农业能量的封闭循环状态下生产，全部过程都利用农业资源，而不是利用农业以外的能源（化肥、农药、生产调节剂和添加剂等）影响和改变农业的能量循环。有机农业生产方式是利用动物、植物、微生物和土壤 4 种生产因素的有效循环，不打破生物循环链的生产方式。

### 一、农产品的认证标准

农产品质量标志是指由国家有关部门制定并发布，加施于获得特定质量认证农产品的证明性标识。生产者可以申请使用的农产品质量标志包括无公害农产品、绿色食品、有机农产品、名牌农产品。

有机、绿色、无公害三类农产品的共同特点是均属于认证农产品，但他们是根据不同标准生产出来的三个不同档次的农产品，因此，他们具有严格的显著的区别。

## （一）无公害农产品

无公害农产品是指产地环境、生产过程、产品质量符合国家有关标准和规范的要求，经认证合格获得认证证书并允许使用无公害农产品标志的未经加工或初加工的食用农产品。

无公害农产品 20 世纪 80 年代后期，部分省、市开始推出无公害农产品，2001 年农业部提出“无公害食品行动计划”并在北京、上海、天津、深圳 4 个城市进行试点，2002 年，“无公害食品行动计划”在全国范围内展开。无公害农产品产生的背景与绿色食品产生的背景大致相同，侧重于解决农产品中农残、有毒有害物质等已成为“公害”的问题。

无公害农产品应当符合三个条件：①产地环境符合无公害农产品产地环境的标准要求；②区域范围明确；③具备一定的生产规模。

申请无公害农产品基地应符合以下条件：①产地生态环境有相应的无公害农产品生产环境标准；②集中连片、具有一定的规模有明确的界址；③有相应的无公害农产品生产技术操作规程；④有相应的无公害农产品生产技术操作规程；⑤基地内农产品质量达到省无公害农产品质量标准；⑥基地内农产品有注册商标；⑦有完善的无公害农产品生产基地质量安全管理制度。

无公害农产品产地认定证书有效期是 3 年。期满需要继续使用的，应当在有效期满 90 日前按照《无公害农产品管理办法》规定的产地认定程序，重新办理。

无公害农产品标志图案主要由麦穗、对勾和无公害农产品字样组成，麦穗代表农产品，对勾表示合格，金色寓意成熟和丰收，绿色象征环保和安全（图 10－2）。

图 10－2 无公害农产品标志

## （二）绿色食品

绿色农产品是指遵循可持续发展原则、按照特定生产方式生产、经专门机构认定、许可使用绿色食品标志的无污染的农产品。可持续发展原则的要求是，生产的投入量和产出量保持平衡，即要满足当代人的需要，又要满足后代人同等发展的需要。绿色农产品在生产方式上对农业以外的能源采取适当的限制，以更多地发挥生态功能的作用。

我国的绿色食品分为 A 级和 AA 级两种。其中 A 级绿色食品生产中允许限量使用化学合成生产资料，AA级绿色食品则较为严格地要求在生产过程中不使用化学合成的肥料、农药、兽药、饲料添加剂、食品添加剂和其它有害于环境和健康的物质。按照农业部发布的行业标准，AA级绿色食品等同于有机食品。

绿色农产品1990年农业部发起，1992年，农业部成立中国绿色食品发展中心，1993年农业部发布了“绿色食品标志管理办法”。产生的背景是，20世纪90年代初期，我国基本解决了农产品的供需矛盾，农产品农残问题引起社会广泛关注，食物中毒事件频频发生，“绿色”成为社会的强烈期盼。

绿色食品须具备的基本条件：①产品或产品原料的产地必须符合绿色食品产地环境质量标准；②农作物种植、畜禽饲养、水产养殖及食品加工必须符合绿色食品生产操作规程；③产品必须符合绿色食品质量和卫生标准；④产品外包装必须符合国家食品标签通用标准，符合绿色食品特定的包装、装潢和标签规定。

绿色食品生产肥料选用原则：要求以无公害化处理的有机肥、生物有机肥和无机矿质肥料为主，生物菌肥、腐殖酸类、氨基酸类叶面肥作为绿色食品生产过程的必要补充。

申请绿色农产品的步骤：申请单位可以向所在地的县级以上农业行政主管部门提出申请，经市级农业行政主管部门审核签署意见后，分别报省级农业行政主管部门。审核后，送国家绿色食品发展中心认定。绿色农产品标志使用的有效期限是3年。

可申请绿色农产品的产品包括：粮食、油料作物、茶叶、水果、干果、瓜菜、食用菌、蜂产品、畜禽、水产等产品及其初加工产品均可申请绿色农产品的认定。

申报绿色农产品标志使用权，必须同时具备下列条件：①生产、加工过程符合国家有关法律、法规的规定；②原料产地和加工场所符合省级以上无公害农产品的相关标准要求；③有完善的无公害农产品生产、加工操作技术规程；④有相应的专业技术人员；⑤产品符合省级以上无公害农产品标准要求；⑥产品的注册商标；⑦符合省级农业等行政主管部门规定的其它条件。

图10-3 绿色食品标志

绿色食品的标志及其含义：绿色食品标志图形由三部分构成，即上方的太阳、下方的叶片和蓓蕾。标志图形为正圆形，意为保护、安全。整个图形表达明媚阳光下的和谐生机，提醒人们保护环境创造自然界新的和谐（图10-3）。

### （三）有机农产品

有机农产品是指根据有机农业原则和有机农产品生产方式及标准生产、加工出来的，并通过有机食品认证机构认证的农产品。有机农业的原则是，在农业能量的封闭循环状态下生产，全部过程都利用农业资源，而不是利用农业以外的能源（化肥、农药、生产调节剂和添加剂等）影响和改变农业的能量循环。有机农业生产方式是利用动物、植物、微生物和土壤4种生产因素的有效循环，不打破生物循环链的生产方式。有机农产品是纯天然、无污染、安全营养的食品，也可称为“生态食品”。

有机农产品国际上有机食品起步于20世纪70年代，以1972年国际有机农业运动联盟的成立为标志。1994年，国家环保总局在南京成立有机食品中心，标志着有机农产品在我国迈出了实质性的步伐。产生的背景是，发达国家农产品过剩与生态环境恶化的矛盾以及环保主义运动。

有机农产品与其它农产品的区别主要有3个方面：①有机农产品在生产加工过程中禁止使用农药、化肥、激素等人工合成物质，并且不允许使用基因工程技术；其它农产品则允许有限使用这些物质，并且不禁止使用基因工程技术。②有机农产品在土地生产转型方面有严格规定。考虑到某些物质在环境中会残留相当一段时间，土地从生产其它农产品到生产有机农产品需要2～3年的转换期，而生产绿色农产品和无公害农产品则没有土地转换期的要求。③有机农产品在数量上须进行严格控制，要求定地块、定产量，其它农产品没有如此严格的要求。

有机食品指来自有机农业生产体系，根据有机农业生产要求和相应标准生产加工，并且通过合法的、独立的有机食品认证机构认证的农副产品及其加工品。

有机食品应具备的条件：①在生产和加工过程中必须严格遵循有机食品生产、采集、加工、包装、贮藏、运输标准，禁止使用化学合成的农药、化肥、激素、抗生素、食品添加剂等，禁止使用基因工程技术及该技术的产物及其衍生物。②生产和加工过程中必须建立严格的质量管理体系、生产过程控制体系和追踪体系。③必须通过合法的有机食品认证机构的认证。

有机食品标志采用人手和叶片为创意元素。一是一只手向上持着一片绿叶，寓意人类对自然和生命的渴望；二是两只手一上一下握在一起，将绿叶拟人化为自然的手，寓意人类的生存离不开大自然的呵护，人与自然需要和谐美好的生存关系（图10－4）。有机食品概念的提

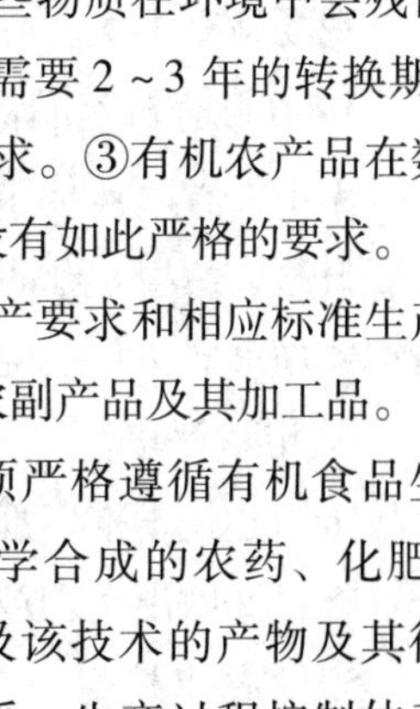

图10－4 有机食品标志

出正是这种理念的实际应用。人类的食物从自然中获取，人类的活动应尊重自然规律，这样才能创造一个良好的可持续发展空间。

## 二、有机产品认证工作程序

有机产品认证范围包括种植、养殖和加工的全过程。有机产品认证的一般程序包括：生产者向认证机构提出申请和提交符合有机生产加工的证明材料，认证机构对材料进行评审、现场检查后批准。

1. 申请

申请者向中心提出正式申请，填写申请表，签订有机产品认证合同，填写有机产品认证基本情况汇总表，领取认证书面资料清单，申请者承诺书等文件，申请者按《有机产品》GB/T 19630. 1 ~ 4—2011 要求建立：有机质量管理体系，过程控制体系、追踪体系。

2. 考察基地和现场检查

中心根据申请者提供的项目情况，确定检查时间，一般 2 次检查：初评 1 次、现场检查 1 次。

3. 签订有机产品认证合同

①申请者与认证中心签订认证合同，一式两份；②向申请者提供有机认证所需材料的清单；③申请者交纳认证所需费用；④指定内部检查员；⑤所有材料均使用书面文件、电子文档各一份，寄或 E－mail 给中心。

4. 申请评审

①中心技术推广部组织专家对申请者提交材料进行评审；对申请者进行综合审查；②做出受理或不受理意见。

5. 文件审核

申请者提交审核所需的文审材料（资料清单中所列的除原始记录以外的其它材料）后，中心审核部指派检查组长，并向申请者下达有机产品认证检查任务通知书，检查组长做出文审结论。

6. 实地检查评估

①认证中心确认申请者认证所需费用；②派出有机产品检查组实地检查；③检查组取得申请者文件材料，依据《有机产品》GB/T 19630. 1 ~ 4—2011，对申请者的质量管理体系、生产过程控制体系、追踪体系以及产地环境、生产、仓储、运输、贸易等进行评估，必要时需对、产品取样检测。

7. 编写检查报告

①检查组完成检查后，按认证中心要求编写检查报告；②该报告在检查完成1周内将申请者文件材料、文档资料、电子文本交中心审核部。

8. 审查评估

中心审核部根据申请者提供的基本情况汇总表和相关材料及检查组长的检查报告进行综合审核评估，编制颁证评估表，提出评估意见交技术委员会审议。

9. 技术委员会决议

技术委员会定期召开技术委员会专家会议，对申请者基本情况调查表和检查组的检查报告及颁证评估意见等材料进行全面审查，做出颁证决议。

10. 颁发证书

根据技术委员会决议，认证中心向符合条件的申请者颁发证书，获得有条件颁证的申请者要按认证中心提出的意见改进并做出书面承诺。

11. 有机产品标志使用

根据《有机产品认证管理办法》和《有机产品认证实施规则》办理有机产品标志使用手续。

## 三、有机农产品生产要求

### （一）农作物生产

（1）栽培的种子和种苗（包括球茎类、鳞茎类、植物材料、无性繁殖材料等）必须来自认证的有机农业生产系统。它们应当是适合当地土壤及气候条件，对病虫害有较强的抵抗力。选择品种时应注意保持品种遗传基质的多样性，不使用由基因工程获得的品种。

（2）严禁使用化学物质处理种子。在必须进行种子处理的情况下，才能可使用允许的物质和材料，如各种植物或动物制剂、微生物活化剂、细菌接种和菌根等来处理种子。

（3）用于有机作物和食品生产的微生物必须来自自然界，不使用来自基因工程的微生物种类。

（4）严禁使用人工合成的化学肥料、污水、污泥和未经堆制的腐败性废弃物。

（5）在有机农业生产系统内实行轮作，轮作的作物品种应多样化。提倡多种植豆科作物和饲料作物。

(6) 主要使用本系统生产的、经过1~6个月充分腐熟的有机肥料，包括没有污染的绿肥和作物残体、泥炭、蒿杆、海草和其它类似物质以及经过堆积处理的食物和林业副产品。经过高温堆肥等方法处理后，没有虫害、寄生虫和传染病的人粪尿和畜禽粪便可作为有机肥料使用，也可以使用系统外未受污染的有机肥料，但应有计划地逐步减少使用的数量。

(7) 可以在非直接生食的多年生作物以及至少4个月后才收获的直接生食作物上使用新鲜肥、好气处理肥、厌气处理肥等。但是，供人们食用的蔬菜不允许使用未经处理的人畜粪尿。

(8) 允许使用自然形态（未经化学处理）的矿物肥料。使用矿物肥料，特别是含氮的肥料（如：干血、泥浆等）时，不能影响作物的生长环境以及营养、味道和抵抗力。

(9) 允许使用木炭灰、无水钾镁矾、未经处理的海洋副产品、骨粉、鱼粉和其它类似的天然产品，以及液态或粉状海草提取物，允许使用职务或动物生产的产品，如生长调节剂、辅助剂、湿润剂、矿物悬浮液等。

(10) 禁止使用硝酸盐、磷酸盐、氯化物等营养物质以及会导致土壤重金属积累的矿渣和磷矿石。

(11) 允许使用农用石灰、天然磷酸盐和其它缓溶性矿粉。但天然磷酸盐的使用量，不能使总氟含量平均每年每亩超过0.35kg，温室平均每年每亩超过0.7kg。

(12) 允许使用硫酸钾、铝酸钠和含有硫酸盐的痕量元素矿物盐。在使用前应先把这些物质配制成溶液，并用微量的喷雾器均匀喷洒。

(13) 严禁使用人工合成的化学农药和化学类、石油类以及氨基酸类除草剂和增效剂，提倡生物防治和使用生物农药（包括植物、微生物农药）。

(14) 允许使用石灰、硫磺、波尔多液、杀（霉）菌和隐球菌和皂类物质、植物制剂、醋和其它天然物质来防治作物病虫害。但含硫或铜的物质以及鱼藤酮、除菌菊和硅藻土必须按附录中的规定使用。

(15) 允许使用皂类物质、植物性杀虫剂（如：鱼尼丁、泥巴草等）和微生物杀虫剂以及外激素、视觉性和物理捕虫设施防治虫害。

(16) 提倡用平衡施肥管理、早期苗床准备和预先打穴、地面覆盖结合采用限制杂草生长发育的栽培技术（轮作、绿肥、休闲）等措施以及机械、电力、热除草和微生物除草剂等方法来控制和除掉杂草，可以使用塑料薄膜覆盖方法除草，但要避免把农膜残留在土壤中。

**（二）畜禽生产**

（1）选择适合当地条件、生长健壮的畜禽作为有机畜禽生产系统的主要品种，在繁殖过程中应尽可能减少品种遗传基质的损失，保持遗传基质的多样性。

（2）可以购买不处于妊娠最后三分之一时期内的母畜。但是，购买的母畜只有在按照有机标准饲养一年后，才能作为有机牲畜出售。可从任何地方购买刚出壳的幼禽。

（3）根据牲畜的生活习性和需求进行圈养和放养。给动物提供充分的活动空间、充足的阳光、新鲜空气和清洁的水源。

（4）因养绵羊、山羊和猪等大牲畜时，应给它们提供天然的垫料。有条件的地区，对需要放牧的动物应经常放牧。

（5）牲畜的饲养环境应清洁和卫生。不在消毒处理区内饲养牲畜，不使用有潜在毒性的材料和有毒的木材防腐剂。

（6）通常不允许用人工授精方法繁殖后代。严禁使用基因工程方法育种。禁止给牲畜预防接种（包括为了促使抗体物质的产生而采取的接种措施）。需要治疗的牲畜应与畜群隔离。

（7）不干涉畜禽的繁殖行为，不允许有割禽畜的尾巴、拔牙、去嘴、烧翅膀等损害动物的行为。

（8）屠宰场应符合国家食品卫生的要求和食品加工的规定，宰杀的有机牲畜应标记清楚，并与未颁证的肉类分开。有条件的地方，最好分别屠宰已颁证和未颁证的牲畜，屠宰后分别挂放或存放。

（9）在不可预见的严重自然、人为灾害情况下，允许反刍动物消耗一部分非有机无污染的饲料，但其饲料量不能超过该动物每年所需饲料干重的10%。

（10）人工草场应实行轮作、轮放，天然牧场避免过度放牧。

（11）禁止使用人工合成的生长激素、生长调节剂和合成的饲料添加剂。

**（三）乳制品和蛋类生产**

（1）得到初乳的仔奶牛可以在出生后12～24h内断奶。断奶后即可售出或用全脂牛乳喂养三个月后出售。禁止在奶牛生长期内使用激素。

（2）乳处理设备必须达到国家的卫生要求，牛乳中的体细胞年平均含量最大不得超过40万个/mL。乳中细菌总量最大不得超过10万个/mL。建议每月分析一次每头奶牛产奶中约体细胞含量。

(3）采用附录中允许的清洁物质来清洗牛乳设备中的清洁器和奶牛乳房，在完成常规清洗步骤之后，至少再用净水清洗两次。

(4）在无法用附录中允许的措施医治病奶牛的情况下，可以采用药物对奶牛进行治疗，但所生产的牛乳在12天内不能作为有机牛乳出售（或以所用药物说明书上药物降解期限的2倍时间作为用药奶牛的非有机牛乳生产期）。

(5）有机牛乳必须满足下列条件：①在颁证前一年以及申请颁证期间，奶牛必须用100%经有机食品发展中心或其授权机构颁证的有机饲料喂养。新申请颁证的奶牛在用占饲料总数80%以上经颁证的有机饲料喂养10个月后，再用100%的经颁证的有机饲料喂养60天可以成为有机奶牛。有机奶牛生产的牛乳即为有机牛乳。②在不可抗拒的特殊情况下，经颁证机构批准，常规奶牛经全部用有机饲料喂养60天后生产的牛奶可以考虑颁为有机牛乳，但这类牛乳的生产量，不得超过颁证牛乳全部产量的5%。③服用过抗生素的奶牛所生产的牛乳，经过检测表明未受污染的可作为有机牛乳。

(6）奶牛的饮用水除要达到国家规定的有关细菌和微生物等方面的标准外，饮用水中硝酸盐（以氮计）的含量不得超过10mg/L。

(7）购买不足一岁的小母鸡，在按照有机生产标准饲养至少4个月后，所下的蛋才能称作有机蛋。有机蛋不应沾污粪便，不对有机蛋进行常规清洗。

**（四）温室产品的生产**

(1）温室作物生长所需的空气和用水规定与非温室作物生长相同。

(2）应尽可能地增加温室作物的种类和品种的多样性。

(3）非温室有机作物的生产技术适用于温室有机作物。

**（五）蜂产品生产**

(1）必须给蜜蜂提供足够的食物和饮水。可以使用无污染的蜂蜜、鲜花粉喂养蜜蜂。

(2）不用糖或糖浆喂养蜜蜂。严禁从用糖或糖浆喂养的蜂箱中提取蜂蜜。

(3）每2~3个星期检查一次蜂箱，淘汰脆弱和有病的蜂箱。

(4）在蜂蜜的生产过程中，允许用薄荷醇控制蜜蜂呼吸管中的寄生螨。禁止使用磺胺类化合物、其它化学物质和抗生素（蜜蜂健康受到威胁时例外），经抗生素处理后的蜜蜂必须立即从有机蜂群中撤走。使用抗生素后取出的蜂蜜不能作为有机蜂蜜。

(5）养蜂房应避免靠近集镇或城市等交通污染区。养蜂场3km范围内，不允许有垃圾场、卫生填埋场、高尔夫球场和喷洒过附录中禁用农药的蜜源作物。

（6）取蜜时允许使用吹风器或烟雾发生器驱赶蜂箱中的蜜蜂，也允许对蜜蜂进行短时间加热处理使其离开蜂箱，但温度不能超过35℃。采用机械的方法使烽房脱盖，通过重力作用使蜂蜜中的杂质沉淀，不使用细网过滤器过滤杂质。

（7）处理蜂蜜的房间（墙和地面）必须密封，处理蜂蜜的设备表面可用不锈钢材料，而不用电镀或表面易氧化的金属材料，并用无污染的蜂蜡覆盖其上。

（8）蜂蜜提取设施应具有不渗透的功能，设备使用期间每天用新鲜、干净的温热水清洗。用原先贮存其它食品的容器贮存蜂蜜时应在容器内涂上蜂蜡。禁止用易氧化的材料作为贮存蜂蜜的容器。

（9）严禁使用化学物质驱赶蜜蜂，禁止使用氰化钙等化学物质作为熏蒸剂。

（10）有机蜂蜜最长的贮存期为两年。在贮存蜂蜜及其产品的地区，禁止使用萘控制蜂蜡蛾。

（11）尽可能饲养自己培养的蜂王，并鼓励交替饲养不同类型的蜜蜂。允许用人工授精的方法培养人工蜂群和购买蜜蜂。

### （六）香菇和蘑菇生产

（1）含有人工合成物质的树木和锯木屑不能用来栽培蘑菇，不得使用受到污染的菌丝体，禁止冷冻贮存香菇的原种。

（2）蘑菇生产过程中严禁使用任何杀虫剂。

（3）保证生产环境的清洁，避免用任何合成的物质熏蒸、消毒菇房。

（4）及时除去带病菌的蘑菇生长木，并用火烧掉或存放在离生产地50m以外的地方。

### （七）芽菜生产（芽菜是指生长在土壤和水体中的嫩苗）

（1）必须使用来自经OFDC或其授权机构颁证的有机种子，浇灌和淋洗水应符合国家规定的用水标准，不允许在浇灌芽菜的水中添加任何可溶性肥料。

（2）生产介质不能受到任何化学物质和细菌的污染。

（3）使用的肥料、土壤添加物、生长介质以及病虫害管理必须符合农作物生产规定。

### （八）野生植物生产标准

（1）野生植物必须采自符合有机农业生产环境的地方。

（2）野生植物采集前三年内，其采集地未受过附录中禁用物质的污染。

（3）野生植物的采集不应造成水土流失和生态环境的破坏。

## 四、中国有机农业发展分析

和发达国家比较，有机农产品在中国的产生有其必然性，又有其特殊性。中国是资源约束型国家，脆弱的生态环境正受到日益严重的污染和破坏。作为一个发展中国家，不能沿袭以牺牲环境和损耗资源为代价发展经济的道路。经过80年代的改革发展，中国城乡人民基本解决了温饱并逐步向小康方向迈进。随着世界经济一体化进程的加快，中国的农产品及其加工产品必然要走向国际市场。在全球关税壁垒逐步取消的情况下，与环境保护相关的绿色标志已成为一种新型的非关税贸易壁垒。正是在这样的背景和条件下，以生产经营者为主体的有机农产品的推出不仅可以解决环境和食品污染问题，更重要的是加强中国农业生产在国际市场的竞争力，推动农业的良性发展。绿色食品的发展广泛传播了可持续发展的思想和理念，为保护和改善农业生态环境、提高企业经济效益、改善农民收入做出了很大贡献，已经初步形成了国内消费市场。

但应该指出的是，绿色食品的标准体系、管理体系与国际有机农业和有机农产品的标准和管理体系有一定的差异。近几年来，相当一部分绿色食品和有机农产品出口到国外，但绝大部分是由国外的有机农业认证组织完成的。ECOCERT作为欧洲最大的一个认证机构，目前在亚洲、南美洲和非洲等国家和地区开展有机食品检查和认证业务。中国农业大学农业生态研究所作为国内最早从事生态农业、绿色食品和有机食品技术和标准研究的机构，从1998年开始与ECOCERT合作开始在中国开展有机食品的检查和认证，自1998年以来，已经开展了约80个项目，涉及的农产品包括豆类、大米、蔬菜、茶叶等。中国有机农产品的生产和发展具有得天独厚的优势条件，包括生物资源、劳动力成本低、生态环境等。另外，不断增长的国内外市场也为中国有机农产品发展提供了机遇。

### 本章小结

本章主要介绍了我国粮食安全的现状、问题及应对策略，并对现阶段我国食品安全存在的问题进行了简单的梳理；阐述了有机农产品生产的标准、认定程序及必要性，介绍了我国发展有机农业的发展方向及存在的主要问题。

## 复习思考题

1. 解释概念：粮食安全，食品安全，无公害农产品，绿色食品，有机农产品。

2. 你认为解决粮食危机的策略有哪些？

3. 我国现阶段粮食安全问题表现在哪些方面？

4. QS 标志的含义是什么？

5. 比较无公害食品、绿色食品与有机食品的异同？

6. 如何进行有机农产品认定？

## 资料收集

1. 以家乡所在地为主，调查当地粮食安全及食品安全状况。

2. 以家乡所在地为主，调查当地有机农产品生产的方式，做成 ppt 在班级交流。

## 查阅文献

利用课外时间阅读《有机农产品管理办法》《自然农法》《只有一个地球》等书籍，了解人类对于生态和环境保护的认识过程。

## 习作卡片

调查当地粮食安全及食品安全状况，提出针对性的意见和建议，做成卡片，学完该课程后再提出解决农业环境污染的意见建议，对比是否有区别。

# 课外阅读

### 有机产品认证管理办法

#### 第一章　总　　则

第一条　为了维护消费者、生产者和销售者合法权益，进一步提高有机产品质量，加强有机产品认证管理，促进生态环境保护和可持续发展，根据《中华人民共和国产品质量法》《中华人民共和国进出口商品检验法》《中华人民共和国认证认可条例》等法律、行政法规的规定，制定本办法。

第二条　在中华人民共和国境内从事有机产品认证以及获证有机产品生产、加工、进口和销售活动，应当遵守本办法。

第三条　本办法所称有机产品，是指生产、加工和销售符合中国有机产品国家标准的供人类消费、动物食用的产品。

本办法所称有机产品认证，是指认证机构依照本办法的规定，按照有机产品认证规则，对相关产品的生产、加工和销售活动符合中国有机产品国家标准进行的合格评定活动。

第四条　国家认证认可监督管理委员会（以下简称国家认监委）负责全国有机产品认证的统一管理、监督和综合协调工作。

地方各级质量技术监督部门和各地出入境检验检疫机构（以下统称地方认证监管部门）按照职责分工，依法负责所辖区域内有机产品认证活动的监督检查和行政执法工作。

第五条　国家推行统一的有机产品认证制度，实行统一的认证目录、统一的标准和认证实施规则、统一的认证标志。

国家认监委负责制定和调整有机产品认证目录、认证实施规则，并对外公布。

第六条　国家认监委按照平等互利的原则组织开展有机产品认证国际合作。

开展有机产品认证国际互认活动，应当在国家对外签署的国际合作协议内进行。

## 第二章　认 证 实 施

第七条　有机产品认证机构（以下简称认证机构）应当经国家认监委批准，并依法取得法人资格后，方可从事有机产品认证活动。

认证机构实施认证活动的能力应当符合有关产品认证机构国家标准的要求。

从事有机产品认证检查活动的检查员，应当经国家认证人员注册机构注册后，方可从事有机产品认证检查活动。

第八条　有机产品生产者、加工者（以下统称认证委托人），可以自愿委托认证机构进行有机产品认证，并提交有机产品认证实施规则中规定的申请材料。

认证机构不得受理不符合国家规定的有机产品生产产地环境要求，以及有机产品认证目录外产品的认证委托人的认证委托。

第九条　认证机构应当自收到认证委托人申请材料之日起10日内，完成材料审核，并做出是否受理的决定。对于不予受理的，应当书面通知认证委托人，并说明理由。

认证机构应当在对认证委托人实施现场检查前5日内，将认证委托人、认证检查方案等基本信息报送至国家认监委确定的信息系统。

第十条　认证机构受理认证委托后，认证机构应当按照有机产品认证实施规则的规定，由认证检查员对有机产品生产、加工场所进行现场检查，并应当委托具有法定资质的检验检测机构对申请认证的产品进行检验检测。

按照有机产品认证实施规则的规定，需要进行产地（基地）环境监（检）测的，由具有法定资质的监（检）测机构出具监（检）测报告，或者采信认证委托人提供的其它合法有效的环境监（检）测结论。

第十一条　符合有机产品认证要求的，认证机构应当及时向认证委托人出具有机产品认证证书，允许其使用中国有机产品认证标志；对不符合认证要求的，应当书面通知认证委托人，并说明理由。

认证机构及认证人员应当对其作出的认证结论负责。

第十二条　认证机构应当保证认证过程的完整、客观、真实，并对认证过程作出完整记录，归档留存，保证认证过程和结果具有可追溯性。

产品检验检测和环境监（检）测机构应当确保检验检测、监测结论的真实、准确，并对检验检测、监测过程做出完整记录，归档留存。产品检验检测、环境监测机构及其相关人员应当对其作出的检验检测、监测报告的内容和结论负责。

本条规定的记录保存期为5年。

第十三条　认证机构应当按照认证实施规则的规定，对获证产品及其生产、加工过程实施有效跟踪检查，以保证认证结论能够持续符合认证要求。

第十四条　认证机构应当及时向认证委托人出具有机产品销售证，以保证获证产品的认证委托人所销售的有机产品类别、范围和数量与认证证书中的记载一致。

第十五条　有机配料含量（指重量或者液体体积，不包括水和盐，下同）等于或者高于95%的加工产品，应当在获得有机产品认证后，方可在产品或者产品包装及标签上标注“有机”字样，加施有机产品认证标志。

第十六条　认证机构不得对有机配料含量低于95%的加工产品进行有机认证。

## 第三章　有机产品进口

第十七条　向中国出口有机产品的国家或者地区的有机产品主管机构，可以向国家认监委提出有机产品认证体系等效性评估申请，国家认监委受理其申请，并组织有关专家对提交的申请进行评估。

评估可以采取文件审查、现场检查等方式进行。

第十八条　向中国出口有机产品的国家或者地区的有机产品认证体系与中国有机产品认证体系等效的，国家认监委可以与其主管部门签署相关备忘录。

该国家或者地区出口至中国的有机产品，依照相关备忘录的规定实施管理。

第十九条　未与国家认监委就有机产品认证体系等效性方面签署相关备忘录的国家或者地区的进口产品，拟作为有机产品向中国出口时，应当符合中国有机产品相关法律法规和中国有机产品国家标准的要求。

第二十条　需要获得中国有机产品认证的进口产品生产商、销售商、进口商或者代理商（以下统称进口有机产品认证委托人），应当向经国家认监委批准的认证机构提出认证委托。

第二十一条　进口有机产品认证委托人应当按照有机产品认证实施规则的规定，向认证机构提交相关申请资料和文件，其中申请书、调查表、加工工艺流程、产品配方和生产、加工过程中使用的投入品等认证申请材料、文件，应当同时提交中文版本。申请材料不符合要求的，认证机构应当不予受理其认证委托。

认证机构从事进口有机产品认证活动应当符合本办法和有机产品认证实施规则的规定，认证检查记录和检查报告等应当有中文版本。

第二十二条　进口有机产品申报入境检验检疫时，应当提交其所获中国有机产品认证证书复印件、有机产品销售证复印件、认证标志和产品标识等文件。

第二十三条　各地出入境检验检疫机构应当对申报的进口有机产品实施入境验证，查验认证证书复印件、有机产品销售证复印件、认证标志和产品标识等文件，核对货证是否相符。不相符的，不得作为有机产品入境。

必要时，出入境检验检疫机构可以对申报的进口有机产品实施监督抽样检验，验证其产品质量是否符合中国有机产品国家标准的要求。

第二十四条　自对进口有机产品认证委托人出具有机产品认证证书起 30 日内，认证机构应当向国家认监委提交以下书面材料：

（一）获证产品类别、范围和数量；

（二）进口有机产品认证委托人的名称、地址和联系方式；

（三）获证产品生产商、进口商的名称、地址和联系方式；

（四）认证证书和检查报告复印件（中外文版本）；

（五）国家认监委规定的其他材料。

## 第四章　认证证书和认证标志

第二十五条　国家认监委负责制定有机产品认证证书的基本格式、编号规则和认证标志的式样、编号规则。

第二十六条　认证证书有效期为1年。

第二十七条　认证证书应当包括以下内容：

（一）认证委托人的名称、地址；

（二）获证产品的生产者、加工者以及产地（基地）的名称、地址；

（三）获证产品的数量、产地（基地）面积和产品种类；

（四）认证类别；

（五）依据的国家标准或者技术规范；

（六）认证机构名称及其负责人签字、发证日期、有效期。

第二十八条　获证产品在认证证书有效期内，有下列情形之一的，认证委托人应当在15日内向认证机构申请变更。认证机构应当自收到认证证书变更申请之日起30日内，对认证证书进行变更：

（一）认证委托人或者有机产品生产、加工单位名称或者法人性质发生变更的；

（二）产品种类和数量减少的；

（三）其他需要变更认证证书的情形。

第二十九条　有下列情形之一的，认证机构应当在30日内注销认证证书，并对外公布：

（一）认证证书有效期届满，未申请延续使用的；

（二）获证产品不再生产的；

（三）获证产品的认证委托人申请注销的；

（四）其他需要注销认证证书的情形。

第三十条　有下列情形之一的，认证机构应当在15日内暂停认证证书，认证证书暂停期为1至3个月，并对外公布：

（一）未按照规定使用认证证书或者认证标志的；

（二）获证产品的生产、加工、销售等活动或者管理体系不符合认证要求，且经认证机构评估在暂停期限内能够能采取有效纠正或者纠正措施的；

（三）其他需要暂停认证证书的情形。

第三十一条　有下列情形之一的，认证机构应当在7日内撤销认证证书，并对外公布：

（一）获证产品质量不符合国家相关法规、标准强制要求或者被检出有机产品国家标准禁用物质的；

（二）获证产品生产、加工活动中使用了有机产品国家标准禁用物质或者受到禁用物质污染的；

（三）获证产品的认证委托人虚报、瞒报获证所需信息的；

（四）获证产品的认证委托人超范围使用认证标志的；

（五）获证产品的产地（基地）环境质量不符合认证要求的；

（六）获证产品的生产、加工、销售等活动或者管理体系不符合认证要求，且在认证证书暂停期间，未采取有效纠正或者纠正措施的；

（七）获证产品在认证证书标明的生产、加工场所外进行了再次加工、分装、分割的；

（八）获证产品的认证委托人对相关方重大投诉且确有问题未能采取有效处理措施的；

（九）获证产品的认证委托人从事有机产品认证活动因违反国家农产品、食品安全管理相关法律法规，受到相关行政处罚的；

（十）获证产品的认证委托人拒不接受认证监管部门或者认证机构对其实施监督的；

（十一）其他需要撤销认证证书的情形。

第三十二条　有机产品认证标志为中国有机产品认证标志。

中国有机产品认证标志标有中文“中国有机产品”字样和英文“ORGANIC”字样。图案如下：

第三十三条　中国有机产品认证标志应当在认证证书限定的产品类别、范围和数量内使用。

认证机构应当按照国家认监委统一的编号规则，对每枚认证标志进行唯一编号（以下简称有机码），并采取有效防伪、追溯技术，确保发放的每枚认证标志能够溯源到其对应的认证证书和获证产品及其生产、加工单位。

第三十四条　获证产品的认证委托人应当在获证产品或者产品的最小销售包装上，加施中国有机产品认证标志、有机码和认证机构名称。

获证产品标签、说明书及广告宣传等材料上可以印制中国有机产品认证标志，并可以按照比例放大或者缩小，但不得变形、变色。

第三十五条　有下列情形之一的，任何单位和个人不得在产品、产品最小销售包装及其标签上标注含有“有机”、“ORGANIC”等字样且可能误导公众认为该产品为有机产品的文字表述和图案。

（一）未获得有机产品认证的；

（二）获证产品在认证证书标明的生产、加工场所外进行了再次加工、分装、分割的。

第三十六条　认证证书暂停期间，获证产品的认证委托人应当暂停使用认证证书和认证标志；认证证书注销、撤销后，认证委托人应当向认证机构交回认证证书和未使用的认证标志。

## 第五章　监 督 管 理

第三十七条　国家认监委对有机产品认证活动组织实施监督检查和不定期的专项监督检查。

第三十八条　地方认证监管部门应当按照各自职责，依法对所辖区域的有机产品认证活动进行监督检查，查处获证有机产品生产、加工、销售活动中的违法行为。

各地出入境检验检疫机构负责对外资认证机构、进口有机产品认证和销售，以及出口有机产品认证、生产、加工、销售活动进行监督检查。

地方各级质量技术监督部门负责对中资认证机构、在境内生产加工且在境内销售的有机产品认证、生产、加工、销售活动进行监督检查。

第三十九条　地方认证监管部门的监督检查的方式包括：

（一）对有机产品认证活动是否符合本办法和有机产品认证实施规则规定的监督检查；

（二）对获证产品的监督抽查；

（三）对获证产品认证、生产、加工、进口、销售单位的监督检查；

（四）对有机产品认证证书、认证标志的监督检查；

（五）对有机产品认证咨询活动是否符合相关规定的监督检查；

（六）对有机产品认证和认证咨询活动举报的调查处理；

（七）对违法行为的依法查处。

第四十条　国家认监委通过信息系统，定期公布有机产品认证动态信息。

认证机构在出具认证证书之前，应当按要求及时向信息系统报送有机产品认证相关信息，并获取认证证书编号。

认证机构在发放认证标志之前，应当将认证标志、有机码的相关信息上传到信息系统。

地方认证监管部门通过信息系统，根据认证机构报送和上传的认证相关信息，对所辖区域内开展的有机产品认证活动进行监督检查。

第四十一条 获证产品的认证委托人以及有机产品销售单位和个人，在产品生产、加工、包装、贮藏、运输和销售等过程中，应当建立完善的产品质量安全追溯体系和生产、加工、销售记录档案制度。

第四十二条 有机产品销售单位和个人在采购、贮藏、运输、销售有机产品的活动中，应当符合有机产品国家标准的规定，保证销售的有机产品类别、范围和数量与销售证中的产品类别、范围和数量一致，并能够提供与正本内容一致的认证证书和有机产品销售证的复印件，以备相关行政监管部门或者消费者查询。

第四十三条 认证监管部门可以根据国家有关部门发布的动植物疫情、环境污染风险预警等信息，以及监督检查、消费者投诉举报、媒体反映等情况，及时发布关于有机产品认证区域、获证产品及其认证委托人、认证机构的认证风险预警信息，并采取相关应对措施。

第四十四条 获证产品的认证委托人提供虚假信息、违规使用禁用物质、超范围使用有机认证标志，或者出现产品质量安全重大事故的，认证机构 5 年内不得受理该企业及其生产基地、加工场所的有机产品认证委托。

第四十五条 认证委托人对认证机构的认证结论或者处理决定有异议的，可以向认证机构提出申诉，对认证机构的处理结论仍有异议的，可以向国家认监委申诉。

第四十六条 任何单位和个人对有机产品认证活动中的违法行为，可以向国家认监委或者地方认证监管部门举报。国家认监委、地方认证监管部门应当及时调查处理，并为举报人保密。

## 第六章 罚 则

第四十七条 伪造、冒用、非法买卖认证标志的，地方认证监管部门依照《中华人民共和国产品质量法》、《中华人民共和国进出口商品检验法》及其实施条例等法律、行政法规的规定处罚。

第四十八条 伪造、变造、冒用、非法买卖、转让、涂改认证证书的，地方认证监管部门责令改正，处 3 万元罚款。

违反本办法第四十条第二款的规定，认证机构在其出具的认证证书上自行编制认证证书编号的，视为伪造认证证书。

第四十九条　违反本办法第八条第二款的规定，认证机构向不符合国家规定的有机产品生产产地环境要求区域或者有机产品认证目录外产品的认证委托人出具认证证书的，责令改正，处3万元罚款；有违法所得的，没收违法所得。

第五十条　违反本办法第三十五条的规定，在产品或者产品包装及标签上标注含有“有机”、“ORGANIC”等字样且可能误导公众认为该产品为有机产品的文字表述和图案的，地方认证监管部门责令改正，处3万元以下罚款。

第五十一条　认证机构有下列情形之一的，国家认监委应当责令改正，予以警告，并对外公布：

（一）未依照本办法第四十条第二款的规定，将有机产品认证标志、有机码上传到国家认监委确定的信息系统的；

（二）未依照本办法第九条第二款的规定，向国家认监委确定的信息系统报送相关认证信息或者其所报送信息失实的；

（三）未依照本办法第二十四条的规定，向国家认监委提交相关材料备案的。

第五十二条　违反本办法第十四条的规定，认证机构发放的有机产品销售证数量，超过获证产品的认证委托人所生产、加工的有机产品实际数量的，责令改正，处1万元以上3万元以下罚款。

第五十三条　违反本办法第十六条的规定，认证机构对有机配料含量低于95%的加工产品进行有机认证的，地方认证监管部门责令改正，处3万元以下罚款。

第五十四条　认证机构违反本办法第三十条、第三十一条的规定，未及时暂停或者撤销认证证书并对外公布的，依照《中华人民共和国认证认可条例》第六十条的规定处罚。

第五十五条　认证委托人有下列情形之一的，由地方认证监管部门责令改正，处1万元以上3万元以下罚款：

（一）未获得有机产品认证的加工产品，违反本办法第十五条的规定，进行有机产品认证标识标注的；

（二）未依照本办法第三十三条第一款、第三十四条的规定使用认证标志的；

（三）在认证证书暂停期间或者被注销、撤销后，仍继续使用认证证书和认证标志的。

第五十六条　认证机构、获证产品的认证委托人拒绝接受国家认监委或者地方认证监管部门监督检查的，责令限期改正；逾期未改正的，处 3 万元以下罚款。

第五十七条　进口有机产品入境检验检疫时，不如实提供进口有机产品的真实情况，取得出入境检验检疫机构的有关证单，或者对法定检验的有机产品不予报检，逃避检验的，由出入境检验检疫机构依照《中华人民共和国进出口商检检验法实施条例》第四十六条的规定处罚。

第五十八条　有机产品认证活动中的其他违法行为，依照有关法律、行政法规、部门规章的规定处罚。

## 第七章　附　　则

第五十九条　有机产品认证收费应当依照国家有关价格法律、行政法规的规定执行。

第六十条　出口的有机产品，应当符合进口国家或者地区的要求。

第六十一条　本办法所称有机配料，是指在制造或者加工有机产品时使用并存在（包括改性的形式存在）于产品中的任何物质，包括添加剂。

第六十二条　本办法由国家质量监督检验检疫总局负责解释。

第六十三条　本办法自 2014 年 4 月 1 日起施行。国家质检总局 2004 年 11 月 5 日公布的《有机产品认证管理办法》（国家质检总局第 67 号令）同时废止。

# 参考文献


1. 李振基．普通生态学．北京：科学出版社，2007.

2. 刘常富．园林生态学．北京：科学出版社，2003.

3. 冷平生．园林生态学．北京：中国农业出版社，2011.

4. 骆世明．农业生态学．北京：中国农业出版社，2001.

5. 张季中．农业生态与环境保护．北京：中国农业大学出版社，2007.

6. 李振陆．植物生产环境．北京：中国农业出版社，2006.

7. 张季中．农业生态与环境保护．北京：中国农业大学出版社，2013.

8. 陈阜．农业生态学．北京：中国农业大学出版社，2002.

9. 高志强．农业生态与环境保护．北京：中国农业出版社，2008.

10. 辽宁省铁岭农业学校．农业生态与环境保护．北京：中国农业出版社，1994.

11. 戈峰．现代生态学．北京：科学出版社，2002.

12. 孙儒泳等．基础生态学．北京：高等教育出版社，2002.

13. 阎传海等．宏观生态学．北京：科学出版社，2003.

14. 沈亨理．农业生态学．北京：中国农业出版社，1996.

15. 宋志伟．农业生态与环境保护．北京：北京大学出版社，2007.

16. 李纯．农业生态．北京：化学工业出版社，2009.

17. 王宏燕等．农业生态学．北京：化学工业出版社，2008.

18. 曹志平．农业生态系统功能的综合评价．北京：气象出版社，2002.

19. 曹志平．土壤生态学．北京：化学工业出版社，2007.

20. 李晓勇等．我国农业节水灌溉发展研究［J］．农机市场，2013（10）：25～27.

21. 曹凤军等．现代节水农业技术研究进展与发展趋势刍议［J］．北京农业，2013（9）．

22. 曲旭东等．酸雨对园林树木的伤害与防护对策研究［J］．科技信息，2008（9）：611～613.

23. 邵立民．我国粮食综合生产能力与粮食安全问题研究．中国农业资源与规划，2005，2，23 ~26.

24. 王慧霞等．提高我国粮食安全保障能力的对策研究．河北师范大学学报，2007，9，30（5）．

25. 王文龙等．中国粮食安全问题：治标更要治本．改革与战略，2007（4）．

26. 黄黎慧等．我国粮食安全问题与对策．粮食与食品加工，2005，12，（5）．

27. 杨婕．食品质量与食品安全性现状分析．食品安全质量检测学报，2011，8，2（4）．